Das große Buch der
Physik

Das große Buch der
Physik

Sonderausgabe

Text: Heinz Gascha, Stefan Pflanz
Umschlaggestaltung: Axel Ganguin

ISBN-13: 978-3-8174-5045-9
ISBN-10: 3-8174-5045-1
5150451

Inhalt

Vorwort

Die Physik gehört zusammen mit der Chemie und der Biologie zu den Hauptzweigen der Naturwissenschaften.

Es gibt inzwischen starke Überschneidungen zwischen den Disziplinen und es ist kaum möglich, klare Grenzen zwischen ihnen zu ziehen. Auch in den Namen für einzelne Teildisziplinen wird dies deutlich, wie beispielsweise die Biophysik oder Physikalische Chemie. Viele Forschungsprojekte erfordern eine interdisziplinäre Zusammenarbeit (etwa die Gehirnforschung), da nur so komplexe Zusammenhänge aufgedeckt werden können.

Trotzdem kann man eine Unterteilung angeben. Sie ist zwar etwas grob, doch im Großen und Ganzen kann man sagen, die Biologie befasst sich mit Vorgängen der belebten Natur, die Physik und Chemie dagegen mit Vorgängen der unbelebten Natur. Forschungsinhalte der Chemie sind im Wesentlichen Prozesse, bei denen Stoffumwandlungen stattfinden. Alle anderen Sachverhalte und Phänomene der unbelebten Natur kann man zum Forschungsgegenstand der Physik zählen. Obwohl auch diese Trennung zwischen Chemie und Physik ihre Schwächen hat, wird zumindest deutlich, wie umfangreich und mannigfaltig das Forschungsfeld der Physik ist.

Die prinzipielle Vorgehensweise in der physikalischen Forschung ist recht klar zu beschreiben. Es werden Experimente durchgeführt. Die Daten aus den Experimenten werden ausgewertet und dann wird versucht, daraus ein allgemein gültiges Gesetz abzuleiten. Allgemein gültig heißt, das Gesetz kann die Ergebnisse noch nicht ausgeführter Versuche richtig vorhersagen und es widerspricht nicht den bis dahin ermittelten gültigen Gesetzen. Das klingt sehr einfach, doch in der Praxis sind Forschungsprojekte oft mit erheblichem finanziellen und zeitlichen Aufwand verbunden. Zudem unterteilt man die Physiker oft in Experimentalphysiker und Theoretiker, denn bei dem Umfang und der Komplexität, den die physikalische Forschung in den letzten hundert Jahren erreicht hat, ist eine Spezialisierung nicht zu vermeiden.

Historisch gesehen kann man die Physik in eine klassische und eine moderne Physik unterteilen. Alle Ergebnisse bis zum Anfang des 20. Jahrhunderts zählen zur klassischen Physik. Sie wurde maßgeblich von Isaac Newton (1643–1727) geprägt und hat in ihrer ursprünglichen Form heute noch Gültigkeit. Erstaunliche Entdeckungen Anfang des 20. Jahrhunderts führten zu den umwälzenden Theorien von Albert Einstein, Max Planck, Werner Heisenberg und vielen anderen führenden Wissenschaftlern. Mit der Relativitätstheorie und der Quantenmechanik läuteten sie eine neue Ära ein, die ein völliges Umdenken in der Physik erforderte.

Aber auch diese Theorien können viele Phänomene in unserer Welt noch nicht erklären. Gerade die grundlegendsten Probleme, wie die Entstehung des Universums oder die kleinsten Teilchen der Materie, werden vermutlich noch lange auf eine Lösung warten.

I. Mechanik

1. Mechanik der Festkörper

Die Längenmessung

Das wichtigste Hilfsmittel eines Physikers zur Herleitung von Naturgesetzen sind Messungen. Eine physikalische Größe zu messen heißt, dass man sie mit einer vorgegebenen Maßeinheit nach einem bestimmten Verfahren vergleicht. Bei der Längenmessung ist diese vorgegebene Maßeinheit 1 Meter. Diese Maßeinheit wurde früher festgelegt als die Länge eines bei Paris aufbewahrten Maßstabes aus Platin-Iridium, der als *Urmeter* bezeichnet wird. Das Urmeter wurde so angefertigt, dass es dem 10.000.000.-ten Teil des Erdquadranten entspricht, der durch Paris verläuft. Nach genauen heutigen Messungen musste man aber feststellen, dass das geschaffene Normstück um 0,2 mm zu kurz ausgefallen ist (bei 0° C).

Im Jahre 1960 wurde ein international gültiges Einheitensystem festgelegt, das in allen Sprachen der Welt mit *SI* (Système Internationale) abgekürzt wird. Die Längeneinheit Meter ist eine der sieben Basiseinheiten, auf denen sich das SI aufbaut. Das Symbol für die Längeneinheit Meter ist m.

Unterteilungen und Vielfache des Meters:

$$1 \text{ km} = 1000 \text{ m}$$

$$1 \text{ dm} = \frac{1}{10} \text{ m} = 0,1 \text{ m}$$

$$1 \text{ cm} = \frac{1}{100} \text{ m} = 0,01 \text{ m}$$

$$1 \text{ mm} = \frac{1}{1000} \text{ m} = 0,001 \text{ m}$$

Weitere Längeneinheiten:

$$1 \text{ Meile} = 1609 \text{ m}$$
$$1 \text{ Seemeile} = 1852 \text{ m}$$

Längen werden meistens mit einem Maßstab gemessen, den man längs der zu messenden Größe anlegen oder abtragen kann. Übliche Messgeräte dieser Art sind der Meterstab, das Maßband oder die Messlatte.

Zum genauen Messen von kleineren Längen, etwa Wandstärken oder Innen- und Außendurchmessern, verwendet man ein Gerät, das auf Zehntelmillimeter genaue Messungen zulässt. Dieses Gerät heißt *Schublehre* und ist ein in der Technik häufig verwendetes Messgerät.

Die Schublehre:

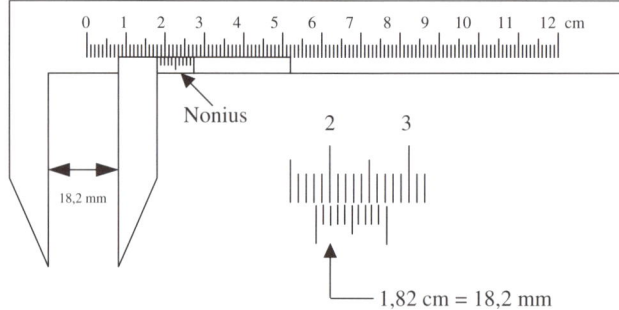

10 Teile der Noniusskala entsprechen 9 mm auf der Hauptskala.
1 Noniusteilstrich entspricht 0,9 mm. Der Nullstrich der Noniusskala gibt die ganzen Millimeter an (hier 18). Der Strich der Noniusskala, der mit einem Strich der Hauptskala zusammenfällt, gibt die Zehntelmillimeter an (hier 2). In diesem Bespiel beträgt die gemessene Länge somit 18,2 mm.

Die Mikrometerschraube: Für Messungen, bei denen auf Hundertstelmillimeter genau abgelesen werden muss, verwendet man die Mikrometerschraube. 1 Mikrometer (µm) ist ein Millionstel Meter. Symbol für die Länge: *l*

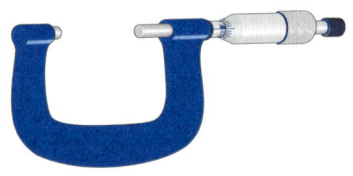

Seit 1983 gültige *Definition des Meters:* Das Meter ist die Strecke, die Licht im Vakuum während der Dauer von $\dfrac{1}{299.792.455}$ Sekunden durchläuft.

Messgenauigkeit: Jede Messung ist mit einem gewissen Messfehler behaftet. Die Wahl des Messverfahrens, das verwendete Messgerät sowie seine Anwendung durch den Benutzer sind entscheidend für die Messgenauigkeit. Wird eine Länge auf Millimeter genau gemessen, so erscheint in der Angabe zum Beispiel *l* = 12,4 cm. Bei dieser Angabe kann die Ziffer 4 eine gerundete Zahl darstellen.

Die Angabe kann also Messwerten von 12,35 cm bis 12,44 cm entsprechen. Gleichwertige Angaben zu 12,4 cm wären 124 mm, 1,24 dm oder 0,124 m. Die Anzahl der Kommastellen ist also nicht maßgebend für die Messgenauigkeit, sondern die Zahl der durch die Messungen ermittelten geltenden Ziffern (im Beispiel drei geltende Ziffern). Hätte man bei dem gewählten Beispiel darstellen wollen, dass die Messung auf Zehntelmillimeter genau ist, so wäre die Angabe $l = 12,40$ cm nötig gewesen.

Die Flächenmessung

Die Fläche wird in der Physik mit dem Symbol A als Formelzeichen angegeben.
Es kommt von dem lateinischen Wort *area* für Fläche.
Die Einheit für die Fläche ist 1 m^2 (1 Quadratmeter).
1 m^2 ist die Fläche eines Quadrates mit der Seitenlänge 1 m.

Weitere Flächeneinheiten und ihr Zusammenhang:

1 Quadratmeter (m^2)	= 100 Quadratdezimeter (dm^2)
1 Quadratdezimeter (dm^2)	= 100 Quadratzentimeter (cm^2)
1 Quadratzentimeter (cm^2)	= 100 Quadratmillimeter (mm^2)
1 Ar (a)	= 100 Quadratmeter (m^2)
1 Hektar (ha)	= 100 Ar (a)
1 Quadratkilometer (km^2)	= 100 Hektar (ha)
1 Tagwerk	= 34,07 Ar

Die Flächeninhalte geradlinig begrenzter Flächen sowie einfacher krummlinig begrenzter Flächenstücke werden über Flächenformeln nach durchgeführten Längenmessungen bestimmt.

Wichtige Flächenformeln:
Rechteck: $A = l \cdot b$, l: Länge, b: Breite
Dreieck: $A = \frac{1}{2} \cdot g \cdot h$; g: Grundlinie, h: Höhe
Kreis: $A = \pi \cdot r^2 \approx 3,14 \cdot r^2$; r: Radius

Der Flächeninhalt unregelmäßig begrenzter Flächen kann mit dem Polarplanimeter bestimmt oder durch Ausfüllen der Fläche mit Rechtecken angenähert werden.

Die Volumenmessung

Das Volumen wird in der Physik mit dem Symbol V als Formelzeichen angegeben.
Die Einheit für das Volumen ist $1\ m^3$ (1 Kubikmeter).
$1\ m^3$ ist das Volumen eines Würfels mit der Kantenlänge 1 m.

Weitere Volumeneinheiten und ihr Zusammenhang:

1 Kubikmeter (m^3)	= 1000 Kubikdezimeter (dm^3)
1 Kubikdezimeter (dm^3)	= 1000 Kubikzentimeter (cm^3)
1 Kubikzentimeter (cm^3)	= 1000 Kubikmillimeter (mm^3)
1 Kubikdezimeter (dm^3)	= 1 Liter (l)

Bei einfachen geometrischen Körpern kann das Volumen über Kantenlängen, Höhen, Durchmesser usw. berechnet werden. Die Volumenbestimmung ist dann auf Längenmessungen zurückzuführen.

Das Volumen von unregelmäßig geformten festen Körpern kann mithilfe eines Überlaufgefäßes bestimmt werden. Der Körper wird in ein eben gefülltes Überlaufgefäß eingetaucht. Das überfließende Wasservolumen entspricht dem Volumen des Körpers.

Das Volumen von Flüssigkeiten kann mithilfe von Messzylindern bestimmt werden. Man gießt die zu bestimmende Flüssigkeitsmenge in einen geeichten Messzylinder.
Auch das Volumen von Gasen kann man mithilfe von Messzylindern bestimmen. Man leitet dabei das Gas über ein gebogenes Rohr in einen mit Wasser gefüllten und mit seiner Öffnung unter Wasser getauchten Messzylinder. Das aufsteigende Gas verdrängt die Flüssigkeit im Messzylinder, das enthaltene Gasvolumen kann abgelesen werden.

Eine weitere Möglichkeit zur Volumenbestimmung bietet die Auftriebsmessung in einer bekannten Flüssigkeit (Die Auftriebskraft ist direkt abhängig vom Volumen des eingetauchten Körpers und von der Art der Flüssigkeit.).

Die Zeit

Uns allen ist der Begriff *Zeit* geläufig. In den Naturwissenschaften, vor allem in der Physik, spielt die physikalische Größe *Zeit* eine bedeutende Rolle. In der modernen Physik gab der Zeitbegriff Anlass zu vielen Untersuchungen und umwälzenden Theorien. Es sei hier nur an die Relativitätstheorie von Albert Einstein (1879–1955) erinnert.

Für die Zeitdefinition verwendet man gleichmäßig sich wiederholende periodische Vorgänge, zum Beispiel den Umlauf der Sonne von einem Höchststand bis zum nächsten Höchststand an einem bestimmten Ort. Auch die Hin- und Herbewegung eines Pendels wäre als Definitionsgrundlage denkbar.

Festlegung der Zeiteinheit: Die Zeitspanne zwischen zwei Kulminationen der Sonne am selben Ort heißt ein Sonnentag. Eine Kulmination ist ein festgestellter Höchststand der Sonne. Da nicht alle Sonnentage im Zeitraum eines Jahres gleich lang sind, wählt man für die Zeitfestlegung den so genannten *mittleren Sonnentag* als Definitionsgrundlage. Der mittlere Sonnentag ist der Durchschnittswert der Zeitspannen zwischen zwei aufeinander folgenden Kulminationen während eines Jahres. Diesen mittleren Sonnentag teilt man in 24 Stunden, jede Stunde in 60 Minuten und jede Minute in 60 Sekunden. 1 Sekunde ist der 86.400ste Teil eines mittleren Sonnentages.

Die Zeit wird in der Physik mit dem Buchstaben t bezeichnet.

Die Einheit der Zeit ist 1 s (1 Sekunde). Die Sekunde ist eine Basiseinheit.

Für heutige Definitionen ist die Zeitdefinition über den mittleren Sonnentag zu ungenau. Seit dem Jahre 1970 wird die Sekunde daher mithilfe von Vorgängen in der Atomphysik genauer festgelegt:

Die Sekunde wird als die Dauer von 9.192.631.770 Perioden der Strahlung des Atoms Caesium 133, die dem Übergang zwischen den beiden Hyperfeinstrukturniveaus im Grundzustand entspricht, definiert.

Zeiten werden oft auch in Minuten (min), Stunden (h), Tagen (d), Jahren (a) angegeben. Umrechnungen:

1 d = 24 h
1 h = 60 min
1 min = 60 s
1 a= 365 d

1 a = 365 d = 8760 h = 525.600 min = 31.536.000 s = 31,536 Ms

Nur bei der Zeiteinheit Sekunde sind Vorsätze für dezimale Teile und Vielfache zulässig.

$$1 \text{ ms} = \frac{1}{1000} \text{ s}; \ 1 \text{ μs} = \frac{1}{1000} \text{ ms}$$

Zum Messen bzw. zum Vergleich der Zeit dienen periodisch verlaufende Vorgänge, zum Beispiel Schwingungen. Sehr genau messende Uhren benützen Quarzkristalle, die elektrisch zu regelmäßigen Schwingungen angeregt werden. Die derzeitig am genauesten messenden Uhren sind Atomuhren.

Die Masse

Der Massenbegriff: Jeder ruhende Körper setzt der Änderung seines Bewegungszustandes (wie Beschleunigen, Bremsen, Ändern der Richtung) einen Widerstand entgegen. Ist ein Körper in Bewegung, so versucht er stets, diesen Bewegungszustand beizubehalten, solange er nicht daran gehindert wird. Dem Körper wird ein träges Verhalten zugeschrieben. Dieses Trägheitsverhalten kann man an allen Orten, sogar im Weltall, nachweisen.

Anstelle der Schwere oder der Trägheit, die ein Körper besitzt, spricht der Physiker von der *trägen Masse* des betreffenden Körpers.

Die Masse ist wie die Länge eine Basisgröße. Das Formelzeichen ist *m*.

Zwei Körper haben die gleiche Masse m, wenn sie am selben Ort die gleiche Gewichtskraft erfahren. Ob zwei Körper die gleiche Masse besitzen, kann man mithilfe einer Balkenwaage feststellen.

Einheit der Masse: Als internationale Einheit der Masse hat man 1 Kilogramm = 1 kg gewählt. 1 kg ist die Masse eines bei Paris aufbewahrten Normkörpers aus Platin-Iridium. Dieser Normkörper hat annähernd die gleiche Masse wie 1 dm^3 Wasser von 4 °C.

Hält ein Körper diesem Normkörper auf einer Balkenwaage das Gleichgewicht, so hat er ebenfalls die Masse 1 kg.
Durch Unterteilen und Vervielfachen eines 1-kg-Stücks kann man einen Satz von Wägestücken als Wägesatz herstellen.
Außer Kilogramm werden oftmals Gramm (g), Milligramm (mg) und Tonne (t) verwendet.

Umrechnungen:

$$1 \text{ g} = \frac{1}{1000} \text{ kg}$$

$$1 \text{ t} = 1000 \text{ kg}$$

$$1 \text{ mg} = \frac{1}{1.000.000} \text{ kg} = \frac{1}{1000} \text{ g}$$

Am Normort (beispielsweise Zürich) erfährt der Normkörper die Gewichtskraft 9,80665 Newton.

Die Dichte

Die Masse m eines homogenen festen oder flüssigen Körpers ist bei gleichen äußeren Bedingungen vom Volumen abhängig. Zum 2-fachen, 3-fachen, ... n-fachen Volumen des Körpers gehört auch die 2-fache, 3-fache, ... n-fache Masse. Die Masse und das Volumen sind verhältnisgleich, beide verhalten sich proportional.

$$m \sim V$$

Die grafische Darstellung zeigt eine Proportionalität. Zu jedem ρ Wertepaar $\frac{V}{m}$ erhält man einen Punkt, der ein Element einer gemeinsamen Geraden ist. Es handelt sich demnach um direkt proportionale Zahlenpaare.

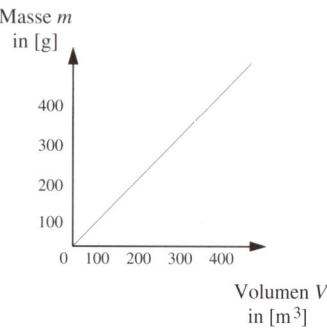

Mathematisch kann die Proportionalität zweier Größen auch erkannt werden, wenn man die Quotienten zusammengehöriger Werte bildet. Ergeben diese einen konstanten Wert, so sind die Größen proportional zueinander.

Der Quotient aus Masse und Volumen bei konstanter Temperatur und bei konstantem Druck ist für einen bestimmten Stoff konstant und charakteristisch. Man nennt ihn die *Dichte* des Stoffes.

$$\text{Dichte } \rho = \frac{m}{V}$$

Die Dichte ist keine physikalische Basisgröße, sondern eine abgeleitete Größe, weil sie sich aus anderen Größen ergibt. Die Definition einer abgeleiteten Größe erfolgt stets durch eine so genannte *Größengleichung*, das ist eine mathematische Beziehung zwischen physikalischen Größen. Die oben genannte Größengleichung definiert die Dichte.

Auch die Einheiten von abgeleiteten Größen werden durch die Einheiten anderer Größen dargestellt. So ergibt sich für die Einheit der Dichte der Quotient aus der Einheit der Masse m und der Einheit des Volumens V.

Für die Einheit der Dichte ergibt sich:

$$\frac{1\text{ kg}}{1\text{ m}^3} = 1\frac{\text{kg}}{\text{m}^3}$$

(Weitere Einheiten sind: $1\frac{\text{g}}{\text{l}}$, $1\frac{\text{g}}{\text{cm}^3}$, ...)

Dichten in $\frac{kg}{m^3}$ unter Normalbedingungen (0 °C, 1013 hPa):

Festkörper:	Aluminium	$2{,}7 \cdot 10^3$
	Beton	$2{,}5 \cdot 10^3$
	Blei	$11{,}3 \cdot 10^3$
	Eis	$0{,}917 \cdot 10^3$
	Gold	$9{,}3 \cdot 10^3$
	Gussstahl	$7{,}7 \cdot 10^3$
	Kork	$0{,}24 \cdot 10^3$
	Kupfer	$8{,}9 \cdot 10^3$
	Platin	$21{,}4 \cdot 10^3$
	Silber	$10{,}5 \cdot 10^3$
	Styropor	$0{,}04 \cdot 10^3$

Flüssigkeiten:	Alkohol	$0{,}791 \cdot 10^3$
	Benzin	$0{,}7 \cdot 10^3$
	Wasser	$0{,}9997 \cdot 10^3$

Gase:	Helium	$0{,}173$
	Luft	$1{,}293$
	Sauerstoff	$1{,}43$
	Stadtgas	$0{,}6$

Aus der Gleichung $\rho = \frac{m}{V}$ folgt durch algebraische Umformung:

Berechnung der Masse: $m = \rho \cdot V$

Berechnung des Volumens: $V = \frac{m}{\rho}$

Die Dichte fester, flüssiger und gasförmiger Stoffe ist temperaturabhängig.
Die Dichte gasförmiger Stoffe ist auch druckabhängig.

I. Mechanik

Die Kraft

Der Kraftbegriff: In der gesamten Physik spielen Kräfte eine bedeutende Rolle. Sei es die Dehnung einer Feder beim Wirken einer Gewichtskraft, die Anziehungskraft der Erde oder die Anziehungskraft in einem Magnetfeld – überall können wir das Wirken von Kräften beobachten.

Eine Kraft kann zwei Dinge bewirken:
Sie kann einen geeignet befestigten Körper verformen und seinen Bewegungszustand ändern.

Als Einheit für die Kraft wird 1 N (1 Newton) verwendet.
1 N ist der 9,80665te Teil derjenigen Kraft, die ein 1-kg-Massestück an einem Normort erfährt.
Als Normort können Orte gewählt werden, die auf demselben Breitengrad wie Zürich liegen.

Vielfache und Unterteilungen von 1 Newton:
1 kN = 1000 N
1 MN = 1.000.000 N = 1000 kN
$1 \text{ mN} = \frac{1}{1000} \text{ N}$

Das Formelzeichen für die Kraft ist *F*.
Zeichnerische Darstellung von Kräften: *Kraftpfeil.*

Die Wirkung einer Kraft auf einen Körper ist nicht allein von der Größe der Kraft abhängig, sondern auch von der Lage des Angriffspunktes und der Richtung, in der die Kraft wirkt.
Größen, die neben dem Betrag auch eine Richtung haben, werden in der Physik als Vektoren dargestellt. Zeichnerisch werden Vektoren als Pfeile dargestellt. Die Richtung und der Angriffspunkt der Kraft können so aus der zeichnerischen Darstellung entnommen werden. Die Pfeillänge gibt den Betrag, die Pfeilspitze die Richtung der Kraft an. Hierfür muss ein Maßstab festgelegt werden.

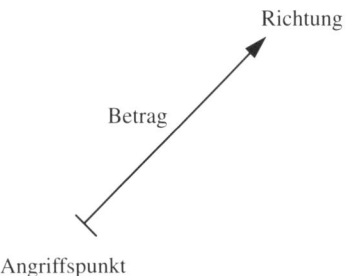

Messverfahren für Kräfte: Kräfte werden über ihre Wirkung verglichen. Sie sind dann gleich groß, wenn sie etwa einen Körper unter gleichen Voraussetzungen gleich verformen. Unbekannte Kräfte werden häufig mit einer elastischen Schraubenfeder gemessen. Man lässt die Kraft auf die Feder wirken und misst die bewirkte Dehnung. Danach belastet man die Feder mit geeichten Gewichtstücken, bis die gleiche Dehnung erreicht wird. Die zu messende Kraft ist dann dem Betrage nach gleich der Gewichtskraft der Summe der angehängten Normgewichtstücke. Anstatt der Schraubenfeder können auch andere elastische Körper als Kraftmesser dienen. Dass Kräfte mithilfe von Kraftmessern verglichen werden können, beruht auf dem Hooke'schen Gesetz.

Die Dehnung eines elastischen Körpers ist innerhalb seines Elastizitätsbereichs proportional zur dehnenden Kraft. Dieses Hooke'sche Gesetz findet Anwendung bei der Erstellung von Federwaagen als Kraftmesser.

Das Gravitationsgesetz

Eine besondere Kraft ist die Gewichtskraft. Jedes Massestück wird von der Erde zum Erdmittelpunkt hin angezogen. Diese Kraft bezeichnet man als *Gewichtskraft*. Die Gewichtskraft ist eine Folge des Gravitationsgesetzes.
Nach einem der wichtigsten Naturgesetze ziehen sich alle Körper auf der Erde oder im Weltraum gegenseitig an. Diese Beobachtung machte der Engländer Sir Isaak Newton (1643–1727). Er stellte fest, dass die Anziehungskräfte zwischen zwei Körpern von der Masse beider Körper und dem gegenseitigen Abstand abhängig sind. Diese Gravitationskraft ist umso größer, je größer die Massen der beiden sich anziehenden Körper sind und je kleiner ihr gegenseitiger Abstand r ist. Verdoppelt sich der Abstand r, so sinkt die Anziehungskraft auf den vierten

Teil. Verdreifacht sich der Abstand r, so reduziert sich die Anziehungskraft auf den neunten Teil.

Gravitationsgesetz: 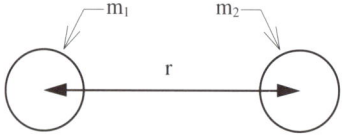 $F = f \cdot \dfrac{m_1 \cdot m_2}{r^2}$ $\qquad f = 6{,}670 \cdot 10^{-11} \dfrac{m^3}{kg \cdot s^2}$

m_1: Masse des Körpers 1
m_2: Masse des Körpers 2
r: Abstand der Schwerpunkte der beiden Körper
f: Gravitationskonstante

Das Gravitationsgesetz wurde von Newton aufgrund von Planetenbahn-Berechnungen aufgestellt und mit seiner berühmten *Mondrechnung* auf alle Körper verallgemeinert. (Mit der Mondrechnung zeigte Newton, dass die Erde einen Apfel wie auch den Mond mit gleichartigen Kräften anzieht.)

Da nach dem Gravitationsgesetz sich alle Körper gegenseitig anziehen, zieht nicht nur die Erde den Mond an, sondern auch der Mond die Erde. Dies trifft auch für alle Körper auf der Erde zu: Ein Apfel erfährt eine Erdanziehungskraft, die Gewichtskraft, andererseits wird auch die Erde von diesem Apfel angezogen.

Die Massenanziehung darf nicht mit der magnetischen oder der elektrostatischen Anziehung verwechselt werden. Bei der Gravitationskraft gibt es keinerlei abstoßende Wirkungen. Es ist auch keine Abschirmung gegen die Gravitationskraft möglich. Erde und Mond, Sonne und Erde ziehen sich gegenseitig an. Alle Körper auf der Erde werden von der Erde selbst angezogen. Diese Kraft heißt *Gewichtskraft*. Auch auf dem Mond werden alle Körper vom Mond selbst angezogen. Da aber der Mond eine kleinere Masse als die Erde besitzt, haben die Körper auf der Mondoberfläche eine geringere Gewichtskraft als auf der Erde. Der Grund dafür ist die kleinere Gravitationskraft.

Ein Körper mit der Masse 1 kg erfährt auf der Erde eine Gewichtskraft von 9,81 N. Auf dem Mond hat der gleiche Körper nur $\frac{1}{6}$-tel der Gewichtskraft auf der Erde, nämlich circa 1,7 N. Der gleiche Körper hat auf dem Planeten Jupiter, der eine viel größere Masse als die Erde besitzt, eine Gewichtskraft von über 25 N.

Da die Masse eines Körpers überall gleich bleibt, nennt man sie eine ortsunabhängige Größe. Betrag und Richtung der Gewichtskraft, die ein Körper erfährt, sind hingegen vom jeweiligen Ort abhängig. Die Gewichtskraft ist eine ortsabhängige Größe.

Die Gravitationskraft eines Körpers nimmt mit dem Quadrat des Abstandes vom Erdmittelpunkt ab. In einer endlichen Entfernung wird die Gravitationskraft nicht null. Sie ist aber dann oftmals so klein, dass keine Wirkung beobachtet werden kann.

Vereinfacht kann man die Gewichtskraft, die ein Körper auf der Erdoberfläche erfährt, nach $F_G = m \cdot g$ berechnen, wobei g der Ortsfaktor ist.

$$g = 9,81 \; \frac{\text{N}}{\text{kg}} = 9,81 \; \frac{\text{m}}{\text{s}^2}$$

Da die Erde an den Polen abgeplattet ist, ist der Ortsfaktor nicht an jedem Ort gleich groß:

Mitteleuropa: $9,81 \; \frac{\text{N}}{\text{kg}}$

Äquator: $9,78 \; \frac{\text{N}}{\text{kg}}$

Pole der Erde: $9,83 \; \frac{\text{N}}{\text{kg}}$

Die Wichte

Die Wichte ist wie die Gewichtskraft eine ortsabhängige Stoffgröße. Entsprechend der Festlegung für die Dichte setzt man den Quotienten aus Gewichtskraft und Volumen eines Körpers als *Wichte* fest. Das Formelzeichen für die Wichte ist γ.

$$\text{Wichte} = \frac{\text{Gewichtskraft}}{\text{Volumen}}$$

$$\gamma = \frac{F_G}{V}$$

Die Einheit der Wichte ist $1\ \frac{N}{m^3}$.

Die Wichte ist eine Größe, die nur noch gelegentlich verwendet wird. Da sie eine ortsabhängige Größe ist, wurde sie für genaue Berechnungen nicht mehr verwendet. Früher wurde die Wichte in der Einheit Kilopond pro Kubikmeter angegeben. Bei dieser Einheitenangabe stimmten die Zahlenwerte von Dichte und Wichte überein.

Das Hooke'sche Gesetz

Bei einem stabförmigen Körper bewirkt eine Zug- oder Druckkraft eine Längenänderung Δl. Die Größe Δl ist neben den Abmessungen des Stabes vom Material und der Kraft abhängig.
Auch die Dehnung einer Schraubenfeder aus Stahldraht ist von der einwirkenden Kraft F abhängig. Messungen bei einer elastischen Feder ergeben, dass (im Elastizitätsbereich) die einwirkende Kraft F proportional zur Längenänderung Δl der Feder ist.
Nach Wegnahme der Belastung zeigt die Feder wieder ihre ursprüngliche Länge. Die Messungen werden im Elastizitätsbereich der Feder durchgeführt. (Körper heißen elastisch, wenn sie nach Beendigung der Krafteinwirkung wieder ihre ursprüngliche Form einnehmen. Ist dies nicht der Fall, so handelt es sich um einen plastischen Körper. Elastizitätsverhalten zeigen Körper nur in ihrem Elastizitätsbereich. Einwirkende Kräfte dürfen diesen Bereich nicht überschreiten.)
Der englische Physiker Robert Hooke (1635–1703) hat dieses physikalische Gesetz bereits 1658 entdeckt:

Die Dehnung Δl eines elastischen Körpers ist innerhalb seines Elastizitätsbereiches zur dehnenden Kraft F proportional.

$F \sim \Delta l$; $\dfrac{F}{\Delta l}$ = konst.

Der Quotient aus dehnender Kraft und der Längenänderung ist konstant und wird als *Federkonstante D* bezeichnet. Die Federkonstante D ist für jede Feder charakteristisch.

Die Gesetzmäßigkeit $D = \dfrac{F}{\Delta l}$ heißt *Hooke'sches Gesetz*.

Je größer D ist, umso größer ist die Kraft, die zur Dehnung der Feder nötig ist. Die Federkonstante kennzeichnet die Härte der Feder.

Bei Druckkräften ergibt sich eine Verkürzung der Feder. Die Längenänderung ist dann ein negativer Wert.

Aufgrund des Hooke'schen Gesetzes ist man in der Lage, nach Newton geeichte Kraftmesser oder Federwaagen zu bauen.

Kraft und Gegenkraft

Das Teilgebiet der Mechanik, das sich mit dem Gleichgewicht von Kräften beschäftigt, heißt *Statik*.
Die Statik spielt im Bereich Bau eine bedeutende Rolle. Das Verhältnis von zueinander wirkenden Kräften ist für die Standfestigkeit von Türmen, Brücken und anderen Gebäuden maßgebend.

Greift eine Kraft an einem starren Körper an, so ändert sich ihre Wirkung nicht, wenn sich ihr Angriffspunkt längs ihrer Wirkungslinie verschiebt.
Greift eine Kraft an einem Seil an, so kann man die Richtung der Kraft umlenken, indem man das Seil über eine Rolle führt. Die Wirkung auf den betreffenden Körper ändert sich dabei nicht.

Kräftegleichgewicht: Ist die Summe der an einem Körper angreifenden Kräfte null, so besteht an diesem Körper ein Kräftegleichgewicht. Der Körper behält dann seinen Bewegungszustand bei, er wird weder verformt noch ändert sich seine Temperatur. Im Kräftegleichgewicht heben sich die Kräfte gegenseitig auf.

Zwei Kräfte $\vec{F}_1$ und $\vec{F}_2$ sind im Gleichgewicht, wenn sie die gleiche Wirkungslinie besitzen, in ihren Beträgen übereinstimmen und entgegengesetzt gerichtet sind.

Ist ein Körper in Ruhe, so ist es möglich, dass viele Kräfte an ihm wirken, die sich gegenseitig aufheben.
Oftmals wird die zum Gleichgewicht nötige Gegenkraft durch Verformung eines elastischen Körpers hergestellt.
Einzelkräfte kommen in der Natur nicht vor. Alle Kräfte treten paarweise auf. Diese Gesetzmäßigkeit entdeckte Isaak Newton im Jahre 1687. Übt ein Körper 1 auf einen Körper 2 eine Kraft $\vec{F}_{12}$ aus, so wirkt der Körper 2 mit einer Gegenkraft $\vec{F}_{21}$ gleichen Betrags aber entgegengesetzter Richtung auf Körper 1 (actio = reactio).

Springt jemand von einem Wagen, wird der Wagen mit einer Kraft nach hinten geschoben. Mit der Gegenkraft stößt der Wagen den Springer ab.

Zusammensetzung von zwei Kräften mit gemeinsamen Angriffspunkt:

Haben die beiden Kräfte die gleiche Richtung, so addieren sich ihre Beträge zur Gesamtkraft.

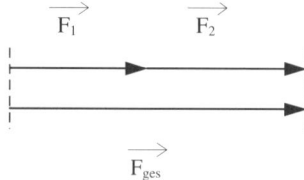

Haben die beiden Kräfte entgegengesetzte Richtungen, so subtrahieren sich ihre Beträge und bilden somit die wirkende Gesamtkraft.

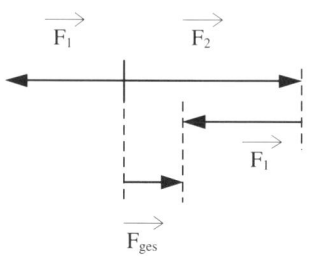

$$F_{ges} = F_2 - F_1$$

Bilden die beiden Kräfte einen Winkel, so spielen die Richtungen der beiden Kraftvektoren eine entscheidende Rolle. Die Gesamtkraft ergibt sich durch die grafische Ermittlung des Summenvektors.

Möglichkeit 1: Man trägt von der Spitze des einen Kraftvektors den anderen, parallel verschobenen Kraftvektor ab. Der Summenvektor ist der Verbindungspfeil vom Anfang des ersten zur Spitze des zweiten Kraftvektors.

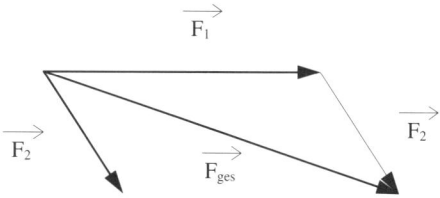

Möglichkeit 2: Der Summenvektor ist die Diagonale eines Parallelogramms, dessen Seiten die beiden Kräfte $\vec{F}_1$ und $\vec{F}_2$ sind.

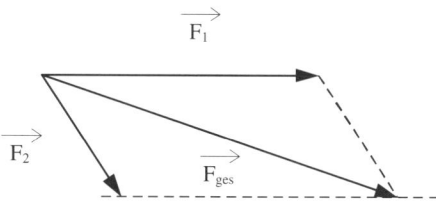

Der Summenvektor heißt auch Ersatzkraft $\vec{F}_{ges}$, weil $\vec{F}_{ges}$ die beiden Kräfte $\vec{F}_1$ und $\vec{F}_2$ ersetzen kann. Weitere Bezeichnungen sind die Resultierende $\vec{F}_{res}$ oder die Resultante.

Zerlegung von Kräften

Die Umkehrung der Kräfteaddition ist die Zerlegung einer Kraft in Teilkräfte (Kraftkomponenten). Dabei hat die Summe der Teilkräfte die gleiche Wirkung wie die ursprüngliche Kraft.

Wäscheleine:

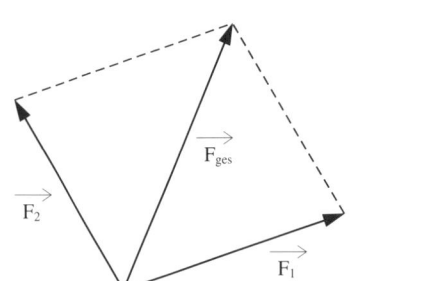
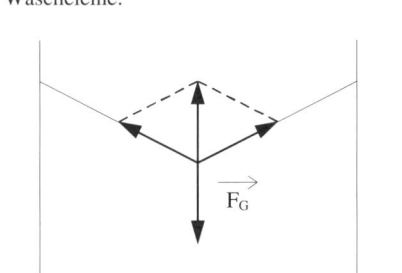

Sind die Richtungen der Teilkräfte angegeben, so findet man die Beträge der Teilkräfte durch Konstruktion des Kräfteparallelogramms.

Die Zugkräfte, welche auf die Seilenden an ihren Halterungen wirken, sind von der Größe der am Seil hängenden Kraft und dem Winkel, den die Wirkungslinie des Seiles mit der Horizontalen einnimmt, abhängig.

Die Komponenten können auch berechnet werden:

Wenn F der Betrag der zu zerlegenden Kraft, F_1 der Betrag der ersten Komponente, F_2 der Betrag der zweiten Komponente, α der Winkel zwischen $\vec{F_2}$ und $\vec{F}$ und β der Winkel zwischen $\vec{F}$ und $\vec{F_1}$ ist, dann gilt für die Teilkräfte:

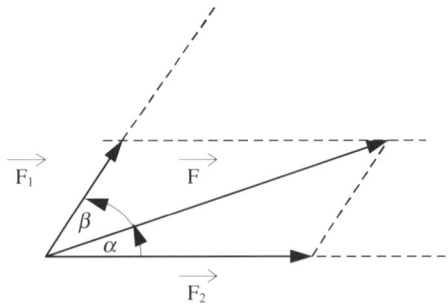

$$F_1 = F \frac{\sin \alpha}{\sin(\alpha + \beta)} \text{ und } F_2 = \frac{\sin \beta}{\sin(\alpha + \beta)}$$

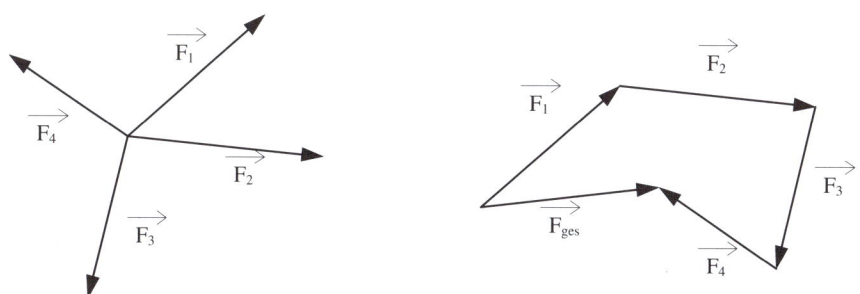

Greifen an einem Punkt eines starren Körpers mehrere Kräfte F_1, F_2, F_3, ... an, so findet man ihre resultierende Gesamtkraft $\vec{F}_{ges}$ am schnellsten mit dem Kräftevieleck, auch Kräftepolygon genannt.

Ist der Kräftezug (das Krafteck) geschlossen, so sind alle Kräfte im Gleichgewicht. Die Resultierende ist null.
Die Wirkungen der Einzelkräfte heben sich gegenseitig auf.
Eine andere Methode zur Ermittlung der Gesamtkraft ist die Vektoraddition:

$$\vec{F}_{ges} = \vec{F}_1 + \vec{F}_2 + \vec{F}_3 + \dots$$

Haben Kräfte keinen gemeinsamen Angriffspunkt, so verschiebt man diese längs ihrer Wirkungslinien bis zu deren Schnittpunkt. Danach kann das Kräfteparallelogramm nach der üblichen Art und Weise gebildet werden. Man muss aber berücksichtigen, dass die Konstruktion des Kräfteparallelogramms nur den Betrag und die Richtung der Resultierenden angibt, nicht aber deren Lage.
Die Wirkungslinien paralleler Kräfte besitzen keinen Schnittpunkt. Man gibt daher jeder Teilkraft eine dazugehörige Hilfskraft. Die beiden Hilfskräfte müssen gleich groß aber entgegengesetzt gerichtet sein. Sie heben sich gegenseitig auf.
Die Gesamtresultierende ergibt sich dann aus den Resultierenden aus den Kräften und den Hilfskräften (siehe Skizze!).

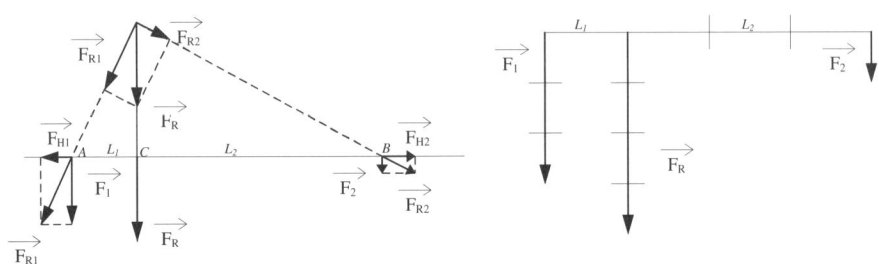

Beispiele zur Kräftezerlegung:

Kräfte am Keil:

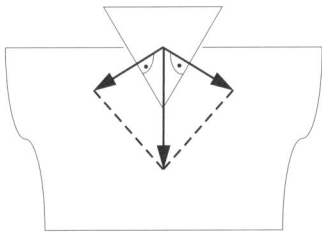

Die Teilkräfte $\vec{F}_1$ und $\vec{F}_2$ drücken den Block auseinander.

Kräfte beim Segelboot:

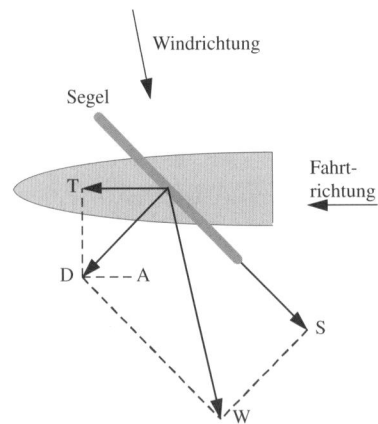

Kräfte beim Walzeschieben:

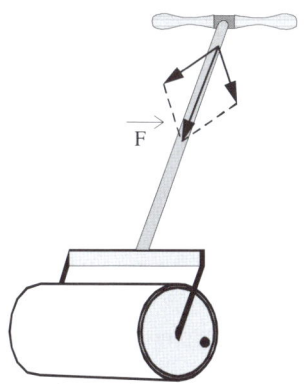

Drehmoment

Ist ein starrer Körper nur um eine feste Achse drehbar, so rufen an diesem Körper angreifende Kräfte keine Längsbewegung hervor, sondern eine Drehung. Diese kann aber nur hervorgerufen werden, wenn die Kraft nicht in Richtung der Drehachse wirkt.

Versuche mit einer drehbaren Stange zeigen, dass die Drehwirkung mit der angreifenden Kraft und mit dem Abstand des Angriffspunktes der Drehachse zunimmt. Für den Fall, dass die Kraft senkrecht auf der Verbindungslinie Angriffspunkt-Drehpunkt, dem Hebelarm l, steht, ist das Produkt aus Kraft und Hebelarm ein Maß für die Drehwirkung. Man bezeichnet das Produkt als *Drehmoment*:

$$M = F \cdot l$$

Drehmoment = Produkt aus Kraft und Hebelarm
Einheit des Drehmoments: 1 Nm

Häufig greift die Kraft aber schräg zur Verbindungslinie Angriffspunkt-Drehpunkt an. Sie übt dann eine geringere Drehwirkung aus, da nur die tangentiale Kraftkomponente zur Drehwirkung beiträgt. Das Drehmoment M berechnet sich dann:

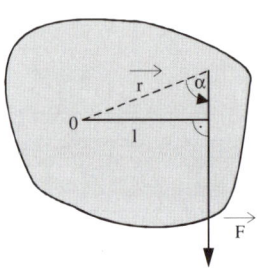

$$M = r \cdot F \cdot \sin \alpha$$

F: angreifende Kraft

r: Entfernung Angriffspunkt-Drehachse

α: Winkel zwischen r und F

Da der Hebelarm die Länge des Lotes vom Drehpunkt auf die Wirkungslinie der Kraft ist, kann man die obige Größengleichung auch schreiben als:

$$M = F \cdot l$$

wobei $l = r \sin \alpha$.

Vektorschreibweise des Drehmoments: Das resultierende Drehmoment ist gleich der Summe der einzelnen Drehmomente.

Zwei Fälle müssen bei der Anwendung des Momentensatzes unterschieden werden:

1. Fall: Die Drehmomente wirken in gleicher Ebene. Ihre Summe ergibt sich aufgrund einer algebraischen Addition. Die linksdrehenden Momente werden als positive Momente, die rechtsdrehenden als negative Momente bezeichnet.

2. Fall: Die Drehmomente wirken in verschiedenen Ebenen und die Drehachsen sind nicht parallel. Die Summe kann nur durch eine geometrische Addition ermittelt werden.

Das Drehmoment als Vektorprodukt: Ist ein Körper nur an einem Punkt befestigt, so dass er sich um eine beliebige Achse drehen kann, erzeugt ein Drehmoment stets eine Drehung um eine Achse, die auf der Ebene der wirkenden Kraft senkrecht steht. Das Drehmoment ist demnach immer mit dieser bestimmten Richtung verknüpft. Das Drehmoment ist deshalb eine Vektorgröße, die in der

Drehachse liegt, wobei der Drehsinn mit der Vektorrichtung von M eine Rechts-schraube bildet.

$$\vec{M} = \vec{r} \times \vec{F}$$

Berechnung des Betrags des Drehmoments:

$$M = r \cdot F \cdot \sin \alpha$$

Gleichgewichtslage: Ein Körper befindet sich im Gleichgewicht, wenn die Summe aller angreifenden Kräfte und die Summe aller Drehmomente in Bezug auf einen beliebigen Drehpunkt null sind.

Einfache Maschinen

Einfache Maschinen haben die Aufgabe, bei bestimmten Arbeiten Größe oder Richtung der erforderlichen Kraft zu verändern. Wie im Kapitel mechanische Arbeit erklärt wird, bezeichnet man das Produkt aus Kraft und Weg als Arbeit. An der Größe der zu verrichtenden Arbeit können Maschinen nichts ändern. Soll die Kraft verkleinert werden, so muss dafür der Weg vergrößert werden.
Bei allen einfachen Maschinen hat die *Goldene Regel der Mechanik* Gültigkeit:

„Was an Kraft gespart wird, muss an Weg hinzugesetzt werden."

Der Hebel

Ein um eine Achse drehbarer Körper, an dem Kräfte angreifen können, heißt *Hebel.*
Man unterscheidet zwischen einseitigen und zweiseitigen Hebeln. Greifen die Kräfte auf verschiedenen Seiten der Drehachse an, so heißt der Hebel *zweiseitig.* Greifen die Kräfte auf einer Seite der Drehachse an, so bezeichnet man den Hebel als *einseitig.*

I. Mechanik

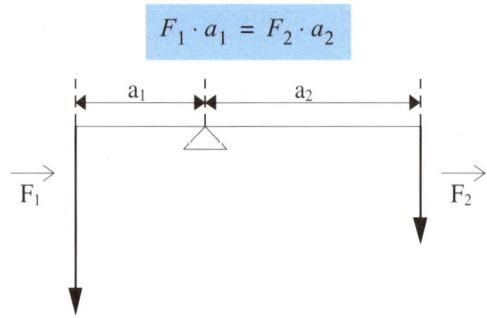

Das Produkt $F \cdot a$ (Kraft · Hebelarm) bezeichnet man als *Drehmoment der Kraft*. Es ist dabei zu beachten, dass der Hebelarm stets senkrecht zur Kraft stehen muss.
Die Einheit des Drehmoments ist 1 N · m = 1 Nm (Newton · Meter).

Hebelgesetz: An einem Hebel herrscht Gleichgewicht, wenn die Summe der linksdrehenden Momente gleich der Summe der rechtsdrehenden Momente ist.
$\Sigma\, M_\mathrm{r} = \Sigma\, M_\mathrm{l}$
An einem Hebel herrscht Gleichgewicht, wenn die Summe aller Drehmomente gleich null ist.
$\Sigma\, M = 0$
Bilden zwei an einem Hebel angreifende Kräfte einen Winkel, so spricht man von einem *Winkelhebel*.

Hebel werden meist dafür verwendet, um mit einer kleinen Kraftaufwendung eine große Kraftwirkung erreichen zu können.

Beispiele für einseitige Hebel: Nussknacker, Schubkarre, Autogaspedal, ...

Beispiele für zweiseitige Hebel: Beißzange, Eisenbahnschranke, Schere, Ruder, ...

Anwendungen des Hebels:

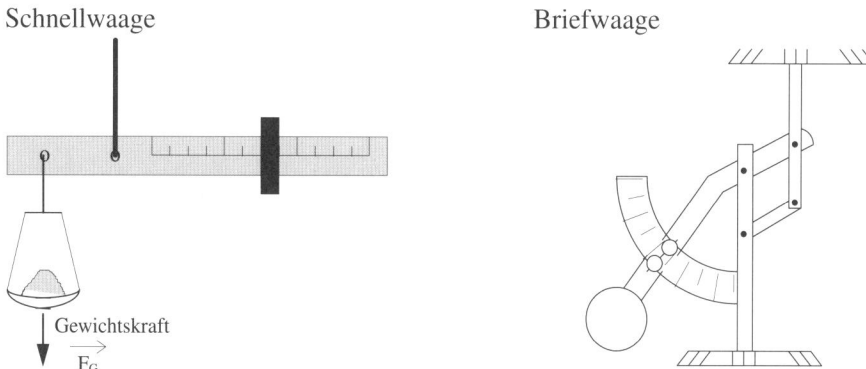

Schnellwaage

Gewichtskraft
$\vec{F_G}$

Briefwaage

Das Wellrad: Das Wellrad ist eine um eine Achse drehbare Welle mit dem Radius r, mit der konzentrisch ein Rad oder eine Kurbel mit größerem Radius R verbunden ist. Gleichgewicht besteht dann, wenn das Produkt aus Kraft und Radius R gleich dem Produkt aus Last und Radius r ist. Da R größer als r, ist die aufzuwendende Kraft kleiner als die bewegte Last.

Die Rolle

Um schwere Lasten heben zu können, werden neben Wellrädern oder Zahnradübersetzungen *Seilmaschinen* verwendet. Häufig benutzt man möglichst reibungsarm um eine Achse drehbare Kreisscheiben, die an ihrem Umfang mit einer Rille zur Aufnahme eines Seils versehen sind. Anstelle des Seils können auch Ketten verwendet werden.

Seilmaschinen, wie Rolle und Flaschenzug, haben den Vorteil, dass man mit ihnen Kraftbeträge und Kraftrichtungen ändern kann.

Die feste Rolle: Ist eine Rolle an einem feststehenden Gegenstand befestigt, so spricht man von einer festen Rolle. Mit ihrer Hilfe werden Kräfte umgelenkt. So kann man etwa einen Eimer hochziehen, indem man an einem Seil nach unten zieht.

Die lose Rolle: Lose Rollen liegen in der Seilführung und werden vom Seil getragen. Jede Seilhälfte, die an der losen Rolle anliegt, trägt die halbe zu hebende

Gewichtskraft. Eine lose Rolle bietet den Vorteil, dass eine Gewichtskraft mit dem halben Kraftaufwand gehoben werden kann. Allerdings wird die Länge des über die Rolle zu ziehenden Seils doppelt so lang wie der Hubweg.

Der Flaschenzug: Beim Flaschenzug sind mehrere lose Rollen nebeneinander oder untereinander angeordnet und über das Seil mit ebenso vielen festen Rollen verbunden. Die losen und festen Rollen werden je durch ein Gestell (Flasche) zusammengehalten. Ist die Anzahl der verwendeten Rollen n, so verteilt sich die zu hebende Gewichtskraft F_G auf n Seilstücke. Die aufzuwendende Zugkraft F_Z ist der n-te Teil der Gewichtskraft. Die abzuwickelnde Seillänge s ist aber n-mal so lang wie die Hubhöhe h.

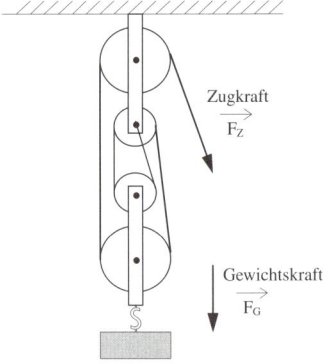

Zugkraft
$\overrightarrow{F_Z}$

Gewichtskraft
$\overrightarrow{F_G}$

$$F_Z = \frac{1}{n} \cdot F_G$$

$$s = n \cdot h$$

Gleichgewicht

Der Schwerpunkt: Der Schwerpunkt eines Körpers ist der Punkt, in dem man den Körper unterstützen muss, um die Wirkung seines Gewichtes auszugleichen. Greift eine Kraft vom Betrag der Körpergewichtskraft im Schwerpunkt nach oben gerichtet an, so hindert diese Kraft den Körper am Fallen.

Physikalische Bedeutung: Jeder Körper besteht aus kleinsten Teilchen. Ihre Gewichtskräfte sind parallele und gleich gerichtete Kräfte, die durch eine resultierende Gewichtskraft ersetzt werden können. Der Betrag der resultierenden Kraft ist gleich der Summe der Gewichtskräfte aller Teilchen. Ihr Angriffspunkt ist der Schwerpunkt des Körpers.

Der Schwerpunkt einer massiven homogenen Kugel ist der Mittelpunkt der Kugel.

Bestimmung des Schwerpunktes: Zur experimentellen Bestimmung der Lage des Schwerpunktes hängt man den Körper an mindestens zwei verschiedenen Punkten der Oberfläche auf und lotet jeweils vom Aufhängepunkt nach unten. Diese Lote, welche die Angriffslinien der Schwerkraft darstellen, schneiden sich im Schwerpunkt des Körpers.

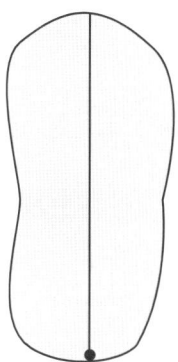
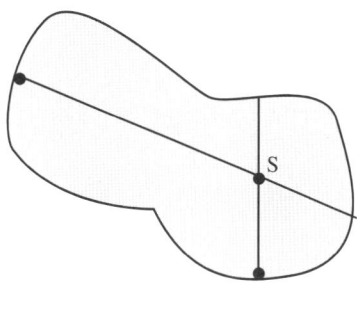

Der rechnerischen Bestimmung der Lage des Schwerpunktes dient der *Momentensatz* (Das resultierende Drehmoment ist gleich der Summe der einzelnen Drehmomente.). Danach muss bezüglich jeder Raumachse das von der Gewichtskraft des Körpers im Schwerpunkt erzeugte Drehmoment gleich der Summe der Drehmomente aller Teilgewichtskräfte sein.

Gleichgewichtsarten

In welcher Gleichgewichtslage sich ein Körper befindet, ist vom Verhalten seines Schwerpunktes nach einer Verschiebung des Körpers abhängig.

Das stabile Gleichgewicht: Die Gleichgewichtslage heißt stabil, wenn der Körper nach einer (geringen) Auslenkung wieder in seine Ausgangslage, die stabile Gleichgewichtslage, zurückkehrt. Der Schwerpunkt nimmt in der stabilen Gleichgewichtslage die tiefste mögliche Lage ein. Bereits eine kleine Bewegung des Körpers hat ein Anheben des Schwerpunktes zur Folge.

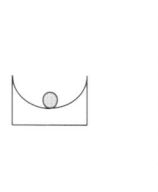
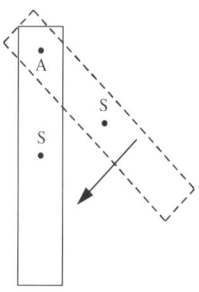

Das labile Gleichgewicht: Die Gleichgewichtslage heißt labil, wenn der Schwerpunkt
die höchste mögliche Lage einnimmt und bereits eine kleine Verschiebung des Körpers aus
der Gleichgewichtslage eine Senkung des
Schwerpunktes zur Folge hat. Der Körper kehrt
nicht mehr in seine Ausgangslage zurück.

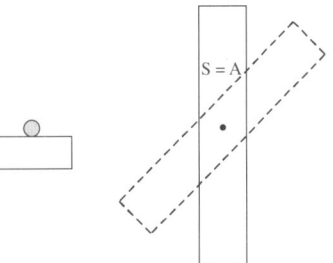

Das indifferente Gleichgewicht: Die Gleichgewichtslage heißt indifferent, wenn eine Verschiebung des Körpers weder ein Anheben
noch eine Senkung des Schwerpunktes zur
Folge hat. Der Körper verbleibt in der neuen
Lage.

Die Standfestigkeit eines Körpers: Liegt der Schwerpunkt eines Körpers lotrecht
oberhalb der Unterstützungsfläche, so bezeichnet man ihn als *standsicher.* Er
befindet sich im stabilen Gleichgewicht. Liegt der Schwerpunkt dagegen lotrecht oberhalb der Kippkante, so ist das Gleichgewicht *labil* und der Körper
kann bei der kleinsten Bewegung kippen. Ein Körper bleibt solange stehen, wie
das Lot durch den Schwerpunkt die unterstützte Grundfläche des Körpers noch
trifft.

Körper bleibt stehen   Körper fällt von der Platte

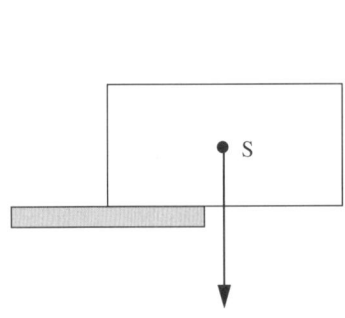

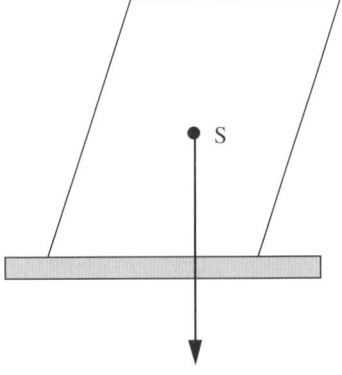

Ein Maß für die Standfestigkeit eines Körpers ist das zum Kippen nötige Kipp-moment, welches mindestens genau so groß sein muss wie sein Standmoment.

Ist h die Höhe der Kraft über der Grundfläche, l der senkrechte Abstand von der Kippkante zum Schwerpunktslot, $\vec{F}_G$ die Gewichtskraft des Körpers und $\vec{F}$ die Kippkraft, dann ist das Standmoment $\vec{F}_G \cdot l$ und das Kippmoment $\vec{F} \cdot h$. Die zum Kippen nötige Kraft beträgt demnach:

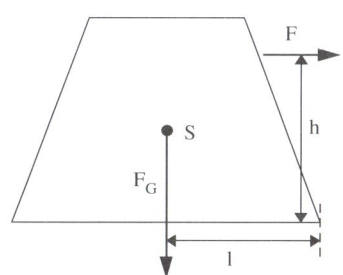

$$\vec{F} = \frac{\vec{F}_G \cdot l}{h}$$

Die Standfestigkeit eines Körpers nimmt zu, wenn die Gewichtskraft $\vec{F}_G$ des Körpers größer wird, die Auflagefläche und damit l vergrößert wird oder die an-greifende Kippkraft $\vec{F}$ vermindert wird.

2.   Bewegungslehre

Sprechen wir von der Bewegung eines Körpers, so denken wir an fahrende Au-tos, startende und fliegende Flugzeuge, an ein sich drehendes Karussell oder vielleicht an abgeschossene Raketen.
Es gibt sehr viele Arten von Bewegungen:
geradlinige, krummlinige, kreisförmige, periodische, gleichförmige, beschleu-nigte, ... Bewegungen.

Die gleichförmige Bewegung

Bewegt sich ein Körper so, dass er auf geradliniger Bahn in gleichen Zeitab-schnitten gleich lange Strecken zurücklegt, bezeichnet man seine Bewegung als *gleichförmig*.

Bei der gleichförmigen Bewegung sind der zurückgelegte Weg s und die dazu benötigte Zeit t zueinander proportional.

Den Proportionalitätsfaktor, der sich aus dem Quotienten der beiden Größen Weg und Zeit ergibt, bezeichnet man als Geschwindigkeit v.

$$v = \frac{s}{t} \quad \left(\text{Geschwindigkeit} = \frac{\text{Weg}}{\text{Zeit}} \right)$$

Einheit für die Geschwindigkeit: In der Physik werden Wegstrecken in Meter und Zeiten in Sekunden gemessen. Daraus ergibt sich für die Geschwindigkeit die Grundeinheit Meter pro Sekunde (1 $\frac{m}{s}$).

Im täglichen Leben werden Geschwindigkeiten fast nur in Kilometer pro Stunde angegeben (1 $\frac{km}{h}$).

$$3,6 \; \frac{km}{h} = \frac{3600 \; m}{3600 \; s} = 1 \; \frac{m}{s}$$

Häufig verwendet man diese Gleichung, um aus der Geschwindigkeit v und der Zeit t die Wegstrecke s auszurechnen.

$$s = v \cdot t \quad (\text{Weg} = \text{Geschwindigkeit} \cdot \text{Zeit})$$

Für die benötigte Zeit t bei Angabe von Geschwindigkeit v und zurückgelegter Wegstrecke s ergibt sich:

$$t = \frac{s}{v} \quad \left(\text{Zeit} = \frac{\text{Weg}}{\text{Geschwindigkeit}} \right)$$

Darstellung der Geschwindigkeit: Wie die Kraft, ist auch die Geschwindigkeit ein *Vektor*.
Der Geschwindigkeitsvektor hat eine Richtung, einen Betrag und einen Angriffspunkt.

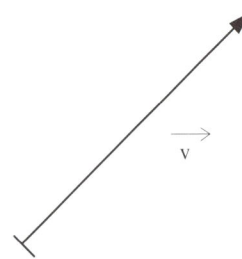

In der Vektorschreibweise lautet die Größengleichung für die Geschwindigkeit:

$$\vec{v} = \frac{\vec{s}}{t}$$

Aufgrund der Proportionalität von Weg und Zeit ergibt sich im Weg-Zeit-Diagramm eine Ursprungsgerade. Das Geschwindigkeits-Zeit-Diagramm zeigt bei gleichförmigen Bewegungen eine Parallele zur t-Achse.

Weg-Zeit-Diagramm   Geschwindigkeit-Zeit-Diagramm
für eine gleichförmige Bewegung

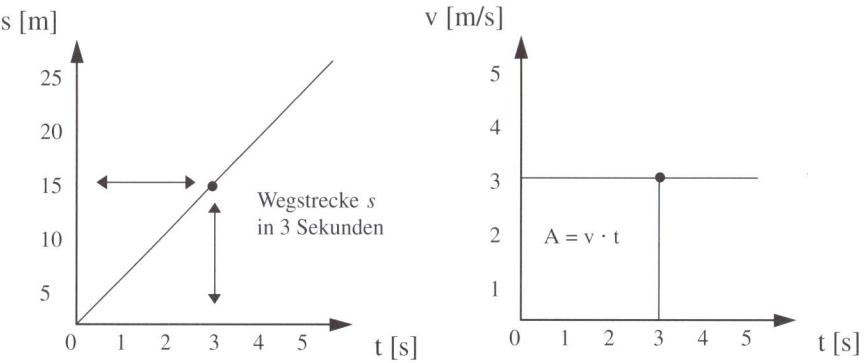

Mittlere Geschwindigkeit und Momentangeschwindigkeit: Bewegungen sind sehr selten gleichförmig. Bei einer nicht gleichförmigen Bewegung liefert der Quotient aus Weg und Zeit lediglich die mittlere Geschwindigkeit.

$$v_\mathrm{m} = \frac{s}{t}$$

Die Geschwindigkeit zu einem bestimmten Zeitpunkt, die Momentangeschwindigkeit, erhält man, indem man Weg- und Zeitintervall (Δs und Δt) sehr klein werden lässt. Immer kürzere Weg- und Zeitintervalle führen zu einer Grenzwertbetrachtung, die in der Mathematik zur Definition des Differenzialquotienten führt. Demnach lässt sich die Momentangeschwindigkeit durch folgende mathematische Schreibweise festlegen:

I. Mechanik

$$v_{\Delta t} = \lim_{\to 0} \frac{\Delta s}{\Delta t} = \frac{ds}{dt} = \dot{s}$$

Bei gleichförmigen Bewegungen sind die mittlere Geschwindigkeit und die Momentangeschwindigkeit gleich groß.

Beispiele für mittlere Geschwindigkeiten in $\frac{km}{h}$:

Fußgänger	5	Radfahrer	20
Güterzug	40	Eilzug	90
Flugzeug	300 - 3000		

Beispiele für mittlere Geschwindigkeiten in $\frac{km}{s}$:

Schall in Luft	0,34	Gewehrkugel	0,5
Rakete	3	Erdsatellit	8
Erde auf ihrer Bahn	30	Licht im leeren Raum	300.000

Die geradlinig gleichmäßig beschleunigte Bewegung

In den meisten Fällen verändert sich die Geschwindigkeit im Laufe der Zeit. Nimmt die Geschwindigkeit in gleichen Zeitabschnitten um denselben Betrag zu, nennt man die Bewegung eine gleichmäßig beschleunigte Bewegung. Geschwindigkeitsänderung Δv und (benötigtes) Zeitintervall Δt sind proportional. Unter der Beschleunigung a versteht man den Quotienten aus einer Geschwindigkeitsänderung Δv und dem dazugehörigen Zeitintervall Δt.

$$a = \frac{\Delta v}{\Delta t} \left(\text{Beschleunigung} = \frac{\text{Geschwindigkeitsänderung}}{\text{Zeitintervall}} \right)$$

Einheit für die Beschleunigung: $1 \frac{m}{s^2}$

Auch die Beschleunigung ist eine Vektorgröße. Die Größengleichung für die Beschleunigung lautet somit:

$$\vec{a} = \frac{\Delta \vec{v}}{\Delta t}$$

Die Gleichung $a = \frac{\Delta v}{\Delta t}$ gilt nur für geradlinige Bewegungen. Sie berücksichtigt nur die Beträge.

Bei der Beschleunigung muss man wie bei der Geschwindigkeit zwischen der mittleren Beschleunigung und der Momentanbeschleunigung unterscheiden. Die Momentanbeschleunigung ist umso genauer, je kürzer man das Zeitintervall wählt. Bei kürzer werdendem Zeitintervall Δt wird natürlich auch die Geschwindigkeitsänderung Δv immer kleiner.

Die Momentanbeschleunigung lässt sich wie die Momentangeschwindigkeit durch einen Differenzialquotienten definieren:

$$a = \lim_{\Delta t \to 0} \frac{\Delta v}{\Delta t} = \frac{dv}{dt} = \dot{v}$$

Setzt man für v den Differenzialquotienten ein, so erhält man die Beschleunigung als zweiten Differenzialquotienten des Weges nach der Zeit.

$$a = \frac{dv}{dt} = \frac{d\left(\frac{ds}{dt}\right)}{dt} = \frac{d^2 s}{dt^2} = \ddot{s}$$

Bei einer verzögerten Bewegung ist die Endgeschwindigkeit kleiner als die Anfangsgeschwindigkeit und daher Δv negativ. Da Δv negativ ist, wird auch die Beschleunigung a negativ. Eine solch negative Beschleunigung bezeichnet man als *Verzögerung*.

Geradlinig gleichmäßig beschleunigte Bewegung aus der Ruhelage: Zur Untersuchung des Zusammenhangs zwischen Zeit, Weg, Geschwindigkeit und Beschleunigung bei einer beschleunigten Bewegung, die aus dem Ruhezustand beginnt, muss man sich einen Wagen vorstellen, der reibungsfrei längs einer Strecke mit gleich bleibender Kraft beschleunigt wird (siehe Skizze).

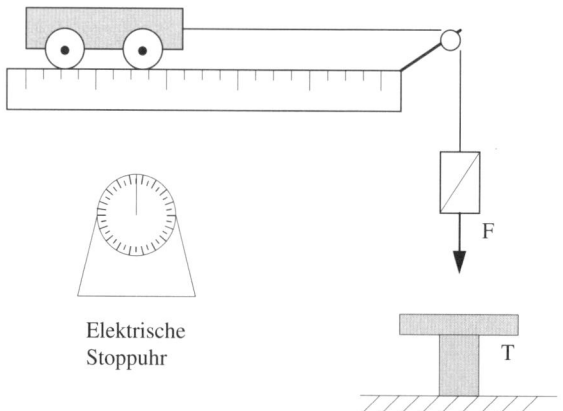

Elektrische
Stoppuhr

F

T

Trägt man in einem Diagramm die Momentangeschwindigkeit v gegen t auf, so liegen die einzelnen Punkte auf einer Geraden durch den Nullpunkt. Der Quotient aus v und t ist also konstant. Er bildet den Steigungsfaktor der Geraden. Der Steigungsfaktor $\frac{\Delta v}{\Delta t}$ ist gleich der Beschleunigung a zu setzen. Bei der entstehenden Bewegung ist also die Beschleunigung konstant. Es handelt sich um eine *gleichmäßig beschleunigte Bewegung*.

Das v-t-Diagramm einer geradlinig gleichmäßig beschleunigten Bewegung zeigt eine Gerade. Da die Beschleunigung aus der Ruhelage heraus erfolgt, ist die Gerade eine Ursprungsgerade.

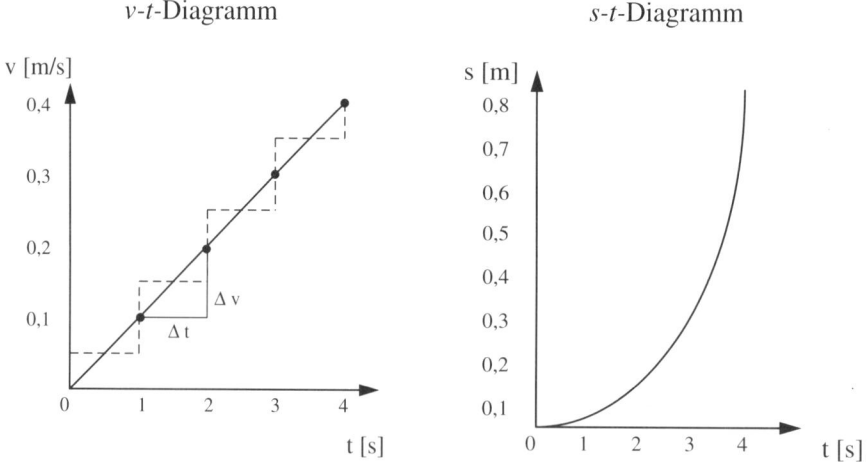

v-t-Diagramm

s-t-Diagramm

Das s-t-Diagramm zeigt, dass sich bei der Verdoppelung der Zeit t die Wegstrecke s vervierfacht.

$$s \sim t^2$$

Für den Quotienten $\frac{s}{t^2}$ ergibt sich ein konstanter Wert, der halb so groß ist wie die dazugehörige Beschleunigung a.

$$\frac{s}{t^2} = \frac{a}{2}$$

Aus den beiden Beziehungen $a = \frac{v}{t}$ und $\frac{a}{2} = \frac{s}{t^2}$ erhält man durch Umstellen die folgenden Gleichungen für eine gleichmäßig beschleunigte Bewegung:

$$v = a \cdot t \qquad s = \frac{a}{2}t^2$$

Durch Differenziation der Gleichung $s = \frac{1}{2} a \cdot t^2$ ergibt sich eine Bestätigung dafür, dass die Geschwindigkeit und die Beschleunigung die erste bzw. zweite Ableitung des Weges nach der Zeit sind.

$$\frac{ds}{dt} = a \cdot t = v \qquad \frac{d^2s}{dt^2} = a$$

Wird eine Beziehung zwischen Weg und Geschwindigkeit benötigt, ohne dass man die Zeit kennt, so kann man folgende umgeformte Gleichungen verwenden:

$$v = \sqrt{2 \cdot a \cdot s}$$

$$s = \frac{1}{2} \cdot \frac{v^2}{a}$$

Die gleichmäßig beschleunigte Bewegung mit bestimmter Anfangsgeschwindigkeit:

Wenn ein Körper, der bereits eine bestimmte Anfangsgeschwindigkeit v_0 hat, gleichmäßig beschleunigt wird, addiert sich die Geschwindigkeitsänderung $a \cdot t$ zur Anfangsgeschwindigkeit hinzu.

I. Mechanik

Für die Momentangeschwindigkeit ergibt sich:

$$v = v_0 + a \cdot t$$

Für die zurückgelegte Wegstrecke erhält man :

$$s = v_0 \cdot t + \frac{a}{2} t^2$$

Für die mittlere Geschwindigkeit ergibt sich :

$$v_m = \frac{s}{t} = \frac{v_0 \cdot t + \frac{1}{2} a \cdot t^2}{t} = v_0 + \frac{1}{2} a \cdot t$$

Die mittlere Geschwindigkeit ist von der Zeit abhängig.

Berechnet man aus $v = v_0 + a \cdot t$ die Zeit und setzt diese in die Gleichung für die Wegstrecke ein, so erhält man eine Berechnungsmöglichkeit für die Endgeschwindigkeit, die von der Zeit unabhängig ist.

$$v = \sqrt{v_0^2 + 2 \cdot s \cdot a}$$

Das v-t-Diagramm zeigt die grafische Darstellung einer gleichmäßig verzögerten Bewegung:

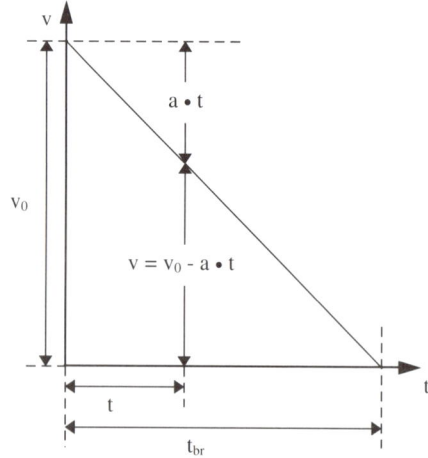

Für die gleichmäßig verzögerte Bewegung haben die selben Gleichungen Gültigkeit wie für die gleichmäßig beschleunigte Bewegung. Die Beschleunigung a wird als Verzögerung mit einem negativen Wert geführt.

Weg und Geschwindigkeit

Eine Wegstrecke ist erst dann eindeutig festgelegt, wenn ihre Länge und ihre Richtung bekannt sind.

In der Physik werden alle Größen, die durch den Betrag und die Richtung festgelegt sind, als Vektoren dargestellt. Demnach sind Weg und auch Geschwindigkeit vektorielle Größen.

Größen, denen man keine Richtung zuordnen kann, sind zum Beispiel die Masse m oder die Zeit t.

Physikalische Größen kennzeichnet man als Vektoren, indem man über das Formelsymbol einen Pfeil setzt.

Vektoren kann man auch in Gleichungen verwenden. Eine Vektorgleichung sagt aus, dass die beiden Seiten nicht nur in ihrem Betrag, sondern auch in ihrer Richtung übereinstimmen.

Aus der Vektorgleichung $\vec{s} = \vec{v} \cdot t$ folgt, dass die Richtung der Wegstrecke s mit der Richtung der Geschwindigkeit v übereinstimmt.

Erfolgen zwei Bewegungen gleichzeitig, so erhält man den gesamten zurückgelegten Weg und die Gesamtgeschwindigkeit durch eine vektorielle Addition der Teilwege bzw. der Teilgeschwindigkeiten.

Bewegen sich zwei Körper vom gleichen Ausgangspunkt in gleicher Richtung mit verschiedenen Geschwindigkeiten, so ergibt sich ihre gegenseitige Entfernung aus der Differenz der zurückgelegten Wege.

Im Laufe der Zeit entfernen sie sich gegenseitig, also relativ zueinander.

Die Entfernung erfolgt mit der Relativgeschwindigkeit v_{rel}.

$$v_{rel} = v_1 - v_2$$

Dieses Ergebnis kann man auch auf Geschwindigkeiten mit verschiedenen Richtungen anwenden, wenn man die Wege und die Geschwindigkeiten als Vektoren einsetzt.

I. Mechanik

$$\Delta \vec{s} = \vec{s}_1 - \vec{s}_2 = (\vec{v}_1 - \vec{v}_2) \cdot t = \vec{v}_{rel} \cdot t$$

$$\vec{v}_{rel} = \vec{v}_1 - \vec{v}_2$$

Bewegen sich zwei Körper gleichzeitig mit den Geschwindigkeiten $\vec{v}_1$ und $\vec{v}_2$, so ist ihre Relativgeschwindigkeit die Differenz der Geschwindigkeitsvektoren: $\vec{v}_{rel} = \vec{v}_1 - \vec{v}_2$

Der freie Fall auf unserer Erde

In früheren Zeiten war man der Auffassung, dass schwere Körper schneller fallen als leichte. Dies ist zwar auch heutzutage noch richtig, da eine Stahlkugel schneller als ein Wattebällchen zur Erde fällt, aber man weiß heute, dass im Vakuum alle Körper gleich schnell fallen.

Diese Einsicht gelang um das Jahr 1600 dem ersten Experimentalphysiker Galileo Galilei (1564–1642).

Galilei wies nach, dass gleich geformte, aber unterschiedlich schwere Körper (auch in Luft) gleich schnell fallen.

Das langsame Fallen einer Flaumfeder in Luft konnte er auf den Luftwiderstand zurückführen. Unter dem freien Fall versteht man die Fallbewegung eines Körpers, auf den allein seine Gewichtskraft wirkt.

Die Fallbewegung ist eine Bewegung mit konstanter Beschleunigung.
Die *Fallbeschleunigung* auf der Erde wird mit g bezeichnet. Sehr genaue Messungen ergaben $g = 9,80665 \frac{\text{m}}{\text{s}^2}$.

Beim freien Fall wachsen die Fallwege mit dem Quadrat der Fallzeiten.
Die grafische Darstellung im t-v-Diagramm ergibt als Kurve eine Parabel.

Fallgesetze:

$$s = \frac{1}{2}g \cdot t^2$$

$$v = g \cdot t$$

Der freie Fall auf unserer Erde ist also eine gleichmäßig beschleunigte Bewegung. Die Fallbeschleunigung bzw. Erdbeschleunigung nimmt mit wachsendem Abstand vom Erdmittelpunkt ab. Da die Erde keine Kugel ist, sondern an den Polen abgeplattet ist, hat die Erdbeschleunigung g an den Polen andere Werte als am Äquator.

Vergleich: an den Polen 9,833 $\frac{m}{s^2}$; am Äquator 9,780 $\frac{m}{s^2}$

Würfe

Wäre keine Erdanziehungskraft vorhanden, so würde bei Vernachlässigung von Reibungskräften ein geworfener Gegenstand in seiner Abwurfrichtung mit gleich bleibender Geschwindigkeit geradlinig weiterfliegen.
Durch die Erdanziehungskraft wird die Wurfbewegung mit einer Fallbewegung überlagert.

Der senkrechte Wurf

Beim senkrechten Wurf haben beide Bewegungen die gleiche Richtung.
Es ist daher möglich, die Geschwindigkeiten beim Wurf nach unten direkt zu addieren oder beim Wurf nach oben direkt zu subtrahieren (vergleiche Addition von Kräften).

Für den senkrechten Wurf nach unten gilt:

Momentangeschwindigkeit zur Zeit t: $\qquad v = v_0 + g \cdot t \qquad v = \sqrt{v_0^2 + 2 \cdot g \cdot h}$

v_0: Abwurfgeschwindigkeit
Höhe h, in der sich der Körper noch befindet:

$$h = v_0 \cdot t + \frac{g}{2} \cdot t^2$$

Für den senkrechten Wurf nach oben gilt:

I. Mechanik

Momentangeschwindigkeit zur Zeit t: $v = v_0 - g \cdot t$ $v = \sqrt{v_0^2 - 2 \cdot g \cdot h}$

Höhe h, in der sich der Körper befindet: $h = v_0 \cdot t - \frac{g}{2}t^2$

Beim senkrechten Wurf nach oben erreicht der Körper nach einer gewissen Steigzeit den Umkehrpunkt. Dort beträgt seine Geschwindigkeit $v = 0$. Berechnung der Steigzeit t_{st} bis zum Umkehrpunkt:

$$t_{st} = \frac{v_0}{g}$$

Die erreichte Steighöhe h_{st} bis zum höchsten Punkt der Wurfbahn, dem Umkehrpunkt, bei der Geschwindigkeit $v = 0$ beträgt:

$$h_{st} = \frac{v_0^2}{2 \cdot g}$$

Fällt ein Körper aus der erreichten Steighöhe wieder zur Erde zurück, so ist seine erreichte Endgeschwindigkeit bei der Rückkehr zum Ausgangspunkt bei Vernachlässigung des Luftwiderstandes gleich der Abwurfgeschwindigkeit.

$$v = \sqrt{2 \cdot g \cdot h_{st}} = \sqrt{2 \cdot g \frac{v_0^2}{2 \cdot g}} = v_0$$

Der schiefe Wurf

Wird ein Körper mit einer Geschwindigkeit v_0 in einer Richtung geworfen, welche mit der Horizontalen den Winkel $\alpha (0° < \alpha < 90°)$ einschließt, so spricht man von einem schiefen Wurf.

I. Mechanik

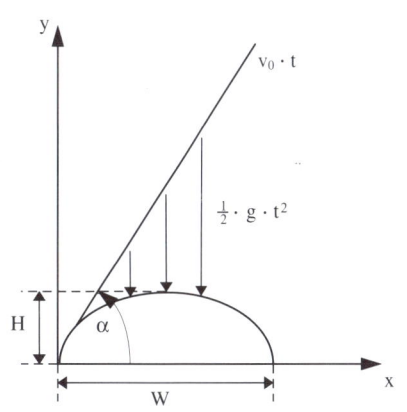

Wurfweite:	$W = \dfrac{v_0^2 \cdot \sin 2\alpha}{g}$
Steighöhe:	$H = \dfrac{v_0^2 \cdot \sin^2 \alpha}{2g}$
Steigzeit = Fallzeit	$T = \dfrac{v_0 \sin \alpha}{g}$

Die Bewegung kann in zwei voneinander unabhängige Teilbewegungen zerlegt werden: in eine geradlinige gleichförmige Bewegung mit der Geschwindigkeit v und in eine gleichmäßig beschleunigte Fallbewegung.

Die Wurfweite ist am größten, wenn der Term $\sin 2\alpha$ den Wert 1 annimmt. Dies ist der Fall für $2\alpha = 90°$. Man kann daraus folgern, dass man die größte Wurfweite W_{max} mit einem Abschusswinkel $\alpha = 45°$ erzielt.

$$W_{max} = \frac{v_0^2}{g}$$

Der horizontale Wurf

Für den horizontalen Wurf ist die Bahnkurve eine Wurfparabel.

Für die Wurfweite W gilt: $\quad W = v_0 \cdot \sqrt{\dfrac{2h}{g}}\;;\quad h:$ Abwurfhöhe

Für die Wurfdauer t gilt: $\quad t = \sqrt{\dfrac{2h}{g}}$

Die Reibung

Bei fast allen Bewegungen tritt Reibung auf. Die Reibungskraft wirkt an den Kontaktflächen zweier sich berührender Körper und hemmt die Relativbewegung zwischen beiden Körpern.

Die Reibungskraft $\vec{F}_R$ wirkt stets parallel zur Kontaktfläche und ist der Bewegung entgegengerichtet.

Die Reibungskraft ist nur abhängig von der Art der aufeinander reibenden Flächen, charakterisiert durch die Reibungszahl μ und der Normalkraft $\vec{F}_N$.

(Unter der Normalkraft versteht man die Kraft, welche senkrecht zur Kontaktfläche wirkt, siehe Kapitel „Die schiefe Ebene").

Für die Reibungskraft gilt: $F_R = \mu \cdot F_N$ μ: Reibungszahl

Man unterscheidet folgende Arten der Reibung:

Jeder Körper besitzt an seiner Oberfläche Vorsprünge und Vertiefungen, die sich beim Gleiten gegenseitig verhaken. Selbst die besonders glatten Oberflächen von Metallen besitzen in elektronenmikroskopischen Aufnahmen sichtbare Unebenheiten. Bewegt man einen Körper relativ zu einem anderen, so müssen die hemmenden Verhakungen überwunden werden.

Die Gleitreibung: Die beim Gleiten eines Körpers hemmende Kraft nennt man Gleitreibungskraft. Die Gleitreibungskraft ist unabhängig von der Geschwindigkeit, mit der sich der Körper bewegt und der Größe der Auflagefläche.

Die Gleitreibung bei Flüssigkeiten ist kleiner als bei Festkörpern. Man verwendet daher Öle als Schmiermittel.

Gleitreibungszahlen: Holz auf Holz   0,3

Eisen auf Eis (Schlittschuh) 0,014

Autoreifen auf Asphalt   0,4 (Bremsvorgang!)

Die Haftreibung: Bei der Bewegung aus der Ruhelage wirkt die Verhakung der reibenden Körper stärker als während der Gleitphase. Ein ruhender Körper setzt sich erst in Bewegung, wenn die angreifende Kraft einen bestimmten Wert, die maximale Haftreibung, überschreitet. Beachte: Die Haftreibung wirkt bei ruhenden Körpern und ist dem Betrage nach gleich der entgegengerichteten angreifenden Kraft. Fehlt diese Kraft, so ist die Haftreibungskraft gleich null.

Die Haftreibungszahlen sind größer als die Gleitreibungszahlen.

Haftreibungszahlen: Holz auf Holz   0,5

                        Eisen auf Eis   0,03

                        Autoreifen auf Asphalt   0,5

Die Rollreibung: Werden Körper auf einer Unterlage rollend bewegt, so wirkt der äußeren Kraft die Rollreibungskraft entgegen. Die Rollreibungskraft ist bei sonst gleichen Bedingungen nur ein Bruchteil der Gleitreibungskraft. Vor etwa 5000 Jahren führte die Erkenntnis, dass die Rollreibung den geringsten Bewegungswiderstand erzeugt, zur Erfindung des Rades.

Die Rollreibungszahlen sind um ein Vielfaches kleiner als die Gleitreibungszahlen. Zum Beispiel beträgt die Rollreibungszahl in Kugellagern nur 0,001. Der Radius eines rollenden Rades ist mit ausschlaggebend für die Berechnung der Rollreibungskraft. Bei der Angabe von Rollreibungszahlen ist der durchschnittliche Radius von Kraftfahrzeug- und Eisenbahnrädern als Grundlage gewählt worden.

Für Fahrzeugräder wirkt aber nicht nur die Rollreibung am Umfang des Rades, sondern auch noch die Reibung in den Achslagern. Beide Reibungszahlen werden in der so genannten *Fahrwiderstandszahl* zusammengefasst.

Meistens wird die Reibung als störende Nebenerscheinung gewertet. So führen in Maschinen aller Art die Reibungskräfte zu einem höheren Energieaufwand und zu Materialverschleiß. Manchmal ist die Reibung aber unbedingt erforderlich. Ohne Reibung wären Gehen und sicheres Stehen nicht möglich, da wir sonst wie bei Glatteis keinen Halt finden würden. Erst durch die Reibung ist eine Kraftübertragung über Kupplungen möglich wie etwa beim Auto. Die Reibungskräfte werden bei allen Bremsvorgängen genutzt.

Die schiefe Ebene

Jede Ebene, die gegen die Waagrechte geneigt ist, nennt man in der Physik *schiefe Ebene*.

Statt durch den Neigungswinkel kann man die Neigung einer schiefen Ebene durch das Verhältnis aus Höhe *h* und Länge *l* der schiefen Ebene angeben. Den

Quotienten aus *h* und *l* bezeichnet man als *Steigung(sverhältnis)* der schiefen Ebene:

$$\frac{h}{l} = \sin\alpha; \quad \alpha: \text{Steigungswinkel}$$

$$\tan\alpha = \frac{h}{b}$$

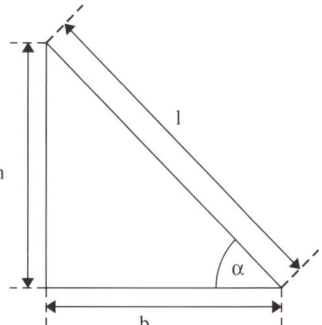

Die Steigung einer schiefen Ebene berechnet sich auch aus dem Quotienten der Höhe *h* und der Basis *b*.

Die Gewichtskraft eines Körpers auf der geneigten Ebene lässt sich ebenfalls in Kraftkomponenten zerlegen: Man wählt eine Komponente parallel zur geneigten Ebene, die Hangabtriebskraft und eine Komponente senkrecht zur geneigten Ebene, die Normalkraft. Die beiden Komponenten bilden miteinander einen rechten Winkel.

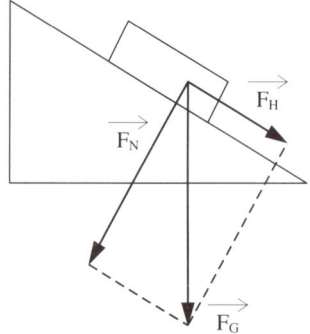

Die Hangabtriebskraft $\vec{F}_H$ und die Normalkraft $\vec{F}_N$ ändern sich mit der Gewichtskraft des Körpers auf der schiefen Ebene und mit der Steigung der Ebene. Aus der Zeichnung ergibt sich für die Hangabtriebskraft:

$$F_H = F_G \cdot \sin\alpha = F_G \cdot \frac{h}{l}$$

Für die Normalkraft F ergibt sich:

$$F_N = F_G \cdot \cos\alpha = F_G \cdot \frac{b}{l}$$

Die Schraube: Ein besonderer Fall der schiefen Ebene ist die Schraube. Man kann eine Schraube als geneigte Ebene deuten, die um eine Achse gewickelt wurde.

Die dazugehörige Schraubenmutter ist ein zylindrisch durchbohrter Körper, dem das Gewinde der Spindel eingeschnitten ist. Dreht man die Schraubenmutter bei fest stehender Spindel, so schiebt sie sich bei einer Umdrehung um eine Ganghöhe in Richtung der Zylinderachse vor. Dabei wird in Richtung der Zylinderachse eine Druckkraft ausgeübt. Je kleiner die Ganghöhe ist, umso leichter kann bei vorhandener Gegenkraft die Mutter in die Spindel eingedreht werden.

Wenn F_1 die zur Drehung der Schraube erforderliche Kraft ist (wirksam im Abstand r), F_2 die in Achsenrichtung wirkende Kraft, h die Ganghöhe der Schraube, r der mittlere Gewinderadius und α der Neigungswinkel der abgewickelten geneigten Ebene, dann gilt:

$$F_1 : F_2 = h : b = \tan\alpha$$

$$F_1 = F_2 \cdot \tan\alpha$$

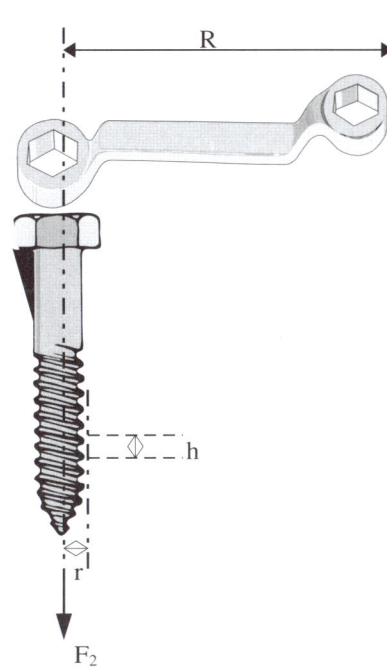

Eine weitere Anwendung der schiefen Ebene ist der *Keil*. Er besteht aus zwei mit der Basis zusammengefügten geneigten Ebenen. Die von den geneigten Ebenen ausgeübten seitlichen Kräfte bewirken, dass der Block, in den man den Keil treibt, gespalten wird. Die Kraft $\vec{F}$, die vom Keil ausgeübt wird, kann in zwei Komponenten $\overrightarrow{F_{N1}}$ und $\overrightarrow{F_{N2}}$ senkrecht zu den Keilflächen zerlegt werden.

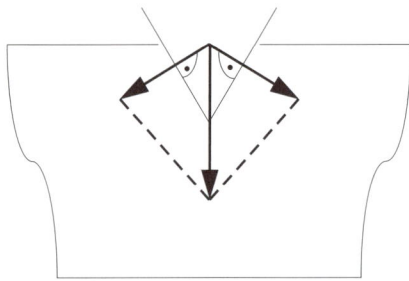

Wenn F die auf den Keil ausgeübte Kraft ist, F_N die seitlich wirkende Normalkraft, r die Breite des Keilrückens, s die Länge der geneigten Ebene und α der halbe Keilwinkel, dann gilt:

$$F_N = F \cdot \frac{s}{r} = \frac{F}{2 \cdot \sin\alpha}$$

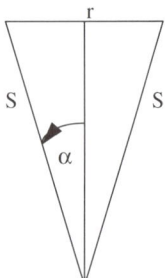

Die mechanische Arbeit

Der Arbeitsbegriff: Im physikalischen Sinne wird Arbeit verrichtet, wenn ein Körper unter Kraftaufwand bewegt wird. Es muss also eine Kraft längs eines Weges und in der Richtung des Weges wirken.

Die mechanische Arbeit ist das Produkt aus den Beträgen Kraft und Weg.

$$W = F \cdot s$$

Die Einheit der Arbeit wird aus den Einheiten der Kraft und der Länge abgeleitet und nach dem englischen Physiker J. P. Joule (1818–1889) mit 1 Joule (1 J) bezeichnet. Mit der Krafteinheit 1 N und der Längeneinheit 1 m ergibt sich als Arbeitseinheit 1 Nm.

$$1\,J = 1\,Nm$$

Die Arbeit 1 Joule wird verrichtet, wenn eine Kraft von 1 Newton längs eines Weges von 1 Meter wirkt.

Vielfach wird auch die Einheit Kilojoule verwendet:

$$1\,kJ = 10^3\,J = 1000\,J$$

Arbeit wird immer dann verrichtet, wenn ein Körper unter Kraftaufwand bewegt wird, zum Beispiel beim Heben eines Körpers. Die danach benannte Arbeit heißt *Hubarbeit*.
Wird die Kraft zur Überwindung der Reibung verwendet, handelt es sich bei der verrichteten Arbeit um *Reibungsarbeit*.
Theoretisch könnte man nun folgern, dass es sich beim Halten eines Gegenstandes um Haltearbeit handeln muss. Bei dieser Arbeit handelt es sich aber um keine mechanische Arbeit, die längs eines Weges verrichtet wird.
Formeln:
Hubarbeit $W_{Hub} = F_G \cdot h$; Reibungsarbeit $W_R = F_R \cdot s$

F_G: Gewichtskraft

h: Hubhöhe

F_R: Reibungskraft

s: zurückgelegter Weg

Bilden Kraftrichtung und Wegrichtung einen Winkel zwischen 0° und 90° miteinander, so dürfen bei der Berechnung der verrichteten Arbeit der Weg nur mit der Kraftkomponente in Wegrichtung bzw. die Kraft mit der Wegkomponente in Kraftrichtung multipliziert werden.

Es gilt: $\vec{W} = \vec{F} \cdot \vec{s}$ bzw. $W = F \cdot s \cdot \cos \alpha$

I. Mechanik

Bei allen Berechnungen ist zu berücksichtigen, dass es sich bei der Arbeit um eine skalare Größe handelt.

Ist die Kraft nicht konstant, sondern eine Funktion des Weges F (s), und schließen Kraft und Weg den Winkel α miteinander ein, dann ist die Arbeit das Integral über F (s).

Die Arbeit ist das Wegintegral der Kraft:

$$W = \int_{s_1}^{s_2} F \cdot \cos\alpha \; ds$$

Das Integral bedeutet, dass in einem F-s-Diagramm die Fläche unter der Kurve von F (s) der verrichteten Arbeit entspricht.

Energie

Jede Arbeit, die an einem Körper verrichtet wird, vergrößert die Energie des Körpers und versetzt ihn in die Lage, selbst Arbeit zu verrichten.

Energiebegriff: Unter Energie versteht man die Fähigkeit eines Körpers, Arbeit zu verrichten.

Einheit der Energie: Die Einheit entspricht der Einheit der Arbeit, da Energie gespeicherte Arbeit ist.

$$1 \text{ Joule } = 1 \text{ J } = 1 \text{ N} \cdot \text{m} = 1 \; W \cdot s = 1 \frac{\text{kg} \cdot \text{m}^2}{\text{s}^2}$$

Eine heute nicht mehr zulässige alte Einheit ist 1 Kilopondmeter.

Die potenzielle Energie

Wird an einem Körper eine Hubarbeit verrichtet, so erfährt der Körper äußerlich keine Veränderung. Der nach oben beförderte Körper besitzt aber eine Fähigkeit, die er vorher noch nicht hatte: Er kann nun seinerseits Arbeit verrichten.

Ein schönes Beispiel ist das Antriebsgewicht einer Balastuhr. Das hochgezogene Antriebsgewichtsstück treibt die Uhr an, es verrichtet Arbeit.

Das äußere Kennzeichen der oben beschriebenen Arbeitsfähigkeit ist die veränderte Lage des gehobenen Gewichtsstückes.

Jede Fähigkeit, Arbeit zu verrichten, ist mit dem Begriff Energie definiert. Die durch die Höhenlage erworbene Arbeitsfähigkeit eines Körpers nennt man *Lageenergie* oder *potenzielle Energie*.

Es ist zu beachten, dass die beim Heben eines Körpers erworbene potenzielle Energie nicht dem Gesamtpotenzial entspricht. Es ist nur der Zuwachs an potenzieller Energie, der durch das Heben um eine gewisse Höhe h entstanden ist. Man legt deshalb bei Rechnungen ein Nullniveau fest, auf das man die potenzielle Energie eines Körpers bezieht.

Potenzieller Energiezuwachs im Anziehungsbereich der Erde:

$$E_{pot} = F_G \cdot h$$

Wird der Körper um die Höhe h gesenkt, so gibt er die bestimmte Energie E_{pot} ab, die zum Heben um das gleiche Stück nötig gewesen wäre.

Durchfällt ein Körper eine Höhe h, so wandelt sich seine potenzielle Energie E_{pot} in Bewegungsenergie der gleichen Größe um.

Die Gesetzmäßigkeit $E_{pot} = F_G \cdot h$ ist nur dann gültig, wenn die Fallbeschleunigung g nahezu konstant ist. Dies ist nur bei kleinen Hubwegen der Fall. Im Schwerefeld eines jeden Himmelskörpers nimmt die Schwerkraft und somit die Fallbeschleunigug mit dem Quadrat des Abstandes vom Massenmittelpunkt ab. Daher muss bei größeren Hubwegen berücksichtigt werden, dass F_G eine Funktion von h ist.

Es ergibt sich somit für die Berechnung der potenziellen Energie:

$$E_{pot} = m \cdot \int_{h_1}^{h_2} g \, dh$$

I. Mechanik

Auch eine gespannte Feder besitzt eine Arbeitsfähigkeit. Ihre Arbeitsfähigkeit ist ebenso groß wie die Spannarbeit, die zum Spannen der Feder benötigt wurde:

$E_{\text{pot}} = \frac{1}{2}D \cdot s^2$ ist die potenzielle Energie einer gespannten Feder.

Dabei ist D die Federkonstante der Feder.

Die kinetische Energie

Möchte man einen Körper auf eine bestimmte Geschwindigkeit beschleunigen, so muss an ihm Arbeit verrichtet werden. Die an ihm verrichtete Arbeit wird in Form von Bewegungsenergie in ihm gespeichert.

Ein Körper, der sich in Bewegung befindet, besitzt eine Arbeitsfähigkeit, die er im Zustand der Ruhe nicht hat. Zum Beispiel kann ein sich bewegender Gegenstand einen anderen in Bewegung versetzen oder verformen. Diese durch den Bewegungszustand des Körpers hervorgerufene Arbeitsfähigkeit nennt man *Bewegungsenergie* oder *kinetische Energie*.

Kinetische Energie: $E_{\text{kin}} = \frac{1}{2}m \cdot v^2$

Jede Geschwindigkeitsänderung hat auch eine Änderung der kinetischen Energie zur Folge. Für die Änderung der Geschwindigkeit von v_1 auf v_2 gilt:

$$\Delta E_{\text{kin}} = \frac{m}{2}\left(v_2^2 - v_1^2\right)$$

Eine besondere Form der Bewegungsenergie ist die Rotationsenergie E_{rot}.

$E_{\text{rot}} = \frac{1}{2}J \cdot w^2$; J: Trägheitsmoment, w: Winkelgeschwindigkeit.

Energieerhaltungssatz

Robert Mayer (1814–1878) formulierte ein Gesetz, das besagt, dass Energie weder entstehen noch verschwinden kann. Dies bedeutet, dass bei keiner mechanischen Vorrichtung und keinem mechanischen Vorgang Energie erzeugt werden oder Energie verloren gehen kann. Energie kann nur umgewandelt werden. Daraus folgt, dass die Energiesumme in einem abgeschlossenen System konstant ist. Abgeschlossen heißt, dass weder Energie zugeführt noch entzogen wird – auch nicht durch Reibungsarbeit.

Energieerhaltungssatz der Mechanik: In einem abgeschlossenen reibungsfreien mechanischen System bleibt die Summe der mechanischen Energie, die sich aus der potenziellen und der kinetischen Energie einschließlich der Rotationsenergie ergibt, konstant.

$$E_{\text{pot}} + E_{\text{kin}} + E_{\text{rot}} = E_{\text{ges}} = \text{konstant}$$

In der Praxis gibt es keine rein mechanischen Vorgänge, da bei Energieumwandlungen infolge der Reibung ein Teil der mechanischen Energie in Wärmeenergie umgewandelt wird.

Die Leistung

Die von einer Maschine verrichtete Arbeit ist nur abhängig von der Größe der Kraft und der Länge des Weges. Für den wirtschaftlichen Nutzen einer Maschine ist aber maßgebend, in welcher Zeit die Maschine eine vorgegebene Arbeit erledigen kann. Die Maschine leistet mehr, je kürzer die Zeit ist, in der sie die Arbeit verrichtet.
In der Physik wird der Quotient aus Arbeit und der für sie erforderlichen Zeit als *Leistung* definiert.

$$P = \frac{W}{t} \qquad \text{Leistung} = \frac{\text{Arbeit}}{\text{Zeit}}$$

Wird in einem Zeitintervall Δt die Arbeit ΔW verrichtet, so ergibt sich für die erbrachte Leistung:

$$P = \frac{\Delta W}{\Delta t}$$

Einheit der Leistung: $1 \text{ Watt} = 1 \text{ W} = 1\frac{\text{J}}{\text{s}} = 1\frac{\text{kg} \cdot \text{m}^2}{\text{s}^2}$

$$1 \text{ kW} = 1000 \text{ W}$$

I. Mechanik

Eine alte, heute unzulässige Einheit ist 1 Pferdestärke (1 PS):

$$1 \text{ PS} = 736 \text{ W} = 0{,}736 \text{ kW}$$

Der Begriff der mittleren Leistung: Die mittlere Leistung in einem längeren Zeitabschnitt erhält man, indem man die gesamte in der Zeit t verrichtete Arbeit W durch diese Zeit t dividiert.

$$P_{\mathrm{m}} = \frac{W}{t}$$

Ersetzt man in der Formel die Arbeit W durch $F \cdot s$, so ergibt sich der Quotient $\frac{s}{t}$. Dieser Quotient stellt die mittlere Geschwindigkeit v_{m} während der Zeit t dar. So erhält man eine weitere Formel zur Berechnung der Leistung.

$$P_{\mathrm{m}} = \frac{W}{t} = \frac{F \cdot s}{t} = F \cdot v_{\mathrm{m}}$$

Beachte: Kraft und Weg bzw. Geschwindigkeit müssen dieselbe Richtung haben.

Diese Gesetzmäßigkeit kann auch dann noch verwendet werden, wenn sich die Kraft F während der Zeit t ändert. Man ersetzt die Kraft F durch ihren Mittelwert F_{m}.

$$P_{\mathrm{m}} = F_{\mathrm{m}} \cdot v_{\mathrm{m}}$$

Die Momentanleistung: Wenn W proportional zu t ist, dann ist die Leistung konstant. Dies ist aber meistens nicht der Fall, sondern die Leistung P ist eine zeitabhängige Funktion $P(t)$.
Die Momentanleistung zu einem bestimmten Zeitpunkt ergibt sich aus:

$$P = \frac{dW}{dt} = \dot{w}$$

Die Momentanleistung ist die Ableitung der Arbeit nach der Zeit.

Für konstante Kräfte ergibt sich mit $d\,W \,=\, F\,ds$ aus $P \,=\, F\dfrac{ds}{dt}$ mit $v \,=\, \dfrac{ds}{dt}$ für die Momentanleistung:

$$P \,=\, F \cdot v$$

Momentanleistung = Momentankraft mal Momentangeschwindigkeit

Leistungen:

Dauerleistung eines Menschen	0,08 kW
Mensch beim Radfahren	0,12 kW
Pferd bei längerer Arbeit	0,5 kW
Pkw mittlerer Größe	30 kW
D-Zug-Lokomotive	1250 kW
Walchenseekraftwerk	125.000 kW

Wirkungsgrad einer Maschine

Bei allen mechanischen Vorrichtungen oder Maschinen tritt Reibung auf. Somit ist die von der Maschine verrichtete Arbeit um den zur Überwindung der Reibung verbrauchten Arbeitsbetrag kleiner als die Arbeit, welche der Maschine zugeführt wurde.

Unter dem Wirkungsgrad versteht man das Verhältnis der verrichteten Arbeit, sprich Nutzarbeit, und der zugeführten Arbeit.

$$\eta \,=\, \frac{W_{abg}}{W_{zug}} \qquad \text{Wirkungsgrad} = \frac{\text{Nutzarbeit}}{\text{zugeführte Arbeit}}$$

Da die Nutzarbeit in der Regel zur selben Zeit verrichtet wird, in der man der Maschine Arbeit zuführt, erhält man den Wirkungsgrad auch aus dem Quotienten der Leistungen.

$$\eta \,=\, \frac{P_{nutz}}{P_{zug}} \qquad \text{Wirkungsgrad} = \frac{\text{Nutzleistung}}{\text{zugeführte Leistung}}$$

I. Mechanik

Der Wirkungsgrad der Leistung und der Wirkungsgrad der Arbeit stimmen nur dann überein, wenn Zufuhr und Abgabe die gleiche Zeit beanspruchen.

Wegen der unvermeidlichen Verluste ist der Wirkungsgrad immer kleiner als eins:

$$\eta < 1$$

Die Angabe des Wirkungsgrades einer Maschine erfolgt meistens als Prozentangabe.

Impuls und Stoß

Unter dem Impuls eines Körpers versteht man das Produkt aus seiner Masse m und seiner Geschwindigkeit v.

$$\vec{p} = m \cdot \vec{v}$$ Einheit des Impulses: $1\,\text{kg} \cdot \dfrac{\text{m}}{\text{s}}$

Der Impuls hat die Richtung der Geschwindigkeit und ist somit eine vektorielle Größe.

Wenn auf einen (starren) Körper eine Kraft einwirkt, ändert sich seine Geschwindigkeit. Nach $\vec{p} = m \cdot \vec{v}$ ändert sich auch sein Impuls.

1. Impulssatz: $\vec{F} \cdot \Delta t = m \cdot \vec{v}_e - m \cdot \vec{v}_a = \Delta(m \cdot v) = \Delta \vec{p}$

Das Produkt $\vec{F} \cdot \Delta t$ heißt *Kraftstoß*; $\vec{v}_a$ ist die Anfangsgeschwindigkeit, v_e die Endgeschwindigkeit.

Wenn eine Kraft eine Zeit auf einen Körper einwirkt, so ist der Kraftstoß ebenso groß wie die von ihm hervorgerufene Änderung des Impulses.

Die Impulsänderung bzw. der Kraftstoß ist das Zeitintegral der Kraft.

$$m \cdot \overrightarrow{\Delta v} = \int_{t_1}^{t_2} \overrightarrow{F} \, dt$$

Die Momentankraft ist die erste Ableitung des Impulses nach der Zeit: $\overrightarrow{F} = \overrightarrow{p}$.

Eine Änderung des Impulses kann bei konstanter Masse nur durch eine Geschwindigkeitsänderung erfolgen und ist in jedem Falle die Folge einer Krafteinwirkung. Wenn zwei Körper aufeinander einwirken, ist nach dem Wechselwirkungsgesetz die auf den ersten Körper rückwirkende Kraft entgegengesetzt gleich der auf den zweiten Körper wirkenden Kraft.

$$\overrightarrow{F}_1 = -\overrightarrow{F}_2 \quad \text{(actio = reactio)}$$

Hieraus folgt unter Verwendung des 1. Impulssatzes der 2. Impulssatz.

2. Impulssatz: $\quad m_1 \cdot \overrightarrow{v}_{1a} + m_2 \cdot \overrightarrow{v}_{2a} = m_1 \cdot \overrightarrow{v}_{1e} + m_2 \cdot \overrightarrow{v}_{2e}$

m_1; m_2: Massen der Körper 1 und 2

$\overrightarrow{v}_{1a}$; $\overrightarrow{v}_{2a}$: Anfangsgeschwindigkeiten der Körper 1 und 2

$\overrightarrow{v}_{1e}$; $\overrightarrow{v}_{2e}$: Endgeschwindigkeiten der beiden Körper

Die Summe der Impulse zweier in Wechselwirkung stehender Körper wird durch die gegenseitige Einwirkung nicht verändert.

Impulserhaltungssatz

In einem abgeschlossenen System, auf das keine äußeren Kräfte einwirken, ist der Gesamtimpuls konstant.
Dabei ist der Gesamtimpuls die Vektorsumme der Einzelimpulse:

$$\vec{p}_1 + \vec{p}_2 + \vec{p}_3 + \ldots = \vec{p}_{ges} = \sum_{n=1}^{m} \vec{p}_n = \text{konstant}$$

Für den Impuls findet man in der Literatur auch das Symbol i.

Soll der Gesamtimpuls konstant bleiben, dann muss die Vektorsumme aller Impulsänderungen null sein.

Prallen zwei Körper kurzzeitig zusammen, so bezeichnet man dies in der Physik als *Stoß*. Während des Zusammenpralls findet bei den beiden Körpern ein Energieaustausch statt. Ebenfalls kommt es aufgrund des Stoßes zu einem Impulsaustausch. Zentrale Stöße sind dadurch charakterisiert, dass die Wirkungslinie der Stoßkräfte durch die beiden Schwerpunkte der Körper geht. Bewegen sich die beiden Körper (vor dem Stoß) parallel zu dieser Linie, so spricht man von einem geraden Stoß, ansonsten nennt man den Stoß einen schiefen Stoß.

Bei elastischen Stößen bleibt die Summe der kinetischen Energien vor bzw. nach dem Stoß erhalten.

Der gerade zentrale elastische Stoß: Für den geraden zentralen elastischen Stoß gelten der Impulserhaltungssatz und der Energieerhaltungssatz wie folgt:

Impulserhaltungssatz:
$$m_1 \cdot v_{1a} + m_2 \cdot v_{2a} = m_1 \cdot v_{1e} + m_2 \cdot v_{2e}$$

Energieerhaltungssatz:
$$\frac{1}{2} m_1 \cdot v_{1a}^2 + \frac{1}{2} m_2 \cdot v_{2a}^2 = \frac{1}{2} m_1 \cdot v_{1e}^2 + \frac{1}{2} m_2 \cdot v_{2e}^2$$

Aus diesen beiden Gleichungen erhält man für die Geschwindigkeiten nach dem Stoß:

$$v_{1e} = \frac{m_1 v_{1a} + m_2(2v_{2a} - v_{1a})}{m_1 + m_2}$$

$$v_{2e} = \frac{m_2 v_{2a} + m_1(2v_{va} - v_{2a})}{m_1 + m_2}$$

Ein Sonderfall ergibt sich für gleiche Massen m_1 und m_2. Dann sind die Endgeschwindigkeiten

$$v_{1e} = v_{2a}$$

$$v_{2e} = v_{1a}$$

Die Körper „tauschen" ihre Geschwindigkeiten aus.

Der gerade zentrale unelastische Stoß: Kommt es zu einem Zusammenprall zwischen unelastischen Körpern, so entstehen an den Stoßstellen bleibende Verformungen. Nach dem Stoß bewegen sich die beteiligten Körper gemeinsam mit gleicher Geschwindigkeit in gleicher Richtung weiter. Eine Trennung erfolgt nicht! Nach dem Impulserhaltungssatz

$$m_1 \cdot v_{1a} + m_2 \cdot v_{2a} = (m_1 + m_2) \cdot v_e$$

ergibt sich für die Geschwindigkeit v_e nach dem Stoß:

$$v_e = \frac{m_1 \cdot v_{1a} + m_2 \cdot v_{2a}}{m_1 + m_2}$$

Bei einem unelastischen Stoß ist aufgrund des Energieerhaltungsgesetzes die Bewegungsenergie nach dem Stoß kleiner als vor dem Stoß, da ein Teil der vorhandenen Energie für die Verformung der beiden unelastischen Körper umgewandelt wird.

Ist E_a die Summe der Bewegungsenergien beider Körper vor dem Zusammenprall und E_e die Summe der Bewegungsenergien beider Körper danach, dann ergibt sich für die stattgefundene Verformungsarbeit die Energiedifferenz ΔE.

Verformungsenergie $\Delta E = E_a - E_e$

Der gerade zentrale teilelastische Stoß: Wie in den beiden vorhergehenden Kapiteln dargelegt, bleibt die Energiesumme bei einem elastischen Stoß für beide

I. Mechanik

Körper erhalten. Bei einem unelastischen Stoß wird ein Teil der vorhandenen Gesamtenergie durch Verformungsarbeit umgewandelt. Sowohl beim elastischen als auch beim unelastischen Stoß handelt es sich um Idealfälle.

Bei einem realen Stoßvorgang wird ein Teil der vorhandenen Energie durch Reibungsvorgänge an den Teilchen im Inneren der Körper umgewandelt. Auch kleinste Verformungen sind nicht auszuschließen.

Ein Teil der Verformungsarbeit beim unelastischen Stoß wird wieder in kinetische Energie zurückverwandelt.

Aufgrund der angeführten Tatsachen liegt die Vermutung nahe, dass es sich bei fast allen Stößen um teilelastische Stöße handeln muss.

Nach einem teilelastischen Stoß sind die Geschwindigkeiten der beteiligten Körper kleiner als nach einem elastischen Stoß, da Bewegungsenergie über Reibungsarbeit und Verformungsarbeit in andere Energieformen umgewandelt wird.

Der elastische Stoß und der unelastische Stoß sind Sonderfälle des teilelastischen Stoßes und werden als Idealfälle angesehen und behandelt.

Für die Änderung der Bewegungsenergie ΔE nach einem teilelastischen Stoß gilt:

$$\Delta E = (E_a - E_e) \cdot (1 - k^2)$$

E_a und E_e sind wiederum die Summen der Bewegungsenergien beider Körper vor und nach dem Stoß. k ist die Stoßzahl, die gewissermaßen den Grad der Elastizität angibt. Die Stoßzahl k lässt sich experimentell bestimmen. Sie ist keine reine Materialkonstante, da sie von der Körpergeschwindigkeit v abhängig ist.

Die Stoßzahl k sagt aus, um welche Art eines Stoßes es sich handelt.

$k = 1$: elastischer Stoß
$0 < k < 1$: teilelastischer Stoß
$k = 0$: unelastischer Stoß

Die Zentripetalkraft

Bei Kreisbewegungen, wie zum Beispiel auf einem Karussell, ändert sich ständig die Richtung, in der sich ein Körper bewegt. Damit sich ein Körper auf einer Kreisbahn bewegt, muss eine Kraft auf ihn einwirken, die diese Richtungsänderung bewirkt. Diese Kraft ist zum Kreismittelpunkt gerichtet und wird als *Zentripetalkraft* bezeichnet. Die Beschleunigung durch diese Kraft heißt *Zentripetalbeschleunigung* oder auch *Radialbeschleunigung* und zeigt ebenfalls zum Kreiszentrum.

Bei einer Kreisbewegung mit konstanter Bahngeschwindigkeit gilt: Zentripetalbeschleunigung a_z:

$$a_z = \frac{v^2}{r}$$

v: Bahngeschwindigkeit
r: Radius der Kreisbahn

Zentripetalkraft: $\quad F_Z = m \cdot a_z = m \cdot \frac{v^2}{r}$

Die Bahngeschwindigkeit v berechnet sich nach $v = \omega \cdot r$, wobei ω die Winkelgeschwindigkeit ist.

$$\omega = 2\pi \cdot f = 2\pi \frac{1}{T}$$

f: Frequenz
T: Umlaufdauer für eine Umdrehung

Der Drehimpuls

Unter dem Drehimpuls L eines rotierenden Körpers versteht man das Produkt aus seinem Trägheitsmoment J und seiner Winkelgeschwindigkeit.

I. Mechanik

Er ist eine vektorielle Größe und hat die Richtung der Winkelgeschwindigkeit ω.

$$\vec{L} = J \cdot \vec{\omega}$$

Einheit für den Drehimpuls: $1 \text{ kg}\frac{m^2}{s} = 1 \text{ Nms}$

Drehimpulserhaltungssatz: Der Gesamtdrehimpuls L_{ges} eines abgeschlossenen Systems ist in seinem Betrag und in seiner Richtung konstant.

$$\vec{L_1} + \vec{L_2} + \vec{L_3} + \ldots = \overrightarrow{L_{ges}} = \text{konstant}$$

Der Drehimpulserhaltungssatz hat nur dann Gültigkeit, wenn keine äußeren Drehmomente wirken, d. h. das betrachtete System abgeschlossen ist.

Die Gesetzmäßigkeiten einer Kreiselbewegung fundieren auf dem Drehimpulserhaltungssatz.
Änderungen des Drehimpulses können bei konstantem Trägheitsmoment nur durch eine Winkelgeschwindigkeitsänderung erfolgen.

Die Gravitation

Die bekannteste Wirkung der Massenanziehung ist die Gewichtskraft eines Körpers auf der Erde.
Zwei beliebige Körper üben aufeinander eine Anziehungskraft aus. Diese Eigenschaft der Körper ist an ihre Masse geknüpft. Man nennt diese Massenanziehung *Gravitation*. Die Anziehungskraft, die zwischen zwei Körpern wirkt, heißt Schwerkraft oder *Gravitationskraft*.

Gravitationsgesetz nach Newton:

$$F = f \, \frac{m_1 \cdot m_2}{r^2}$$

F: Gravitationskraft, m_1: Masse des 1. Körpers, m_2: Masse des 2. Körpers, *r*: Schwerpunktabstand, *f* : Gravitationskonstante

Für die Gravitationskraft gibt es keine abstoßende Wirkung. Eine Abschirmung dagegen ist nicht möglich.

Aus dem Gravitationsgesetz lässt sich die Gewichtskraft eines Körpers auf der Erde ermitteln, indem man für die beiden Massen m_1 und m_2 die Masse der Erde und die Masse des bestimmten Körpers einsetzt. Der Abstand des Körpers vom Erdmittelpunkt ist *r*.

$$F = f\,\frac{m_E \cdot m_K}{r^2}$$

$$\text{mit } f = 6,673 \cdot 10^{-11} \text{MN} \cdot \frac{\text{m}^2}{\text{kg}^2}$$

Die Gesetzmäßigkeit zeigt, dass die Gewichtskraft des Körpers mit dem Quadrat des Abstandes vom Erdmittelpunkt abnimmt.

Die Gravitationskraft zwischen zwei Gegenständen auf der Erde ist so klein, dass man sie vernachlässigen kann. Bei den großen Massen der Himmelskörper im Weltraum spielt sie dagegen eine bedeutende Rolle.
Das Gravitationsgesetz lässt sich sinngemäß auch auf alle anderen Himmelskörper übertragen.

Die Fallbeschleunigung

Ebenso wie die Gewichtskraft eines Körpers auf der Erde nimmt auch die Fallbeschleunigung mit dem Quadrat des Abstandes vom Erdmittelpunkt ab.
Auf der Erdoberfläche beträgt die Fallbeschleunigung *g:*

$$g = 9,807\,\frac{\text{m}}{\text{s}^2}$$

I. Mechanik

Die Kepler'schen Gesetze

Bereits im Altertum versuchte man die Bewegung der Planeten zu beschreiben. Ptolemäus stellte um 150 n. Chr. ein Weltbild auf, bei dem die Erde als ruhender Körper im Mittelpunkt stand. Zur Erklärung der Planetenbahnen benötigte er ein kompliziertes System von zusammengesetzten Kreisbewegungen. Dieses ptolemäische Weltbild bestand bis ins späte Mittelalter hinein, obwohl bereits seit 250 v. Chr. eine andere Theorie für die Bewegung der Planeten bekannt war.

Kopernikus (1473–1543) griff diese Theorie aus den Schriften des Griechen Aristarch auf und entwarf das heliozentrische Weltbild.
In dieser Theorie umkreisen alle Planeten, zu denen auch die Erde gehört, die Sonne.

Kepler (1571–1630) stellte schließlich aufgrund genauer Beobachtungen des Planeten Mars Gesetzmäßigkeiten für die Planetenbewegungen auf. Die Entdeckung der Gravitation und der dynamischen Grundgesetze durch Newton stärkten die Theorie von Kepler.

Theorie von Kepler, die als *Kepler'sche Gesetze* bekannt ist:
1. Kepler'sches Gesetz: Die Planetenbahnen sind Ellipsen, in deren einem Brennpunkt die Sonne steht.
2. Kepler'sches Gesetz: Der von der Sonne zu einem Planeten gezogene Fahrstrahl überstreicht in gleichen Zeiten gleiche Flächen (Flächensatz).

Die Planeten bewegen sich unter dem ständigen Einfluss einer Gravitationskraft, die zur Sonne hin gerichtet ist. Der Mond und künstliche Erdsatelliten bewegen sich unter dem ständigen Einfluss der zur Erde hin gerichteten Gravitationskraft.

Für die Umlaufzeiten von Planeten fand Kepler aufgrund von Messdaten einen Zusammenhang zu den großen Achsen ihrer Bahnen:
3. Kepler'sches Gesetz: Die Quadrate der Umlaufzeiten verschiedener Planeten verhalten sich wie die dritten Potenzen der großen Halbachsen ihrer Bahnen.

$T_1; i T_2$ = Umlaufzeiten

$a_1; e a_2$ = große Halbachsen

$$T_1^2 : T_2^2 = a_1^3 : a_2^3$$

Da die Planeten nicht nur der Anziehungskraft der Sonne, sondern auch der gegenseitigen Anziehungskraft unterworfen sind, weichen ihre wirklichen Bahnen von den Keplerschen Ellipsen um geringe Beträge ab.

3. Mechanik der flüssigen und gasförmigen Körper

Druck und Druckausbreitung in Flüssigkeiten und Gasen

Flüssigkeiten besitzen aufgrund der gegenseitigen Verschiebbarkeit der Moleküle bzw. Atome keine feste Gestalt. Sie nehmen die entsprechende Form des verfügbaren Gefäßes an.

Die Oberfläche von Flüssigkeiten bildet im Ganzen gesehen eine waagrechte Ebene.

In Gasen bestehen zwischen den einzelnen Molekülen keine bindenden Kräfte. Die Moleküle sind – außer am Temperaturnullpunkt – ständig in Bewegung. Prallen sie zusammen oder an Begrenzungswände, so stoßen sie elastisch ab. Dadurch bewegen sie sich auf unregelmäßigen Zickzackbahnen (so genannte Brown'sche Bewegung). Ein Gasmolekül erfährt pro Sekunde ungefähr 10 Billiarden Zusammenstöße, wobei die Wegstrecke zwischen zwei Zusammenstößen oft nur einen Zehntausendstelmillimeter beträgt.

Der Druckzustand in Flüssigkeiten und Gasen: Ist eine Flüssigkeit oder ein Gas in einem allseitig abgeschlossenen Gefäß, so kann mithilfe eines beweglichen Stempels eine Kraftwirkung auf die Flüssigkeitsmenge bzw. die Gasmenge ausgeübt werden.

Im Gegensatz zu den festen Körpern, auf welche in einem Punkt eine Kraft wirken kann, würde bei Flüssigkeiten oder Gasen das getroffene Teilchen wegen seiner Beweglichkeit ausweichen. Durch einen Stempel wird die Kraft gleichmäßig auf der ganzen Stempelfläche wirksam. Bei den der Stempelfläche anliegenden Teilchen entsteht sofort ein Druck, den sie aber wegen ihrer Beweglichkeit allseitig weiterleiten. An jeder Stelle innerhalb einer Flüssigkeit und innerhalb eines Gases herrscht deshalb derselbe Druck.

Der Druck ist definiert als das Verhältnis einer senkrecht auf eine Fläche wirkenden Kraft zur Größe dieser Fläche.

I. Mechanik

$$p = \frac{F}{A} \qquad \text{Druck} = \frac{\text{Druckkraft}}{\text{gedrückte Fläche}}$$

Die Einheit des Druckes heißt Pascal:

$$1 \, \text{Pa} = 1 \frac{\text{N}}{\text{m}^2}$$

Der Luftdruck wird häufig noch in bar angegeben:

$$1 \, \text{bar} = 10^5 \, \text{Pa}; \qquad 1 \, \text{mbar} = 100 \, \text{Pa}$$

Anwendung der Druckausbreitung: Die *hydraulische Presse*

Mit dem kleinen Kolben wird auf die Flüssigkeit eine Kraft F_1 ausgeübt. Dadurch wird in der Flüssigkeit der Druck p erzeugt. Dieser Druck pflanzt sich fort und erzeugt an der Fläche A_2 die Kraft F_2, wobei $F_2 > F_1$ aufgrund der Flächenunterschiede $A_2 > A_1$.

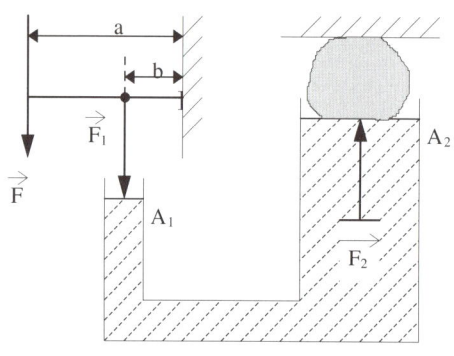

$$\frac{F_1}{A_1} = \frac{F_2}{A_2}$$

$$F_2 = \eta \cdot \frac{a}{b} \cdot \frac{A_2}{A_1} \cdot F_1$$

$\dfrac{a}{b}$ = Hebelübersetzung

η = Wirkungsgrad

$\dfrac{A_2}{A_1}$ = Querschnittsverhältnis

F_1: Druckkraft am Druckkolben
F_2: Druckkraft am Hubkolben

Bei der hydraulischen Presse wirkt auf beide Kolben der gleiche Druck p. Auf verschieden große Kolbenflächen A_1 und A_2 übt dieser Druck unterschiedliche Kräfte F_1 und F_2 aus.

$$\frac{F_1}{A_1} = p = \frac{F_2}{A_2}$$

$$F_2 = A_2 \cdot \frac{F_1}{A_1} \quad \text{(d. h. } F_2 \sim A_2)$$

Bei der hydraulischen Presse kann keine Arbeit gespart werden. Die Arbeit am kleineren Druckkolben ist gleich der Arbeit am größeren Hubkolben (Arbeitskolben), da die Hubhöhe am Hubkolben kleiner ist. Bei der hydraulischen Presse wird zwar Kraft gespart, aber keine Arbeit gewonnen.

Hydraulische Pressen dienen zum Heben schwerer Lasten, zum Biegen und Pressen von Metallgegenständen, zum Prägen von Münzen, zur Ölgewinnung aus Pflanzen usw.

Schweredruck in Flüssigkeiten: Beim Tauchen in tiefen Gewässern verspürt man einen deutlichen Druck auf den Brustkorb und auf das Trommelfell der Ohren. Dieses Gefühl nimmt mit der Wassertiefe zu. Der Grund dafür ist der Schweredruck in Flüssigkeiten, der *hydrostatischer Druck* genannt wird.

Für die Druckverhältnisse in einer Flüssigkeit, die eine freie Oberfläche besitzt, gilt: Jede waagrechte Flüssigkeitsschicht im Inneren der Flüssigkeit wird von der (senkrecht) darüber lagernden Flüssigkeitssäule gedrückt. In einer waagrechten Ebene gleicher Tiefe ist dieser Druck aber von allen Seiten gleich groß.

Der hydrostatische Druck in einer Flüssigkeit mit freier Oberfläche ist in einer waagrechten Flüssigkeitsebene gleich groß und nimmt mit der Tiefe h zu.

Die Größe des Schweredrucks ist auch abhängig von der Dichte der Flüssigkeit und vom Ortsfaktor g.

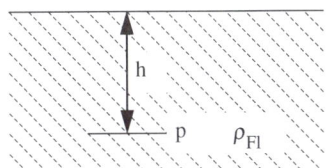

Schweredruck $p = g \cdot \rho \cdot h$

Die Zunahme des Drucks beträgt bei Wasser ungefähr 0,1 bar pro Meter (Tiefenmeter). Diese Druckzunahme muss beispielsweise von Tauchern immer berücksichtigt werden.

Die Kompressibilität

Die Moleküle einer Flüssigkeit liegen dicht nebeneinander. Daher lassen sich Flüssigkeiten nur unter sehr großem Druck zusammenpressen. Man sagt, sie sind nur geringfügig volumenelastisch.

Unter *Kompressibilität* versteht man das Verhältnis der relativen Volumenänderung zur dazu erforderlichen Druckänderung.

Die Kompressibilität ist geringfügig temperaturabhängig. Wegen ihrer geringen Größe kann die Volumenänderung bei vielen Flüssigkeiten vernachlässigt werden. Dies ist eine wichtige Voraussetzung für die hydraulischen Maschinen.

Stoffe, die ein unveränderliches Volumen besitzen, bezeichnet man als *inkompressibel*.

Der wesentliche Unterschied zwischen einer Flüssigkeit und einem Gas besteht darin, dass ein Gas unter Druck sein Volumen verändert, während die Volumenänderung in einer Flüssigkeit vernachlässigbar klein bleibt.

Verbundene Gefäße

Eine homogene Flüssigkeit, die sich in verschieden geformten, miteinander verbundenen Gefäßen (kommunizierende Gefäße) befindet, stellt sich in allen Gefäßen auf dieselbe Höhe ein.

Beispiele dafür sind das Wasserstandsglas, die Schlauchwaage oder der Geruchsverschluss bei Waschbecken.

Zwei verschiedene, nicht mischbare Flüssigkeiten mit den Dichten ρ_1 und ρ_2 stellen sich in ihren Höhen so ein, dass ein Druckausgleich zustande kommt.

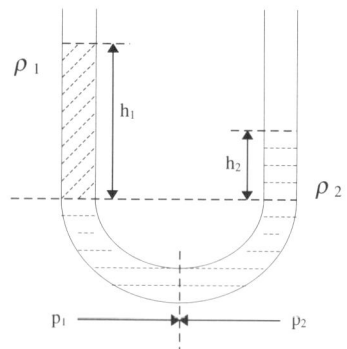

$$p_1 = p_2$$

aus $g \cdot \rho_1 \cdot h_1 = g \cdot \rho_2 \cdot h_2$ folgt: $\rho_1 : \rho_2 = h_2 : h_1$

Der Luftdruck

Die Oberfläche der festen Erdkugel ist überall von einer Lufthülle umgeben. Wie bei einer Flüssigkeit lastet auf jedem Teilchen, das von Luft umgeben ist, der von der Gewichtskraft der Luft hervorgerufene statische Druck, den man *Luftdruck* nennt.

Der Luftdruck nimmt mit zunehmender Höhe ab, da er immer nur von den Luftmassen erzeugt wird, die über der Messstelle liegen.

In einer bestimmten Höhe ist der Luftdruck nach allen Seiten hin gleich groß. Der mittlere atmosphärische Luftdruck beträgt auf Meereshöhe 1,013 bar = 1013 hPa (Hektopascal). Otto von Guericke (1602–1686) demonstrierte die vom äußeren Luftdruck ausgeübten Kräfte unter anderem durch seinen spektakulären Versuch mit den *Magdeburger Halbkugeln*. Bei seinem im Jahre 1654 durchgeführten Versuch hatte er zwei Halbkugelschalen mit glatt geschliffenen Rändern aufeinander gesetzt und dann ausgepumpt. Die so entstandene luftleere Kugel konnte von je acht auf beiden Seiten eingespannten Pferden nicht auseinander gezogen werden.

Geräte zur Bestimmung des Luftdrucks heißen *Barometer*. Für genaue Luftdruckmessungen verwenden Metereologen Quecksilberbarometer.
Eine weitere Art ist das Metallbarometer oder Aneroidbarometer. Eine luftleere, federnde Metalldose erfährt bei diesem Barometer durch Änderungen des Luftdrucks Änderungen ihrer Form. Die Formänderung überträgt sich mithilfe eines Hebelwerkes auf eine geeichte Skala. Werden die Luftdruckschwankungen zudem aufgezeichnet, so handelt es sich um einen Barografen.

Die Auftriebskraft

Wird ein Körper ganz oder teilweise in eine Flüssigkeit eingetaucht, so verliert er scheinbar einen Teil seiner Gewichtskraft. Er muss demnach eine Kraft erfahren, die seiner Gewichtskraft entgegenwirkt. Man nennt diese Kraft *Auftriebskraft*.
Die Auftriebskraft und die Gewichtskraft der vom Körper verdrängten Flüssigkeitsmenge sind dem Betrage nach gleich. Man bezeichnet diese Gesetzmäßigkeit als *Archimedisches Prinzip*.

Die Auftriebskraft, die ein Körper in einer Flüssigkeit erfährt, ist vom Volumen V_K des eingetauchten Körpers, von der Dichte der Flüssigkeit ρ_{Fl} und von der Ortskonstante g abhängig.

$$F_A = g \cdot \rho_{Fl} \cdot V_K$$

Der Ortsfaktor g beträgt bei uns $9,81 \frac{m}{s^2}$.

Je nach Größe der Auftriebskraft und der Gewichtskraft, die ein Körper erfährt, gibt es bei einem vollständig eingetauchten Körper drei Zustandsmöglichkeiten:

1. Ein Körper *steigt* in einer Flüssigkeit zur Oberfläche, wenn die Auftriebskraft, die er erfährt, größer ist als seine Gewichtskraft.

2. Ein Körper *schwebt* in einer Flüssigkeit, wenn die Auftriebskraft, die er erfährt, gleich dem Betrage seiner Gewichtskraft ist.

3. Ein Körper *sinkt* in einer Flüssigkeit zu Boden, wenn die Auftriebskraft, die er erfährt, kleiner als seine Gewichtskraft ist.

Ein besonderer Zustand eines in eine Flüssigkeit eingetauchten Körpers ist das *Schwimmen*. Ein schwimmender Körper taucht so tief in die Flüssigkeit ein, bis die Auftriebskraft des eingetauchten Körperteils der Gewichtskraft des gesamten Körpers entspricht.

Ob ein Körper in einer Flüssigkeit steigt, schwebt, sinkt oder schwimmt, ist nur von den Dichtewerten ρ_K des Körpers und der Flüssigkeit ρ_{Fl} abhängig. Dies wird schnell klar, wenn man die Grenzbedingung „schweben" betrachtet. Bedingung für schwebend:

$$F_A = G$$
$$g \cdot \rho_{Fl} \cdot V_K = g \cdot \rho_K \cdot V_K$$
$$\rho_{Fl} = \rho_K$$

Steigen: $\quad \rho_{Fl} > \rho_K$

Schweben: $\quad \rho_{Fl} = \rho_K$

Sinken: $\quad \rho_{Fl} < \rho_K$

Schwimmen: $\rho_{Fl} > \rho_K$

Anwendungsbeispiele: Ein Fisch, der im Wasser schweben möchte, muss seine Dichte so gestalten, dass die Auftriebskraft gleich seiner Gewichtskraft ist. Dies bedeutet aber auch, dass der Dichtewert des Fisches dem Dichtewert der Flüssigkeit entsprechen muss. Möchte der Fisch nun in der Flüssigkeit nach oben steigen, so muss er seinen Dichtewert verringern. Fische mit einer Schwimmblase können ihre Dichte ρ_K über die Gasfüllung der Schwimmblase verändern. Will der Fisch aufsteigen, so füllt er die Schwimmblase stärker mit Gas, wodurch er seine Dichte verringert. Bei einer Verkleinerung der Schwimmblase folgt ein Absinken des Fisches im Wasser.

Um ein untergetauchtes U-Boot zum Aufsteigen zu bringen, drückt man mit Pressluft das Wasser aus den Tauchtanks, damit der mittlere Dichtewert des Bootes unter den Dichtewert der Flüssigkeit sinkt.

Druck und Volumen eines Gases

Der Druck eines Gases ist bei konstanter Temperatur proportional zu der im Raum vorhandenen Anzahl von Molekülen. Ein Maß für die Anzahl der Moleküle ist die Masse des Gases.

Die Physiker Boyle (1627–1691) und Mariotte (1620–1684) haben den Zusammenhang von Druck und Volumen einer abgeschlossenen Gasmenge bei konstanter Temperatur untersucht. In Versuchsreihen haben sie die Volumenänderung eines Gases bei konstanter Temperatur in Abhängigkeit des Drucks gemessen. Ihr Ergebnis stellten sie in folgender Gesetzmäßigkeit dar:

Gesetz von Boyle-Mariotte: Das Produkt von Druck und Volumen einer abgeschlossenen Gasmenge ist bei gleich bleibender Temperatur konstant.

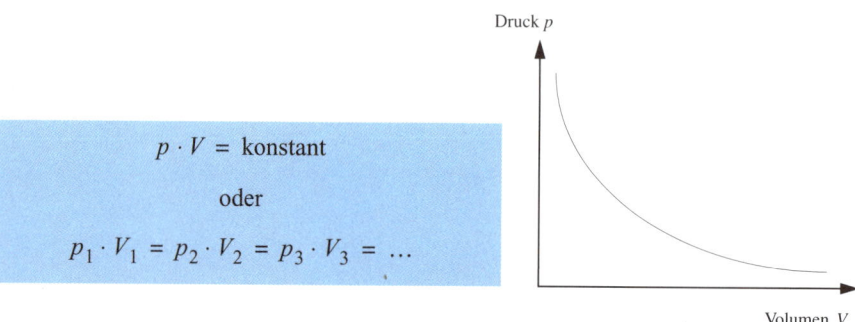

Da eine Druckänderung das Volumen einer Gasmenge beeinflusst, muss auch die Dichte von Gasen druckabhängig sein.

Bei gleich bleibender Temperatur ist die Dichte eines Gases proportional zum Druck. Die Dichten verhalten sich wie die Drücke.

$$\rho_1 : \rho_2 = p_1 : p_2$$

Anwendungen der Gesetzmäßigkeit von Boyle-Mariotte:

Die Luftpumpe (Kolbenluftpumpe): Der Magdeburger Bürgermeister Otto von Guericke erfand unter anderem die Luftpumpe. Luftpumpen können den Luftdruck verringern, wenn sie der Luft ein größeres Volumen zur Verfügung stellen. Sie können aber auch den Luftdruck erhöhen, indem sie die Luft auf ein kleineres Volumen zusammenpressen. Die Fahrradpumpe erhöht den Luftdruck und ist somit eine Verdichtungspumpe.

In der Technik fallen die Luftpumpen unter den Sammelbegriff der Gaspumpen.

Die Kapselpumpe: Im Jahre 1908 konstruierte der Physiker Gaede eine von einem Elektromotor angetriebene Pumpe, die wesentlich leistungsstärker als die bis dahin verwendeten Gaspumpen war. Er ließ in einem Hohlzylinder einen exzentrisch gelagerten Eisenzylinder rotieren, der mit zwei Stahlschiebern versehen war, die in jeder Lage durch Federn luftdicht an die Außenwände gedrückt wurden. Durch ein Rohr wurde das Gas aus dem Rezipienten angesaugt, durch ein zweites Rohr wieder hinausgedrückt.

Heute erreicht man mit diesen Kapselpumpen ein Vakuum in der Größenordnung von $2,5 \cdot 10^{-3}$ Hektopascal.

Diffusionspumpen: Für Fernsehröhren oder auch Elektronenröhren benötigt man ein Hochvakuum. Dieses Vakuum von der Größenordnung 10^{-11} Hektopascal erreicht man nur mit Hochvakuumpumpen, zu denen die Diffusionspumpen zählen. Es werden dabei mehrere Pumpsysteme hintereinander geschaltet.

Die Auftriebskraft bei Gasen

Da die Auftriebskraft eine Folge des nach unten zunehmenden statischen Druckes ist, tritt sie nicht nur in Flüssigkeiten, sondern auch in Gasen auf. Somit ist auch in der Lufthülle der Erde eine Auftriebskraft wirksam. Die Gesetzmäßigkeit zur Berechnung der Auftriebskraft in Gasen ist die gleiche wie die Berechnung der Antriebskraft in Flüssigkeiten.

$$F_A = g \cdot \rho_G \cdot V_K$$

g: Ortsfaktor

$g\rho_G$: Dichte des umgebenden Gases

ffV_K: Volumen des Körpers

Die Auftriebskraft, die ein Körper in Luft erfährt, ist genauso groß wie die Gewichtskraft der von ihm verdrängten Luftmenge. Für das Schweben, Sinken, Steigen in einem Gas gilt entsprechend der Körper in Flüssigkeiten:

$$\begin{aligned}
\text{Schweben:} \quad & \rho_G = \rho_K \\
\text{Sinken:} \quad & \rho_G < \rho_K \\
\text{Steigen:} \quad & \rho_G > \rho_K
\end{aligned}$$

Dynamik der Flüssigkeiten und Gase

Bewegungen von Flüssigkeiten oder Gasen heißen *Strömungen.* Die Ursache von Strömungen können Druckdifferenzen und die Schwerkraft sein.
Besteht zwischen zwei Stellen in einer Flüssigkeit oder in einem Gas ein Druckunterschied, so bewirkt dieser eine Strömung von der Stelle des höheren Druckes zu der Stelle des niedrigeren Druckes.

Liegt die Strömungsgeschwindigkeit unter der Schallgeschwindigkeit, haben die Gesetze strömender Flüssigkeiten auch für strömende Gase Gültigkeit.

Jedes Teilchen einer Strömung hat stets eine Geschwindigkeit, die nach Betrag und Richtung bestimmt ist. Der Raum, der von den strömenden Teilchen eingenommen wird, heißt *Strömungsfeld*.

Die Geschwindigkeitsrichtung der Teilchen wird durch *Stromlinien* gekennzeichnet. Die Stromlinien kann man durch kleinere Teilchen, die man der Flüssigkeit bzw. dem Gas zugibt, sichtbar machen. Die Dichten des zugegebenen Stoffes und des strömenden Mediums sollten gleich sein. Behalten die Stromlinien über die Beobachtungszeit ihre Form, heißt die Strömung *stationär*. Ändert sich ihr Verlauf, spricht man von einer *nicht stationären* Strömung.

Die Bewegung von Flüssigkeiten und Gasen erfolgt unter Einwirkung verschiedener Kräfte, die an den Teilen der Flüssigkeiten und Gase eine Beschleunigung bewirken. Solche Kräfte sind von außen angreifende *Volumenkräfte*, auf Druckgefälle zurückzuführende *Flächenkräfte* oder *Reibungskräfte*.

Gibt es bei einer Flüssigkeit keine Wirbelbildungen und Kräfte innerer Reibung, so spricht man von einer *idealen Flüssigkeit* und einer *idealen Strömung*. Solche Flüssigkeiten gibt es zwar nicht, die für sie abgeleiteten Gesetze können aber als Näherung für reibungsarme Strömungen angewendet werden.

Strömungswiderstand

Wird ein Körper in eine Flüssigkeit (Gas) gestellt, so erfährt er eine Kraft F, die sich in vielen Fällen proportional zur Dichte ρ der Flüssigkeit, zum Quadrat der Strömungsgeschwindigkeit v und zur Querschnittsfläche A erweist, die der Körper der Strömung darbietet.

$$F = c_{\mathrm{w}} \cdot \frac{\rho}{2} \cdot v^2 \cdot A$$

Die in der Gleichung gesetzte Proportionalitätskonstante c_{w} ist dimensionslos und heißt *Widerstandsbeiwert des Körpers*.

Nach dem Newton'schen Wechselwirkungsprinzip muss die Flüssigkeit von dem Körper, den sie umströmt, ebenfalls eine Kraft erfahren, welche dem Betrag nach gleich *F* ist, aber ihr entgegengerichtet sein muss. Man bezeichnet diese Kraft als den *Widerstand* des Körpers.

Sieht man von der inneren Reibung ab, so lassen viele Eigenschaften von Flüssigkeitsbewegungen unter dem Einfluss von Kräften einfache Zusammenhänge erkennen.

Betrachtet man zuerst die Eigenschaften von idealen Flüssigkeiten, so lassen sich aus diesen Erkenntnissen die Strömungen in den realen Flüssigkeiten leichter verstehen.

Ausflussgeschwindigkeit

Die Ausflussgeschwindigkeit einer Flüssigkeit aus einem Gefäß ist nur von der Höhe der drückenden Flüssigkeitssäule abhängig. Voraussetzung dafür ist aber, dass die Oberfläche keine nennenswerte Sinkgeschwindigkeit besitzt.

Für die Ausflussgeschwindigkeit *v*, die Tiefe der Ausflussöffnung unterhalb des Flüssigkeitsspiegels *h* und die Fallbeschleunigung *g*, gilt:

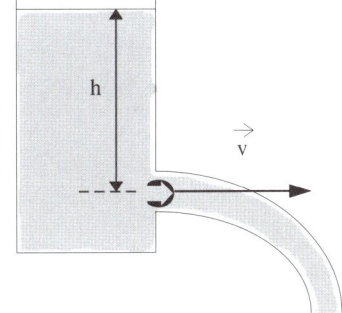

$$v = \sqrt{2 \cdot g \cdot h}$$

$$g = 9,81 \, \frac{m}{s^2}$$

Die Ausflussgeschwindigkeit entspricht der Geschwindigkeit nach einem freien Fall aus der Höhe *h*. Der Luftdruck kann vernachlässigt werden, da er auf die Flüssigkeitsoberfläche und im Ausflussbereich fast gleich groß ist.

Die Gesetzmäßigkeit für die Ausflussgeschwindigkeit lässt sich aus dem Energiesatz herleiten:

Die Lageenergie eines Teilchens oben ist gleich der Bewegungsenergie eines Teilchens unten.

$$m \cdot g \cdot h = \frac{m}{2} \cdot v^2$$

$$v = \sqrt{2 \cdot g \cdot h}$$

Da die Ausflussgeschwindigkeit in Wirklichkeit – vor allem an sehr scharfkantigen Ausströmöffnungen – aufgrund der Reibung teils viel kleiner ist, berücksichtigt man dies durch Erweiterung der Ausflussgeschwindigkeitsformel mit der Ausflusszahl μ. Die Zahlenwerte für μ sind kleiner als 1. Im Idealfall des widerstandsfreien Ausflusses wäre μ = 1.

$$v = \mu \sqrt{2 \cdot g \cdot h}$$

Durchfluss in Röhren

Durchströmt eine Flüssigkeit eine Röhre mit veränderlichem Querschnitt, so muss sich auch die Durchflussgeschwindigkeit ändern.

Da sich eine Flüssigkeit nicht zusammendrücken lässt, muss das in einer Zeit t durch den Querschnitt A_1 strömende Flüssigkeitsvolumen V_1 ebenso groß sein wie das durch den Querschnitt A_2 strömende Volumen V_2. Bezeichnet man v_1 und v_2 als die beiden Strömungsgeschwindigkeiten an den Querschnitten A_1 und A_2, dann legen die Flüssigkeitsteilchen die Wege $s_1 = v_1 \cdot t$ und $s_2 = v_2 \cdot t$ zurück. Die oben stehende Gleichung ($V_1 = V_2$) lässt sich wie folgt umformen: $V_1 = V_2$

$$A_1 \cdot s_1 = A_2 \cdot s_2$$
$$A_1 \cdot v_1 \cdot t = A_2 \cdot v_2 \cdot t$$
$$A_1 \cdot v_1 = A_2 \cdot v_2$$

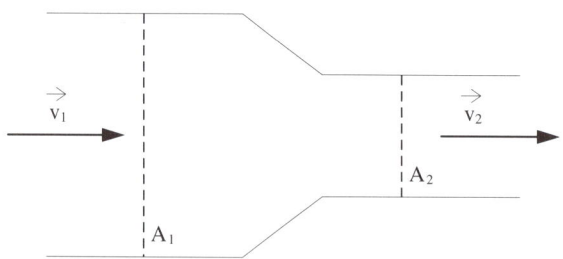

Aus der Volumenbeständigkeit von Flüssigkeiten folgt, dass das Produkt aus der Querschnittsfläche und der Durchströmungsgeschwindigkeit konstant bleibt:

$$v_1 : v_2 = A_2 : A_1$$

Diese Gleichung heißt *Kontinuitätsgleichung* (Durchflussgesetz).

Die Strömungsgeschwindigkeiten verhalten sich umgekehrt wie die Röhrenquerschnitte.

Aus dieser Beziehung lässt sich folgern, dass die Strömungsgeschwindigkeit bei weiten Querschnitten klein, bei Engstellen aber groß ist.

Druck in Strömungen

Bei jeder Strömung besteht der Gesamtdruck aus zwei Faktoren, dem statischen Druck und dem dynamischen Druck.

Der statische Druck ist eine Folge der potenziellen Energie der unter Druck stehenden Flüssigkeit und wirkt auf Flächen parallel zur Strömungsrichtung.

Der dynamische Druck, auch Staudruck genannt, ist eine Folge der kinetischen Energie der strömenden Flüssigkeit. Er wirkt auf Flächen senkrecht zur Strömungsrichtung.

Mit der Strömungsgeschwindigkeit wächst der dynamische Druck aufgrund der Zunahme der kinetischen Energie der strömenden Flüssigkeit. Dafür sinkt aber der statische Druck durch die Abnahme der potenziellen Energie der Flüssigkeit.

In einer ruhenden Flüssigkeit ist der dynamische Druck null und der statische Druck gleich dem Gesamtdruck, dem hydrostatischen Druck.

Der hydrostatische Druck ergibt sich hier aus der Summe von Schweredruck und Kolbendruck.

Bei stationären Strömungen ist somit die Summe aus statischem und dynamischem Druck konstant.

Strömt eine Flüssigkeit durch eine Röhre mit einem bestimmten Neigungswinkel, so muss die mit der Neigung verbundene Energieänderung mit berücksichtigt werden.

Gleichung von Bernoulli (1700–1782): Strömt eine Flüssigkeit der Dichte ρ horizontal durch ein Rohr mit veränderlichem Querschnitt, so ist bei vernachlässigbarer Reibung der Gesamtdruck an allen Stellen des Rohres gleich.

$$p_1 + \frac{1}{2} \cdot \rho \cdot v_1^2 = p_2 + \frac{1}{2} \cdot \rho \cdot v_2^2$$

wobei p_1 und p_2 die statischen Drücke, $\frac{1}{2}\rho \cdot v_2^2\frac{1}{2}$ die Staudrücke sind.

p: Druck; ρ: Dichte; *v*: Geschwindigkeit

I. Mechanik

Für Rohrführungen mit Neigung gilt: Die Summe aus dem statischen Druck, dem Schweredruck und dem dynamischen Druck ist an jeder Stelle einer Stromlinie konstant.

$$p_1 + \rho g h_1 + \frac{1}{2} \rho \cdot v_1^{\ 2} = p_2 + \rho, g, h_2 + \frac{1}{2} \rho \cdot v_2^{\ 2}$$

ρ: Dichte der Flüssigkeit
h: Höhe

Technische Anwendung der Bernoulli-Gleichung:
Die Wasserstrahlpumpe: Die Wasserstrahlpumpe ist ein leicht zu handhabendes Gerät, mit dem man den Gasdruck im Rezipienten aber nur auf 13 bis 20 Hektopascal herabsetzen kann.
Die Wasserstrahlpumpe muss nur an die Wasserleitung angeschlossen werden. Die im Rezipienten befindlichen Gasteilchen werden von dem durch eine Düse unter Druck ausströmenden Wasser mitgerissen, sodass eine Gasverdünnung und dadurch eine Saugwirkung entsteht.

Druckmessungen in Strömungen

Messung des statischen Druckes: Der statische Druck einer Strömung lässt sich am einfachsten mit einem rechtwinklig zur Strömungsrichtung angebrachten Manometer messen.
Verwendet man ein offenes Flüssigkeitsmanometer, so misst man nur die Differenz aus dem Staudruck und dem Luftdruck.

Messung des Gesamtdruckes: Der Staudruck und der statische Druck ergeben den Gesamtdruck in der Flüssigkeit. Er kann mit einem in Strömungsrichtung eingebauten Manometer gemessen werden.

Messung des Staudruckes: Der Staudruck kann mithilfe eines Gerätes gemessen werden, das vor allem zur Bestimmung der Strömungsgeschwindigkeit in Gasen verwendet wird. Dieses Gerät misst die Differenz von Gesamtdruck und statischem Druck. Man bezeichnet es als *Prandtl'sches Rohr.*

Für die Berechnung der Strömungsgeschwindigkeit aus Gesamtdruck und statischem Druck gilt:

$$v = \sqrt{\frac{2 \cdot (p_0 - p)}{\rho}}$$

v: Strömungsgeschwindigkeit; p_0: Gesamtdruck; p: statischer Druck; ρ: Dichte des Mediums

Differenz von statischen Drücken: Die Strömungsgeschwindigkeit lässt sich auch aus der Differenz zweier statischer Drücke bestimmen. Man verwendet dazu das *Venturi-Rohr.*
Das Venturi-Rohr ermöglicht es, an zwei Stellen mit unterschiedlichem Querschnitt die Differenz der statischen Drücke zu messen.

Laminare Strömungen

In der Realität gibt es keine Flüssigkeit, in der keine Reibung auftritt. Alle Folgerungen aus dem Gesetz von Bernoulli stellen daher nur Annäherungen dar. Je größer die innere Reibung ist, desto mehr weichen die nach Bernoulli berechneten Werte von der Wirklichkeit ab.
Strömungen, die eine innere Reibung besitzen, aber keine Wirbelbildung ermöglichen, bezeichnet man als *laminar.*

Die innere Reibung ist eine Folge der Kraftwirkung zwischen den Molekülen. Man spürt sie als Widerstand, wenn man einen Gegenstand durch eine Flüssigkeit bewegt.
Die innere Reibung nimmt mit der Größe der reibenden Flächen und mit der Geschwindigkeit der Bewegung zu. Sie ist von der Beschaffenheit der Flüssigkeit, d. h. von ihrer Zähigkeit oder Viskosität abhängig.
Beim Erwärmen einer Flüssigkeit nimmt die innere Reibung stark ab.
Strömt eine Flüssigkeit in einer Röhre, so bleibt bei kleineren Geschwindigkeiten eine dünne Flüssigkeitsschicht an der Röhreninnenfläche haften. Die Strömungsgeschwindigkeit der Flüssigkeit nimmt mit zunehmendem Abstand von der Wandung zu, bis sie in der Mitte der Röhre am größten ist. Ähnlich verhält

es sich, wenn ein Gegenstand mit ebener Oberfläche langsam durch eine Flüssigkeit bewegt wird. Je weiter die Flüssigkeitsschichten von der bewegten Platte entfernt liegen, desto geringer wird die Mitbewegungsgeschwindigkeit. Die einzelnen Schichten gleiten lamellenartig aneinander vorbei, ohne sich zu vermengen.

Dies funktioniert nur dann, wenn die Platte sehr langsam in der Flüssigkeit bewegt wird. Die Strömungsart, die entstanden ist, bezeichnet man als *laminare Strömung*.

Laminare Strömungen sind nur bei kleinen Geschwindigkeiten möglich. Die Grenzgeschwindigkeit, bei welcher die Wirbelbildung einsetzt, ist von der Größe des Hindernisses bzw. vom Durchmesser der durchströmten Röhre, von der Dichte der Flüssigkeit und ihrer Viskosität abhängig.

Für die dynamische Viskosität gilt: Bei Flüssigkeiten nimmt die dynamische Viskosität mit steigender Temperatur ab. Bei Gasen hingegen nimmt die dynamische Viskosität mit steigender Temperatur zu.

Den Kehrwert der dynamischen Viskosität bezeichnet man als *Fluidität*.

$$\text{Fluidität} = \frac{1}{\text{dynamische Viskosität}}$$

$$\varphi = \frac{1}{\eta}$$

Der Quotient aus der dynamischen Viskosität und der Dichte des Mediums heißt *kinematische Viskosität*.

$$\text{kinematische Viskosität} = \frac{\text{dynamische Viskosität}}{\text{Dichte}}$$

$$\nu = \frac{\eta}{\rho}$$

Wie bereits aufgezeigt wurde, haben bei laminaren Strömungen die einzelnen Flüssigkeitsschichten unterschiedliche Geschwindigkeiten. An den Außenbegrenzungen ist sie annähernd null, in der Mitte (zum Beispiel in der Röhrenachse) ist sie am größten. Stellt man die Strömungsgeschwindigkeiten der einzelnen Schichten als Vektoren dar, so sieht man, dass die Spitzen der Geschwindigkeitsvektoren auf einem Paraboloid liegen. Die Geschwindigkeitsverteilung ist parabolisch.

Auch wenn man eine Kugel durch eine Flüssigkeit bewegt, ist die innere Reibungskraft zu überwinden.

Stokes'sches Gesetz: $F = 6 \cdot \pi \cdot \eta \cdot r \cdot v$

F: innere Reibungskraft; v: Geschwindigkeit der Kugel relativ zur Flüssigkeit; r: Kugelradius; η: dynamische Viskosität

Viskositätsbestimmungen mit dem *Höppler-Viskosimeter* beruhen auf dem Stokes'schen Gesetz. Dabei füllt man ein Rohr mit fester Querschnittsfläche mit der zu messenden Flüssigkeit. Dann lässt man eine Kugel in die Flüssigkeit sinken und bestimmt aus dem Sinkweg und der Sinkzeit die Sinkgeschwindigkeit. Die Größe der Sinkgeschwindigkeit gilt als Maß für die Viskosität.
Berechnung der dynamischen Viskosität:

$$\eta = \frac{2 \cdot (\rho_k - \rho_{Fl}) \cdot g \cdot r^2}{9 \cdot v}$$

v: Sinkgeschwindigkeit der Kugel; r: Kugelradius; ρ_K: Dichte des Kugelmaterials; ρ_{Fl}: Dichte der Flüssigkeit; g: Fallbeschleunigung; η: dynamische Viskosität

Die Gesetzmäßigkeit zur Bestimmung der dynamischen Viskosität ergibt sich aus der Überlegung, dass die Reibungskraft die Differenz aus Gewichtskraft und Auftriebskraft ist. Beim Sinken in der Flüssigkeit muss die Kugel diese Reibungskraft überwinden.
Neben dem Gesetz von Stokes kann auch die Gesetzmäßigkeit von Hagen-Poiseuille zur Viskositätsbestimmung verwendet werden.

Gesetz von Hagen-Poiseuille: In einem Rohr mit konstantem Querschnitt ist der Druckabfall proportional zur Länge.

Turbulente Strömungen

Laminare Strömungen gehen ab einer flüssigkeitsspezifischen kritischen Geschwindigkeit in turbulente Strömungen über.

In turbulenten Strömungen entstehen Wirbel, welche als Kräfte der Bewegungsrichtung entgegen wirken.

Die Kraft auf einen umströmten Körper ergibt sich aus der Differenz der Drücke vor und hinter dem Körper addiert mit der Reibungskraft an der Körperoberfläche.

Den Übergang einer laminaren Strömung in eine turbulente Strömung kann man gut an einem Wasserhahn beobachten. Dreht man den Wasserhahn so auf, dass die Flüssigkeit langsam fließt, kann man eine laminare Strömung beobachten. Dreht man den Wasserhahn stärker auf, so beginnt die anfangs vorhandene laminare Strömung beim Überschreiten einer bestimmten Grenzgeschwindigkeit unruhig zu werden. Turbulenzen treten auf, die Flüssigkeit führt eine wirbelnde Bewegung aus.

Wirbelbewegungen entstehen auch, wenn eine Flüssigkeit mit großer Geschwindigkeit ein Hindernis umströmt. Die Stromlinien, welche bei einer laminaren Strömung das Hindernis glatt umgehen, lösen sich am Ende des Hindernisses von der Oberfläche ab. In den frei werdenden Zwischenraum können von beiden Seiten abwechselnd kreisende Flüssigkeitsteilchen eindringen. Sie bilden eine sichtbare Wirbelstraße.

Der Strömungswiderstand einer turbulenten Strömung nimmt mit dem Quadrat der Geschwindigkeit zu.

Die Strömungsleistung wächst mit der dritten Potenz der Geschwindigkeit und gibt an, welche Leistung zur Bewegung eines Körpers gegen eine Strömung erforderlich ist.

Um den Strömungswiderstand oder die Strömungsleistung berechnen zu können, benötigt man den so genannten *Widerstandsbeiwert.*

Der Widerstandsbeiwert c ist eine Zahl und besitzt keine Einheit. Er ist geschwindigkeitsabhängig und wird experimentell bestimmt. Weiterhin ist seine Größe von der Form des umströmten Körpers und von der Art der Flüssigkeit abhängig.

Strömungswiderstand:
$$F_w = c_w \cdot A \cdot \frac{\rho}{2} \cdot v^2$$

F: Strömungswiderstand; c: Widerstandsbeiwert; A: Körperquerschnitt, welcher der Strömung entgegensteht; ρ: Flüssigkeitsdichte; v: relative Geschwindigkeit zwischen Körper und Flüssigkeit

Strömungsleistung:
$$P = c_w \cdot A \cdot \frac{\rho}{2} \cdot v^3$$

Der Widerstandsbeiwert c_w ist eine Funktion der *Reynolds'schen Zahl*.

Berechnung der Reynolds'schen Zahl:

$$Re = \frac{l \cdot \rho \cdot v}{\eta} = \frac{l \cdot v}{\nu} \text{ mit } \nu = \frac{\eta}{\rho} \text{ kinematische Zähigkeit}$$

Die Reynolds'sche Zahl verbindet vier Größen miteinander, die Eigenschaften der Flüssigkeit (ρ; η), der Strömung (v) und des eintauchenden Körpers (l) beschreiben.

Ist die Reynolds'sche Zahl klein (Re < 1), so handelt es sich um eine laminare Strömung.

Vergrößert sich die Strömungsgeschwindigkeit, dann erreicht man schließlich die für laminare Strömungen maßgebende kritische Geschwindigkeit, bei welcher die laminare Strömung in eine turbulente Strömung übergeht.

Der Übergang von einer laminaren in eine turbulente Strömung wird auch durch die Reynolds'sche Zahl gekennzeichnet:

Für Strömungen in glatten Röhren beträgt die kritische Reynolds'sche Zahl ungefähr 1200. Dieser Grenzwert ist stark abhängig von der Beschaffenheit der Begrenzungsflächen und den Einströmbedingungen.

Für Re → ∞, d. h. meist η → 0 verschwindet die Grenzschicht, es gibt keinen Bereich mit innerer Reibung. Demnach gelten die Strömungsgesetze einer idealen Flüssigkeit.

I. Mechanik

Für die Anwendung der Reynolds'schen Zahl gilt das Ähnlichkeitsgesetz:

Geometrisch ähnliche Körper (unterschiedlicher Größe) besitzen gleiche Widerstandsbeiwerte, wenn sie in der Reynolds'schen Zahl übereinstimmen.

Die Gültigkeit des Ähnlichkeitsgesetzes ermöglicht es, Strömungsversuche an Modellen durchzuführen.

Adhäsion, Kohäsion und Kapillarität

Jedes Teilchen unterliegt der Anziehung der Nachbarteilchen (siehe Gravitationsgesetz).

Treten die Kräfte zwischen den Molekülen ein und desselben Körpers auf, nennt man diese Zusammenhangskräfte *Kohäsionskräfte*.
Treten Kräfte zwischen den Molekülen zweier Körper auf, nennt man diese Anziehungskräfte *Adhäsionskräfte*.

Die Kohäsion tritt bei festen und flüssigen Körpern auf. Bei Gasen ist sie erst bei sehr hohem Druck oder sehr starker Abkühlung zu beobachten, da der Abstand der Moleküle sonst zu groß ist.

Eine Folge der Kohäsion ist die Oberflächenspannung bei Flüssigkeiten.
Bei den Molekülen in der Nähe der Oberfläche bleibt bei einem so genannten Kohäsionskraftausgleich (Addition der Anziehungskräfte) eine nach innen gerichtete resultierende Kraft übrig. Um ein Molekül an der Oberfläche entfernen zu können, muss zuerst diese Kraft ausgeglichen werden. Infolge dieser nach innen gerichteten Kraft besitzen die Moleküle an der Oberfläche also eine größere potenzielle Energie, die man *Oberflächenenergie* nennt.

Freie Flüssigkeitsoberflächen nehmen eine Minimalfläche an. Die minimale Oberfläche bietet die Kugelform.

Die Oberflächenspannung ist das Verhältnis aus der zur Vergrößerung der Oberfläche nötigen Arbeit zur Oberflächenänderung.

Die Adhäsion ist zwischen festen und festen, festen und flüssigen sowie festen und gasförmigen Körpern wirksam. Tritt sie zwischen festen und gasförmigen Körpern auf, so spricht man von *Adsorption*.

Adhäsionskräfte wirken auch zwischen den Molekülen der Gefäßwand und den Oberflächenmolekülen der Flüssigkeit. Im Zusammenwirken mit den Kohäsionskräften verursachen die Adhäsionskräfte einen Randwinkel zwischen der Gefäßwand und der Flüssigkeitsoberfläche.

Ist der Randwinkel kleiner als 90°, handelt es sich um benetzende Flüssigkeiten. Ist der Randwinkel größer als 90°, so spricht man von nicht benetzenden Flüssigkeiten.

Besonders gut kann man den sich bildenden Randwinkel in engen Glasröhren (Kapillaren) beobachten. Steht in einer Kapillare eine Flüssigkeit höher oder tiefer als es nach dem Gesetz der verbundenen Gefäße sein darf, so bezeichnet man eine derartige Erscheinung als *Kapillarität*.

Da der Druck in einer Flüssigkeitskugel aufgrund der Kohäsionskräfte im Gleichgewicht mit dem Schweredruck sein muss, den die Steighöhe *h* bewirkt, gilt für die kapillare Steighöhe bzw. kapillare Sinktiefe:

$$h = \frac{2 \cdot \sigma \cdot \cos\alpha}{\rho \cdot g \cdot r}$$

h: kapillare Steighöhe oder Sinktiefe; σ: Oberflächenspannung der Flüssigkeit; ρ: Dichte der Flüssigkeit; *r*: Radius der Röhrenquerschnittsfläche; *g:* Fallbeschleunigung $\left(9,81 \frac{m}{s^2}\right)$.

Die kapillare Steighöhe ist – abgesehen von Materialkonstanten – nur vom Radius der Röhrenquerschnittsfläche abhängig.

Mithilfe der angegebenen Formel lässt sich durch Umformung nach Messung der Steighöhe, des Radius der Röhrenquerschnittsfläche und des Randwinkels die Oberflächenspannung der Flüssigkeit berechnen.

4. Schwingungen und Wellen

Schwingungen sind Vorgänge, bei denen sich eine physikalische Größe in Abhängigkeit von der Zeit periodisch ändert.

Hierzu gehören Bewegungen, die periodisch um eine Ruhelage erfolgen.
Die bedeutendste Schwingungsform ist die *harmonische Schwingung*. Die zeitliche Änderung der physikalischen Größe ist sinusförmig. Alle anderen Schwingungsarten sind nicht harmonisch.

Grundbegriffe:

Eine *Periode* nennt man einen vollständigen Hin- und Hergang des schwingenden Körpers.

Die *Amplitude* ist der größte Ausschlag aus der Ruhelage.

Die *Periodendauer T* ist die Zeit, die ein schwingender Körper für einen
Hin- und Hergang, eine Periode, benötigt. Sie heißt auch *Schwingungsdauer*.

Die *Frequenz f* ist der Quotient aus der Anzahl der Perioden *n* und der dazu benötigten Zeit *t*.

$$f = \frac{n}{t} = \frac{1}{T}$$

Die Einheit der Frequenz ist 1 Hertz. $1 \text{ Hz} = 1\frac{1}{s}$

Die *Elongation* ist der momentane Abstand von der Ruhelage.

Die *Kreisfrequenz* ω kann man auffassen als die Winkelgeschwindigkeit einer Kreisbewegung, deren Projektion auf eine Gerade eine harmonische Schwingung ergibt.

$$\omega = 2 \cdot \pi \cdot f = \frac{2\pi}{T}$$

Die *Phase* wird durch die beiden Schwingungsgrößen Elongation und Zeit bestimmt. Sie ist kennzeichnend für den augenblicklichen Zustand der Schwingung.

Die *gedämpfte Schwingung* ist eine Schwingung mit kontinuierlich meist aufgrund der Reibung abnehmender Amplitude.

Die *ungedämpfte Schwingung* ist eine Schwingung mit konstant bleibender Amplitude. Voraussetzung ist aber, dass die zugeführte Energie dem schwingenden System erhalten bleibt. Durch ständige kleine Energieverluste ist eine ungedämpfte Schwingung in der Realität nur annähernd möglich. Möchte man eine wirklich ungedämpfte Schwingung erzeugen, müssen die auftretenden Energieverluste durch regelmäßige Energiezufuhr ausgeglichen werden.

Die ungedämpfte harmonische Schwingung

Harmonische Schwingungen werden meist als *Sinusschwingungen* bezeichnet.
Der Grund dafür ist, dass die Elongation eine Sinusfunktion der Zeit ist.
Die harmonische Schwingung ist eine ungleichmäßig beschleunigte Bewegung.
Ihre Beschleunigung ist eine Funktion der Zeit.
Zu jedem Zeitpunkt einer harmonischen Schwingung wirkt in der Beschleunigungsrichtung eine Kraft, die den schwingenden Körper in seine Mittellage bringen möchte. Man bezeichnet diese Kraft als *Rückstellkraft*. Diese Rückstellkraft ist proportional zur Elongation.

Für harmonische Schwingungen lautet die Grundgleichung der Dynamik:

$$\textit{Rückstellkraft} = \textit{Masse} \cdot \textit{Beschleunigung}$$

$$\vec{F}_r = m \cdot \vec{a}$$

Aus diesem Grundgesetz lässt sich die *Gleichung der ungedämpften harmonischen Schwingung* herleiten:

$$\ddot{y} + y \cdot \omega^2 = 0$$

y: Elongation; ω: Kreisfrequenz

Die lineare Federschwingung

Ein häufiger Schwinger ist das Feder-Masse-Pendel. Hier hängt an einer Feder ein Massestück. Wie bereits in der Mechanik aufgezeigt, ist nach dem Hooke'schen Gesetz innerhalb bestimmter Grenzen die verformende Kraft proportional zur Verformung. Für die Rückstellkraft gilt nach dem Wechselwirkungsgesetz ebenfalls das Hooke'sche Gesetz. Im Elastizitätsbereich der Feder sind die Federschwingungen harmonisch. Die Proportionalitätskonstante zwischen Rückstellkraft und Elongation wird bei der linearen Federschwingung als *Federkonstante D* oder *Richtgröße* bezeichnet.

Für die Bestimmung der Richtgröße gilt:

$$D = \frac{F}{\Delta l} \ \text{mit} \ F = -F_R$$

D: Federkonstante (Richtgröße); *F:* verformende Kraft; Δl: Federlängenänderung; F_R: Rückstellkraft

Die Frequenz *f*, mit der ein Feder-Masse-Pendel schwingt, ist abhängig von der Federkonstante *D* und der Masse *m* des schwingenden Körpers.

Berechnung der Frequenz: $\qquad f = \frac{1}{2 \cdot \pi} \cdot \sqrt{\frac{D}{m}}$

Berechnung der Schwingungsdauer: $\qquad T = \frac{1}{f} = 2 \cdot \pi \cdot \sqrt{\frac{m}{D}}$

Bei den aufgeführten Berechnungsformeln bleibt die Masse der Feder selbst unberücksichtigt. Bei genaueren Berechnungen wird die Masse des schwingenden Körpers um etwa ein Drittel der Federmasse vergrößert.

Um die ungedämpfte Schwingung gegenüber der gedämpften Schwingung zu kennzeichnen, versieht man *f* und *T* häufig mit dem Index 0.

Pendelschwingungen

Pendelschwingungen sind Drehschwingungen. Drehschwingungen werden durch ein Rückstelldrehmoment ermöglicht, das der Auslenkung entgegengerichtet ist. Grundsätzlich haben analoge Gesetzmäßigkeiten der linearen Schwingung Gültigkeit. Die Schwerkraft verursacht das rückstellende Drehmoment.

Ein Fadenpendel beschreibt bei kleinen Amplituden nahezu eine lineare Schwingung. Voraussetzung ist aber, dass die Masse des Fadens gegenüber der Masse des pendelnden Körpers vernachlässigbar klein ist, und dass die Fadenlänge gegenüber den Maßen des Pendelkörpers sehr groß ist.

Die Schwingungsdauer ist abhängig von der Pendellänge l, der Fallbeschleunigung g, nicht aber von der Masse des Pendelkörpers.

Auch die Amplitude beeinflusst bei kleinen Auslenkungen bis circa 8° die Schwingungsdauer nicht.

Für die Schwingungsdauer T gilt: $$T = 2 \cdot \pi \cdot \sqrt{\frac{l}{g}}$$

Pendel, bei denen die beschriebenen Bedingungen erfüllt sind, heißen *mathematische Pendel*. Dagegen bezeichnet man beliebige, drehbar aufgehängte Körper als *physische Pendel*.

Flüssigkeitsschwingungen

Füllt man eine Flüssigkeit in ein U-Rohr und bringt diese dann aus dem Gleichgewicht, so führt die Flüssigkeit harmonische Schwingungen aus.

Die Schwingungsdauer ist hierbei nur von der Länge der Flüssigkeitssäule abhängig. Die Art der Flüssigkeit, die Querschnittsfläche des U-Rohres und die unterschiedlichen Flüssigkeitshöhen auf beiden U-Rohr-Seiten spielen dabei keine Rolle.

Die freie gedämpfte Schwingung

Bei schwingenden Systemen wird die vorhandene Energie durch innere und äußere Reibungskräfte geschwächt. Dies führt zu einer Abnahme der Amplitude. Nimmt die Amplitude im Verlaufe einer Schwingung nach bestimmten Gesetzmäßigkeiten ab, so handelt es sich um eine gedämpfte Schwingung.
Abhängig von der Art der dämpfenden Kraft kennt man zwei Dämpfungsarten:

1. Die dämpfende Kraft ist proportional zur Momentangeschwindigkeit der Schwingung. Dann ist der Quotient zweier benachbarter Amplituden mit gleichem Vorzeichen konstant. Die dämpfende Kraft wird beispielsweise durch Luftreibung hervorgerufen.
2. Die dämpfende Kraft bleibt konstant. Dann ist die Differenz zweier benachbarter Amplituden mit gleichem Vorzeichen konstant.

In der Technik versucht man bei gedämpften Schwingungsvorgängen, nur die geschwindigkeitsabhängige Dämpfung auftreten zu lassen. Dies ist aber nicht realisierbar, da auch bei äußerst guten Lagerungen die Reibung nie ganz vermieden werden kann. Beide Dämpfungsarten treten meist gleichzeitig auf.
Wird die Dämpfung durch eine Kraft verursacht, die proportional zur Geschwindigkeit und ihr entgegengerichtet ist, dann gilt:

$$\text{Rückstellkraft} + \text{Dämpfungskraft} = \text{Masse} \cdot \text{Beschleunigung}$$

Jede Dämpfung bewirkt bei Schwingungen eine Verkleinerung der Frequenz und eine Vergrößerung der Schwingungsdauer.

Die Frequenz einer gedämpften Schwingung ist bei kleiner Dämpfung gleich groß, bei größerer Dämpfung kleiner als die Frequenz der vergleichbaren ungedämpften Schwingung. Sie ist unabhängig von der Amplitude und dadurch während des gesamten Schwingungsvorganges konstant.
In der Technik sollen Schwingungen eines Systems meist verhindert werden. Es wird zum Beispiel bei Autofederungen oder in der Wägetechnik angestrebt, dass nach einer einmaligen Auslenkung sofort in die Ausgangslage zurückgekehrt wird, ohne darüber hinauszuschwingen.

Die Dämpfung sollte so beschaffen sein, dass der Körper keine Schwingungen mehr ausführen kann. Man spricht von einer *aperiodischen Dämpfung*. Die Grenze zwischen der periodischen und der aperiodischen Dämpfung bildet der *aperiodische Grenzfall*.

Erzwungene Schwingungen

Wird ein schwingungsfähiges System aus der Ruhelage ausgelenkt und schwingt dann ohne zusätzliche Einwirkungen aus, so handelt es sich um eine *freie Schwingung*. Die Frequenz der freien Schwingung nennt man *Eigenfrequenz*.

Wirkt aber auf das schwingende System eine periodisch veränderliche Kraft, die das System zum Mitschwingen zwingt, dann spricht man von einer *erzwungenen Schwingung*. Auf das schwingende System wirken dann drei Kräfte:

> Rückstellkraft
> Dämpfungskraft
> Erregerkraft

Die Resonanz: Ist die Erregerfrequenz gleich der Eigenfrequenz der Schwingung, dann tritt Resonanz auf. Bei kleiner Dämpfung nimmt die Amplitude sehr stark zu. In Alltag und Technik ist die Bedeutung der Resonanz sehr groß. Da die meisten mechanischen Gebilde schwingungsfähig sind und durch äußere periodische Kräfte angeregt werden können, kann es im Resonanzfall zu einer starken Vergrößerung der Amplitude und somit zu einer Zerstörung des Gebildes kommen. Um eine derartige „Resonanzkatastrophe" verhindern zu können, muss man periodische Kräfte vermeiden oder große Differenzen zwischen Eigenfrequenz und Erregerfrequenz einhalten, Dämpfungsmöglichkeiten schaffen und eine Resonanzfrequenz nur für eine Zeitspanne, die kleiner als die Einschwingzeit ist, zulassen.

I. Mechanik

Bei Drehbewegungen wird die Resonanzfrequenz als *kritische Drehzahl* bezeichnet.

Überlagerung von Schwingungen

Jedes schwingende System kann mehrere Schwingungen gleichzeitig ausführen. Die einzelnen Schwingungen überlagern sich und bilden eine resultierende Schwingung. Es gilt:

Werden schwingende Körper zu mehreren Schwingungen angeregt, so überlagern sich diese, ohne sich gegenseitig zu stören.

Zu unterscheiden sind dabei Schwingungen, die die gleiche Schwingungsrichtung besitzen, und Schwingungen, deren Schwingungsrichtungen rechtwinklig zueinander verlaufen.

Überlagern sich zwei harmonische Schwingungen mit gleicher Richtung und Frequenz, so entsteht wiederum eine harmonische Schwingung gleicher Frequenz, deren Amplitude von den Einzelamplituden abhängig ist.
Auch die Phasen der Ausgangsschwingungen beeinflussen die Amplitude der resultierenden Schwingung.

Überlagern sich zwei harmonische Schwingungen mit gleicher Richtung aber ungleicher Frequenz, so resultiert eine *nicht harmonische Schwingung*.

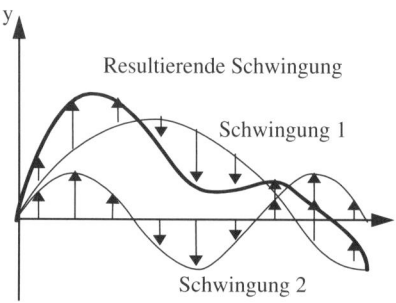

Überlagern sich zwei Schwingungen mit gleicher Amplitude, gleichem Nullphasenwinkel und nur geringem Frequenzunterschied, so ergibt sich als Resultierende eine *Schwebung*.

Die Schwebung ist eine Schwingung mit der mittleren Frequenz der Einzelschwingungen $f = \frac{1}{2}(f_1 + f_2)$, deren Amplitude zwischen einem Maximalwert und dem Minimalwert 0 periodisch schwankt. An jeder Nullstelle der Amplitude erfolgt ein Phasensprung.

Schwingende Systeme, die miteinander gekoppelt sind, beeinflussen sich gegenseitig. Über die gemeinsame Koppelung ist es ihnen möglich, Energie auszutauschen. Die Koppelung kann auf Elastizität, Trägheit oder Reibung beruhen. Wird dabei eines der beiden schwingenden Systeme durch Energiezufuhr zum Schwingen gebracht, gibt dieses nach und nach seine aufgenommene Energie an das zweite gekoppelte mitschwingende System ab. Die Stärke der Koppelung bestimmt die Geschwindigkeit, mit welcher die Energieübertragung erfolgt.

Besitzen die beiden schwingenden Systeme die gleiche Frequenz, dann ändert sich die Energieflussrichtung erst, wenn eines der beiden Systeme keine Energie mehr hat, also zur Ruhe gekommen ist.

Die Amplituden von gekoppelten Systemen zeigen Schwebungen.

Es gibt zwei Schwingungsmöglichkeiten, bei denen kein Energieaustausch zwischen den beiden schwingenden Systemen stattfindet. Dies ist der Fall, wenn beide Systeme gleichsinnig schwingen oder wenn sie gegensinnig schwingen.

Mechanische Wellen

Einen Schwingungsvorgang in einem ausgedehnten Medium bezeichnet man als *schwingende Welle*.

Ein ausgedehntes Medium besteht aus einer Vielzahl von schwingungsfähigen Teilchen, welche alle miteinander gekoppelt sind. Erfährt eines dieser Teilchen einen Schwingungsimpuls, so wird es zum Zentrum einer sich ausbreitenden Wellenbewegung.

Eine Welle ist ein räumlich und zeitlich periodischer Vorgang, bei dem Energie transportiert wird, aber keine Masse.

Die Ausbreitungsrichtung einer Welle heißt *Wellenstrahl*.

Senkrecht zum Wellenstrahl verläuft die *Wellenfront*.

Eine Wellenfront ist der geometrische Ort aller Teilchen, die zu einer gleichen Phase gehören.

Der Abstand zweier Wellenfronten heißt *Wellenlänge*.

I. Mechanik

Der Abstand zweier benachbarter Teilchen gleicher Schwingungsphase ist die Wellenlänge. Sie ist orts- und zeitunabhängig.

Die Wellenausbreitung kann nach dem *Huygens'schen Prinzip* der Elementarwellen gedeutet werden.

Huygens'sches Prinzip:

Jeder von einer Wellenbewegung erfasster Punkt eines Mediums kann selbst als Ausgangspunkt einer neuen Welle, einer so genannten *Elementarwelle* betrachtet werden. Jede Wellenfront kann man als Einhüllende von Elementarwellen auffassen.

Das Huygens'sche Prinzip hat für alle Wellenarten Gültigkeit, sogar für elektromagnetische Wellen.

Wellenarten

Längswellen (Longitudinalwellen): Teilchen schwingen in der Ausbreitungsrichtung hin und zurück. Schwingen die Teilchen in Ausbreitungsrichtung, herrscht Überdruck (Verdichtung), wo sie entgegen der Ausbreitungsrichtung der Welle schwingen, herrscht Unterdruck (Verdünnung). Verdichtungen und Verdünnungen wechseln einander ab.

Querwellen (Transversalwellen): Die Teilchen schwingen senkrecht zur Ausbreitungsrichtung der Welle. Wellentäler und Wellenberge wechseln einander ab.

Lineare Wellen sind eindimensionale Wellen. Ihre Ausbreitungsmöglichkeit besteht nur in einer Richtung.

Flächenwellen sind zweidimensionale Wellen. Ihre Ausbreitungsmöglichkeit ist flächenhaft.

Raumwellen sind dreidimensionale Wellen. Ihre Ausbreitungsmöglichkeit ist räumlich.

Bei Flächenwellen mit punktförmigem Erregerzentrum sind die Wellenfronten Kreise.
Bei Raumwellen mit punktförmigem Erregerzentrum sind die Wellenfronten Kugelschalen.

Die Ausbreitungsgeschwindigkeit c einer Welle ergibt sich aus dem Produkt der Frequenz f, mit der jedes Teilchen der Welle schwingt, und der Wellenlänge λ.

$$c = f \cdot \lambda$$

Folgende Gesetzmäßigkeiten haben für die Ausbreitungsgeschwindigkeit von Wellen Gültigkeit:

elastische Querwelle in Festkörpern:

$$c = \sqrt{\frac{F}{\rho \cdot A}}$$

elastische Längswelle in Festkörpern:

$$c = \sqrt{\frac{E}{\rho}}$$

Längswelle in Flüssigkeiten:

$$c = \sqrt{\frac{K}{\rho}}$$

c: Ausbreitungsgeschwindigkeit; F: Spannkraft; A: Querschnittsfläche; ρ: Dichte des Mediums; E: Elastizitätsmodul; K: Kompressionsmodul

Überlagern sich zwei Wellen, die in Amplitude, Frequenz und Wellenlänge übereinstimmen, aber in entgegengesetzter Richtung verlaufen, so entsteht eine *stehende Welle*. Bei einer stehenden Welle wandert das räumliche Bild nicht weiter. Stellen maximaler Auslenkung (Wellenbäuche) und Stellen mit einer Auslenkung gleich null (Knoten) bleiben ortsfest.

Stehende Wellen können bei der Reflexion an einem dünneren oder an einem dichteren Medium entstehen. Am häufigsten kommt es zu einer stehenden Welle, wenn sich eine lineare Welle nach einer Reflexion mit sich selbst überlagert.

Reflexion

Reflexionsbegriff: Trifft eine Welle an der Grenzschicht ihres Mediums auf ein anderes Medium, so wird sie ganz oder teilweise zurückgeworfen. Dieser Vorgang heißt *Reflexion*.

Reflexionsgesetz: Einfallswinkel = Ausfallswinkel (Reflexionswinkel)
$$\alpha = \beta$$

Beim Übergang zwischen zwei Medien wird der Wellenstrahl gebrochen, die Ausbreitungsrichtung und die Ausbreitungsgeschwindigkeit ändern sich. Für die Ausbreitungsgeschwindigkeiten gilt das *Brechungsgesetz*. (Siehe Optik)

$$\frac{\sin\alpha}{\sin\beta} = \frac{c_1}{c_2}$$

α: Einfallswinkel; β: Brechungswinkel ; c_1: Ausbreitungsgeschwindigkeit vor der Brechung ; c_2: Ausbreitungsgeschwindigkeit im neuen Medium nach der Brechung

Beugung

Eine weitere Änderung der Ausbreitungsrichtung der Welle findet man an den Grenzen eines Hindernisses, zum Beispiel eines Spalts. Das Hindernis wirft keinen scharfen Schatten.

Die Erscheinung der Beugung kann mit dem Huygens'schen Prinzip erklärt werden.

I. Mechanik

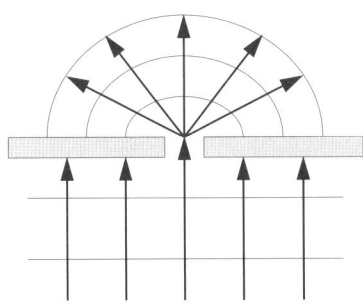

Beugung am Spalt

Die Energie des Wellenteils, der durch den Öffnungsspalt der Wand gebeugt wird, verteilt sich auf die einzelnen Richtungen nach der Beugung so, dass die Energieanteile mit zunehmenden Beugungswinkel abnehmen.

Als *Beugungswinkel* bezeichnet man den Winkel zwischen der ursprünglichen Wellenrichtung und den neuen Wellenrichtungen.

II. Akustik

Unter Akustik versteht man die Lehre vom Schall. Die Grundlage zur Erforschung des Schalls bildet das Studium der Schwingungen und Wellen.

Schallwellen sind mechanische Longitudinalwellen. Sie haben ihren Ursprung in der Schallquelle, einem schwingenden Körper, und breiten sich in Festkörpern, Flüssigkeiten und Gasen in Form von Druckwellen aus.

Für das menschliche Ohr sind Frequenzen von 16 Hz bis 20.000 Hz hörbar.
Bei Frequenzen, die unter 16 Hz liegen, spricht man von *Infraschall*.
Bei Frequenzen, die über 20.000 Hz liegen, spricht man von *Ultraschall*.

In der Akustik unterscheidet man unter:

Ton: Der reine Ton ist grafisch dargestellt eine Sinuskurve.

Die Höhe eines Tones wird durch die Frequenz bestimmt.

Den Höhenabstand zweier Töne nennt man ihr *Intervall*. Bei Tonintervallen wird der tiefere Ton als Grundton bezeichnet. Der höhere Ton ist die Oktave, Quinte, Quarte usw.

Das mit dem Gehör feststellbare musikalische Intervall zweier Töne ist durch den Quotienten ihrer Frequenzen bestimmt.

Klang: Mehrere sinusförmige Schwingungen überlagern sich zu einer nicht sinusförmigen Schwingung. Die Tonhöhe wird dabei vom Grundton bestimmt. Die anderen Töne vermitteln die Klangfarbe.

Geräusch: Ein Gemisch zahlreicher Töne, rasch wechselnder Frequenzen und Stärke.

Knall: Ein starkes Schallereignis, das schlagartig einsetzt und nur kurzzeitig wirksam ist.

Um die Akustik richtig verstehen zu können, müssen die Grundbegriffe der Schwingungslehre und Wellenlehre bekannt sein.

Schwingungen: Eine Bewegung, die periodisch um eine Gleichgewichtslage erfolgt, heißt Schwingung.

Beispiele für schwingende Körper:

Fadenpendel: Feder-Masse-Pendel:

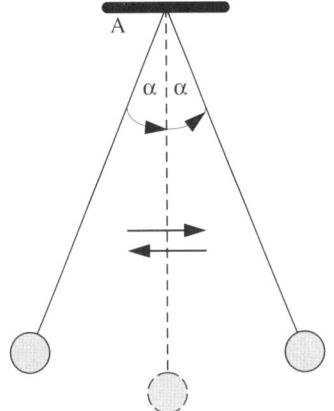   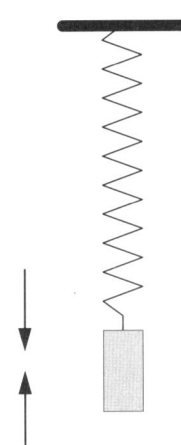

α: Auslenkungswinkel

schwingende Saite: schwingende Blattfeder:

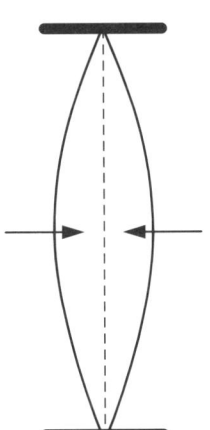   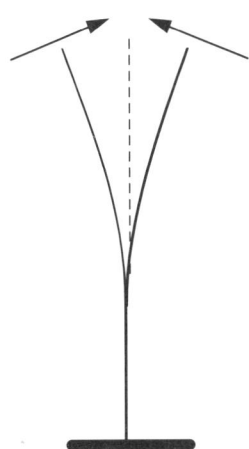

Grundbegriffe:

Eine *Periode* nennt man einen Hin- und Hergang des schwingenden Körpers.

Die *Amplitude* ist der größte Ausschlag aus der Ruhelage.

Die *Periodendauer T* ist die Zeit, die ein schwingender Körper für einen Hin- und Hergang benötigt.

Die *Frequenz f* ist der Quotient aus der Anzahl der Perioden *n* und der dazu benötigten Zeit *t*.

$$f = \frac{n}{t} = \frac{1}{t}$$

1 Hertz ist die Einheit der Frequenz. $1 \text{ Hz} = \frac{1}{s} = s^{-1}$

Die Einheit der Frequenz wurde zu Ehren des deutschen Physikers Heinrich Hertz gewählt. Er war der Entdecker der elektrischen Wellen und lebte von 1857 bis 1894.

1. Wellen

Die Gesamtheit der sich ausbreitenden Schwingungszustände in einem elastischen Wellenträger heißt *Welle*. Ihre Ausbreitungsgeschwindigkeit *c* ist der Quotient aus der Wellenlänge λ und der Periodendauer *T*.

$$c = \frac{\lambda}{T} \quad \text{oder} \quad c = \lambda \cdot f$$

Bei einer Wasserwelle breitet sich an der Oberfläche nur die wellenförmige Gestalt aus. Es entstehen Wellenberge und Wellentäler. Die einzelnen Wasserteilchen führen Schwingungen aus, werden aber nicht mittransportiert.

Grundsätzlich unterscheidet man zwei Arten von Wellen:

Querwellen: Sie sind am einfachsten sichtbar an der Schwingung eines Seiles:

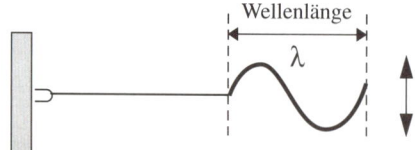

Wellenlänge

λ

Sie können in Festkörpern aber auch an der Oberfläche von Flüssigkeiten auftreten.

Längswellen: Am einfachsten sind Längswellen mit der Wellenmaschine zu erzeugen.

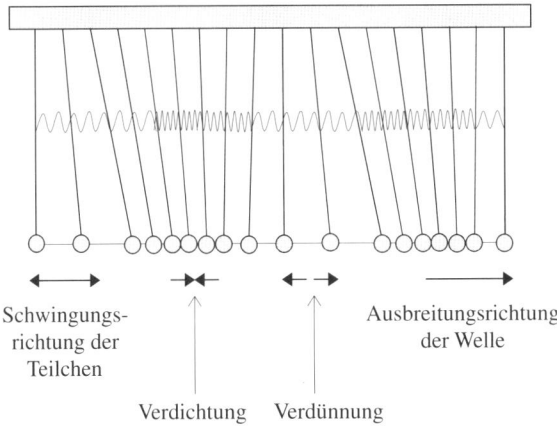

Schwingungs-
richtung der
Teilchen

Ausbreitungsrichtung
der Welle

Verdichtung   Verdünnung

Schwingen die einzelnen Teilchen eines Wellenträgers in oder entgegengesetzt zur Ausbreitungsrichtung der Welle, so spricht man von *Längswellen*.
Längswellen können im Inneren von festen, flüssigen und gasförmigen Körpern auftreten.
In der Akustik sind die Längswellen in Luft von großer Bedeutung.

Stoßfortpflanzung in Luft:

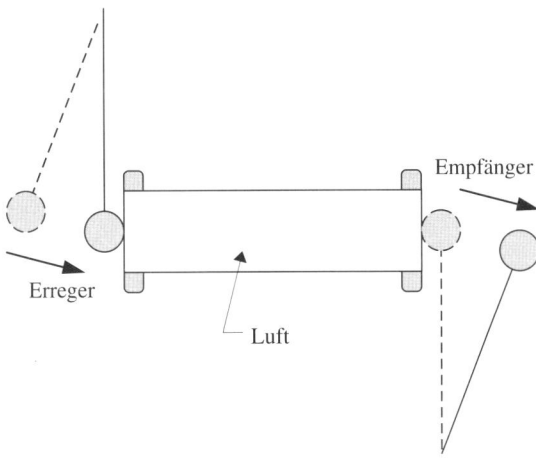

Empfänger

Erreger

Luft

II. Akustik

Die Formeln zur Berechnung der Ausbreitungsgeschwindigkeit bei Querwellen haben auch für Längswellen Gültigkeit. Unter der Wellenlänge versteht man bei Längswellen den Abstand von zwei Wellenteilchen mit gleichem Schwingungszustand.

Der Schall

Alles, was wir mit dem menschlichen Gehör wahrnehmen können, wird Schall genannt. Man unterscheidet zwischen Tönen und Geräuschen.

Wie wir ein Schallereignis wahrnehmen, ist von der Lautstärke (Tonstärke), der Tonhöhe und der Klangfarbe (Tonfarbe) abhängig.
Schall geht von einem Schallerreger (Schallquelle) aus. Eine Schallquelle ist ein schwingender Körper.

Damit Schall an unser Ohr gelangen kann, muss dieser durch einen Schallträger übermittelt werden können.
Zur Schallausbreitung sind feste, flüssige oder gasförmige Körper als Schallträger nötig. Im Vakuum kann Schall nicht übertragen werden.

Eine Schallquelle erzeugt im Schallträger fortschreitende Längswellen. Die Schallempfindung erfolgt, sobald diese Längswellen unser Ohr (Schallempfänger) erreichen.

Schallgeschwindigkeit

Die Schallgeschwindigkeit gibt an, wie schnell sich der Schall in einem bestimmten Schallträger ausbreitet. Sie ist eine Größe, die von der Frequenz unabhängig ist.

Schallgeschwindigkeit in Luft von 15° C	$340 \frac{m}{s}$
in Wasser von 15° C	$1440 \frac{m}{s}$
in Eisen	$5100 \frac{m}{s}$

Reflexion des Schalls

Schallwellen werden, wenn sie auf ein anderes Medium treffen, an der Übergangsgrenze reflektiert.

Ein Beispiel dafür ist das in der Schiffahrt zur Messung der Meerestiefe verwendete *Echolot*. Das vom Schallsender abgeschickte Signal wird am Meeresgrund reflektiert und vom Schallempfänger wieder aufgenommen. Aus der benötigten Zeit lässt sich mit bekannter Schallausbreitungsgeschwindigkeit der zurückgelegte Weg berechnen.

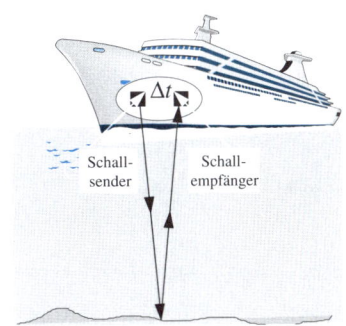

Das Schallfeld

Den von Schallwellen durchsetzten Raum nennt man *Schallfeld*. In diesem Schallfeld haben die schwingenden Luftteilchen eine Geschwindigkeit v, mit der sie um die Gleichgewichtslage schwingen.

Die Teilchengeschwindigkeit v darf nicht mit der Ausbreitungsgeschwindigkeit c der Welle verwechselt werden. Effektivwert der Schallschnelle: $v_{eff} = \dfrac{v_0}{\sqrt{2}}$

Die Schallstärke (Schallintensität)

Der Quotient aus der Schalleistung P und der Angriffsfläche A ist die Schallstärke I. Die Schallstärke wird auch mit *Schallintensität* bezeichnet.

$$I = \frac{P}{A}$$

Einheit der Schallstärke: $1\ \dfrac{W}{m^2}$

Der Schallpegel

Meistens misst man die Schallstärke nicht absolut, sondern vergleicht sie mit einer Bezugsschallstärke. Diese Bezugsschallstärken müssen in jedem Einzelfall angegeben werden.

Dieses Vorgehen ist in den Höreigenschaften unseres Ohres begründet: Das Ohr kann die Intensität zweier Schallwellen nur unterscheiden, wenn ihr Verhältnis einen bestimmten Mindestwert überschreitet. Insgesamt kann man nur etwa 120 Intensitätsstufen unterscheiden, so dass man eine Skala mit 120 Werten, die Dezibel-Skala, einführte. Als unteren Schallpegel $L_0 = 0$ dB wählte man die Intensität $I_0 = 10^{-12} \frac{W}{m^2}$

Dezibel-Skala: $\quad L = 10 \lg \cdot \frac{I}{I_0}$

$$I_0 = 10^{-12} \ \frac{W}{m^2}$$

L: Schallpegel

Physiologische Akustik

Das Sinnesorgan, das uns alle Schallwahrnehmungen vermittelt, ist das Ohr. Es ist sehr empfindlich und kann uns bei zum Beispiel 1000 Hz eine Schallintensität von bis zu $10^{-12} \ \frac{W}{m^2}$ anzeigen.

Bei Schallintensitäten von mehr als $1 \ \frac{W}{m^2}$ beginnen Schmerzempfindungen.

Die Lautstärke

Während man den Schallpegel in Dezibel angibt, ist das Maß für die Lautstärke *Phon*.

Möchte man die Lautstärke eines Tones experimentell bestimmen, lässt man einen Normalton von 1000 Hz so stark tönen, dass man ihn ebenso laut wie den zu messenden Klang empfindet. Den Schallpegel des Tones vergleicht man mit dem Schallpegel des Normaltones von 1000 Hz.

Wie laut Töne empfunden werden, ist neben der Intensität auch von der Frequenz abhängig. Die Lautstärke berücksichtigt diese Frequenzabhängigkeit. Die größte Intensitätsempfindlichkeit liegt für das menschliche Ohr bei 1000 Hz.

Die Lautstärke ist so definiert, dass bei dieser Frequenz die Werte der Lautstärke in Phon mit den Werten des Schallpegels in dB übereinstimmen.

Die Lautstärke wird mithilfe eines Diagramms oder seltener mithilfe einer Tabelle ermittelt.

Experimentelle Bestimmung der Lautstärke: Der Versuchsperson wird der zu messende Ton beliebiger Frequenz abwechselnd mit einem Vergleichston von 1000 Hz vorgespielt. Nach den Angaben der Versuchsperson wird die Intensität des Vergleichstones so eingestellt, dass beide Töne als gleich laut empfunden werden. Der Wert des Schallpegels (in dB) des 1000 Hz-Tones liefert dann den Wert der Lautstärke (in Phon).

Beispiele für Lautstärken: Flüstern: 10 Phon; normales Sprechen: 50 Phon; Kesselschmiede: 130 Phon

Die Schalldämmung: Die Schalldämmung D ist die Differenz aus der Normallautstärke L_1 und der gedämmten Lautstärke L_2.

$$D = L_1 - L_2$$

Überschallgeschwindigkeit: Schallwellen entstehen, wenn zum Beispiel durch eine Explosion eine örtliche Luftdruckerhöhung bewirkt wird. Es breitet sich dabei eine Stoßwelle im Raum aus, die starke Winde auslösen kann.
Stoßwellen entstehen auch, wenn sich Flugkörper mit Überschallgeschwindigkeit bewegen. Durch die sehr hohe Geschwindigkeit verursacht der Flugkörper vor seiner Spitze eine starke Luftdruckerhöhung.
Die dadurch bewirkte Stoßwelle breitet sich in einer kegelförmigen Wellenfront aus, welche *Kopfwelle* genannt wird. Wie die Bugwelle eines fahrenden Schiffes schiebt sich diese Kopfwelle an der Spitze des Flugobjektes mit einer Geschwindigkeit v vorwärts. Bewegt sich die Kopfwelle über eine Person auf dem Erdboden hinweg, so nimmt diese einen lauten Knall wahr, den so genannten *Überschallknall*. Im Volksmunde sagt man auch, das Flugobjekt habe die Schallmauer durchbrochen.

II. Akustik

2. Tonerreger

Die schwingende Saite

Spannt man eine Saite über zwei feste Stege und versetzt sie durch Anstreichen, Anschlagen oder Anzupfen in Schwingungen, so erzeugt sie in der Luft Verdichtungen und Verdünnungen, die sich als Longitudinalwellen (Schall) ausbreiten.

Die Saite schwingt an den beiden Stegen nicht, man sagt, es liegen an diesen Stellen die *Knoten*. Die größte Schwingungsweite besitzt die Saite von beiden Knoten betrachtet in der Mitte. Man bezeichnet sie als *Schwingungsbauch*.

Wenn man die Saite bzw. den Abstand der beiden Knoten verkürzt, so wird der Ton höher, bei Verlängerung tiefer.

Bei einer Verkürzung auf die Hälfte entsteht die *Oktave* des ursprünglichen Tones. Auf $\frac{4}{5}$ verkürzt die Terz und auf $\frac{2}{3}$ verkürzt die Quinte.

Auf dem Prinzip der schwingenden Saite fundieren die Saiteninstrumente, wie zum Beispiel Gitarre, Zither, Harfe, Violine, Cello, Hackbrett oder Kontrabass.

Der schwingende Stab

Ein einseitig eingespannter Stab wird durch Anschlagen zu Querschwingungen angeregt. Man kann einen Ton vernehmen. Im Gegensatz zur schwingenden Saite besitzt der schwingende Stab nur einen Knoten oder nur ein festes Ende. Der Schwingungsbauch befindet sich am freien Ende des Stabes.

Wird der Stab zu einem „U" gebogen, das in der Mitte einen Stiel besitzt, so hat man beim Anschlagen der beiden freien Stabenden eine schwingende Gabel (Stimmgabel).

Schlägt man eine Zinke der Stimmgabel an, so gerät sie in Schwingungen und es bilden sich an beiden freien Enden und am Ansatzpunkt des Stieles Schwingungsbäuche. An zwei Stellen, die in der Nähe der Stabbiegung liegen, befinden sich die Knoten. Der Stiel selbst hebt und senkt sich periodisch, er schwingt also ebenfalls mit.

II. Akustik

Auf dem Prinzip des schwingenden Stabes basieren beispielsweise die Maultrommel sowie spielende Zimmeruhren oder Musikdosen.

Die schwingende Platte

Befestigt man eine quadratische Metallplatte im Mittelpunkt und streicht sie mit einem Geigenbogen an, so wird ein Ton hörbar. Je nach der Lage der Anstrichstelle erhält man andere Klangfarben. Ist die Metallplatte mit Sand bestreut, so ordnen sich die Sandkörner beim Anstreichen längs der entstehenden Knotenlinien. Man erhält die so genannten *Chladni'schen Klangfiguren*.

Die schwingende Luftsäule

Luftsäulen und Lufträume können durch Anblasen zu Längsschwingungen angeregt werden.

Die Tonerzeugung durch schwingende Luftsäulen wird bei *Pfeifen* verwendet. Man unterscheidet dabei Pfeifen aus zylindrischen Röhren und prismatischen Röhren. Sind beide Röhrenenden geöffnet, so heißt die Pfeife *offen*, ist dagegen ein Ende verschlossen, so handelt es sich um eine *gedeckte Pfeife* (oder *gedackte Pfeife*).

Offene Pfeifen geben die nächst höhere Oktave von gedackten Pfeifen gleicher Länge an.
Die Frequenz des Pfeiftones ist umgekehrt proportional zur Pfeifenlänge.

Lippenpfeifen: Es sind Pfeifen aus zylindrischen Röhren, die dadurch zum Schwingen angeregt werden, dass aus einer Windkammer ein dünnes Luftband gegen eine scharfe Schneide geblasen wird.

Zungenpfeifen: Es sind Pfeifen aus prismatischen Röhren, bei denen ein dünner Metallstreifen, die so genannte Zunge, durch Anblasen in Schwingungen versetzt wird. Über den schwingenden Metallstreifen wird die Luftsäule in der Pfeife zum Mitschwingen angeregt.

Anwendung finden schwingende Luftsäulen bei vielen Musikinstrumenten, etwa bei Flöte, Blockflöte, Oboe, Klarinette, Trompete, Harmonika und Orgel.

Tonhöhe und Frequenz

Die Tonleiter: Wir unterscheiden zwischen der harmonischen oder *diatonischen* Tonleiter und der *chromatischen* Tonleiter. Die diatonische Tonleiter besteht aus acht Tönen, von denen je zwei Töne in einem bestimmten Frequenzverhältnis zueinander stehen.

Die diatonische Dur-Tonleiter beginnt mit dem Grundton *c*.

Die Frequenzen ihrer Töne verhalten sich wie 1: 9/8 : 5/4 : 4/3 : 3/2 : 5/3 : 15/8 : 2.

Die Töne bei der C-Dur-Tonleiter werden mit den Buchstaben *c, d, e, f, g, a, h, c* bezeichnet.

Die Intervalle im Vergleich zum Grundton *c* heißen Sekunde, Terz, Quart, Quint, Sext, Septime und Oktave.

Prim	Sekunde	Terz	Quarte	Quinte	Sexte	Septime	Oktave	
c	d	e	f	g	a	h	c	
9/8	10/9	16/15	9/8	10/9	9/8	16/15		Intervalle
1	9/8	5/4	4/3	3/2	5/3	15/8	2/1	Relative Frequenz

Die Frequenzverhältnisse von je zwei Nachbartönen kann man in der dritten Zeile der Tabelle ablesen. Die letzte Tabellenzeile gibt die Frequenzverhältnisse in Bezug auf den Grundton *c* an.

Die C-Dur-Tonleiter reiner Stimmung kann nach beiden Seiten oktavenweise fortgesetzt werden. Die Klaviertastenfolge ist darauf aufgebaut und umfasst 85 oder 88 Töne.

Um auf anderen Tönen als auf dem Ton *c* Tonleitern aufbauen zu können, müssen die Intervalle in je zwei halbe Intervalle aufgeteilt werden.

Entweder wird der tiefere Ton eines Intervalles mit dem Faktor $\frac{25}{24}$ multipliziert, welches dann die höheren Töne cis, dis, fis, gis und ais ergibt, oder es wird die höhere Frequenz durch $\frac{25}{24}$ dividiert, was die tieferen Töne des, es, ges, as und b ergibt.

Die damit entstehende Tonleiter heißt *chromatische Tonleiter*.

Für Instrumente mit fester Stimmung wie zum Beispiel Klavier und Orgel ist diese Tonleiter nicht brauchbar, da etwa *cis* und *des* verschiedene Töne sind, aber nur eine Taste zur Verfügung steht.

Die chromatische Tonleiter besitzt die klangreinsten Intervalle.
In der Musik spricht man von der *reinen Stimmung*.

c	d	e	f	g	a	h	c
cis	dis		fis	gis	ais		
des	es		ges	as	b		

Die zwölf Halbtonintervalle besitzen kein einheitliches Frequenzverhältnis. Bei der gleichmäßig temperierten Stimmung besitzt jedes der zwölf Halbtonintervalle das gleiche Frequenzverhältnis. Bei der Aufteilung der Oktave in zwölf gleiche Intervalle ergibt sich für ein Halbtonintervall die zwölfte Wurzel aus zwei (1,0594631).

Es wird dadurch möglich, auf jedem der zwölf Töne einer Oktave sowohl eine Dur- als auch eine Moll-Tonleiter aufzubauen.

In allen Tonleitersystemen werden Frequenzverhältnisse angegeben. Für das Stimmen von Musikinstrumenten müssen aber die absoluten Frequenzen bekannt sein.

Bei der *internationalen Stimmung* wird als Grundton der Kammerton *a*' festgelegt. Seine Frequenz muss 440 Hz betragen. Die Frequenzen aller anderen Töne werden aus der Frequenz des Tones *a* berechnet.

Bei der *physikalischen Stimmung* legt man das eingestrichene *c*' zugrunde und legt es mit 256 Hz fest. Für den Ton *a* ergibt sich dann eine Frequenz von 430,5 Hz.

II. Akustik

Zusammenstellung:

Ton	relative Stimmungszahlen (Stimmung)		Frequenz in Hz
	rein	gleichmäßig temperiert	internationale Stimmung
c'	1,000 00	1,000 00	261,63
cis'	1,041 66	} 1,059 46	277,18
des'	1,080 00		
d'	1,125 00	1,122 46	293,67
dis'	1,171 87	} 1,189 21	311,13
es'	1,200 00		
e'	1,250 00	1,259 92	329,63
f'	1,333 33	1,334 84	349,23
fis'	1,388 89	} 1,414 21	369,99
ges	1,440 00		
g'	1,500 00	1,498 31	392,00
gis'	1,562 50	} 1,587 40	415,30
as'	1,600 00		
a'	1,666 67	1,681 79	440,00
ais'	1,736 11	} 1,781 80	466,16
b'	1,800 00		
h'	1,875 00	1,887 75	493,88
c''	2,000 00	2,000 00	523,25

Beim Zusammenklingen zweier Töne gibt es entweder die Wahrnehmung eines Wohlklanges oder eines Missklanges.

Bei einem Wohlklang spricht man von *Konsonanz*, bei einem Missklang von *Dissonanz*.

Konsonante Wahrnehmungen ergibt der Grundton im Zusammenklang mit seiner Oktave, Quint, Terz oder Sext.

Dissonante Wahrnehmungen ergibt der Grundton im Zusammenklang mit seiner Sekunde oder seiner Septime.

Zusammenklänge von mehreren Tönen heißen *Akkorde*.

Zusammenstellung der Halbtonintervalle und ihre Frequenzverhältnisse:

Intervall	Anzahl der enthaltenen Halbtonintervalle	Frequenzverhältnis
Prim	0	1 : 1
kleine Sekunde	1	16 : 15
große Sekunden	2	9 : 8 bzw. 10 : 9
kleine Terz	3	6 : 5
große Terz	4	5 : 4
Quarte	5	4 : 3
Quinte	7	3 : 2
kleine Sexte	8	8 : 5
große Sexte	9	5 : 3
kleine Septime	10	9 : 5 bzw. 16 : 9
große Septime	11	15 : 8
Oktave	12	2 : 1

Zusammenstellung der Konsonanzen:

Intervall	Frequenzverhältnis
Prim	1 : 1
Oktave	2 : 1
Quinte	3 : 2
Quarte	4 : 3
große Sexte	5 : 3
große Terz	5 : 4
kleine Terz	6 : 5
kleine Sexte	8 : 5

Zusammenstellung der Dissonanzen:

kleine Septime	9 : 5
große Sekunde	9 : 8
große Septime	15 : 8
kleine Sekunde	16 : 15

II. Akustik

Die Resonanz

Stimmgabeln können Luftsäulen von geeigneter Länge zum Mittönen bringen. Man spricht dann von *Resonanz* der Luftsäule. Der Begriff Resonanz stammt von dem lateinischen Wort *resonare* (= mittönen).

Um den Ton einer Stimmgabel verstärken zu können, baut man die Stimmgabel auf einen *Resonanzkasten*, dessen Luftsäule bei geeigneter Länge zum Mittönen veranlasst wird. Der Behälter der mittönenden Luftsäule heißt *Resonator*.

Auch bei zwei gleich gestimmten Stimmgabeln kann man die Resonanz beobachten, wenn durch das Schwingen der einen Stimmgabel die zweite, entfernt stehende Stimmgabel zum Mitschwingen angeregt wird.

Resonanz tritt nur dann auf, wenn der Resonator eine der Erregerfrequenz gleiche Eigenfrequenz besitzt.

Der Ultraschall

Liegen Schallfrequenzen oberhalb des Hörbereiches, so bezeichnet man diese als *Ultraschall*.
Als obere Hörgrenze nimmt man zirka 20.000 Hz an, obwohl diese Grenze nicht von allen Menschen, vor allem nicht von älteren Menschen, erreicht wird.
Ultraschall hat eine sehr hohe Frequenz und eine damit verbundene kurze Wellenlänge.

Mit den hohen Frequenzen des Ultraschalls ergeben sich große Schallintensitäten, die das Innere eines beschallten Körpers zu Schwingungen anregen und so erwärmen können.
Durch den hohen Schalldruck lassen sich auch mechanische Wirkungen auf den beschallten Körper erzeugen.

Anwendungen: Ultraschallmassage, gezielte Zellzerstörung, Ultraschallreinigung usw.

Ultraschallwellen gehorchen den Gesetzen der Reflexion. Mithilfe eines besonderen Reflektors können Ultraschallwellen aus dem Brennpunkt heraus in eine bestimmte Richtung gestrahlt werden. Da die Ausbreitung geradlinig erfolgt und kaum Beugung auftritt, können sie gezielt eingesetzt werden. Sie finden daher Anwendung in der Echolotung und in der zerstörungsfreien Werkstoffprüfung.

Erzeugung von Ultraschall: Mechanisch können Ultraschallfrequenzen bis circa 200 kHz erzeugt werden. Diese hohen Frequenzen erreicht man mit Stimmgabeln von sehr kurzer Zinkenlänge, mit der Galton-Pfeife oder mit Lochsirenen. Noch höhere Frequenzen sind mit magnetischen und elektrischen Verfahren erzeugbar.

Mithilfe der *Magnetostriktion* kann man Ultraschallfrequenzen von bis zu 50 kHz erzeugen. Bei dieser Methode schwingt ein Nickelstab (oder ein anderer Stab aus ferromagnetischem Material) in einem magnetischen Wechselfeld longitudinal in der entsprechenden Frequenz.

Mithilfe der *Elektrostriktion* sind Frequenzen bis zu 10.000 kHz möglich. Es wird an eine Quarzkristallplatte eine Wechselspannung mit hoher Frequenz angelegt. Die Platte führt Schwingungen in entsprechender Frequenz aus, welche bei Resonanz besonders stark werden. Die Elektrostriktion beruht auf dem inversen piezoelektrischen Effekt.

III. Optik

Optik ist die Lehre vom Licht. Unter Licht versteht man elektromagnetische Wellen im Empfindlichkeitsbereich des menschlichen Auges.

Das für den Menschen sichtbare Licht bewegt sich in einem Frequenzbereich von $4 \cdot 10^{14}$ Hz bis $8 \cdot 10^{14}$ Hz, entsprechend einer Wellenlänge von 700 nm (Rotlicht) bis 400 nm (violettes Licht).

1. Strahlenoptik

Lichtquellen

Körper, die Licht aussenden, wie zum Beispiel die Sonne, Fixsterne, Flammen oder eine Glühlampe, nennen wir *Selbstleuchter* oder *Lichtquellen*.

Körper, die ihr Licht von Lichtquellen empfangen, wie zum Beispiel der Mond, die Planeten oder die meisten Gegenstände unserer Erde, heißen *dunkle Körper* oder nicht selbstleuchtende Körper.

Bei den nicht selbstleuchtenden Körpern unterscheidet man durchsichtige, durchscheinende und undurchsichtige Körper.

Natürliche Lichtquellen: Die wichtigste natürliche Lichtquelle ist die Sonne. Aufgrund ihrer hohen Oberflächentemperatur von etwa 6000 Kelvin leuchtet sie.

Ebenso wie die Sonne gehören auch die Fixsterne zu den wichtigsten Temperaturstrahlern. Viele der Fixsterne sind stärkere Lichtquellen als die Sonne, senden aber weniger Licht auf die Erde, weil sie weiter von ihr entfernt sind als die Sonne. Bei allen Temperaturstrahlern wird Wärmeenergie in Licht umgewandelt.

Künstliche Lichtquellen: Auch unter den künstlichen Lichtquellen findet man Temperaturstrahler, wie zum Beispiel die Glühlampe. Die Glühdrähte erreichen aber nur Temperaturen bis 3300 Kelvin. Fast Sonnentemperatur erreicht der Lichtbogen einer Bogenlampe.

Bei Gasentladungslampen bringt eine elektrische Entladung Metalldämpfe wie zum Beispiel Quecksilberdampf zum Leuchten. Da die Leuchtfähigkeit solcher Lichtquellen nicht auf hoher Temperatur basiert, heißen sie *Kaltstrahler*.

Lichtaussendung bei niedrigen Temperaturen bezeichnet man als *Lumineszenzstrahlung*. Die Ursache für die Leuchtwirkung sind chemische Vorgänge, wie zum Beispiel bei Glühwürmchen, beim Leuchten faulen Holzes oder bei elektrischer Entladung in Gasen.

Lichtausbreitung

Lichtquellen senden Licht in den sie umgebenden Raum aus. Das Licht breitet sich geradlinig in diesem Raum aus, solange es auf kein Hindernis trifft.
Zur Darstellung des Lichts verwendet man Lichtstrahlen.
Der Lichtstrahl ist eine gedachte gerade Linie längs der man sich das Licht fortgepflanzt denkt.
Lichtstrahlen gibt es in der Realität nicht, vielmehr fächert sich das Licht, das von einer Lichtquelle ausgeht, auf. Man spricht von Lichtbündeln. Die Begrenzungslinien von Lichtbündeln werden durch Begrenzungsstrahlen oder Randstrahlen dargestellt.
Der Beweis für die geradlinige Ausbreitung des Lichts ist die *Schattenbildung*.

Divergentes Lichtbündel: Strahlen, die von einem gemeinsamen Punkt radial ausgehen, sind divergent. Sie bilden ein divergentes Lichtbündel. Der Querschnitt des Lichtbündels nimmt zu.

Konvergentes Lichtbündel: Strahlen, die auf einen gemeinsamen Punkt zulaufen, sind konvergent. Sie bilden ein konvergentes Lichtbündel. Der Querschnitt des Lichtbündels nimmt ab.

Paralleles Lichtbündel: Strahlen, die stets mit gleichem Abstand zueinander verlaufen, sind parallel. Sie bilden ein paralleles Lichtbündel. Der Bündelquerschnitt bleibt gleich.

Diffuses Lichtbündel: Strahlen, die weder einen gemeinsamen Ausgangspunkt noch einen gemeinsamen Zielpunkt haben, sind diffus. Sie bilden ein nicht vorhandenes oder diffuses Lichtbündel. Der Querschnitt des Lichtbündels ist nicht bestimmbar.

III. Optik

III. Optik

parallel: diffus:

divergent: konvergent:

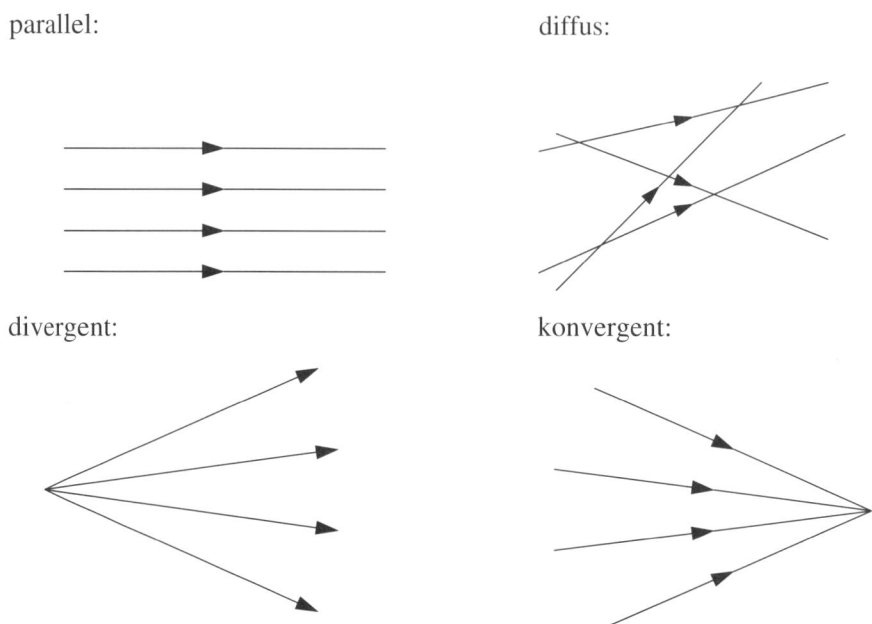

Die Lochkamera

Im Jahre 1604 stellte sich Kepler die Frage, woher die so genannten Sonnentaler kommen mögen. Sonnentaler sind die kreisrunden Lichtflecke, die man unter jedem belaubten Baum erkennen kann, wenn Sonnenlicht zwischen den Blättern hindurchfällt.

Kepler beobachtete, dass diese Sonnentaler stets rund waren, unabhängig von der Form der Öffnung (ausgenommen bei Sonnenfinsternissen!).

Kepler baute eine Vorrichtung, mit welcher er die beobachtete Erscheinung im Versuch nachvollziehen konnte, eine *camera obscura*.

Diese *Lochkamera* ermöglichte es ihm, auf der dem Loch gegenüberliegenden Mattscheibe höhen- und seitenverkehrte Bilder der Gegenstände, die sich außerhalb befanden, zu beobachten.

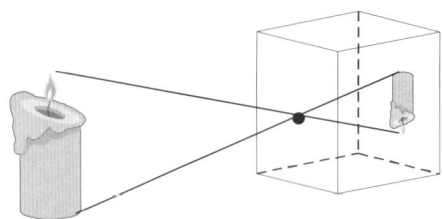

Die Lochkamera ist ein lichtdichter Kasten, der in der Mitte einer Seitenfläche ein sehr kleines Loch und auf der Gegenfläche eine Mattscheibe besitzt.

Stellt man vor die Lochkamera beispielsweise eine Kerze, so sieht man auf der Mattscheibe das umgekehrte Bild der Kerze. Der Grund für das umgekehrte Bild ist die geradlinige Ausbreitung des Lichts. Jeder leuchtende Punkt der Kerze erzeugt auf der Mattscheibe einen Lichtfleck. In der Abbildung sind die Strahlen für die Flammenspitze und die Kerzenbasis eingezeichnet. Eine Vielzahl von Lichtflecken erzeugt das sichtbare Bild. Das durch die Lochkamera erzeugte Bild bezeichnet man als reelles Bild, da es auffangbar ist.

Die Sonnenfinsternis

Die Sonne beleuchtet die Erde. Schiebt sich der Mond auf seiner Bahn um die Erde zwischen Sonne und Erde, so bilden sich auf der Erde Kern- und Halbschatten. Die Orte auf der Erde, welche im Kernschatten des Mondes liegen, erleben eine totale Sonnenfinsternis. Die Orte, die im Halbschatten des Mondes liegen, erleben eine partielle Sonnenfinsternis, da die Sonne noch teilweise sichtbar ist.

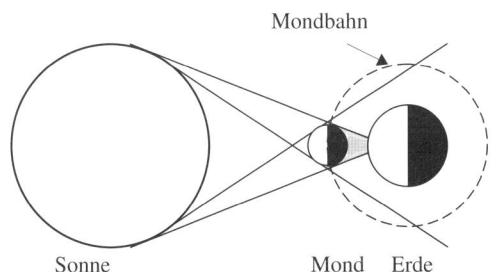

Die Mondfinsternis

Schiebt sich die Erde so zwischen Sonne und Mond, dass der Mond im Kernschatten der Erde liegt, entsteht eine *totale* Mondfinsternis.
Liegt der Mond nur teilweise im Kernschatten der Erde, so spricht man von einer *partiellen* Mondfinsternis.
Liegt der Mond im Halbschatten der Erde, bemerkt man nur eine leichte Schwächung des Mondlichtes.

III. Optik

III. Optik

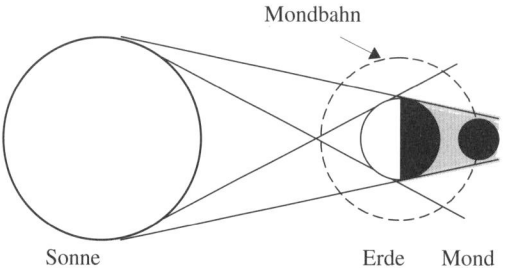

Mondbahn

Sonne   Erde   Mond

Die Lichtgeschwindigkeit

Die erste Bestimmung der Lichtgeschwindigkeit gelang dem Dänen Olaf Römer (1644–1710) im Jahre 1676 mit der astronomischen Methode.

Olaf Römer erkannte als erster, dass das Licht Zeit benötigt, um vom leuchtenden Körper in unser Auge zu gelangen. Er beobachtete die Verfinsterungszeiten des Innersten der vier von Galilei entdeckten Jupitermonde von zwei Punkten der Erde, die genau um den Erdbahndurchmesser auseinander lagen. Er stellte fest, dass die Mondfinsternis des Jupitermondes ungefähr 1000 Sekunden später auftrat als bei seiner ersten Messung, als er um den Erdbahndurchmesser näher am Geschehen war. Da die Umlaufzeit des beobachteten Mondes konstant ist, schloss er daraus, dass das Licht für die Strecke des Erdbahndurchmessers, der ungefähr 300.000.000 km beträgt, 1000 Sekunden benötigen muss. Demnach legt das Licht 300.000 km pro Sekunde zurück.

Dem französischen Physiker H. Fizeau gelang im Jahre 1849 die erste irdische Bestimmung der Lichtgeschwindigkeit.

Er benutzte ein Rad, das 720 Lücken und ebenso viele gleich breite Zähne hatte. Durch eine Lücke sandte er ein Lichtbündel auf einen 8,33 Kilometer entfernt aufgestellten Spiegel. Dort wurde es reflektiert und auf der alten Bahn in die Ausgangslücke zurückgeschickt. Bei ruhendem Rad sah er den Spiegel hinter der Beobachtungslücke hell. Wurde das Rad schnell genug gedreht, traf der zurückkommende Strahl statt auf der Ausgangslücke auf dem ihr folgenden Zahn auf, so dass Fizeau das Gesichtsfeld dunkel sah. Dieser Fall trat genau dann ein, wenn eine Lücke zum Vorübergang auf der Kreisbahn $\frac{1}{1800}$ Sekunde benötigte.

Das Licht hatte $\frac{1}{1800}$ Sekunde benötigt, um 2 · 8,33 km zurückzulegen.
Umgerechnet auf eine Sekunde: In einer Sekunde legt das Licht dann 18000 · 2 · 8,33 Kilometer zurück.

Fizeau bestätigte somit die von Olaf Römer ermittelte Lichtgeschwindigkeit.

Foucault gelang im Jahre 1892 die erste Bestimmung der Lichtgeschwindigkeit in einem anderen Medium als Luft.

Die Lichtgeschwindigkeit im Vakuum beträgt nach heutigen Messungen:

$$c = (299.792,5 \pm 0,9) \frac{km}{s}$$

Meist wird der gerundete Wert von $300.000 \frac{km}{s}$ verwendet.

Die Lichtgeschwindigkeit ist in allen durchsichtigen Körpern kleiner als in Luft oder Vakuum.

Einige Lichtgeschwindigkeiten:

Luft	$300.000 \frac{km}{s}$
Wasser	$224.000 \frac{km}{s}$
Kronglas	$197.000 \frac{km}{s}$
Steinsalz	$194.000 \frac{km}{s}$
Flintglas	$186.000 \frac{km}{s}$
Schwefelkohlenstoff	$184.000 \frac{km}{s}$
Diamant	$122.000 \frac{km}{s}$
Chromoxid	$120.000 \frac{km}{s}$

III. Optik

Das Licht benötigt von der Sonne bis zur Erde 8 Minuten und 20 Sekunden.
Das Licht benötigt vom Polarstern bis zur Erde 41 Jahre.
Die mit freiem Auge noch sichtbaren Sterne sind ungefähr 3000 Lichtjahre von
der Erde entfernt. Das Licht benötigt von ihnen bis zur Erde 3000 Jahre
(1 Lichtjahr ist der Weg des Lichtes in einem Jahr im Vakuum).
Die Spiralnebel sind Millionen von Lichtjahren von unserer Erde entfernt.

Wie heute bekannt ist, machte sich bereits Galileo Galilei Gedanken zur Ausbreitungsgeschwindigkeit des Lichts. Folgende Überlegung stammt von ihm:
„Wenn das Licht ein Bewegungsvorgang ist, muss dieses wie jeder Bewegungsvorgang Zeit für seine Ausbreitung brauchen." Leider konnte er es durch kein
Experiment bestätigen.

Die Lichtstärke

Um den Unterschied verschiedener Lichtquellen bezüglich ihrer Lichtaussendung feststellen zu können, hat man die physikalische Grundgröße der Lichtstärke eingeführt.
Erscheint aus gleicher Entfernung eine Lichtquelle heller als eine andere, so besitzt sie eine größere Lichtstärke.
Für die Messung der Lichtstärke einer Lichtquelle vergleicht man sie mit einer
Einheitslichtquelle, nach welcher die Lichtstärkeneinheit festgelegt ist.

Die Lichtstärke ist eine Basisgröße des Internationalen Einheitensystems (SI)
und besitzt das Formelzeichen „I".
Die Einheit ist „1 Candela" (1 cd).
Für die Definition der Basiseinheit Candela gibt es drei Möglichkeiten.

1. Die Lichtstärke der Einheitslichtquelle wird mit einem elektrisch geheizten
   Ofen bei der Temperatur 1773 °C erzeugt. Der 60. Teil der Lichtstärke, die
   durch eine 1 cm^2 große Öffnung dieses Ofens tritt, entspricht einem Candela.

2. Ein Candela ist die Lichtstärke einer Strahlungsquelle, die in einer bestimmten Richtung monochromatisches Licht der Frequenz 540 Hz mit der Strahlstärke $\frac{1}{683} \frac{\text{Watt}}{\text{Steradiant}}$ aussendet.

3. Als Abhängigkeit vom Lichtstrom Φ

$$\left. \begin{array}{l} \text{Die Lichtstärke I in einer} \\ \text{bestimmten Richtung} \end{array} \right\} = \frac{\text{Lichtstrom } \Phi \text{ der in dieser Richtung strahlt}}{\text{Raumwinkel v des Lichtstroms}}$$

Unter dem Raumwinkel v versteht man das Verhältnis eines Kugelflächenstückes A zum Quadrat des Kugelradius r.

$$\omega = \frac{A}{r^2}$$

Lichtstärken einiger Lichtquellen:

Glühlampen	15	- 150 cd
Bogenlampen	circa	1500 cd
Quecksilberdampflampen	circa	5000 cd
Autoscheinwerfer	circa	50.000 cd

Der Lichtstrom: In der Lichttechnik beurteilt man Lichtquellen nicht nach ihrer Lichtstärke, sondern nach dem Lichtstrom, der die spektrale Empfindlichkeit unseres Auges berücksichtigt. Das Auge ist im grüngelben Bereich am empfindlichsten.

Der Lichtstrom Φ ist die mit dem Auge bewertete Strahlenleistung.

Die Einheit des Lichts ist das *Lumen* (1 lm).

Ein Lumen ist derjenige Lichtstrom, den eine punktförmige Lichtquelle von der Lichtstärkc 1 cd auf 1m² einer Kugelfläche vom Radius 1m aussendet, wenn die Lichtquelle im Mittelpunkt der Kugel steht.

Die Beleuchtungsstärke

Die Lichtstärke *I* ist eine Eigenschaft der lichtaussendenden Quelle. Die Beleuchtungsstärke *E* aber wird bei einem Empfänger, von der Lichtquelle verursacht, hervorgerufen.

III. Optik

Die Beleuchtungsstärke ist bei senkrechtem Lichteinfall proportional zur Lichtstärke I und umgekehrt proportional zum Quadrat der Entfernung r.

$$E = \frac{I}{r^2}$$

Die Einheit der Beleuchtungsstärke ist ein Lux (1 lx).

$$1\ \text{lx} = 1\ \frac{\text{cd}}{\text{m}^2}$$

grafische Darstellung zu $E = \frac{I}{r^2}$

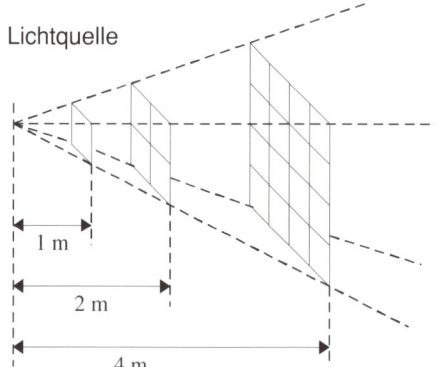

Lichtquelle

1 m

2 m

4 m

Ein Lux (lx) ist diejenige Beleuchtungsstärke, die eine Lichtquelle von der Lichtstärke 1 Candela aus 1 m Abstand auf eine Fläche von 1 m^2 bei senkrechtem Lichteinfall erzeugt.

Die Beleuchtungsstärke E ist der Quotient aus dem Lichtstrom Φ und dem Flächeninhalt A der beleuchteten Fläche.

$$E = \frac{\Phi}{A}$$

Mithilfe dieser Gesetzmäßigkeit kann man den Lichtstrom berechnen, der zur Beleuchtung einer Fläche nötig ist.

Einige Beleuchtungsstärken:

zum Lesen und Schreiben: 200 lx bis 300 lx

zur Wohnraumbeleuchtung: 80 lx bis 180 lx

Sonnenlicht im Sommer: bis zu 100.000 lx

Vollmond bei klarer Nacht: ungefähr   0,3 lx

Lichtstärkemessung

Die Lichtstärkemessung wird nach dem griechischen Wort *phos* für Licht auch
Fotometrie genannt.

Die Lichtstärke wird stets durch Vergleich bestimmt.
Rufen zwei Lichtquellen 1 und 2 gleiche Beleuchtungsstärken auf einer Fläche
hervor und bestehen annähernd aus der gleichen Lichtzusammensetzung, dann gilt

$$E_1 = \frac{I_1}{r_1^2} \text{ und } E_2 = \frac{I_2}{r_2^2}, \text{ sowie } E_1 = E_2 : I_2 = I_1 \cdot \left(\frac{r_2}{r_1}\right)^2$$

Die Gleichheit der beiden Beleuchtungsstärken erreicht man durch Veränderung
der Abstände der Lichtquellen von der Fläche.

Geräte für die Lichtstärkemessung heißen *Fotometer*.

Das Fettfleckfotometer von Bunsen: Auf einem durchscheinenden Papier ist ein
Fettfleck angebracht. Bei ungleicher Beleuchtung der beiden Papierseiten er-
scheint der Fettfleck heller beziehungsweise dunkler als das Papier. Bei gleicher
Beleuchtung ist er beiderseits gleich und ebenso hell wie das Papier.

Das Fotometer nach Ritchie: Zwei weiße, diffus reflektierende, gleiche Flächen
werden unter demselben Winkel beleuchtet. Der Abstand der Lichtquellen wird
so eingestellt, dass die beiden Flächen gleich hell erscheinen.

Ein weiteres Messgerät für die Lichtstärke ist der Fotometerwürfel von Lummer und Brodhuhn.

Heute verwendet man Fotometer, die vom menschlichen Auge unabhängig sind. Denn das Auge passt seine Empfindlichkeit mit der Zeit der Beleuchtung an und ist daher beim Schätzen einer Beleuchtungsstärke unzuverlässig.

Heutige Lichtstärkemesser sind zum Beispiel elektrische Belichtungsmesser, die in der Fotografie verwendet werden.

2. Reflexion des Lichtes

Gegenstände werden für uns nur dann sichtbar, wenn Licht von ihnen in unser Auge gelangt. Beleuchtete Körper, die für uns sichtbar sein sollen, müssen demnach das Licht von ihrer Oberfläche in unser Auge zurückwerfen. Nach dem lateinischen Wort *reflectere* für zurückwerfen nennt man diesen Vorgang *Reflexion*. Man unterscheidet zwei Arten der Reflexion von Lichtstrahlen, die regelmäßige Reflexion und die diffuse Reflexion.

Die regelmäßige Reflexion: Glatte Oberflächen reflektieren das Licht gerichtet oder „regelmäßig".

Bei der gerichteten Reflexion ist der Einfallswinkel gleich dem Ausfallswinkel, auch Reflexionswinkel genannt.

Der einfallende Strahl, der reflektierte Strahl und das Einfallslot liegen dabei in einer gemeinsamen Ebene.

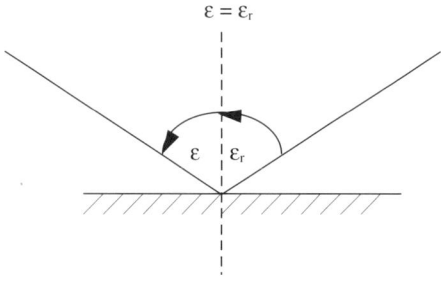

Ein senkrecht einfallender Lichtstrahl mit dem Einfallswinkel $\varepsilon = 0°$ wird in sich selbst reflektiert. Der Lichtweg ist umkehrbar.

Die diffuse Reflexion (Streuung): Rauhe Oberflächen reflektieren das Licht gestreut oder „diffus".

Die beleuchtete Fläche zerstreut das Licht nach allen Seiten in alle Richtungen, wodurch sie allseits sichtbar wird. Auf diese Weise kann man nicht selbstleuchtende Körper überhaupt erst sehen.

Beispiele dafür sind Zimmerwände, der Mond oder die Wolken. Die indirekte Beleuchtung als Anwendung hat den Vorteil, dass sie blendungs- und schattenfrei ist.

Ebene Spiegel

Bei einem ebenen Spiegel sind Gegenstand und Bild in Bezug auf die Spiegelebene symmetrisch. Das Spiegelbild ist virtuell (scheinbar) und liegt genauso weit hinter dem Spiegel, wie der Gegenstand davor.

Erklärung: Alle Strahlen, die von einem leuchtenden Punkt ausgehen, werden von einem ebenen Spiegel so reflektiert, als gingen sie von einem Bildpunkt aus, der ebenso weit hinter dem Spiegel liegt, wie der leuchtende Punkt davor, und zwar auf dem gleichen Lot zur Spiegelebene.

Gekrümmte Spiegel

Im täglichen Leben findet man häufig Spiegel mit gekrümmten Flächen, wie zum Beispiel den Spiegel im Autoscheinwerfer oder die spiegelnde Christbaumkugel.

Wir wollen uns darauf beschränken, gekrümmte Spiegel mit Spiegelflächen aus Teilen einer Kugeloberfläche zu betrachten.

Der Konkavspiegel

Konkavspiegel sind Spiegel, deren Spiegelfläche der Innenseite eines Kugeloberflächenteiles entspricht. Da sie nach innen gewölbt sind, heißen sie *Hohlspiegel*.

Die Verbindungsgerade vom Kugelmittelpunkt zur Spiegelmitte bezeichnet man als *optische Achse*.

III. Optik

Fällt ein paralleles Lichtbündel auf einen Hohlspiegel, dann vereinigen sich die Strahlen nach der Reflexion in einem Punkt, dem so genannten Brennpunkt oder *Fokus F*. Den Abstand des Brennpunktes von der Spiegelmitte bezeichnet man als *Brennweite f*. Die Brennweite ist dem Betrachter nach die Hälfte des Krümmungsradius *r*.

$$f = \frac{r}{2}$$

Strahlenverlauf am Konkavspiegel:

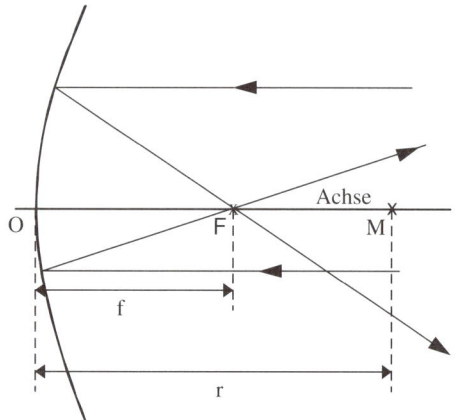

O: optischer Mittelpunkt; M: Kugelmittelpunkt; f: Brennweite; r: Krümmungsradius des Spiegels
Für die Bildkonstruktion gilt:

Ein parallel zur Achse einfallender achsennaher Strahl verläuft nach der Reflexion durch den Brennpunkt.

Parallelstrahl wird Brennstrahl

Ein durch den Brennpunkt einfallender Strahl verläuft nach der Reflexion parallel zur Achse.

Brennstrahl wird Parallelstrahl

Ein durch den Kugelmittelpunkt M einfallender Strahl verläuft nach der Reflexion in sich selbst zurück.

Mittelpunktstrahl bleibt Mittelpunktstrahl

Wird ein Gegenstand von weiter Entfernung aus in die Nähe des Hohlspiegels bewegt, so bewegt sich das Bild in entgegengesetzter Richtung.

Für die Konstruktion von Lichtbündeln an Hohlspiegeln gilt:

Ein vom Brennpunkt ausgehendes divergentes Lichtbündel wird als Parallelbündel reflektiert.

Ein von einem Punkt außerhalb der Brennweite ausgehendes divergentes Lichtbündel wird als konvergentes Lichtbündel reflektiert.

Ein von einem Punkt innerhalb der Brennweite ausgehendes divergentes Lichtbündel bleibt nach der Reflexion divergent.

Für die Beziehung zwischen Gegenstandsweite g, Bildweite b und Brennweite f gilt:

$$\frac{1}{g} + \frac{1}{b} = \frac{1}{f}$$

Führt man statt der Abstände g und b vom optischen Mittelpunkt aus die Brennpunktsweiten g' und b' ein, so erhält man die *Newton'sche Abbildungsgleichung*:

$$g' \cdot b' = f^2$$

Der Konvexspiegel

Konvexspiegel sind Spiegel, deren Spiegelfläche einem Oberflächenteil einer Kugel entspricht.

Konvexspiegel heißen *Wölbspiegel*, da der nach außen gewölbte Teil der Kugeloberfläche spiegelt.

Die Bilder eines Konvexspiegels sind immer aufrecht und verkleinert. Je näher der Gegenstand an den Spiegel rückt, desto mehr nähert sich die Bildgröße der Gegenstandsgröße.

Ein einfallendes paralleles Lichtbündel wird so reflektiert, als käme es von einem Punkt F hinter dem Spiegel, dem so genannten virtuellen Brennpunkt.

Für die Brennweite f gilt auch hier :

$$f = \frac{r}{2}$$

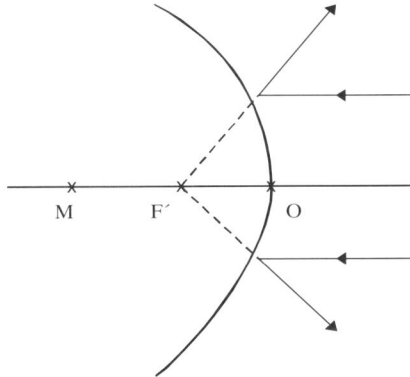

Ein einfallendes divergentes Lichtbündel bleibt nach der Reflexion divergent, sein Öffnungswinkel wird größer als der des auftreffenden Bündels. Die reflektierten Randstrahlen lassen sich mithilfe des Reflexionsgesetzes konstruieren.

Die Beziehungen zwischen Gegenstandsweite, Bildweite und Brennweite, welche bei Konkavspiegeln gelten, haben auch hier Gültigkeit. Jedoch sind die Brennweite f und die Bildweite b mit negativem Vorzeichen einzusetzen, da sie hinter dem Spiegel liegen.

Der Parabolspiegel

Die spiegelnde Fläche gleicht im Schnitt einer Parabel und bildet räumlich ein Paraboloid.

Alle zur Achse parallel einfallenden Lichtstrahlen, auch achsenferne, verlaufen nach der Reflexion durch den Brennpunkt F. (Bei einem Kugelspiegel ist dies nur bei achsennahen Strahlen der Fall:)

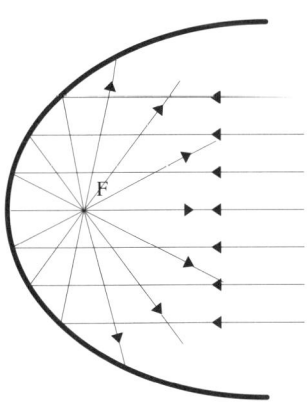

Bei Autoscheinwerfern werden zur Reflexion des Lichtes Parabolspiegel verwendet. Die Lampe wird im Brennpunkt angebracht. Nach der Reflexion am Spiegel verlässt ein nahezu paralleles Lichtbündel den Scheinwerfer.

Absorption des Lichtes

Weder bei der gerichteten noch bei der diffusen Reflexion reflektieren die verschiedenen Körper gleich stark. So reflektieren weiße Wände das Licht besser als graue oder schwarze. Bei schwarzen Wänden erfolgt fast keine Reflexion des auftreffenden Lichtes.

Der von der Körperoberfläche nicht reflektierte Anteil des Lichtes wird vom Körper selbst aufgenommen (verschluckt), man sagt absorbiert. Die aufgenommene Lichtstrahlung wird meist in Wärmeenergie umgewandelt.

Auch in lichtdurchlässigen Stoffen wie Gläsern, Wasser und anderen Flüssigkeiten ist es möglich, dass ein Teil des Lichtes absorbiert wird. Auch hier wird die absorbierte Lichtmenge in Wärmeenergie umgewandelt.

Bei der Herstellung von Gläsern für optische Geräte ist man bestrebt, die Absorptionsfähigkeit des Glases möglichst gering zu halten.

Bei Lichtschutzbrillen hingegen versucht man, dass die Absorption der Gläser, vor allem im kurzwelligen Bereichs, möglichst groß ist.

Zur Betrachtung der Sonne oder des Lichtbogens eines Schweißgerätes werden zur Schonung der Augen dunkle, fast schwarze Gläser verwendet, da diese eine sehr hohe Absorption haben.

Brechung des Lichtes

Tritt ein Lichtbündel auf die Grenze zweier durchsichtiger Medien mit verschiedenen Lichtgeschwindigkeiten c und c', so wird ein Teil des Lichtes nach dem Reflexionsgesetz reflektiert und der andere Teil beim Übertritt gebrochen.

Beim Übertritt von einem optisch dünneren in ein optisch dichteres Medium wird ein Lichtstrahl zum Lot hin gebrochen.

Geht der Lichtstrahl von einem optisch dichteren Medium kommend in ein optisch dünneres Medium, so wird es vom Lot weg gebrochen.

Bei senkrechtem Auffall auf die Trennungsfläche der beiden Medien geht der Lichtstrahl ungebrochen weiter.

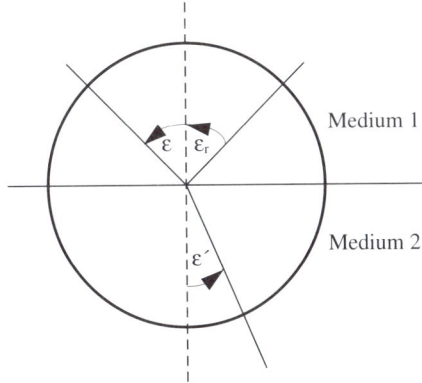

Medium 2 optisch dichter als Medium 1

ε: Einfallswinkel; ε': Brechungswinkel; ε_r: Reflexionswinkel
Einfallender Strahl, gebrochener Strahl und Einfallslot liegen in der gleichen Ebene.

Das Brechungsverhältnis ist nur von der Beschaffenheit der beiden Medien abhängig. Der Einfallswinkel des Lichtbündels beeinflusst das Brechungsverhältnis nicht.
Brechungsgesetz nach Snellius:

$$n = \frac{\sin\varepsilon}{\sin\varepsilon'}$$

Die Verhältniszahl *n* heißt Brechungsverhältnis oder Brechzahl.

Stoff	absol. Brechzahlen
Luft	1,0003
Wasser	1,3329
Benzol	1,5013
Quarzglas	1,4588
Kronglas	1,52 - 1,62
Flintglas	1,61 - 1
Diamant	2,4173

(Die Werte beziehen sich auf eine Wellenlänge von 589 nm)

Nach dem Gesetz von Snellius kann bei bekannter Brechzahl der Strahlengang beim Übergang zwischen zwei Medien konstruiert werden.

Brechung an einer planparallelen Platte:

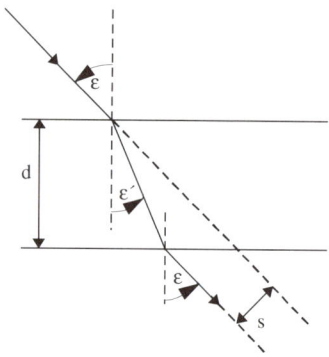

Durchdringt ein Lichtstrahl eine planparallele Platte aus einem optisch dichteren Medium, so verlässt er nach zweimaliger Brechung die Platte seitlich versetzt parallel zur ursprünglichen Richtung.

Für die Länge *l* des Lichtstrahls in der Platte gilt:

$$l = \frac{d}{\cos\varepsilon'}$$

Für die seitliche Verschiebung s gilt :

$$s = \frac{d}{\cos\varepsilon'} \cdot \sin(\varepsilon - \varepsilon')$$

Brechung beim Prisma:

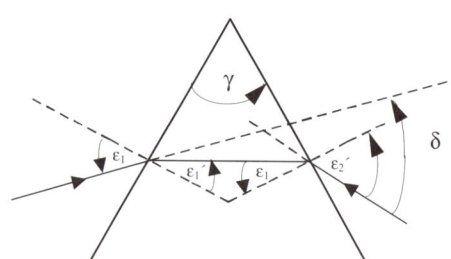

Beim Durchgang durch ein dreiseitiges Prisma aus einem optisch dichteren Medium erfährt ein Lichtstrahl eine Ablenkung um den Winkel δ von der brechenden Kante. Dieser Ablenkungswinkel ist am kleinsten, wenn der Einfallswinkel so gewählt wird, dass der Lichtstrahl im Inneren des Prismas senkrecht zur Symmetrieebene verläuft.

$$\delta = (\varepsilon_1 - \varepsilon_2) + (\varepsilon_1' - \varepsilon_2')$$

Beim Durchgang eines Glühlichtes durch das Prisma ist neben der Lichtbrechung eine weitere optische Erscheinung zu erkennen. Die durch das Prisma beobachteten Gegenstände zeigen vielfach farbige Ränder. Diese Farberscheinung sieht man auch, wenn Sonnenlicht durch Glasplatten oder das Wasser eines Aquariums trifft.

Die im weißen Licht enthaltenen Farbanteile werden verschieden stark gebrochen. Auf einem Schirm, der das vom Prisma austretende Licht auffängt, kann man ein Lichtband aus ineinander übergehenden Farben Rot, Gelb, Grün, Blau und Violett erkennen. Man nennt dieses Farbband ein kontinuierliches Spektrum. Das weiße Licht wurde beim Durchgang durch das Glasprisma in seine Spektralfarben zerlegt.

Die unterschiedliche Brechung der verschiedenen Farbanteile nennt man *Dispersion*.

Die Totalreflexion

Ein Lichtbündel wird dann vollständig reflektiert, wenn es aus einem optisch dichteren Medium kommend gegen die Grenzfläche trifft und der Einfallswinkel ε größer ist als der Grenzwinkel ε_0.

Der Grenzwinkel ε_0 ist dann erreicht, wenn der Ausfallswinkel des gebrochenen Strahles 90° beträgt. Berechnung des Grenzwinkels beim Übergang von Wasser in Luft:

Nach dem Brechungsgesetz gilt:

$$\frac{n_2}{n_1} = \frac{\sin\varepsilon_1}{\sin\varepsilon_2}$$

$$\frac{n_{Luft}}{n_{Wasser}} = \frac{3}{4}$$

$$\frac{3}{4} = \frac{\sin\varepsilon_1}{\sin 90°} = \frac{\sin\varepsilon_1}{1}$$

$$\sin\varepsilon_1 = \frac{3}{4}$$

$$\varepsilon_1 = 48,6°$$

Der Grenzwinkel ε_0 beträgt 48,6°.

Weitere Grenzwinkel:
Glas / Luft: 42°; Diamant / Luft: 23,6°

Die Rückstrahler (Katzenaugen) beim Fahrrad sind so gebaut, dass sie alle eintreffenden Lichtstrahlen in der gleichen Richtung zurückwerfen, aus der sie ankommen.

Die atmosphärische Strahlenbrechung

Die Dichte der Atmosphäre nimmt nach unten zu.
Das Sonnenlicht trifft schief auf die Atmosphäre und wird somit beim Durchgang zum Lot hin gebrochen, da es von einem optisch dünneren Medium in ein optisch dichteres Medium gelangt. Das Gleiche geschieht mit dem Licht der Sterne. Ein Beobachter auf der Erde sieht daher einen Stern um die Brechung versetzt.

Auch das Flimmern in der Luft, das über stark erwärmten Gegenständen zu beobachten ist, beruht auf der Brechung des Lichtes. Warme und kalte Luft mit verschiedenen optischen Dichten ist über diesen Gegenständen in Bewegung und hat zur Folge, dass das Licht in ständig wechselnder Weise gebrochen wird.

Eine besondere Art der atmosphärischen Strahlenbrechung ist die Luftspiegelung als *Fata Morgana*.
In der Nähe der Erdoberfläche nimmt die Luftdichte mit steigender Höhe nicht gleichmäßig ab. Bei heißem Wetter erwärmen sich die bodennahen Luftschich-

ten sehr stark und werden dadurch optisch dünner als die darüber liegenden kalten Luftschichten. Bei Windstille bleibt dieser Zustand über längere Zeit bestehen.

Treffen nun Lichtbündel von höher gelegenen Gegenständen auf die Grenzschicht gegen die optisch dünnere Luft, so kommt es bei einem Einfallswinkel, der dem Grenzwinkel entspricht, zu einer Totalreflexion. Ein Beobachter oberhalb der warmen Luftschicht erkennt durch die Luftspiegelung ein Spiegelbild. Dadurch glaubt er, einen See vor sich zu haben, in dem sich die Gegenstände aus der Umgebung oder der Himmel spiegeln. Diese Täuschung tritt nicht nur in der Wüste oder der Steppe auf, sondern auch bei uns. An heißen, windstillen Tagen kann eine spiegelnde Luftschicht über einer Straße entstehen. Sie scheint bei flacher Blickrichtung nass zu sein.

Ähnliche Erscheinungen haben Seefahrer auf dem Eismeer. Sie beobachten eine Luftspiegelung nach oben und können entfernte Schiffe als umgekehrtes Bild in der Luft betrachten.

Weitere Anwendungsbeispiele der Totalreflexion sind das *Refraktometer* zur Bestimmung der Brechzahl oder die Lichtleiter in der Glasfaseroptik.

Optische Linsen

Lichtdurchlässige Körper, die von gekrümmten Flächen, meist Kugelflächen, begrenzt werden, bezeichnet man als optische Linsen.

Die Verbindungslinie der Mittelpunkte M und M' der gekrümmten Flächen bildet die optische Achse der Linse.

Bei Abbildungen an optischen Linsen wählt man die Lichtrichtung von links nach rechts.

Die Schnittpunkte S_1 und S_2 der beiden Linsenflächen mit der optischen Achse werden als Linsenscheitel bezeichnet, der Mittelpunkt der Strecke S_1S_2 als optischer Mittelpunkt 0. Die senkrecht zur optischen Achse durch 0 verlaufende Ebene nennt man Linsenebene oder auch Brechungsebene.

Lichtstrahlen durch den Brennpunkt einer Linse heißen Brennstrahlen.

III. Optik

Lichtstrahlen durch den optischen Mittelpunkt heißen Mittelpunktstrahlen.

Lichtstrahlen, die parallel zur optischen Achse verlaufen, heißen Parallelstrahlen.

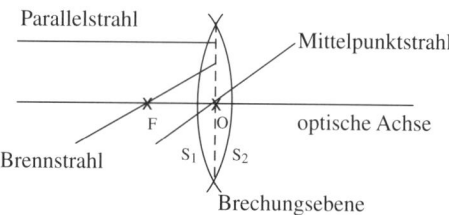

Beim Lichtdurchlauf einer Linse werden die Lichtstrahlen zweimal gebrochen. In Zeichnungen und Rechnungen wird die Brechung an beiden Oberflächen durch Brechungen an zwei Hauptebenen ersetzt.

Bei dünnen Linsen, deren Stärke gegenüber den Krümmungsradien der Kugelfläche klein ist, fallen diese beiden Brechungsebenen zusammen. Sie liegen in der Mittelebene der Linse.

Alle Abstände, wie Gegenstandsweite, Bildweite und Brennweite, sind auf diese Mittelebene bezogen.

Bei Zeichnungen wird meist auf die Linsenkrümmungen verzichtet, es wird nur die Mittelebene dargestellt.

Linsenarten

Die gebräuchlichsten Linsen sind die sphärischen Linsen. Unter *sphärischen Linsen* versteht man durchsichtige Körper, die von zwei Kugelflächen begrenzt sind. Nur in Ausnahmefällen werden auch anders geformte durchsichtige Körper verwendet, die so genannten nichtsphärischen oder asphärischen Linsen.

Man unterscheidet zwei Arten von sphärischen Linsen, die Konvexlinsen und die Konkavlinsen.

Konvexlinsen

Konvexlinsen sind durch zwei Kugelflächen so begrenzt, dass sie in der Mitte dicker als am Rande sind.

Konvexlinsen heißen aufgrund des Strahlenganges an der Linse *Sammellinsen*. Ein einfallendes paralleles Lichtbündel wird nach der Brechung durch die Linse konvergent. Die Lichtstrahlen treffen sich in einem Punkt.

Verschiedene Arten von Konvexlinsen:

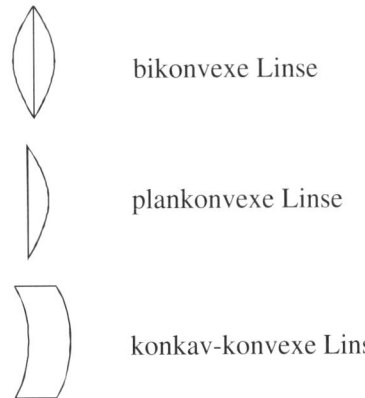

bikonvexe Linse

plankonvexe Linse

konkav-konvexe Linse

Durch Sammellinsen können bei nicht zu großer Divergenz divergente Strahlenbündel konvergent gemacht werden.

Bilder an Konvexlinsen:

Ein achsenparalleles Lichtbündel wird im Brennpunkt *F*, alle anderen Parallelbündel werden auf der Brennebene vereinigt.

Ein Lichtbündel, das von einem Punkt auf der optischen Achse außerhalb *F* ausgeht, wird konvergent, eines, das von *F* ausgeht, wird parallel, und eines, das innerhalb von *F* ausgeht, bleibt divergent.

Jeder achsenparallele Strahl wird zum Brennstrahl, jeder Brennstrahl zum Parallelstrahl.

Jeder Mittelpunktstrahl bleibt Mittelpunktstrahl.

Bereits zwei Konstruktionsstrahlen können das Bild an einer Konvexlinse bestimmen.

III. Optik

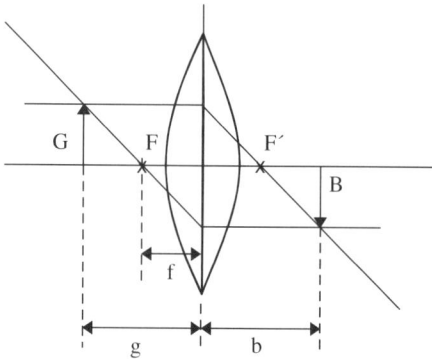

G: Gegenstandsgröße

B: Bildgröße

f: Brennweite

g: Gegenstandsweite

b: Bildweite

Den Abstand des Gegenstandes G von der Brechungsebene der Linse bezeichnet man als Gegenstandsweite *g*.

Den Abstand des Bildes B von der Brechungsebene der Linse bezeichnet man als Bildweite *b*.

Die Konstruktionsstrahlen müssen nicht immer zu den tatsächlichen abbildenden Strahlen gehören. Sie können auch außerhalb der Linse die gedachte Verlängerung der Brechebene treffen und trotzdem zur Bestimmung der Lage und der Größe des Bildes verwendet werden. Die Bilder an Sammellinsen sind je nach dem Abstand des Objektes von der Linse reell oder virtuell: virtuelle Bilder erhält man für $0 < g < f$.

Folgende Tabelle zeigt die Lage und die Art des entstehenden Bildes für die verschiedenen Gegenstandslagen:

Gegenstand	Bild	
Lage	Art	Art
g > 2f	f < b < 2f	verkleinert, umgekehrt, reell
g = 2f	b = 2f	gleich groß, umgekehrt, reell
f < g < 2f	b > 2f	vergrößert, umgekehrt, reell
0 < g < f	auf der Gegenstandsseite	vergrößert, aufrecht, virtuell

III. Optik

Konkavlinsen

Konkavlinsen sind durch zwei Kugelflächen so begrenzt, dass sie in der Mitte dünner als am Rande sind.

Konkavlinsen brechen die einfallenden Lichtbündel so, dass sie nach außen abgelenkt werden, sie zerstreuen die Lichtbündel und heißen aufgrund des Strahlenganges an der Linse auch *Zerstreuungslinsen*.
Ein parallel zur optischen Achse einfallendes Lichtbündel wird so gebrochen, als kämen die einzelnen Strahlen von einem vor der Linse liegenden Brennpunkt *F*. Der Abstand dieses Punktes ist die Brennweite *f*, die hier negativ ist und auch als Zerstreuungsweite bezeichnet wird.

Verschiedene Arten von Konkavlinsen:

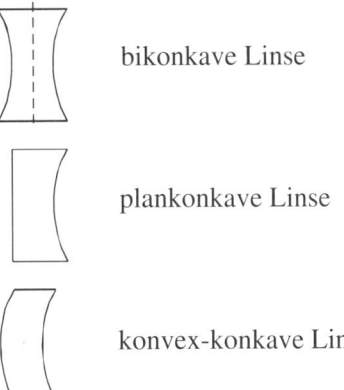

bikonkave Linse

plankonkave Linse

konvex-konkave Linse

III. Optik

Bilder an Konkavlinsen:

Für den Strahlengang an Konkavlinsen gilt wie bei den Konvexlinsen:

1. *Parallelstrahl wird Brennstrahl*

2. *Brennstrahl wird Parallelstrahl*

3. *Mittelpunktstrahl bleibt Mittelpunktstrahl*

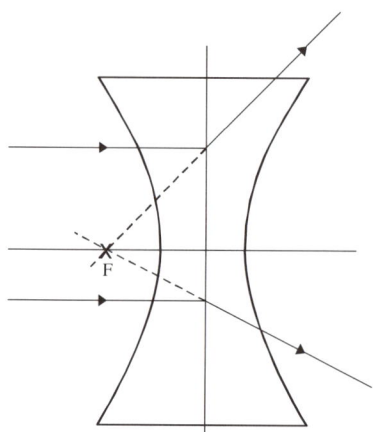

Konkavlinsen erzeugen virtuelle, verkleinerte, aufrechte Bilder, die auf der Gegenstandsseite liegen. Zur Bildkonstruktion verwendet man den Mittelpunktstrahl und den Parallelstrahl. Der Parallelstrahl wird dabei so gebrochen, als ob er vom virtuellen Brennpunkt käme.

Abbildungsgleichungen für optische Linsen: Das Abbildungsverhältnis an einer optischen Linse ist das Verhältnis aus der Bildgröße zur Gegenstandsgröße oder das Verhältnis aus der Bildweite zur Gegenstandsweite.

1. Linsengleichung: Die Bildgröße verhält sich zur Gegenstandsgröße wie die Bildweite zur Gegenstandsweite.

$$\frac{B}{G} = \frac{b}{g}$$

2. Linsengleichung: Die Summe aus den Kehrwerten der Gegenstandsweite und der Bildweite ist gleich dem Kehrwert der Brennweite der Linse.

$$\frac{1}{f} = \frac{1}{g} + \frac{1}{b}$$

Die erste und die zweite Linsengleichung gelten sowohl für Sammellinsen (Konvexlinsen) als auch für Zerstreuungslinsen (Konkavlinsen). Sie haben auch bei Berechnungen für Abbildungen an Hohl- und Wölbspiegeln Gültigkeit.

Den Kehrwert der Brennweite einer Linse bezeichnet man als Brechwert D.

$$D = \frac{1}{f}$$

Die Einheit des Brechwertes ist 1 Dioptrie.

$$1\ \text{dpt} = \frac{1}{\text{m}}$$

Der Brechwert von Zerstreuungslinsen ist negativ.

Linsenfehler

Bilder, die man mit gewöhnlichen Linsen entwirft, sind teilweise fehlerhaft. Man spricht von *Linsenfehlern*.

Randstrahlen werden näher an der Linse vereinigt als die Zentralstrahlen. Man spricht von einer *sphärischen Abweichung* (= sphärische Aberation).
Man kann diesen Linsenfehler weit gehend vermeiden, wenn man die Randstrahlen ausblendet oder Linsensysteme mit Glassorten verschiedener Brechkraft benützt.
Ein weiterer Linsenfehler ist der so genannte *chromatische Fehler.*
Das weiße Licht wird beim Durchgang durch die Linse in seine Spektralfarben zerlegt. Aus diesem Grunde haben Linsenbilder farbige Ränder.
Da zum Beispiel der blaue Anteil des weißen Lichtes stärker gebrochen wird als der rote Anteil, liegt der blaue Bildpunkt näher an der Linse als der rote. Dies hat zur Folge, dass das von einem Gegenstand ausgehende weiße Glühlicht nicht eindeutig in einem Bildpunkt gesammelt werden kann. Der Grund dafür ist die *Dispersion.*

III. Optik

Durch Achromaten kann aber auch dieser Fehler korrigiert werden.
Achromaten erhält man bei besonderen Zusammenstellungen von Konvex- und
Konkavlinsen verschiedener Glassorten mit geeigneten Krümmungsradien.

Die Bildpunkte einer achsensenkrechten Ebene liegen nicht in einer Bildebene,
sondern auf einer gewölbten Fläche. Diesen Linsenfehler bezeichnet man als
Wölbungsfehler. Er muss etwa bei Foto- und Projektionslinsen behoben werden.

Gegenstandspunkte außerhalb der optischen Achse werden nicht als Punkte,
sondern als kleine Striche abgebildet. Diese falsche Abbildung bezeichnet man
als *astigmatischen Fehler* der Linse. Astigmatische Fehler treten auf, wenn die
Linse unregelmäßig gekrümmt ist.

(Die Bezeichnungen sphärisch, chromatisch und astigmatisch sind alle griechi-
scher Herkunft: *sphaira* heißt Kugel, *chroma* Farbe und *astiktos* bedeutet: nicht
in einem Punkt vereinigt.)

3. Optische Instrumente

Das Auge

Das für den Menschen wohl wichtigste optische Instrument ist das Auge.

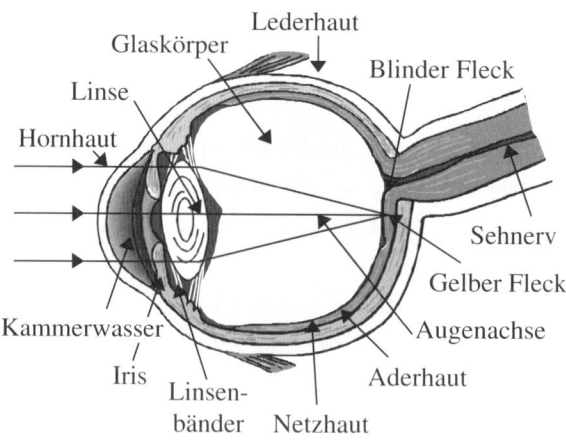

Der fast kugelförmige Augapfel kann durch sechs an ihm angreifende Muskeln nach allen Seiten gedreht werden. Die Lederhaut bildet die äußere Hülle des Augapfels und geht an der Vorderseite des Auges in die durchsichtige stark gekrümmte Hornhaut über. Nach innen fügt sich die von Blutgefäßen durchzogene Aderhaut an. Der vordere Teil davon ist die Iris (Regenbogenhaut). Die Iris enthält in ihrer Mitte ein kleines Loch, die Pupille. Durch die Pupille dringen die Lichtstrahlen in das Innere des Auges ein. An der Innenseite der Aderhaut liegt die Netzhaut, das lichtempfindliche Organ des Auges. Über den Sehnerv werden die aufgenommenen Lichtreize an das Gehirn weitergegeben. Das Augeninnere besteht aus einer gallertartigen Masse, dem Glaskörper.

Der Sehvorgang: Das brechende System des Auges bilden hauptsächlich die Hornhaut und die Linse. Diese kann man sich näherungsweise durch eine Sammellinse ersetzt denken. Die Bildkonstruktion entspricht der der Sammellinse, alle achsenparallelen Strahlen, die in das Auge treffen, werden so gebrochen, dass sie sich auf der Netzhaut vereinigen. Auf der Netzhaut entstehen von den betrachteten Gegenständen reelle umgekehrte Bilder.

Der Sehwinkel: Jedes Bild, das auf der Netzhaut entsteht, ist umgekehrt. Der Winkel, unter dem der Gegenstand vom optischen Mittelpunkt aus erscheint, heißt Sehwinkel. Der Sehwinkel wird größer, wenn der Gegenstand näher an das Auge rückt. Mit dem Sehwinkel wächst das Bild auf der Netzhaut.

Die Akkomodation: Wie in der Tabelle (S. 145) aufgelistet, ist die Bildweite bei Sammellinsen abhängig von der Gegenstandsweite. Obwohl die Bildweite in unserem Auge stets gleich groß ist, können wir nahe Gegenstände genauso scharf sehen wie weit entfernte Gegenstände. Diese besondere Gabe wird uns ermöglicht, da sich die Wölbung und damit die Brechkraft der Augenlinse verändern lässt. Somit ist die Brennweite veränderlich. Diese Anpassungsfähigkeit des Auges nennt man Akkomodation. Die kleinste Entfernung, auf die ein gesundes Auge akkomodieren kann, beträgt 8 cm.

Die Eintrittsstelle des Sehnervs in den Augapfel ist lichtunempfindlich und heißt *blinder Fleck*. Wenn man mit geschlossenem linken Auge in 30 cm Entferung das unten gezeichnete Kreuz betrachtet und die Augenentfernung vom Buch verändert, verschwindet bei einer bestimmten Stellung der schwarze Kreis. Sein Bild fällt auf den *blinden Fleck* im Auge.

Das kurzsichtige Auge: Das Bild ferner Gegenstände liegt hier vor der Netzhaut. Die Entfernung von der Linse zur Netzhaut ist im Vergleich zur Brennweite der Linse zu groß. Das kurzsichtige Auge kann durch eine Zerstreuungslinse vor dem Auge korrigiert werden.

Das weitsichtige Auge: Das Bild nahe gelegener Gegenstände liegt hinter der Netzhaut.
Der Abstand von Linse zur Netzhaut ist zu klein. Oder die Augenlinse kann nicht stark genug gekrümmt werden (zum Beispiel Altersweitsichtigkeit). Das weitsichtige Auge kann durch eine Sammellinse korrigiert werden.

Der Fotoapparat

Die heute verwendeten Fotoapparate haben trotz fortschreitender moderner Technik immer noch die gleichen Grundbauteile.
Sie bestehen im Wesentlichen aus einer innen geschwärzten Kammer, in der sich an der Vorderseite eine Sammellinse als Objektiv befindet und auf der Rückseite eine lichtempfindliche Schicht als Bildaufnahme. Eine Blende regelt die Lichtmenge, die durch das Objektiv einfallen soll. Mit einem besonderen Verschluss wird die Belichtungszeit eingestellt.

Das Objektiv eines fotografischen Apparates hat die Wirkungsweise einer Sammellinse. Es bildet einen Gegenstand reell und umgekehrt auf einer lichtempfindlichen Schicht ab.
Statt einer einfachen Sammellinse werden als Objektiv Linsensysteme verwendet, wodurch Linsenfehler reduziert werden.

Je näher der Gegenstand am Objektiv ist, desto größer muss der Abstand vom Objektiv zum Film sein, wenn ein scharfes Bild entstehen soll.

Durch Verschiebung des Objektives können richtige Bildweiten für verschiedene Gegenstandsweiten gewählt werden.

Bei den meisten Fotoapparaten wird durch die richtige Betätigung des Entfernungsmessers automatisch das Objektiv auf die größte Bildschärfe eingestellt.

Der Projektionsapparat

Um Bilder für einen größeren Zuschauerkreis sichtbar machen zu können, verwendet man Projektionsgeräte.

Man unterscheidet Projektionsapparate, bei denen der Gegenstand von hinten beleuchtet wird und diejenigen, bei denen der Gegenstand von vorne beleuchtet wird. Die Projektionseinrichtung ist bei beiden Arten ähnlich. Sie unterscheiden sich nur in der Beleuchtungsrichtung.

Die diaskopische Projektion: Ein von hinten beleuchtetes Diapositiv wird vom Objektiv auf einer Leinwand abgebildet. Das Dia befindet sich dabei zwischen der einfachen und der doppelten Brennweite des Objektivs.

Um eine lichtstarke Abbildung zu erreichen, benötigt man eine starke punktförmige Lichtquelle, einen Hohlspiegel und einen Kondensor.

Der Hohlspiegel muss hinter der Lichtquelle im Abstand der doppelten Brennweite angebracht sein, damit das nach hinten austretende Licht nach der Reflexion zur Ausleuchtung des Dias verwendet werden kann.

Der Kondensor macht das auf ihn fallende divergente Lichtbündel bis zu einem Maße konvergent, dass das Diapositiv ganz ausgeleuchtet wird.

Das Objektiv steht im Konvergenzpunkt des Lichtkegels.

Vom Diapositiv entsteht so ein reelles, seitenvertauschtes, vergrößertes Bild.

Die episkopische Projektion: Bei Epiprojektoren wird der abzubildende Gegenstand, zum Beispiel eine Buchseite, von der Vorderseite her stark beleuchtet. Am Gegenstand wird das Licht diffus reflektiert und es erreicht nur ein kleiner

III. Optik

Teil das Projektionsobjektiv. Dies ist der Grund, weshalb die Lichtausnützung bei Epiprojektoren schlechter ist als bei Diaprojektoren. Mithilfe von Spiegeln gelangt das Bild über das Objektiv vergrößert auf den Bildschirm (Leinwand). Epiprojektoren heißen auch Episkope.

Die Lupe

Die einfachste Methode, einen Gegenstand größer zu sehen, besteht darin, dass man ihn dem Auge nähert. Man vergrößert dadurch den Sehwinkel und somit das Netzhautbild.

Unterstützt man das Auge mit einer Sammellinse, kann man den Gegenstand dem Auge noch näher bringen. Die Bezeichnung für eine derartige Vorsatzlinse ist „Lupe".

Bei Vergrößerungen vergleicht man den Sehwinkel ohne Verwendung eines optischen Gerätes mit dem Sehwinkel bei der Verwendung eines optischen Gerätes. Die Vergrößerung entspricht dann dem Quotienten aus den Tangenswerten der beiden Sehwinkel.

$$v = \frac{\tan\varepsilon'}{\tan\varepsilon}$$

ε: Sehwinkel ohne optisches Gerät
ε': Sehwinkel mit optischem Gerät
v: Vergrößerung

Je näher der Gegenstand am Auge ist, desto größer ist ε. Betrachten wir Gegenstände mit bloßem Auge, so sollten diese Gegenstände nicht weniger als 25 cm von unserem Auge entfernt sein. Wird diese Entfernung unterschritten, muss das Auge die Linsenbrechkraft stark erhöhen, was es sehr anstrengt. Mit einer Lupe wird die Brechkraft der Linse vergrößert.

Verwendet man die Lupe richtig, so steht der zu beobachtende Gegenstand im Brennpunkt F der Lupe. In unser Auge gelangen dann Parallellichtbündel, die durch die Augenlinse auf der Netzhaut wieder vereinigt werden. Somit kann das Auge entspannt beobachten.

Die Vergrößerung *v* lässt sich auch aus dem Quotienten aus der Sehweite *s* und der Linsenbrennweite *f* berechnen.

$$v = \frac{s \text{ (Sehweite)}}{f \text{ (Brennweite)}}$$

Das Mikroskop

Bei einer Lupe mit 25facher Vergrößerung beträgt die Brennweite *f* der Sammellinse 10 Millimeter. Für noch stärkere Vergrößerungen müsste man *f* noch kleiner machen. Dabei würden aber die Kugelflächen zu stark gekrümmt.
Im Jahre 1590 erfand der holländische Brillenschleifer Zacharias Jansen ein Gerät aus zwei Linsensystemen, das stärkere Vergrößerungen ermöglichte, das *Mikroskop*.

Ein Mikroskop besteht aus zwei Linsen, dem Objektiv und dem Okular.
Das Objektiv ist die dem zu beobachtenden Gegenstand zugewandte Linse, das Okular ist vor dem Auge.
Objektiv und Okular sind gegeneinander nicht verschiebbar.
Das Objektiv besitzt eine sehr kleine Brennweite.

Das Objektiv entwirft ein reelles Zwischenbild in vergrößertem Maßstab. Dieses Zwischenbild wird mit dem Okular wie mit einer Lupe betrachtet.

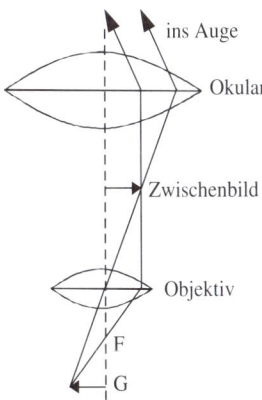

Das Objektiv kann gegen Linsen anderer Brennweiten ausgetauscht werden. Die Gegenstandsweite wird dann angepasst.

Arbeit mit dem Mikroskop bezeichnet man als Mikroskopie.

Mithilfe eines Mikroskopes sehen wir vergrößerte, umgekehrte, virtuelle Bilder der betrachteten Gegenstände. Die Gesamtvergrößerung v eines Mikroskopes ist das Produkt aus der Vergrößerung des Objektes v_a und der Vergrößerung des Okulars v_g.

$$v = v_a \cdot v_g$$

Das astronomische Fernrohr

Betrachtet man einen weit entfernten Gegenstand, so ist der Sehwinkel sehr klein. Wenn man aber mit einem Objektiv ein reelles, umgekehrtes, verkleinertes Bild erzeugt, das man mit einer Lupe betrachtet, so kann man den Sehwinkel vergrößern. Dies geschieht bei einem astronomischen Fernrohr.

Nach seinem Erfinder heißen die astronomischen Fernrohre auch *Kepler'sche Fernrohre*.

Strahlengang am astronomischen Fernrohr:

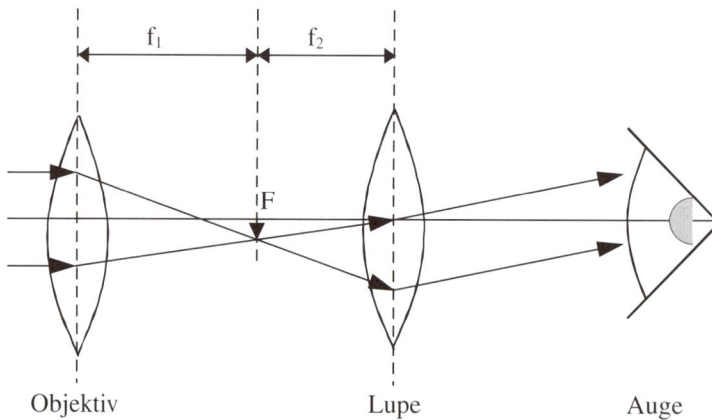

f_1 und f_2 sind die beiden Brennweiten der Sammellinsen.

F ist der gemeinsame Brennpunkt.

In einem astronomischen Fernrohr sehen wir vergrößerte, umgekehrte, virtuelle Bilder der betrachteten Gegenstände.

Die Vergrößerung ist der Quotient aus den Brennweiten des Objektives und dem Okular.

$$v = \frac{f_1}{f_2}$$

Die Summe der beiden Brennweiten gibt die Baulänge des Fernrohres an.
Neben der Vergrößerung spielt die Helligkeit des Bildes eine Rolle.
Durch zusätzliche Lichtquellen kann die Helligkeit am Fernrohr nicht gesteigert werden. Man muss daher den Objektivdurchmesser möglichst groß wählen. Optiker bezeichnen den Objektivdurchmesser als *Lichtstärke des Fernrohrs*.

Varianten des astronomischen Fernrohres:

Prismenfernrohr: arbeitet mit zwei totalreflektierenden Prismen und erzeugt aufrechte Bilder.

Spiegelfernrohr: Hohlspiegel übernehmen die Rolle des Objektivs. Das modernste deutsche Spiegelfernrohr steht in der Sternwarte in Hamburg.

Erdfernrohr: besitzt eine Umkehrlinse und erzeugt aufrechte Bilder.

Feldstecher: zwei Prismenfernrohre sind zusammengebaut und ermöglichen so eine Beobachtung mit beiden Augen.

Das Galilei'sche Fernrohr

Das Galilei'sche Fernrohr wird auch als holländisches Fernrohr bezeichnet.
Der holländische Brillenschleifer Franz Lippershey hat es im Jahre 1608 entwickelt, also vor der Fernrohrerfindung durch Kepler.
Galileo Galilei nahm die neue Erfindung auf und baute ein Fernrohr besonderer Güte, mit dem er als Erster astronomische Beobachtungen machte, die ihn unter anderem zur Entdeckung der Jupitermonde, der Venusphasen, der Sonnenflecke und der Mondgebirge führten.

III. Optik

Strahlengang am Galilei'schen Fernrohr:

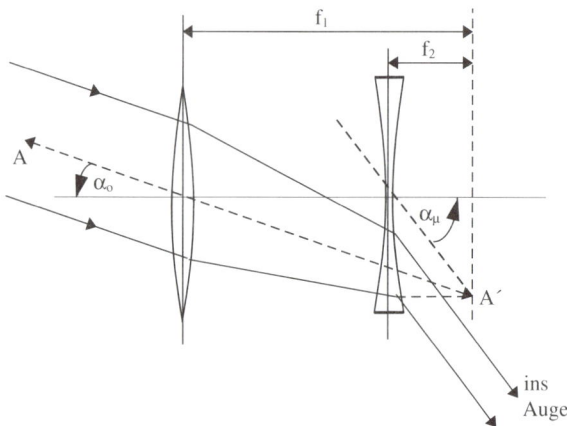

Das Galilei'sche Fernrohr besteht aus einem Objektiv (Sammellinse) und einem Okular (Zerstreuungslinse). Objektiv und Okular sind im Abstand $f_2 - f_1$ voneinander angeordnet.

Die Vergrößerung am Galilei'schen Fernrohr ist der Quotient aus den Brennweiten des Objektivs f_1 und dem Okular f_2.

$$v = \frac{f_1}{f_2}$$

Die häufigste Anwenung des holländischen Fernrohres findet sich im Opernglas.

4. Farbenlehre

Weißes Licht wird beim Durchgang durch ein Glasprisma in seine Spektralfarben zerlegt. Da die Brechzahlen für die verschiedenen farbigen Lichter verschieden groß sind, kann man auf einem Schirm hinter dem Glasprisma die Farbkomponenten des weißen Lichtes getrennt voneinander sehen.

Rotes Licht wird dabei am wenigsten, violettes Licht am stärksten gebrochen.

Das weiße Licht glühender fester oder flüssiger Körper liefert beim Durchgang durch ein Prisma stets ein kontinuierliches Spektrum aus den Farben Rot bis Violett.

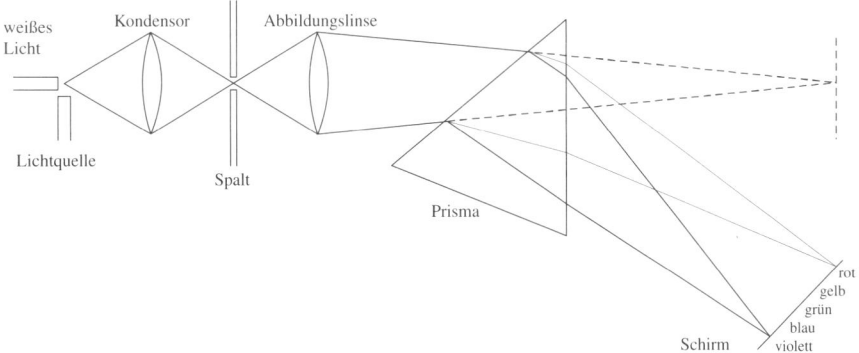

Führt man umgekehrt die entstandenen Spektralfarben auf einen Sammelpunkt zusammen, so entsteht wieder weißes Licht.

Das Licht einer einzelnen Spektralfarbe lässt sich zwar von einem zweiten Prisma ablenken, aber nicht mehr weiter zerlegen. Es handelt sich um *monochromatisches Licht*.

Kontinuierliches Spektrum

Entsteht bei der Zerlegung des Lichts durch ein Prisma ein zusammenhängendes Farbband mit stetigem Übergang aller Spektralfarben, so spricht man von einen kontinuierlichen Spektrum. Ein solches Licht wird unter hohen Temperaturen von festen, flüssigen Stoffen und von Gasen unter hohem Druck (beispielsweise Sternatmosphären) abgestrahlt.

Das Linienspektrum

Verwendet man als Lichtquelle keine festen oder flüssigen Körper, sondern glühende Gase oder Dämpfe, so erhält man kein kontinuierliches Spektrum.
Das Spektrum vom Licht einer Natriumdampflampe ist eine gelbe Doppellinie. Werden Gase in so genannten Geißlerröhren durch Anlegen einer elektrischen Spannung zum Leuchten angeregt, so erhält man Spektren aus vielen einzelnen, getrennten farbigen Linien. Die Aufeinanderfolge und Lage der Spektralfarben im Spektrum entspricht der im kontinuierlichem Spektrum.

Ein Spektrum, das aus einzelnen farbigen Linien besteht, heißt *Linienspektrum*.

Im Jahre 1859 haben die beiden Wissenschaftler Bunsen und Kirchhoff entdeckt, dass jeder glühende Dampf sein besonderes Spektrum besitzt.
Jedes Spektrum unterscheidet sich von den Spektren anderer Dämpfe und Gase. Mithilfe der *Spektralanalyse* ist es möglich, aufgrund des vorhandenen Spektrums das Vorhandensein eines bestimmten Stoffes in glühenden Gasgemischen festzustellen.

Durch die *Spektroskopie* wurde es möglich, die Art der Materie von Sternen zu bestimmen. Dies ist von großer Bedeutung für die *Astrophysik*.

Das Absorptionsspektrum

Schickt man weißes Licht durch Natriumdampf und danach durch ein Prisma, so erhält man auf einem Schirm ein kontinuierliches Spektrum, in dem an der Stelle der gelben Natriumlinie eine dunkle Linie ist. Der Natriumdampf hat dieses Licht absorbiert.

Gesetz von Kirchhoff-Bunsen: Glühende Gase und Dämpfe absorbieren aus durchgehendem Licht diejenigen Lichter, die sie selbst aussenden.

Ein kontinuierliches Spektrum mit schwarzen Absorptionslinien heißt *Absorptionsspektrum*.
Auch beim Durchgang weißen Lichtes durch farbige Gläser oder eingefärbte Flüssigkeiten können Absorptionsspektren entstehen.

Das Sonnenspektrum

Sonnenlicht liefert ebenfalls ein kontinuierliches Absorptionsspektrum.
Kirchhoff schloss aus dem kontinuierlichem Spektrum, dass die Sonne einen glühend festen oder flüssigen Kern haben muss. Aus den Absorptionslinien folgerte er, dass der weiß glühende Sonnenkern von einer Atmosphäre glühender Dämpfe umgeben ist.

Die Absorptionslinien heißen *Frauenhofer'sche Linien*. Ihre Analyse zeigte, dass viele irdische Elemente auch auf der Sonne zu finden sind. Das Element

III. Optik

Helium wurde 1868 im Sonnenspektrum entdeckt, bevor es 1895 auf der Erde gefunden wurde.

Nach heutigen Feststellungen ist der Sonnenkern gasförmig.
Bei hohem Druck und sehr hoher Temperatur liefern Gase kontinuierliche Spektren. Nach heutigen Messungen nimmt man eine Sonneninnentemperatur von über 20 Millionen Kelvin und eine Oberflächentemperatur von ungefähr 6000 Kelvin an. Bei diesen Temperaturen gibt es nach unseren Erfahrungen nur noch gasförmige Körper.

Ein besonderes Spektrum unseres weißen Sonnenlichtes bietet der Regenbogen.

Misch- und Komplementärfarben

Die Farbe Weiß entsteht aus der Gesamtheit der Spektralfarben.
Da die Farbe Weiß eine Mischung aus dem Licht aller Spektralfraben ist, nennt man Weiß eine *Mischfarbe*.

Zu jeder abgelenkten reinen Spektralfarbe gibt es eine Mischfarbe des Restes. Vereinigt man die reine Spektralfarbe wiederum mit der Mischfarbe des Restes, so entsteht Weiß.
Weiß kann aber auch aus bestimmten Spektralfarben gemischt werden. Die Farbenpaare, die sich zu Weiß ergänzen, heißen Ergänzungsfarben oder Komplementärfarben.

Komplementärfarben

Rot – Grün
Orange – Blaugrün
Gelb – Blau
Gelbgrün – Violett
Grün – Rot
Blaugrün – Orange
Blau – Gelb
Violett – Gelbgrün

Eine Farbe kann reine Spektralfarbe aber auch Mischfarbe sein.

Unser Auge ist nicht in der Lage, farbige Lichter zu analysieren.

Körperfarben

Bei Körpern unterscheidet man durchsichtige und undurchsichtige.

Ein durchsichtiger Körper absorbiert vom auffallenden weißen Licht gewisse Spektralbereiche. Die Summe der hindurchgehenden Restfarben erscheint unserem Auge als einheitliche Farbe. Es entstehen dadurch auch im Spektrum nicht enthaltene Farben wie Rosa oder Braun.

Farbige Gläser und Flüssigkeiten lassen nur bestimmte Spektralbereiche hindurch. Ein Teil des weißen Lichtes wird absorbiert.

Ein undurchsichtiger Körper absorbiert aus dem auffallenden Licht gewisse Farben, die anderen werden gestreut. Der Farbeindruck, den unser Auge aufnimmt, ist auch von der Zusammensetzung des auffallenden Lichtes abhängig.

Die Körperfarben entstehen dadurch, dass beleuchtete Oberflächen undurchsichtiger Körper einzelne Farben diffus reflektieren.

Körperfarben sind von der Art der Beleuchtung abhängig.

Ein Körper, dessen Oberfläche alle Spektralfarben gleichmäßig gut reflektiert, erscheint uns weiß.

Ein Körper, dessen Oberfläche alle Spektralfarben gleichmäßig schwach reflektiert, erscheint uns grau.

Ein Körper, dessen Oberfläche alle Spektralfarben völlig absorbiert, erscheint uns schwarz.

Farbmischungen

Gegen die Farbenlehre von Newton aus dem Jahre 1704 ging Goethe im Jahre 1810 mit massivem Druck an. Es widersprach Goethe in seinem künstlerischen

Wesen, dass das schöne weiße Licht aus den dunklen Farben zusammengesetzt sein soll. Heute weiß man, dass beide bei ihrer Farbenlehre unterschiedliche Voraussetzungen zugrunde legten. Newton wählte physikalische Regeln, Goethe aber die Farbempfindung, einen physiologisch-psychologischen Vorgang.

Ein farbiger Gegenstand verschluckt einen Teil des auffallenden weißen Lichtes, vor allem die Komplementärfarbe, zu der ihm eigenen Körperfarbe.

additive Farbenmischung: Eine Farbmischung, bei der sich die farbigen Lichter auf einem Schirm überlagern, heißt additive Farbenmischung. Oder: gleichzeitiges Aufstrahlen zweier Farben.

subtraktive Farbenmischung: Eine Farbmischung, die durch Absorption gewisser Anteile des weißen Lichtes durch mehrere Filter hervorgerufen wird, heißt subtraktive Farbenmischung.
Oder: Absorption der Komplementärfarben.

Farbstoffmischungen sind durch die subtraktive Farbenmischung zu erklären.

Infrarotes Licht

Das weiße Licht einer Bogen- oder Glühlampe liefert auch eine unsichtbare Strahlung, die im nicht sichtbaren Spektrum neben Rot zu finden ist. Sie wird als *infrarote Strahlung* bezeichnet und liefert das infrarote Licht.

Ultraviolettes Licht

Außerhalb des violetten Bereiches des sichtbaren Farbspektrums befindet sich der ultraviolette Farbbereich.

Die Reizung und Bräunung der Haut bei Sonnenlichteinwirkung ist auf den ultravioletten Lichtanteil zurückzuführen.
Quecksilberdampflampen, die man als künstliche Höhensonnen verwendet, senden ultraviolettes Licht aus.

Veranschaulichung des gesamten Spektrums eines glühenden Körpers:

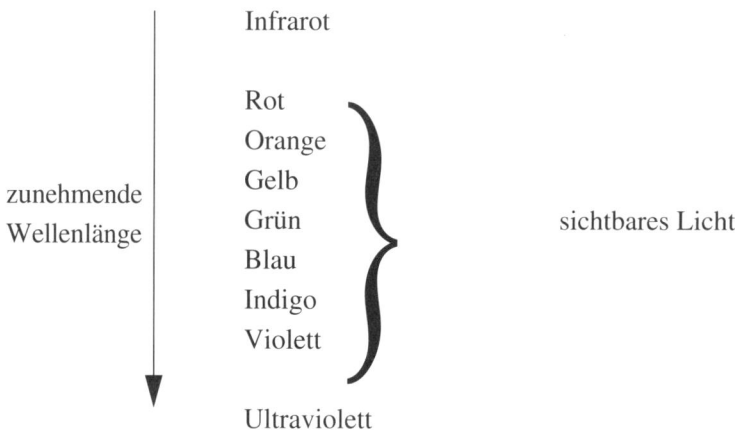

Die verschiedenen Farbeindrücke werden unserem Auge durch verschiedene Frequenzen des sichtbaren Spektrums vermittelt.

Spektralfarbe	Frequenz	Wellenlänge
Rot	$4,0$ bis $4,7 \cdot 10^{14}$ Hz	630 bis 750 nm
Orange	$4,7$ bis $5,0 \cdot 10^{14}$ Hz	600 bis 630 nm
Gelb	$5,0$ bis $5,4 \cdot 10^{14}$ Hz	550 bis 600 nm
Grün	$5,4$ bis $6,2 \cdot 10^{14}$ Hz	480 bis 550 nm
Blau	$6,2$ bis $7,0 \cdot 10^{14}$ Hz	430 bis 480 nm
Violett	$7,0$ bis $7,9 \cdot 10^{14}$ Hz	380 bis 430 nm

5. Wellenoptik

Bei vielen Experimenten zeigt sich das Licht als eine elektromagnetische Welle. Die Wellenlängen des sichtbaren Lichtes liegen im Vakuum im Bereich von 380 nm bis 750 nm (das entspricht nur 1 Oktave).

Die Wellenlänge einer bestimmten Lichtart ist von der Lichtgeschwindigkeit im jeweiligen Medium abhängig. Die Frequenz dagegen ist für eine bestimmte Lichtart konstant.

Auch beim Übergang von einem Medium 1 in ein Medium 2 bleibt die Frequenz f und damit die Farbe des Lichtes erhalten. Es ändert sich proportional zur Lichtgeschwindigkeit die Wellenlänge λ.

Für c_1, c_2: Lichtgeschwindigkeit im Medium 1 bzw. 2

und λ_1, λ_2: Wellenlänge im Medium 1 bzw. 2

gilt:
$$c_1 = f \cdot \lambda_1 \quad \text{und} \quad c_2 = f \cdot \lambda_2$$

daraus folgt:
$$c_1 : c_2 = \lambda_1 : \lambda_2$$

Interferenz

Mit Interferenz bezeichnet man Überlagerungserscheinungen kohärenter Wellenzüge. Kohärente Wellenzüge besitzen an einem festen Raumpunkt eine feste Phasenbeziehung. Kohärente Lichtwellen entstehen bei Aufspaltung eines Wellenzuges.

Bei der Überlagerung kann es zu einer Verstärkung oder zu einer Schwächung oder sogar zu einer Auslöschung kommen. Ausschlaggebend dafür ist die Phasenbeziehung oder der Gangunterschied.

Eine Verstärkung tritt dann ein, wenn der Gangunterschied ein geradzahliges Vielfaches von $\frac{\lambda}{2}$ ist.

Eine Schwächung tritt ein, wenn der Gangunterschied ein ungeradzahliges Vielfaches von $\frac{\lambda}{2}$ ist.

Trifft eine ebene Lichtwelle auf die Oberfläche einer dünnen, durchsichtigen Schicht, wird an der Grenzebene ein Teil der Welle reflektiert, der andere Teil dringt in das neue Medium ein. Beim Verlassen des neuen Mediums wird wieder ein Teil reflektiert, der dann an der ersten Grenzebene wieder austritt. Dadurch überlagern sich vor der ersten Grenzebene die beiden reflektierten Wellen.

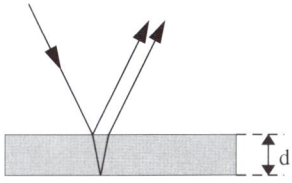

III. Optik

Für δ: Gangunterschied bei senkrechtem Einfall

    d: Dicke der dünnen Schicht (Medium 2)

    n: Brechzahl der Schicht (Brechung Medium 1/Medium 2)

    λ: Wellenlänge des Lichtes

gilt:

$$\delta = 2 \cdot d \cdot n - \frac{\lambda}{2}$$

$2 \cdot d \cdot n$ ist der *Umweg*.

Mit $k = 0; 1; 2; ...$ ergibt sich eine Verstärkung für:

$$\delta = \frac{4 \cdot d \cdot n}{2 \cdot k + 1}$$

Mit $k = 1; 2; 3; ...$ ergibt sich eine Auslöschung für:

$$\delta = \frac{2 \cdot d \cdot n}{k}$$

Die Wellenlänge des ausgelöschten Lichtes ist dann bestimmbar, wenn die Schichtdicke d bekannt ist.

Die Schichtdicke d lässt sich bestimmen, wenn die Wellenlänge des ausgelöschten Lichtes bekannt ist.

Gleiche Interferenzerscheinungen lassen sich nachweisen, wenn zum Beispiel zwei Glasplatten eine dünne Luftschicht einschließen oder bei Seifenblasen. Auch dünne Beläge auf festen Körpern erzeugen Interferenzerscheinungen.

Legt man eine Plankonvexlinse von großer Brennweite mit der gekrümmten Seite auf eine planparallele Platte, so befindet sich zwischen beiden eine Luftschicht, die nach außen in ihrer Dicke zunimmt. Punkte in gleicher Luftschichtdicke liegen auf Kreisen um den Berührungspunkt. Bei Beleuchtung mit Licht von nur einer Wellenlänge entstehen an Orten der Auslöschungserscheinung dunkle Ringe und an Orten der Verstärkung helle Ringe, deren Zustandekommen in der Interferenz begründet liegt.

Verwendet man weißes Licht, so entstehen Farbringe in der Farbe der verstärkten oder in der Komplementärfarbe der ausgelöschten Wellenlänge. Der Radius der Farbringe ist von der Wellenlänge abhängig.

Da diese Methode, mit einem Luftspalt von veränderlicher Dicke Interferenzen zu erzeugen, bereits von Newton entwickelt wurde, bezeichnet man die dabei entstehenden Farbringe als *Newton'sche Ringe*.

Beugung

Auch bei Lichtwellen kann wie bei mechanischen Wellen an scharfen Kanten die Erscheinung der *Beugung* auftreten.

An den Kanten eines engen Spaltes bilden sich nach dem *Huygens'schen Prinzip* Elementarwellen, zwischen denen es bei Überlagerung Verstärkung aber auch Auslöschung geben kann.

Ähnliches geschieht an einem Doppelspalt. Jeweils entsprechende Wellen beider Spalte kommen zur Interferenz und es entstehen je nach Gangunterschied Maxima oder Minima.

Verwendet man eine größere Zahl parallel nebeneinander liegender Spalte, werden ebenfalls Beugungserscheinungen sichtbar. Man spricht von einem *Beugungsgitter*.

Den Abstand zweier Spaltmitten bezeichnet man als *Gitterkonstante g*. Bei guten Gittern sind auf einen Millimeter bis zu 1700 Spalte verteilt.

α_{max} ist der Beugungswinkel für die Richtung der Maxima und a der Abstand des Maximums k-ter Ordnung. Die Wellenlänge ist mit λ bezeichnet und für die Entfernung des Auffangschirmes vom Gitter wird l verwendet.

III. Optik

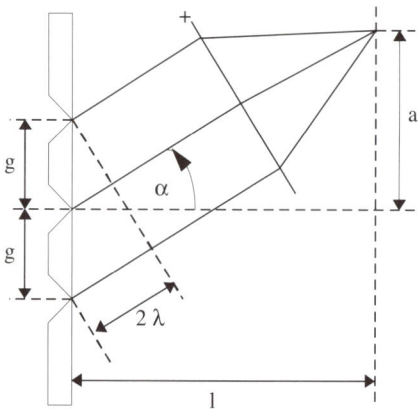

Für k = 0; 1; 2; ... gilt:

$$\sin\alpha_{max} = k \cdot \frac{\lambda}{g}$$

Der Sinuswert des Beugungswinkels ist proportional zur Wellenlänge. Somit lässt sich die Wellenlänge einer Lichtstrahlung bei bekannter Gitterkonstante aus der Lage des Maximums bestimmen.
Der Beugungswinkel für eine bestimmte Wellenlänge wächst, wenn die Gitterkonstante abnimmt.

Tritt mehrfarbiges oder weißes Licht durch ein Beugungsgitter, so entsteht auf dem Auffangschirm ein Beugungsspektrum. Da die Länge der einzelnen Farbbereiche ihren Wellenlängenbereichen entspricht, bezeichnet man es als *Normalspektrum*.

Beugung kann auch an kreisförmigen Öffnungen auftreten.

Alle optischen Geräte haben an den Rändern der Blenden, Linsen und Fassungen beugende Wirkung. Punkte werden als kleine Scheibchen abgebildet, die sich gegenseitig überdecken und nicht mehr getrennt wahrgenommen werden können. Bei optischen Geräten spricht man von der Auflösungsgrenze, die sich aus dem kleinsten Winkel ergibt, unter dem zwei Gegenstandspunkte erscheinen dürfen, damit sie noch getrennt voneinander wahrgenommen werden können.

Dies ist der Fall, wenn das Hauptmaximum des einen Bildpunktes mit dem ersten Minimum des anderen Bildpunktes zusammenfällt. Optische Geräte und auch unser Auge besitzen ein begrenztes Auflösungsvermögen. Das Auflösungsvermögen (die Auflösungsgrenze) kann durch Licht kleinerer Wellenlänge gesteigert werden. Deshalb benutzt man bei Mikroskopen häufig Blaufilter.

Polarisation

Licht gehört zu den elektromagnetischen Transversalwellen.
Werden bei einer Welle bestimmte Schwingungsrichtungen bevorzugt, so nennt man sie *polarisiert*.
Man unterscheidet folgende Polarisationsmöglichkeiten: linear polarisiert,
zirkular polarisiert,
elliptisch polarisiert.

Eine Welle ist linear polarisiert, wenn sie nur in einer Richtung quer zur Ausbreitungsrichtung schwingt.

Zirkular oder elliptisch polarisierte Wellen können in je zwei linear polarisierte Wellen zerlegt werden.

Zum Nachweis der Polarisation verwendet man Analysatoren.

Anordnungen, mit denen man aus natürlichem Licht polarisiertes Licht erzeugen kann, nennt man *Polarisatoren*.
Ein Polarisator filtert aus natürlichem Licht eine Komponente mit bestimmter Schwingungsrichtung heraus.

Polarisation kann auch durch Reflexion erfolgen.

Gesetz von Brewster:
Trifft ein Lichtstrahl unter dem Polarisationswinkel α_p auf die Grenzfläche zweier Medien, dann ist der reflektierte Teil linear polarisiert. Der reflektierte und der gebrochene Strahl bilden dabei einen rechten Winkel.

Der Polarisationswinkel für Kronglas beträgt $\alpha_p = 57°$.

Auch durch *Doppelbrechung* kann eine Polarisation erfolgen. Doppelbrechung ist die Eigenschaft bestimmter Stoffe, einen auftreffenden Lichtstrahl in zwei Strahlen mit unterschiedlicher Phasengeschwindigkeit in verschiedenen Richtungen aufzuspalten.

Die beiden entstehenden Strahlen sind senkrecht zueinander polarisiert.

Stoffe, in denen die Phasengeschwindigkeit elektromagnetischer Wellen von der Ausbreitungsrichtung abhängig ist, werden als *anisotrop* bezeichnet. Bei doppelbrechenden Stoffen ist auch noch die Schwingungsrichtung maßgebend, ob sie anisotrop sind.

Doppelbrechende Stoffe sind zum Beispiel Quarz, Glimmer, Glas unter Einwirkung äußerer Kräfte oder isotrope Stoffe unter dem Einfluss eines elektrischen Feldes.

Kerr-Effekt: In isotropen Stoffen aller Aggregatzustände erzeugen elektrische Felder Doppelbrechung. Diese Erscheinung ist sehr gut bei Nitrobenzol zu sehen.

Zur elektrischen Helligkeitssteuerung eines Lichtbündels werden so genannte *Kerr-Zellen* mit Nitrobenzol verwendet.

Faraday-Effekt: In durchsichtigen isotropen Stoffen wird die Schwingungsrichtung von linear polarisiertem Licht unter der Einwirkung eines starken Magnetfeldes bei Richtungsübereinstimmung von Feldvektor und Licht gedreht. Diese magneto-optische Erscheinung heißt *Magnetorotation*.

Bestimmte Stoffe drehen die Schwingungsrichtung des durch sie hindurchgehenden linear polarisierten Lichtes so, dass der Drehwinkel proportional zur Länge des Lichtweges im betreffenden Medium ist. Man nennt diese Stoffe *optisch aktiv*.

IV. Wärmelehre

Die Wärmelehre, auch Thermodynamik genannt, fundiert auf den Gesetzmäßigkeiten der Mechanik.

Möchte man einen Körper erwärmen, so benötigt man dazu eine *Wärmequelle*. Die wichtigste Wärmequelle für unsere Erde ist die Sonne. Die Wärme, welche die Erde im Laufe eines Jahres von der Sonne empfängt, würde ausreichen, um eine 44 Meter dicke Eisschicht, welche die gesamte Erdoberfläche bedeckt, schmelzen zu können.

Weitere Wärmequellen erhält man durch Verbrennung von so genannten *Heizstoffen* wie Kohle, Holz, Gas, Öl usw. Moderne Wärmequellen sind oft elektrisch.

IV. Wärmelehre

1. Temperatur als Basisgröße

Körper fühlen sich beim Berühren kalt, kühl, warm oder heiß an. Aufgrund ihrer inneren Energie rufen sie besondere Wärmeempfindungen hervor. Wegen der betreffenden inneren Energie können wir dem Körper eine Temperatur zuschreiben: Einem heißen Körper eine hohe und einem kalten Körper eine niedrige Temperatur.

Allerdings ist unser Temperatursinn nicht allzu gut ausgeprägt. Er ist in seiner Leistungsfähigkeit begrenzt und eignet sich daher nicht zur genauen Beurteilung von Temperaturen.

Die Temperatur ist ein Maß für die innere Energie eines Körpers.

Teilchenvorstellung

Alle Stoffe bestehen aus Teilchen, seien es Moleküle, Atome, Ionen. Festkörper, Flüssigkeiten und Gase unterscheiden sich durch die Anordnung dieser Teilchen.

In Festkörpern schwingen die Teilchen um eine feste Gleichgewichtslage. Sie besitzen aufgrund ihrer Bindung kinetische und potenzielle Energie. In Flüssigkeiten sind die Teilchen gegeneinander verschiebbar und schwingen wie in Festkörpern, jedoch freier und führen zusätzlich Stöße aus. In gasförmigen Körpern bewegen sich die Teilchen mit hohen Geschwindigkeiten in der Größenordnung von $10^3 \frac{m}{s}$ und führen Stöße aus.

Bei allen Aggregatszuständen erfolgt bei Temperaturerhöhung eine Zunahme der Bewegungsenergie der Teilchen, bei Temperaturerniedrigung eine Abnahme. Am absoluten Nullpunkt (0 K) bewegen sich die Teilchen überhaupt nicht.

Verhalten der Körper bei Temperaturänderung:
Da ein Physiker Temperaturen nicht schätzen, sondern messen möchte, untersucht man zuerst das Verhalten verschiedenster Körper bei Temperaturänderung.

Festkörper:

vor der Erwärmung   nach der Erwärmung

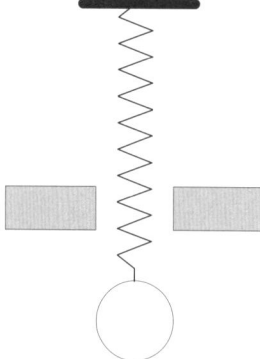
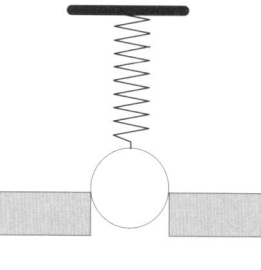

Die thermische Ausdehnung einer Metallkugel zeigt sich dadurch, dass sie nach Erhitzen nicht mehr durch eine Öffnung passt, die sie vor der Erwärmung passieren konnte.

Flüssigkeiten:

vor der Erwärmung

nach der Erwärmung

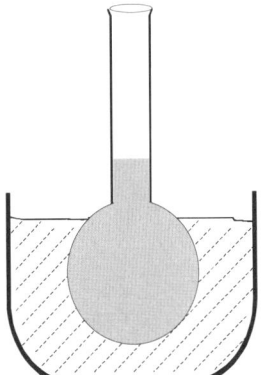

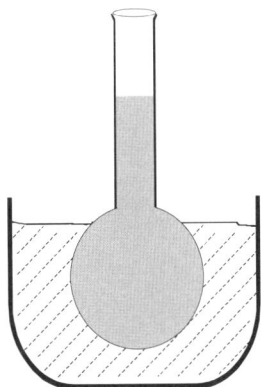

Die thermische Ausdehnung einer Flüssigkeit zeigt sich durch das Ansteigen der Flüssigkeit im Steigrohr bei Erwärmung des Wasserbades.

Gase:

Bei der Erwärmung eines mit Luft gefüllten Glaskolbens erkennt man das Aufsteigen von Gasbläschen in einem Wasserbad. Das ist ein Nachweis für die thermische Ausdehnung von Luft.

IV. Wärmelehre

Zusammenfassung: Das Volumen der festen, flüssigen und gasförmigen Körper nimmt bei Erwärmung unter sonst gleich bleibenden äußeren Bedingungen in der Regel zu.

Gase dehnen sich bei gleicher Erwärmung bedeutend stärker aus als Flüssigkeiten, diese wiederum stärker als Festkörper.

Auch andere Körpereigenschaften ändern sich mit der Temperatur, wie zum Beispiel die Farbe, der Druck oder die elektrische Leitfähigkeit.

Weitere temperaturabhängige physikalische Größen:

Der spezifische Widerstand von Metallen steigt mit wachsender Temperatur.

Der spezifische Widerstand bei Halbleitern sinkt mit steigender Temperatur.

Die Spannung eines Thermoelements wächst bei Temperaturerhöhung.

Die von einem erhitzten Körper ausgehende Temperaturstrahlung wird mit steigender Temperatur kurzwelliger und intensiver.

Stoffkonstanten wie der Ausdehnungskoeffizient, die spezifische Wärmekapazität oder die Ausbreitungsgeschwindigkeit des Schalls sind temperaturabhängig.

Die Temperatur kennzeichnet einen Körperzustand, der von der Körpermasse und der stofflichen Zusammensetzung des Körpers unabhängig ist.
Die Temperatur ist eine *Zustandsgröße*.

Temperaturmessung

Zur Temperaturmessung kann man jede Körpereigenschaft nützen, die sich mit der Temperatur gesetzmäßig ändert.
Am häufigsten verwendet man die thermische Ausdehnung. Aber auch andere Eigenschaften, wie zum Beispiel elektrische, werden in Physik und Technik zur Temperaturmessung benützt.

Das Flüssigkeitsthermometer:

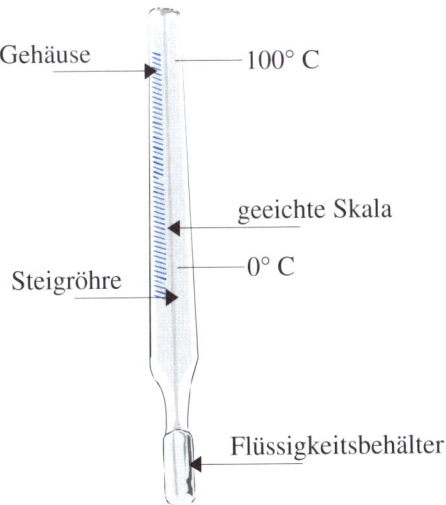

Gehäuse —————— 100° C

geeichte Skala

Steigröhre —————— 0° C

Flüssigkeitsbehälter

IV. Wärmelehre

Die Einheit der Temperatur ist im Internationalen Einheitensystem eine Basis-einheit.

SI- Einheit der Temperatur: Kelvin (1K)

Neben der Einheit Kelvin gilt auch *Grad Celsius* (°C) als gesetzliche Einheit.
In England und Nordamerika ist auch noch *Grad Fahrenheit* (°F) in Gebrauch.

Zur Eichung von Thermometern dienen für alle Temperaturskalen vereinbarte feste Punkte.

Celsius-Skala

Als Festpunkte dienen der Eispunkt und der Siedepunkt von Wasser auf Meeres-höhe unter 1013 hPa. Den Abstand der beiden Fixpunkte bezeichnet man als *Fundamentalabstand*. Der Fundamentalabstand wird nach dem Vorschlag des schwedischen Astronomen Anders Celsius (1701–1744) in 100 gleiche Teile ge-teilt, die man *Celsius-Grade* nennt.

Der Eispunkt wird mit 0 °C und der Siedepunkt mit 100 °C bezeichnet.

Die somit definierte Einheit der Temperatur und der Temperaturdifferenz ist 1 Grad Celsius.

Symbol für die Temperatur in der Celsius-Skala: *t*

Weitere Fixpunkte in der Celsius-Skala bei Normdruck von p = 1013,25 hPa:

Siedepunkt	von	Sauerstoff	-182,96	°C
Erstarrungspunkt	von	Wasser	0,00	°C
Siedepunkt	von	Wasser	100,00	°C
Siedepunkt	von	Schwefel	444,60	°C
Erstarrungspunkt	von	Silber	961,93	°C
Erstarrungspunkt	von	Gold	1064,43	°C

Messbereiche: Das Quecksilberthermometer hat einen Messbereich von -35 °C bis 350 °C. Der Bereich ist durch den Gefrierpunkt (-39 °C) und den Siedepunkt (357 °C) von Quecksilber eingeschränkt.

Ein mit Alkohol gefülltes Flüssigkeitsthermometer hat einen Messbereich von -100 °C bis 60 °C.

Penthanthermometer erlauben Messungen von -200 °C bis 50 °C.

Für sehr hohe und sehr tiefe Temperaturmessungen werden elektrische Messverfahren angewandt.

Besondere Thermometerarten

Das Fieberthermometer: Speziell für den Temperaturschwankungsbereich des Menschen geschaffenes Thermometer. Da es nur einen kleinen Bereich der Temperaturskala abdecken muss, nämlich von 35 °C bis 42 °C, kann es in diesem Bereich genauer unterteilt werden.

Das Maximum-Minimum-Thermometer: Es ist ein U-förmiges Thermometer, in dessen Kapillaren sich über dem Quecksilber kleine Eisenstiftchen befinden, die durch winzige Glasfedern an den Wänden haften, aber durch die Quecksilbersäule verschoben werden können. Es ist aber nur der untere Teil mit Quecksilber gefüllt. Darüber ist eine U-Seite ganz, die andere teilweise mit Alkohol gefüllt. Bei steigender Temperatur dehnt sich der Alkohol aus und schiebt den eingebauten Stift auf der nur teilweise gefüllten Seite nach oben. Sinkt die Temperatur wieder, bleibt der Stift am höchsten Punkt hängen und zeigt somit das Maximum an. Entsprechendes gilt für das Minimum auf der anderen U-Rohrseite.

Das Bimetallthermometer: Es besteht aus zwei zusammengenieteten Metallen, die unterschiedliche Längenausdehnungs-Koeffizienten besitzen. Bei Erwärmung oder bei Abkühlung biegt es sich aufgrund der unterschiedlichen Metallausdehnungen.

kalt: warm:

Das Widerstandsthermometer: Der Widerstand von Metallen ist temperaturabhängig. Der Strom, der in einem Stromkreis fließt, ist vom Widerstand des Leiters und somit von dessen Temperatur abhängig. Als Widerstand verwendet man meist einen dünnen, ausgeglühten Platindraht. Der große Vorteil dieser Thermometerart ist, dass man zwischen dem Ort der Temperaturmessung und dem Messgerät einen fast beliebig großen Abstand lassen kann. Es ist als Fernthermometer einsetzbar.

Auflistung einiger bemerkenswerter Temperaturen:

Tiefste mögliche Temperatur	-273,2 °C
Flüssige Luft	-196,0 °C
Tiefste Lufttemperatur in Bodennähe	-88,3 °C
(gemessen 1960 in der Antarktis)	
Höchste Temperatur in Bodennähe	63,1 °C
(gemessen in Somaliland)	
Dunkle Rotglut des Eisens	680 °C
Weißglut des Eisens	1300 °C
Flamme des Bunsenbrenners	bis 1800 °C
Glühfaden der Glühlampe	bis 2600 °C
Elektrische Bogenlampe	bis 4000 °C
Sonnenoberfläche	6000 °C
Sonneninneres	20.000.000 °C

IV. Wärmelehre

IV. Wärmelehre

Die Kelvintemperatur

Der englische Physiker William Thomson, geadelt als Lord Kelvin (1824–1904), führte eine neue Temperaturskala ein, in welcher der Nullpunkt auf -273,15 °C festgelegt ist. Null Kelvin entsprechen demnach -273,15 °C. Der Nullpunkt der Kelvinskala wird als absoluter Nullpunkt bezeichnet und die von ihm aus gezählte Temperatur als *absolute Temperatur* oder Kelvintemperatur benannt.

Vergleich der Celsius-Skala mit der Kelvin-Skala:

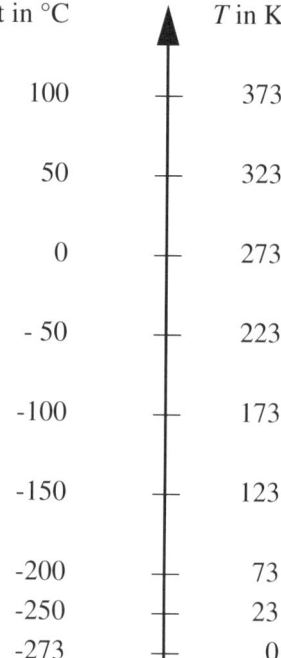

t in °C		T in K
100		373
50		323
0		273
- 50		223
-100		173
-150		123
-200		73
-250		23
-273		0

Formelzeichen für die Kelvintemperatur: T

Die Einheit der Basisgröße Temperatur ist 1 Kelvin (1 K).
Temperaturintervalle auf der Kelvinskala sind gleich zur Celsius-Skala.

Die Temperatur ist die einzige physikalische Größe mit zwei gültigen Formelzeichen (t für Celsiustemperatur und T für Kelvintemperatur).
Dem Formelzeichen t ist die Einheit °C zugeordnet, dem Formelzeichen T die Einheit K.

Nur als Einheiten der Temperaturdifferenz sind Kelvin und Celsius gegeneinander kürzbar.

Für die Umrechnung hat folgende Formel Gültigkeit:

$$T = 273{,}15\,K + t \cdot \frac{K}{°C}$$

Die Fahrenheit-Skala

Daniel Gabriel Fahrenheit (1686–1736) aus Danzig, einem deutschen Glasbläser und Physiker, gelang es als Erstem, völlig übereinstimmende Thermometer mit Quecksilberfüllung herzustellen. Bei der nach ihm benannten Temperaturskala entsprechen 0 °C der Temperatur von 32 °F.

0 °F	-17,7777...°C
32 °F	0 °C
212 °F	100 °C

Umrechnung Temperatur in °F $= \dfrac{9}{5}t + 32$

Ausdehnung von Festkörpern

Wird ein fester Körper erwärmt, so nimmt die Amplitude der schwingenden Moleküle zu. Dadurch vergrößert sich der gegenseitige Abstand dieser Moleküle und der Körper füllt einen größeren Raum. Feste Körper dehnen sich bei Erwärmung nach allen Seiten hin aus.

Die Längenausdehnung: Die Längenausdehnung von Festkörpern ist von der Art des Materials, von der Temperaturerhöhung und von der Anfangslänge abhängig.

Die Längenausdehnung Δl ist das Produkt aus dem Längenausdehnungs-Koeffizienten α, der Anfangslänge l_0 und der Temperaturerhöhung ΔT.

$$\Delta l = \alpha \cdot l_0 \cdot \Delta T$$

IV. Wärmelehre

Für die Länge l_T bei der Temperatur T ergibt sich:

$$l_T = l_0 + \Delta l$$

Da der Längenausdehnungs-Koeffizient eines Stoffes nicht bei allen Temperaturen gleich ist, verwendet man Mittelwerte und gibt den Gültigkeitsbereich an. Der Längenausdehnungs-Koeffizient ist der Quotient aus der relativen Längenänderung $\frac{\Delta l}{l_0}$ und der Temperaturänderung ΔT.

$$\alpha = \frac{\Delta l}{l_0 \cdot \Delta T} \quad \text{Einheit: } \frac{1}{K}$$

Tabelle von Längenausdehnungs-Koeffizienten zwischen 0 °C und 100 °C
Angabe in $10^{-6} \frac{1}{K}$

Polyäthylen	200
Celluloid	101
Polyvinylchlorid	150-200
Zink	30
Blei	29
Zinn	27
Aluminium	23,8
Messing	18
Kupfer	16,8
Flussstahl	120
Gusseisen	104
Platin	9
Glas	3-8
Porzellan	3-4
Holz, quer zur Faser	30-60
Holz, parallel zur Faser	2-6
Invar (Ni-Fe-Legierung)	16
Quarzglas	5

IV. Wärmelehre

Volumenausdehnung: Die Volumenausdehnung ΔV ist das Produkt aus dem Volumenausdehnungs-Koeffizienten γ, dem Anfangsvolumen V_0 und der Temperaturerhöhung ΔT.

$$\Delta V = \gamma \cdot V_0 \cdot \Delta T$$

Für das Volumen bei der Temperatur T gilt:

$$V_T = V_0 + \Delta V$$

Bei festen Körpern ist die Volumenausdehnungszahl das Dreifache der Längenausdehnungszahl des betreffenden Stoffes.

$$\gamma = 3 \cdot \alpha$$

IV. Wärmelehre

Wärmeausdehnung von Flüssigkeiten

Werden Flüssigkeiten erwärmt, so erfahren sie in der Regel eine Volumenvergrößerung. Die Ausdehnung flüssiger Stoffe ist größer als die fester Stoffe. Da Flüssigkeiten keine feste Form besitzen, kann man bei ihnen nur Volumenausdehnungs-Koeffizienten bestimmen.

Wie bei Festkörpern haben auch hier folgende Formeln Gültigkeit:

$$\Delta V = \gamma \cdot V_0 \cdot \Delta T$$

$$V_T = V_0 + \Delta V$$

Volumenausdehnungs-Koeffizienten in $\dfrac{1}{K}$

Äther	0,00160
Benzol	0,00120

Alkohol	0,00110
Öl	0,00070
Glyzerin	0,00050
Quecksilber	0,00018

IV. Wärmelehre

Wird eine Flüssigkeit in einem Gefäß erwärmt, so dehnt sich mit der Flüssigkeit auch das Gefäß aus. Der Anstieg der Flüssigkeitsoberfläche wird durch die Differenz der beiden Volumenzunahmen bewirkt.

Für die relative Volumenzunahme erhält man:

$$\Delta V_{rel.} = \Delta V_{Flüssigkeit} - \Delta V_{Gefäß}$$

Manche Flüssigkeiten dehnen sich bei Wärmeenergiezufuhr unregelmäßig aus. Am deutlichsten ist dies bei Wasser erkennbar.

Anomalie des Wassers: Wasser hat bei 4 °C seine größte Dichte. Sein Volumenausdehnungs-Koeffizient ist stark veränderlich, im Bereich von 0 °C bis 4 °C ist er sogar negativ. Wasser dehnt sich beim Abkühlen unter 4 °C wieder aus. Die Dichteanomalie des Wassers führt dazu, dass auch im Winter am Seegrund eine Wassertemperatur von 4 °C herrscht, während die Oberfläche gefroren sein kann.

Änderung der Dichte mit der Temperatur:

Jede Volumenänderung eines Körpers durch Temperaturänderung hat eine Dichteänderung zur Folge. Volumen und Dichte verhalten sich umgekehrt proportional.

Aus

$$\frac{\rho_1}{\rho_2} = \frac{V_2}{V_1}$$

ergibt sich

$$\rho_2 = \frac{\rho_1}{1 + \gamma \cdot \Delta T}$$

mit ρ_1: Dichte bei T_1 und ρ_2: Dichte bei T_2
γ: Volumenausdehnungs-Koeffizient

Ausdehnung der Gase

Die Ausdehnung der Gase ist stärker als die der festen und flüssigen Körper.

Die Volumenausdehnungs-Konstante hat für alle idealen Gase den gleichen Wert. Diese Gesetzmäßigkeit wurde von dem französischen Physiker Gay-Lussac (1778–1850) entdeckt.

$$\gamma = -\frac{1}{273} \cdot \frac{1}{K} = 0,003665 \frac{1}{K}$$

Der Volumenausdehnungs-Koeffizient eines Gases ist das Verhältnis der relativen Volumenänderung $\frac{\Delta V}{V_0}$ zur Temperatur T.

$$\gamma = \frac{\Delta V}{V_0 \cdot T} \qquad \text{Einheit: } \frac{1}{K}$$

Die Geschwindigkeit der Moleküle nimmt bei Erwärmung zu. Parallel zur Temperatur wächst das Produkt aus Druck und Volumen. Ein Gas wird als ideales Gas bezeichnet, wenn bei unveränderter Temperatur das Produkt aus Druck und Volumen konstant bleibt.
Der Volumenausdehnungskoeffizient für ideale Gase hat auch Gültigkeit für Edelgase, Wasserstoff und Sauerstoff.

Gesetz von Boyle-Mariotte: In einer abgeschlossenen (idealen) Gasmenge bleibt bei fester Temperatur T das Produkt aus dem Druck p und dem Volumen V stets konstant.

$$p \cdot V = \text{konstant}$$

$$p_1 \cdot V_1 = p_2 \cdot V_2$$

für T = konstant

IV. Wärmelehre

1. Gesetz von Gay-Lussac: In einer abgeschlossenen Gasmenge bleibt bei festem Druck p der Quotient aus dem Volumen V und der Temperatur T stets konstant.

$$\frac{V}{T} = \text{konstant}$$

$$\frac{V_1}{T_1} = \frac{V_2}{T_2}$$

$\left.\right\}$ für p = konstant

2. Gesetz von Gay-Lussac: In einer abgeschlossenen Gasmenge bleibt bei festem Volumen V der Quotient aus dem Druck p und der Temperatur T stets konstant.

$$\frac{p}{T} = \text{konstant}$$

$$\frac{p_1}{T_1} = \frac{p_2}{T_2}$$

$\left.\right\}$ für V = konstant

Eine Gesetzmäßigkeit, die gleichzeitig Änderungen von Volumen, Druck und Temperatur berücksichtigt, ist die „allgemeine Gasgleichung". Unter der allgemeinen Gasgleichung versteht man die allgemeine thermische Zustandsgleichung idealer Gase:

$$p \cdot V = \text{m} \cdot R \cdot T$$

m: Stoffmenge; R: universelle Gaskonstante: $R = 8,31 \dfrac{\text{J}}{\text{K} \cdot \text{mol}}$
Die Stoffmenge wird in mol angegeben.
Ändern sich bei einer idealen Gasmenge Druck, Temperatur und Volumen, so behält der Bruch $\dfrac{p \cdot V}{T}$ stets den gleichen Wert.
Allgemeine Gasgleichung:

$$\frac{p_1 \cdot V_1}{T_1} = \frac{p_2 \cdot V_2}{T_2} = \text{konst.}$$

Für den Druck p ist der absolute Druck einzusetzen. Bei Überdruck verliert die allgemeine Gasgleichung ihre Gültigkeit. Die allgemeine Gasgleichung gilt nur für ideale Gase. Bei realen Gasen hat sie nur beschränkte Gültigkeit. Für *Dämpfe* gilt sie nicht.

Aus der allgemeinen Gasgleichung lässt sich das *Normvolumen* eines Körpers berechnen. Unter dem Normvolumen versteht man das Volumen V_0 beim Normaldruck $p_0 = 1013$ mbar und bei der Temperatur 0 °C. Im Normzustand nimmt 1 mol eines idealen Gases das Volumen $V_0 = 22{,}4$ l ein.

Ist der konstante Ausdruck $\frac{p \cdot V}{T}$ proportional zur Masse m des eingeschlossenen Gases, so bezeichnet man den dazugehörigen Proportionalitätsfaktor als *Gaskonstante R'*.

Der Zahlenwert der Gaskonstanten ist von der Art des Gases abhängig.

$$p \cdot V = m \cdot R' \cdot T$$

Zahlenwerte für die Gaskonstante R' in $\dfrac{J}{kg \cdot K}$

Ammoniak	481	Methan	518
Argon	208	Methylchlorid	161
Butan	137	Neon	412
Chlor	115	Ozon	173
Chlorwasserstoff	226	Phosgen	82
Distickstoffmonoxid	188	Propan	185
Ethan	273	Propylen (Propen)	194
Ethen	294	Sauerstoff	260
Ethin	316	Schwefeldioxid	127
Helium	2078	Schwefelwasserstoff	241
Kohlendioxid	188	Stickstoff	297
Kohlenmonoxid	297	Stickstoffoxid	277
Krypton	99	Wasserstoff	4127
Luft	287	Xenon	63

Die molare Gaskonstante

Die Anzahl gleichartiger Teilchen, die in einem System enthalten sind, bezeichnet man als *Stoffmenge n*.

Die Einheit der Stoffmenge n ist ein *Mol*. Es ist eine Basiseinheit des Internationalen Einheitensystems.

Ein Mol ist die Stoffmenge, in der so viele Teilchen enthalten sind wie Atome in 12 Gramm des Kohlenstoffisotops C 12. Die Stoffmenge 1 mol enthält bei allen Stoffen $6{,}0221367 \cdot 10^{23}$ Teilchen.

Vor der Einführung des Internationalen Einheitensystems war ein Mol die in Gramm ausgedrückte relative Atommasse des Stoffes.

Berechnung der molaren Masse:

$$M = \frac{m}{n} \qquad \text{Einheit: } \frac{\text{kg}}{\text{mol}}$$

mit: m: Masse; n: Stoffmenge
Die molare Masse M ist zahlengleich zur relativen Atommasse.

Berechnung des molaren Volumens:

$$V_{\mathrm{m}} = \frac{V}{n} \qquad \text{Einheit: } \frac{\text{m}^3}{\text{mol}}$$

mit: V: Volumen; n: Stoffmenge

Im Normzustand besitzt die Stoffmenge 1 mol eines jeden Gases das gleiche Volumen. Es heißt *molares Normvolumen* und beträgt $22{,}41410 \, \frac{\text{m}^3}{\text{kmol}}$.

Rechnet man bei der Zustandsgleichung eines idealen Gases nicht mit der Masse m sondern mit der Stoffmenge n, erhält man die Gleichung:

$$p \cdot V = n \cdot M \cdot R \cdot T$$

Das Produkt $M \cdot R$ ist die *molare Gaskonstante*.
Die molare Gaskonstante ist eine stoffunabhängige Größe.

Stoffmengenbezogene Zustandsgleichung:

$$p \cdot V = n \cdot R_m \cdot T$$

Die molare Gaskonstante R_m beträgt auf die Stoffmenge 1 mol und den Normzustand bezogen:

$$R_m = M \cdot R = 8,314551 \; \frac{J}{mol \cdot K}$$

IV. Wärmelehre

2.   Wärme als Energieform

Die Erhöhung der Temperatur eines Körpers bewirkt eine Steigerung der kinetischen Energie seiner kleinsten Teilchen.
Erwärmung bedeutet Energiezufuhr, Abkühlung bedeutet Energieentzug.

Die Wärme ist eine besondere Form der Energie und eine neue physikalische Größe.

Nach dem Energieerhaltungsgesetz kann man innere Energie nur durch Umwandlung aus anderen Energiearten erhalten. Zum Beispiel aus mechanischer Energie, elektrischer Energie, chemischer Energie oder Kernenergie.

Energieerhaltungsgesetz: Energie kann nicht verloren gehen, sondern nur von einer Energieform in eine andere Energieform umgewandelt werden (Energie kann nicht aus nichts entstehen).

Die Wärme und die innere Energie sind mit den anderen Energieformen als gleichwertig und zumindest teilweise (2. Hauptsatz) ineinander umwandelbar anzusehen.

Nach dem Energieerhaltungssatz ist in einem abgeschlossenen System die Summe der darin enthaltenen Energien unveränderlich.

Da alle Energieformen gleichwertig sind, werden sie nach dem Internationalen Einheitensystem in der gleichen Einheit „Joule" angegeben.

Die Wärme, die ein Körper aufnimmt, ist proportional zur Masse und zur Temperaturänderung des Körpers. Die *Proportionalitätskonstante c* heißt *spezifische Wärmekapazität* und ist eine Stoffkonstante mit der Einheit $\frac{J}{kg \cdot K}$.

Für Wasser: $c_{H_2O} = 4,19 \ \frac{J}{kg \cdot K}$. Dies bedeutet, dass die Energie 4,19 kJ nötig ist, um 1kg Wasser um 1 Kelvin erwärmen zu können.

Allgemein gibt der Zahlenwert der spezifischen Wärmekapazität c eines Stoffes an, welche Wärme ΔQ nötig ist, um 1 Kilogramm dieses Stoffes um 1 Kelvin zu erwärmen.

$$c = \frac{\Delta Q}{m \cdot \Delta T}$$

Berechnung der Wärme:

$$\Delta Q = c \cdot m \cdot \Delta T$$

ΔT : Temperaturerhöhung oder Temperaturabnahme

Die aufgenommene bzw. abgegebene Wärme ΔQ eines Körpers ist gleich dem Produkt aus der spezifischen Wärmekapazität c, der Körpermasse m und dem Temperaturunterschied ΔT.

Der deutsche Arzt Robert Mayer (1814–1878) hat im Jahre 1843 die Vermutung formuliert, dass Wärme eine Energieform darstellt. Als Erster berechnete er die spezifische Wärmekapazität von Wasser. Genaue Werte für spezifische Wärmekapazitäten ermittelte später Joule (1818–1889).

Spezifische Wärmekapazitäten in $\dfrac{kJ}{kg \cdot K}$:

Wasser	4,19
Alkohol	2,36
Eis	2,10
Benzol	1,75
Ziegelstein	0,92
Glas	0,50 bis 0,92
Aluminium	0,90
trockene Erde	0,84
Granit	0,78
Eisen	0,45
Kupfer	0,39
Quecksilber	0,14
Blei	0,13

Die spezifische Wärmekapazität eines Stoffes wurde früher mit *spezifischer Wärme* bezeichnet.

Wird ein Körper durch eine zugeführte Wärme ΔQ um die Temperatur ΔT erwärmt, so beträgt seine Wärmekapazität C:

$$C = \frac{\Delta Q}{\Delta T}$$

Zusammenhang zwischen spezifischer Wärmekapazität c und Wärmekapazität C:

$$c = \frac{C}{m}$$

Die Wärmeleistung:

Liefert eine Wärmequelle in einem bestimmten Zeitintervall Δt die Wärmemenge ΔQ, dann ist ihre Wärmeleistung der Quotient aus Wärme und Zeitintervall.

$$P = \frac{\Delta Q}{\Delta t}$$

Mischungsvorgänge

Bei Mischungsvorgängen in abgeschlossenen Systemen ist die Wärmeabgabe des einen Körpers gleich der Wärmeaufnahme des anderen Körpers.

$$Q_{\text{abgegeben}} = Q_{\text{aufgenommen}}$$

Richmann'sche Mischungsregel:

$$c_1 \cdot m_1 \cdot (T_1 - T_M) = c_2 \cdot m_2 \cdot (T_M - T_2)$$

Mit T_M bezeichnet man die Mischungstemperatur, die sich nach dem Mischungsvorgang ergibt. Bei nicht abgeschlossenen Systemen muss die Wärmeabgabe an die Umgebung bzw. die Wärmezufuhr berücksichtigt werden.

In der aufgezeigten Formel gibt der Körper 1 die Wärme ab, welche der Körper 2 aufnimmt.

Werden zwei Körper mit der gleichen Wärmekapazitätskonstante c gemischt, so ergibt sich als Mischungstemperatur:

$$T_M = \frac{m_1 \cdot T_1 + m_2 \cdot T_2}{m_1 + m_2}$$

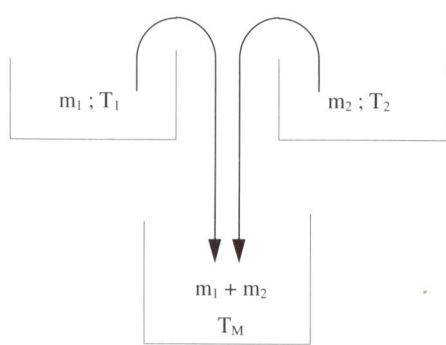

Bei einem Wärmeaustausch zwischen mehr als zwei Körpern oder bei einer auftretenden Aggregatzustandsänderung während des Mischungsvorganges gilt folgende allgemeine Mischungsregel:

Die Summe der Wärmeinhalte vor der Mischung ist gleich dem Gesamtwärmeinhalt nach der Mischung.

$$c_1 \cdot m_1 \cdot T_1 + c_2 \cdot m_2 \cdot T_2 + \ldots = T_M(c_1 \cdot m_1 + c_2 \cdot m_2 + \ldots)$$

oder mit $C = c \cdot m$:

$$C_1 \cdot T_1 + C_2 \cdot T_2 + \ldots = T_M(C_1 + C_2 + \ldots)$$

Mit den beiden genannten Formeln können auch spezifische Wärmekapazitäten, Mischtemperaturen, Anfangstemperaturen und Wärmekapazitäten bestimmt werden. Sollte sich während der Mischung der Aggregatzustand eines Körpers ändern, so ist die frei werdende Wärme auf der linken Seite der Gleichung zu addieren oder eine aufgenommene Wärme zu subtrahieren.

Die Sonnenenergie

Von der durch die Sonne abgegebenen Strahlungsenergie trifft nur ein kleiner Teil auf unsere Erde. Die *Solarkonstante* sagt aus, welche Leistung pro Quadratmeter auf die Erde trifft.

Vernachlässigt man die Schwächung der Sonnenstrahlung beim Durchlaufen der Atmosphäre und geht von einem senkrechten Strahleneinfall aus, dann ergibt sich für die Solarkonstante auf der Erde ein Wert von $1{,}37 \, \frac{\text{kW}}{\text{m}^2}$.

Die ständige Leistung der Sonne selbst beträgt ungefähr $3{,}7 \cdot 10^{26}$ Watt.

Die Verbrennungsenergie

Bei jeder Verbrennung wird Wärme frei. Das Verhältnis aus der bei der Verbrennung frei werdenden Wärme Q zur Masse des verbrannten Brennstoffes m (fest oder flüssig) bezeichnet man als *Heizwert* oder *Brennwert H*.

IV. Wärmelehre

$$H = \frac{Q}{m}$$

Die Verbrennungswärme Q berechnet sich nach $Q = m \cdot H$.

Bei gasförmigen Brennstoffen bezieht sich der spezifische Heizwert H_G auf das Normvolumen V_N bei $p = 101{,}325$ kPa und der Temperatur $0°$ Celsius.

$$H_G = \frac{Q}{V_N}$$

Somit lässt sich die Verbrennungsenergie nach $Q = V_n \cdot H_G$ berechnen.

Elektrische Energie

Jeder Strom durchflossene Leiter erwärmt sich. Bei der Umwandlung von elektrischer Energie in innere Energie treten keine Verluste auf. Für die entstehende innere Energie gilt:

$$Q = U \cdot I \cdot t$$

$$Q = I^2 \cdot R \cdot t$$

$$Q = \frac{U^2 \cdot t}{R}$$

Mechanische Energie

Auch mechanische Energie lässt sich zum Beispiel durch Reibung vollkommen in innere Energie umwandeln.
Die Summe aus der Abnahme der kinetischen Energie ΔE_{kin} und der potenziellen Energieabnahme ΔE_{pot} ergibt die frei werdende Wärmeenergie Q.

$$Q = \Delta E_{kin} + \Delta E_{pot}$$

IV. Wärmelehre

3. Aggregatzustände

Wir unterscheiden bei Stoffen die Aggregatzustände *fest*, *flüssig* und *gasförmig*. Bei jedem der drei Aggregatzustände haben die betreffenden Stoffe besondere Eigenschaften.

Feste Stoffe haben eine feste Gestalt und ein festes Volumen. Ihre Teilchen werden durch Kohäsionskräfte zusammengehalten.

Flüssige Stoffe haben keine feste Gestalt. Sie haben aber ein festes Volumen und zwischen ihren Teilchen wirken Kohäsionskräfte.

Gasförmige Stoffe besitzen weder eine feste Gestalt noch ein bestimmtes Volumen. Ihre Teilchen haben nur noch vernachlässigbar kleine Kohäsionskräfte.

Um einen höheren Aggregatzustand (fest → flüssig → gasförmig) erreichen zu können, ist Energiezufuhr nötig. Bei einem Übergang zu einem niedrigeren Aggregatzustand wird Energie abgegeben.

Übersicht der Aggregatzustandsänderungen:

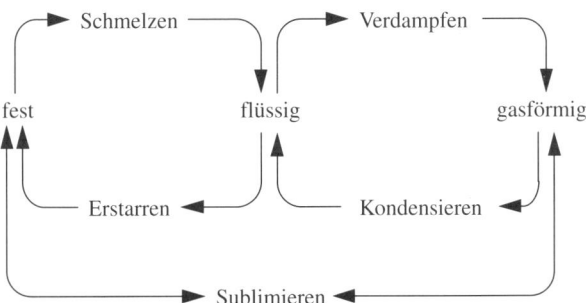

Schmelzen und Erstarren

Den Übergang vom festen Zustand eines Stoffes in seinen flüssigen Zustand nennt man *Schmelzen*. Die umgekehrte Aggregatzustandsänderung heißt *Erstarren*.
Die Temperatur, bei der ein Körper schmilzt, bezeichnet man als seine Schmelztemperatur bzw. seinen Schmelzpunkt. Da das Erstarren eines Stoffes bei der selben Temperatur stattfindet wie das Schmelzen, ist seine Schmelztemperatur gleich der Erstarrungstemperatur.

IV. Wärmelehre

IV. Wärmelehre

Einige Schmelztemperaturen bzw. Erstarrungstemperaturen bei 1013 hPa:

	Eis-Wasser		0°C
Phosphor	44 °C	Quecksilber	- 39 °C
Naphthalin	80 °C	Alkohol	-114 °C
Zinn	232 °C	Stickstoff	-210 °C
Blei	327 °C	Sauerstoff	-219 °C
Aluminium	658 °C	Helium	-271 °C
Silber	960 °C		
Kupfer	1084 °C		
Eisen	1535 °C		
Platin	1774 °C		
Wolfram	3380 °C		

Den höchsten Schmelzpunkt unter den Metallen hat Wolfram.
Den tiefsten Schmelzpunkt aller Stoffe besitzt Helium.

Während des Schmelzens bleibt die Schmelztemperatur trotz Wärmezufuhr konstant. Die zugeführte Wärme wird dazu verwendet, um den Stoff vom festen in den flüssigen Aggregatzustand zu verwandeln. Auch während des Erstarrens bleibt die Temperatur trotz Wärmeabgabe konstant. Erst nachdem der gesamte Stoff erstarrt ist, kommt es bei weiterem Wärmeentzug zu einer weiteren Abkühlung des dann festen Stoffes.

Schmelzkurve eines Stoffes

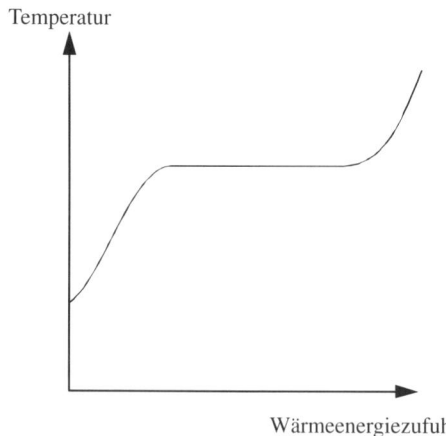

Erstarrungskurve eines Stoffes

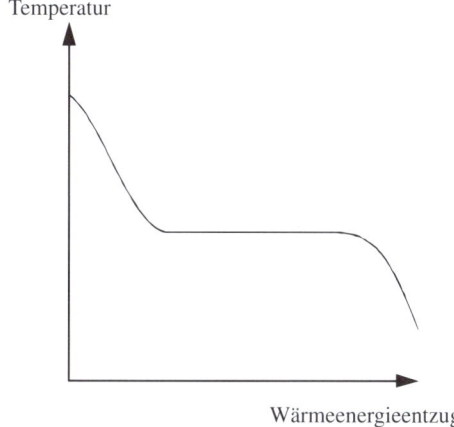

Am Schmelzpunkt eines Stoffes ist die Bewegung der Teilchen so groß, dass die Kohäsionskräfte, welche die Teilchen an ihre Plätze binden, überwunden werden. Die Teilchen sind dann gegeneinander verschiebbar.

Um einen bestimmten Stoff völlig schmelzen zu können, muss ihm eine bestimmte Wärme zugeführt werden. Diese Wärme ist von der Art des Stoffes und seiner Masse abhängig.

Jeder Stoff ist beim Schmelzen durch eine Stoffkonstante gekennzeichnet, die man *spezifische Schmelzwärme* des Stoffes nennt.

$$\text{spezifische Schmelzwärme} = \frac{\text{zugeführte Wärmeenergie}}{\text{Masse des geschmolzenen Körpers}}$$

$$s = \frac{\Delta Q_s}{m} \qquad \text{Einheit: } 1\ \frac{\text{kJ}}{\text{kg}}$$

Die spezifische Schmelzwärme eines Stoffes ist zahlenmäßig gleich der Wärme, die nötig ist, um ein Kilogramm des Stoffes bei der Schmelztemperatur zu schmelzen.

spezifische Schmelzwärme = spezifische Erstarrungswärme

IV. Wärmelehre

spezifische Schmelzwärmen in $\frac{kJ}{kg}$

Aluminium	398	Platin	114
Eis	335	Zinn	60
Wolfram	193	Blei	23
Naphthalin	147	Quecksilber	12
Eisen	126		

Besonderheiten beim Schmelzen und Erstarren: Fast alle Körper ziehen sich beim Erstarren zusammen. Die Teilchen rücken näher aneinander, sie bewegen sich weniger stark, ihre Kohäsionskräfte werden stärker. Nur wenige Stoffe wie Bismut und Wasser dehnen sich beim Erstarren aus. Bei diesen Stoffen schwimmen die erstarrten Teile auf der Flüssigkeit.

Aus 10 dm³ Wasser werden zum Beispiel 11 dm³ Eis.

Anwendung : Sprengwirkung von gefrierendem Wasser

Bei den meisten Stoffen bewirkt eine Druckerhöhung eine geringe Erhöhung der Schmelztemperatur. Auch hier ist es bei Eis gerade umgekehrt. Es schmilzt bei hohem Druck bereits bei Temperaturen unter 0 °C. Zum Beispiel liegt der Schmelzpunkt des Eises unter einem Druck von 150 bar bei -1 °C.

Die Gefrierpunktserniedrigung von Eis unter Druck kann man zeigen, indem man über einen Eisklotz einen stark belasteten dünnen Stahldraht hängt. Unter dem starken Druck schmilzt das darunter liegende Eis und der Draht wandert durch den Eisklotz. Das entstehende Schmelzwasser gefriert sofort wieder über dem Draht.

Bei Legierungen ist der Schmelzpunkt tiefer als bei den einzelnen Bestandteilen. Zum Beispiel schmilzt Schnelllot, das aus Zinn und Blei besteht, bereits bei 180 °C, obwohl die Schmelzpunkte von Zinn bei 232 °C und von Blei bei 327 °C liegen.

Ein Gemisch aus Eis und Kochsalz verflüssigt sich unter Schmelztemperatur-Erniedrigung bereits bei -20 °C. Der Grund liegt darin, dass zum Schmelzen des Eises und zur Lösung des Salzes Energie benötigt wird, die der inneren Energie der Mischung und der Umgebung entnommen wird. Die Mischung schmilzt oder gefriert bei -50 °C, wenn man an Stelle von Kochsalz Calciumchlorid verwendet.

Verdampfen und Kondensieren

Vorgänge, bei denen ein Stoff aus dem flüssigen Aggregatzustand in den gasför-migen Zustand übergeht, heißen *Verdampfen*. Umgekehrte Vorgänge bezeichnet man als *Kondensieren*.

Sieden ist das Verdampfen einer Flüssigkeit, wobei sich auch im Inneren der Flüssigkeit Dampfblasen bilden. Während des Siedens bleibt die Temperatur der Flüssigkeit trotz weiterer Wärmezufuhr konstant.
Die zugeführte Wärme wird dazu verwendet, um den Stoff bei Siedetemperatur vom flüssigen in den gasförmigen Zustand überzuführen.
Die Temperatur, bei der ein Stoff siedet, heißt *Siedetemperatur*.
Sie ist vom Druck abhängig, unter dem die Flüssigkeit steht. Bei größerem Druck ist die Siedetemperatur höher, bei niedrigerem Druck tiefer.
Unter der normalen Siedetemperatur versteht man die Siedetemperatur bei Nor-maldruck von 1013 mbar.
Kühlt sich ein Dampf unter die Siedetemperatur ab, so verflüssigt sich der ent-sprechende Stoff wieder. Diese Verflüssigung nennt man *Kondensation*.

$$\text{Kondensationstemperatur} = \text{Siedetemperatur}$$

Einige Siedetemperaturen bei Normaldruck

Quecksilber	357 °C	Alkohol	78 °C
Meerwasser	104 °C	Äther	35 °C
Wasser	100 °C	Luft	- 193 °C
Benzol	80 °C		

Das Verdampfen einer Flüssigkeit unterhalb ihrer Siedetemperatur bezeichnet man als *Verdunsten*. Es geschieht nur an der Flüssigkeitsoberfläche und kann bei jeder Temperatur über dem absoluten Nullpunkt auftreten. Beim Verdunsten entzieht eine Flüssigkeit die nötige Wärme ihrem eigenen Energiegehalt und dem der Umgebung. Daraus lässt sich die Abkühlung der Luft beim Besprengen der Straßen mit Wasser an heißen Tagen erklären.
Beim Verdunsten von Schweiß auf unserem Körper kühlt sich der Körper durch den nötigen Wärmeentzug ab.

IV. Wärmelehre

IV. Wärmelehre

Wie beim Schmelzen, so wird auch beim Verdampfen zur Aggregatzustandsänderung Energie benötigt. Die zum Verdampfen nötige Energie wird beim Kondensieren wieder frei.

Die zum Verdampfen eines Stoffes nötige Energie Q_v ist von der Art des Stoffes und von der Masse der verdampften Flüssigkeit abhängig.

Die zugeführte Wärmeenergie Q_v löst die restlichen Kohäsionskräfte des flüssigen Zustandes und bewirkt die Ausdehnungsarbeit beim Übergang in den gasförmigen Zustand.

Die *spezifische Verdampfungswärme* einer Flüssigkeit ist zahlenmäßig gleich der Wärme, die nötig ist, um ein Kilogramm der Flüssigkeit bei der entsprechenden Siedetemperatur in Dampf der gleichen Temperatur zu verwandeln.

$$\text{spezifische Verdampfungswärme} = \frac{\text{zugeführte Wärme}}{\text{Masse der verdampften Flüssigkeit}}$$

$$V = \frac{\Delta Q_V}{m} \qquad \text{Einheit: } 1 \ \frac{kJ}{kg}$$

Die spezifische Kondensationswärme eines Stoffes gibt entsprechend an, welche Wärme frei wird, wenn eine bestimmte Menge kondensiert.

$$\text{spezifische Verdampfungswärme} = \text{spezifische Kondensationswärme}$$

Einige spezifische Verdampfungswärmen in $\frac{kJ}{kg}$

Wasser	2258	Äther	377
Alkohol	855	Quecksilber	284
Benzol	393		

Besonderheiten: Durch Verdampfen und Kondensieren von Wasser kann man „reines" Wasser herstellen. Diese Art der Wiederverflüssigung nennt man *Destillieren* und das entstandene Produkt *Destillat* (destilliertes Wasser) .

Haben die Bestandteile eines Flüssigkeitsgemisches verschiedene Siedepunkte, so kann man sie in den meisten Fällen durch abschnittsweise Destillation trennen. Dabei wird das Gemisch nach und nach auf die Siedetemperaturen der Bestandteile erhitzt. Diese Methode wird zum Beispiel bei der Gewinnung von Benzin angewendet.

Sublimation

Bei vielen Stoffen ergibt sich ein direkter Übergang vom festen in den gasförmigen Zustand und umgekehrt, ohne dass eine Flüssigkeitsbildung beobachtet werden kann. Dies zeigt sich bei der Verflüchtigung von Naphtalin oder bei der Bildung von Eiskristallen in der Luft.

Diesen Phasenübergang von fest in gasförmig und umgekehrt bezeichnet man als *Sublimation*. Der flüssige Zustand wird dabei übersprungen.

Die Summe aus der Schmelzwärme und der Verdampfungswärme ergibt die dabei auftretende *Sublimationswärme*.

Dämpfe und Dampfdruck

Bei idealen Gasen verhalten sich Druck und Volumen umgekehrt proportional zueinander. Bei realen Gasen ist diese umgekehrte Proportionalität nur näherungsweise richtig. Bei *Dämpfen* ändert sich der Druck bei Volumenänderungen fast nicht. Dieser Unterschied zwischen Gas und Dampf basiert auf der Differenz zwischen Temperatur und druckabhängigem Siedepunkt.

Der Dampfdruck p ist nicht von der Größe des Dampfvolumens abhängig. Er hängt nur von der Temperatur ab.

Über jeder Flüssigkeit entsteht durch Verdunstung Dampf, dessen Druck bis zu einem bestimmten temperaturabhängigen Höchstwert wächst. Dieser Höchstwert heißt Sättigungsdampfdruck.

Der Dampf ist gesättigt, wenn der Sättigungsdampfdruck erreicht ist, das heißt, er steht mit dem Druck in der Flüssigkeit im Gleichgewicht.

IV. Wärmelehre

ungesättigter Dampf: Trennt man einen gesättigten Dampf von seiner Stamm-
flüssigkeit und vergrößert das Dampfvolumen oder stei-
gert die Temperatur, so erhält man einen *ungesättigten
Dampf*. Steht für eine Verdunstung nicht genügend Flüssigkeit zur Verfügung, so kann der Sättigungsdampfdruck
nicht erreicht werden. Der Dampf bleibt somit ungesättigt.

Gase sind stark ungesättigte Dämpfe. Ihre Temperatur liegt weit über dem zu ihrem Druck gehörenden Siedepunkt.

Wasserdampf in der Luft:
Da an der Oberfläche aller Gewässer stets Wasser verdunstet, enthält die Luft
immer Wasserdampf, der meistens ungesättigt ist. Die Temperatur, auf die man
ihn abkühlen müsste, damit er gesättigt wäre, heißt *Taupunkt*. Bei einer Abkühlung unter den Taupunkt kondensiert so viel Wasserdampf, dass nur noch der zu
dieser Temperatur gehörende Wasserdampfgehalt übrig bleibt. Der kondensierte
Wasserdampf erscheint als Nebel, Regen, Tau, Schnee oder Reif.

Die Dampfbildung über einer verdunstenden Flüssigkeit wird durch das Vorhan-
densein anderer Gase oder Dämpfe nicht beeinflusst. Der entstehende Dampf-
druck wird als *Partialdruck* bezeichnet.
Gesetz von Dalton:
Der Gesamtdruck eines Gasgemisches ist gleich der Summe der Partialdrücke
(Gesamtdruck = Summe der Drücke der Bestandteile).

Die Luftfeuchtigkeit

Bei jeder Temperatur kann in einem gewissen Luftvolumen nur eine bestimmte
Menge Wasserdampf enthalten sein.
Der Gehalt an Wasserdampf in der atmosphärischen Luft schwankt zeitlich und
örtlich und wird als *Luftfeuchtigkeit* bezeichnet.
Unter der *maximalen Feuchtigkeit* versteht man die maximale Wasserdampfmenge, die ein Kubikmeter Luft bei einer bestimmten Temperatur enthalten
kann.

$$F \text{ (maximal)} = \frac{\text{maximal mögliche Wasserdampfmasse in Luft}}{\text{Volumen der feuchten Luft}}$$

Die Wasserdampfmenge, die in einem Kubikmeter Luft wirklich enthalten ist, bezeichnet man als *absolute Feuchtigkeit*.

$$F \text{ (absolut)} = \frac{\text{Wasserdampfmasse in Luft}}{\text{Volumen der feuchten Luft}}$$

Die *relative Feuchtigkeit* ist das Verhältnis aus der absoluten und der maximalen Feuchtigkeit.

$$F \text{ (relativ)} = \frac{\text{absolute Feuchtigkeit}}{\text{maximale Feuchtigkeit}}$$

Die relative Luftfeuchtigkeit wird meist in Prozent angegeben.

Messung der Luftfeuchtigkeit: Geräte zur Messung der relativen Feuchtigkeit heißen *Hygrometer*.
Ist die Luft nicht mit Wasserdampf gesättigt, bleibt bei einer Abkühlung die absolute Feuchtigkeit unverändert.

Haarhygrometer verwenden zur Messung der relativen Feuchtigkeit hygroskopisches Haar, dessen Länge sich mit der Feuchtigkeit ändert.
Eine andere Möglichkeit, die relative Feuchtigkeit bestimmen zu können, bietet das *Psychrometer*. Es besteht aus zwei gleichartigen Thermometern, von denen eines eine mit einem feuchten Lappen umwickelte Quecksilber-Vorratskugel besitzt. Durch Verdunstung wird diesem Thermometer Wärme entzogen, so dass es eine niedrigere Temperatur anzeigt als das zweite Thermometer. Die Temperaturdifferenz ist dann das Maß für die relative Feuchtigkeit.
Eine weitere Art, die sehr genau ist, und daher zur Kalibrierung anderer Feuchtigkeitsmesser verwendet wird, ist der *Taupunktmesser*.
Taupunktmesser besitzen eine spiegelnde Fläche, die so weit abgekühlt wird, dass sich Wasser niederschlägt. Aus den Temperaturen der Spiegelfläche und

IV. Wärmelehre

der Luft kann man die dazugehörigen Sättigungsmengen und somit die relative Feuchtigkeit bestimmen.

In der Nähe des Kondensationspunktes, bei hohem Druck und niedriger Temperatur, weichen die Eigenschaften der realen Gase von denen des idealen Gases stark ab.

Die kritische Temperatur

Die Temperatur, bei der eine Verflüssigung durch Anwendung noch so hoher Drucke nicht mehr möglich ist, heißt die *kritische Temperatur* des Gases. Die zugehörige Isotherme hat einen Wendepunkt mit waagrechter Tangente beim kritischen Druck. Dort hat die Dampfdruckkurve ein Ende.

Kritische Temperaturen in Kelvin:

Wasser	647,4
Kohlensäure	304,2
Sauerstoff	50,8
Luft	132,5
Stickstoff	126,1
Wasserstoff	33,3
Helium	5,3

Nur unterhalb der kritischen Temperatur lassen sich Gase durch Druck verflüssigen.

Joule-Thomson-Effekt: Reale Gase kühlen sich bei einer gedrosselten Entspannung geringfügig ab.

Der Joule-Thomson-Effekt wird beim *Linde-Verfahren* zur Abkühlung von Gasen bis zur Verflüssigung benutzt, vor allem in großem Umfang zur Herstellung flüssiger Luft.

IV. Wärmelehre

Schema der Luftverflüssigungs-Maschine nach Linde:

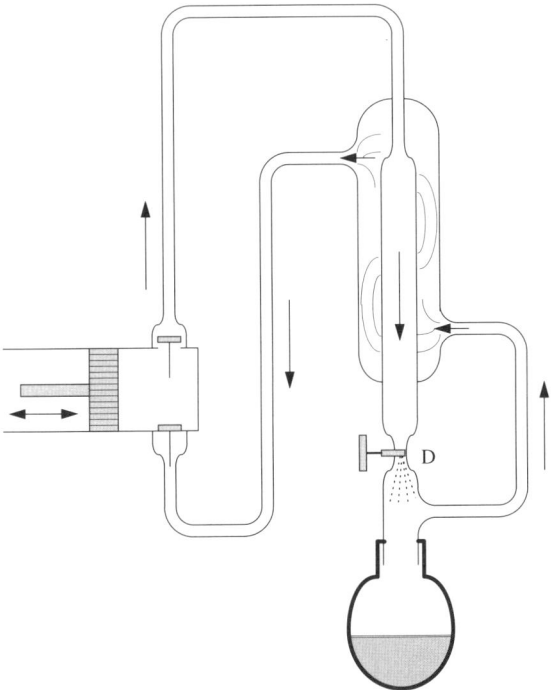

Bei der technischen Gasverflüssigung nach Carl von Linde (1842–1934) wird das Gas bis unter die kritische Temperatur abgekühlt, indem es wiederholt unter Druck aus einer Düse strömt. Nach jedem Strömungsdurchgang wird es wieder komprimiert. Die dabei frei werdende Wärme wird dem Gas in einem Kühlsystem entzogen.

Eine Abkühlung tritt nur dann ein, wenn die Anfangstemperatur kleiner ist als die *Inversionstemperatur* (oberhalb der Inversionstemperatur führt eine Entspannung zu einem Temperaturanstieg).

4.   Zustandsänderung der idealen Gase

Der Zustand eines Gases ist durch die drei Zustandsgrößen Druck, Volumen und Temperatur bestimmt. Änderungen von zwei oder allen Zustandsgrößen bezeichnet man als Zustandsänderung.

Zu jedem Zustand eines Systems gehört ein eindeutig bestimmter Wert der inneren Energie.

Der erste Hauptsatz der Wärmelehre findet hier Anwendung:

Die Zufuhr von Wärme und mechanischer Arbeit vergrößert die innere Energie eines abgeschlossenen Systems.

Ist Q die zugeführte Wärmeenergie, W die verrichtete mechanische Arbeit und ΔU die Änderung der inneren Energie, dann gilt:

$$\Delta U = Q + W$$

Bei idealen Gasen bewirkt die mechanische Arbeit eine Volumenänderung.

Die zugeführte Wärmeenergie führt zu einer Erhöhung der inneren Energie und einer Vergrößerung des Volumens.

Als innere Energie bezeichnet man die gesamte im System vorhandene Energie. Es ist eine Zustandsfunktion, die nur vom Zustand der Größen Druck, Volumen und Temperatur abhängig ist.

Die Änderung der inneren Energie wird nur vom Anfangszustand und Endzustand bestimmt.

Die innere Energie eines idealen Gases lässt sich bestimmen, indem man die ausgetauschte Wärme Q gleich der Änderung der inneren Energie setzt.

$$Q = \Delta U \quad (= c_V \cdot m \cdot \Delta T)$$

c_V : spezifische Wärmekapazität bei konstantem Volumen

Zu jedem Zustand eines Systems gehört ein eindeutig bestimmter Wert der inneren Energie. Diese Energie ist bei einer bestimmten Masse des idealen Gases nur von seiner Temperatur abhängig.

Die Summe aus der inneren Energie und dem Produkt aus Druck und Volumen bezeichnet man als *Enthalpie*. Das Produkt aus Druck und Volumen entspricht der Verdrängungsarbeit.

$$
\begin{aligned}
\text{Enthalpie} &= \quad \text{innere Energie} \ + \ (\text{Druck} \cdot \text{Volumen}) \\
H &= \qquad\quad U \qquad\quad + \qquad\quad p \cdot V
\end{aligned}
$$

Für die Enthalpie des idealen Gases gilt:

$$H = c_{\mathrm{p}} \cdot m \cdot T$$

c_{P} : spezifische Wärmekapazität bei konstantem Druck

Isotherme Zustandsänderung

Eine Zustandsänderung des idealen Gases ist isotherm, wenn die Temperatur T konstant bleibt.

In der Praxis gibt es kaum isotherme Zustandsänderungen, da sich die Bedingung der konstanten Temperatur sehr schwierig realisieren lässt.
Die Veränderungen von Druck und Volumen müssten genügend langsam ablaufen und das Gas müsste von einem Medium mit hoher Wärmekapazität umgeben sein.

Zustandsänderungen, die so langsam verlaufen, dass ein Gas von einem Gleichgewichtszustand direkt in den nächsten übergeht, bezeichnet man als *quasistatisch*.

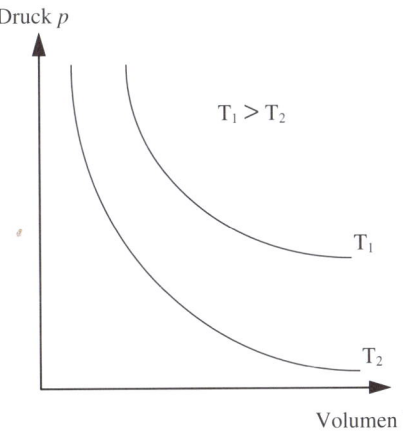

IV. Wärmelehre

IV. Wärmelehre

Zustandsgleichung:

$$p \cdot V = \text{konstant}$$

$$\text{mit } T = \text{konstant}$$

Isobare Zustandsänderung

Die Zustandsänderung eines idealen Gases ist isobar, wenn der Druck konstant bleibt.

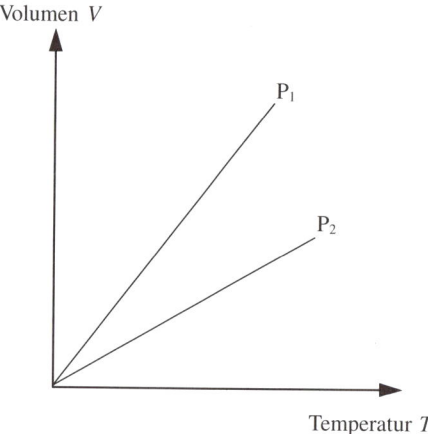

Zustandsgleichung:

$$\frac{V}{T} = \text{konstant}$$

$$\text{mit } p = \text{konstant}$$

Isochore Zustandsänderung

Die Zustandsänderung eines idealen Gases ist isochor, wenn das Volumen konstant bleibt.

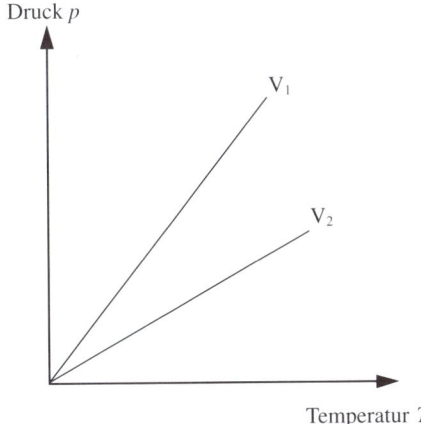

Zustandsgleichung:

$$\frac{p}{T} = \text{konstant}$$
$$\text{mit } V = \text{konstant}$$

Adiabatische Zustandsänderung

Die adiabatische Zustandsänderung eines idealen Gases erfolgt ohne Wärme-austausch mit der Umgebung. Um diese Zustandsänderungsart ermöglichen zu können, ist eine vollkommene Wärmeisolierung nötig.

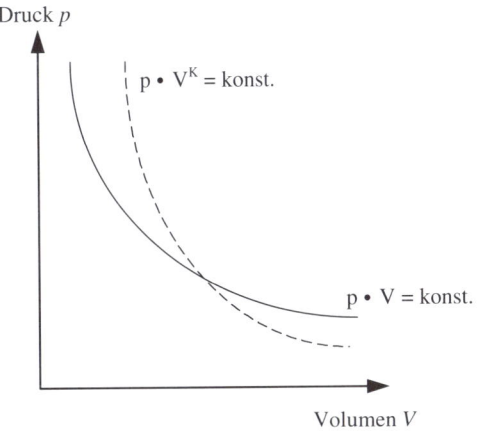

IV. Wärmelehre

Zustandsgleichung:

$$p \cdot V^K = \text{konst.}; \quad K = \frac{C_p}{C_v}$$

$$\text{mit } \Delta S = 0$$

(*K:* Adiabatenexponent;

ΔS: Entropieänderung)

Adiabatische Zustandsänderungen werden auch als isentrope Zustandsänderungen bezeichnet. Die Gesetzmäßigkeit $p \cdot V^K = \text{konst.}$ für eine isentrope Zustandsänderung heißt *Poisson'sche Isentropengleichung*.

Die bei einer isentropen Entspannung verrichtete Arbeit ist bei einer bestimmten Gasmenge nur von der Temperaturänderung ΔT abhängig.

Polytrope Zustandsänderung

Die polytrope Zustandsänderung ist ein Sonderfall zwischen den beiden nicht realisierbaren Zustandsänderungsformen isotherm und isentrop.

Ein Teil des Wärmeenergieaufwandes wird bei der polytropen Zustandsänderung mit der Umgebung ausgetauscht.

Entropie

Geht ein Körper von einem Zustand 1 in einen Zustand 2 über, indem ihm reversibel (umkehrbar) eine Wärmeenergie dQ zugeführt wird, so ist der Entropiezuwachs ΔS.

$$\Delta S = \int_1^2 \frac{dQ}{T}$$

Durch Differenziation ergibt sich $T \cdot dS = dQ$, wobei $dQ = dU + p \cdot dV$.
U ist die innere Energie des Körpers.

$$T \cdot dS = dU + p \cdot dV$$

Die Entropie kann (mikrophysikalisch) als Maß für die Unordnung eines Systems gedeutet werden. Sie kann bei einer realen Zustandsänderung niemals kleiner werden ($\Delta \geq 0$). Dies wird als 2. Hauptsatz der Wärmelehre bezeichnet.

5. Wärmeausbreitung

Die Wärme kann auf drei verschiedene Arten übertragen werden, durch Wärmeleitung, Wärmeströmung (Konnektion) und Wärmestrahlung. Dabei geht Wärme von einem wärmeren Körper auf einen kälteren Körper über. Der wärmere Körper gibt an den kälteren Körper Wärme ab.

Die Wärmeleitung

Die einfachste Art der Wärmeübertragung ist die Wärmeleitung. Hier wandert die Wärme von Stellen höherer Temperatur zu benachbarten Stellen niedrigerer Temperatur. Die Übertragung erfolgt durch die Weiterleitung der Bewegungsenergie (innere Energie) von Molekül zu Molekül.
Wärmeleitung erfolgt nur in Materie und setzt voraus, dass ein Temperaturgefälle vorhanden ist.
Verschiedene Materialien haben verschiedene Wärmeleitvermögen. Dieses Wärmeleitvermögen wird durch die Wärmeleitzahl ausgedrückt.
Die Wärmeleitzahl gibt die Wärmemenge an, die pro Zeiteinheit durch einen Würfel der Kantenlänge 1 zwischen zwei gegenüberliegenden Seitenflächen fließt, zwischen denen die Temperaturdifferenz von 1 Kelvin besteht. Die übrigen Flächen des Würfels müssen dabei völlig wärmeundurchlässig sein.

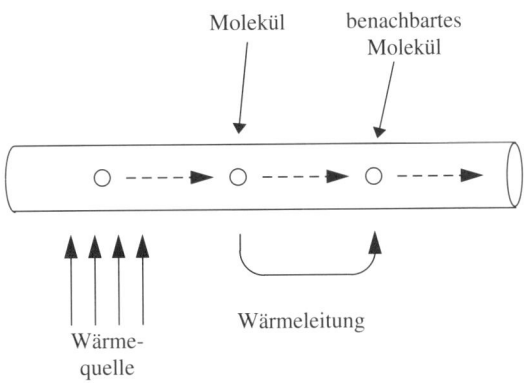

Wärmeleitzahlen einiger Stoffe in $\frac{W}{(m \cdot K)}$ bei 20 °C:

Benzin	0,12
Beton	1,00
Eisen	74,00
Erde	1,00
Kronglas	1,07
Kupfer	384,00
Marmor	2,80
Wasser	0,60
Wolle	0,04
Luft	0,03
Silber	407,00
Aluminium	220,00
Vakuum	0,00

Man kann die Wärmeleitfähigkeit der Stoffe auch in Bezug auf einen bestimmten Stoff darstellen. Man erhält dann die *relative* Leitfähigkeit.

Die folgende Tabelle zeigt die relative Leitfähigkeit im Vergleich zu Luft.

Luft	1
Vakuum	0
Wolle	2
Wasser	23
Kronglas	36
Eisen	3000
Aluminium	9000
Kupfer	16.000
Silber	20.000

Metalle sind im Allgemeinen gute Wärmeleiter. Schlechte Wärmeleiter sind Gase, Wolle, Papier, Federn und Schnee, um nur einige davon zu nennen.
Die schlechten Wärmeleiter werden als Wärmeisolierstoffe verwendet.

Der beste Wärmeisolierstoff ist das Vakuum. Daher bestehen Thermosflaschen aus doppelwandigen Gefäßen mit luftleerem Zwischenraum.

Die Wärmeströmung

Neben der Wärmeleitung erfolgt der Wärmetransport in Flüssigkeiten und Gasen auch durch Wärmeströmung.

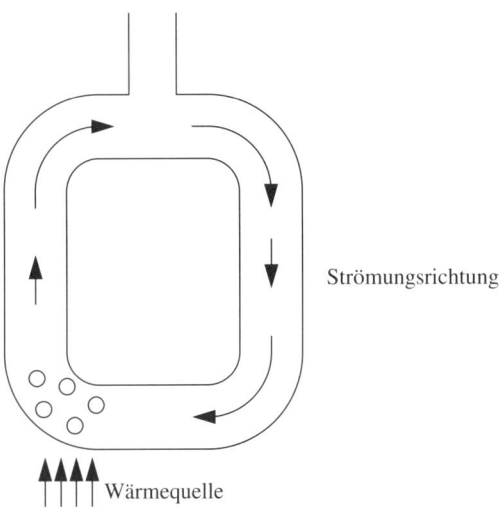

Strömungsrichtung

Wärmequelle

Die Wärmeströmung heißt auch *Konvektion.*

Erwärmt man eine Flüssigkeit an einer Stelle, so nimmt infolge der Temperatursteigerung die Dichte der Flüssigkeit an dieser Stelle ab. Durch den Auftrieb steigt der erwärmte Flüssigkeitsteil nach oben auf und ein kälterer Flüssigkeitsteil sinkt nach unten ab. Es kommt somit zum Transport ganzer Flüssigkeitsmassen, die Wärmeenergie mit sich führen.

Dieser Wärmetransport findet in jeder Dampf- oder Warmwasserheizung statt. Auch hier setzt in der Flüssigkeit eine Strömung ein, die gleichzeitig Wärme befördert.

Bei der Warmwasserheizung sind die Dichteunterschiede des Vor- und Rücklaufwassers für die Wasserbewegung verantwortlich. Zusätzlich werden heute noch Umwälzpumpen hinzugeschaltet.

IV. Wärmelehre

Wie bei Flüssigkeiten kommt es auch bei Gasen zu einer Konvektion. Beispiele hierzu sind die Thermik oder der Zug im Schornstein.

Die Wärmestrahlung (Infrarotstrahlung)

Erfolgt der Wärmeenergietransport von einem wärmeren Körper zu einem kälteren ohne Mitwirkung eines Zwischenstoffes, so spricht man von Wärmestrahlung. Wärmestrahlen gehen nicht nur von lichtaussendenden warmen Körpern aus, sondern auch von nicht lichtaussendenden Körpern, sobald ihre Eigentemperatur höher als die Umgebungstemperatur ist. Treffen Wärmestrahlen auf einen Körper niedrigerer Temperatur, so erwärmen sie diesen.

Die Wärmestrahlung ist eine *elektromagnetische Wellenstrahlung* und damit vergleichbar mit der Wellenstrahlung des sichtbaren Lichts oder mit der Wellenstrahlung bei Rundfunk und Fernsehen. Sie breitet sich mit Lichtgeschwindigkeit von 300.000 $\frac{km}{s}$ aus. Die Wellenlänge der Wärmestrahlung ist kleiner als die des sichtbaren Lichts. Die Wärmestrahlung, auch Infrarotstrahlung genannt, schließt an das rote Ende des sichtbaren Spektrums an.

Da die Wärmestrahlung der Sonne einen Weg von 150 Millionen Kilometer zurücklegen muss, um beim Auftreffen auf die Erde wärmewirksam werden zu können, benötigt diese Strahlung bei Ausbreitung mit Lichtgeschwindigkeit eine Zeit von 500 Sekunden.

Wärmestrahlen, die von leuchtenden Strahlern, wie zum Beispiel von der Sonne, ausgehen, durchdringen ungehindert Luft, Wasser und andere durchsichtige Stoffe. Gehen die Wärmestrahlen von so genannten *dunklen Körpern* aus, haben sie eine viel geringere Durchdringungsfähigkeit.
Daraus lässt sich schließen, dass es verschiedene Wärmestrahlungsarten geben muss. Diese unterscheiden sich durch ihre Wellenlänge und ihren Energiegehalt.

Schwarze und raue Körper absorbieren die Wärmestrahlung besser als glänzende und helle. Glänzende Körper reflektieren die Wärmestrahlung zumindest teilweise.

Da schwarze Körper die Wärmestrahlung leicht aufnehmen, geben sie diese auch schnell wieder an benachbarte Körper mit niedrigerer Temperatur ab.
Bei gleicher Temperatur strahlen schwarze und rauhe Körper die Wärme besser ab als glänzende und helle Körper.

Der deutsche Physiker Hermann v. Helmholtz stellte um das Jahr 1845 fest, dass auch bei der Absorption von Wärmestrahlung das *Prinzip der Erhaltung der Energie* Gültigkeit hat.

Wärmekraftmaschinen

Geräte, die aus Wärmeenergie mechanische Arbeit gewinnen, werden als Wärmekraftmaschinen bezeichnet.

Der Begriff Wärmekraftmaschine hat einen historischen Hintergrund. Bis ins 18. Jahrhundert stand dem Menschen zur Verrichtung seiner Arbeit nur seine Muskelkraft oder die Muskelkraft von Tieren zur Verfügung.

Erst mit Beginn des Industriezeitalters, als James Watt im Jahre 1769 die erste Kolbendampfmaschine baute, konnte man innere Energie in mechanische Energie umwandeln.

Der Wirkungsgrad von Wärmeenergiemaschinen ist wie bei allen anderen Maschinen der Quotient aus Nutzarbeit, d. h. abgegebener Arbeit, und zugeführter Arbeit, hier Wärme.

$$\text{Wirkungsgrad } \eta = \frac{\text{Nutzarbeit}}{\text{zugeführte Wärme}}$$

Carnot'scher Kreisprozess: Periodisch arbeitende Wärmekraftmaschinen führen Kreisprozesse aus. Dies ist dann der Fall, wenn nach einer Reihe von Zustandsänderungen der Ausgangszustand wieder erreicht wird.

Der größte theoretisch mögliche Wirkungsgrad wird bei reversiblem Prozessverlauf erreicht. Das lässt sich nur im Gedankenexperiment durchführen. Es sind beliebig viele reversible Kreisprozesse vorstellbar.

IV. Wärmelehre

S. Carnot untersuchte theoretisch einen idealen Kreisprozess, der folgende Zustandsänderungen durchläuft:

- isotherme Expansion

- isentrope Expansion

- isotherme Kompression

- isentrope Kompression

Er berechnete den Wirkungsgrad, der für jeden wirklich idealen Kreisprozess

gilt, zu: $\eta_{ideal} = \eta_{Carnot} = \dfrac{T_{hoch} - T_{niedrig}}{T_{hoch}}$. Der Wirkungsgrad hängt also nur von

den Temperaturen, bei denen Energie zu- bzw. abgeführt wird, ab. In realen Wärmekraftmaschinen laufen immer irreversible Prozesse ab, der Wirkungsgrad muss daher immer kleiner als der ideale sein. $\eta_{real} < \eta_{ideal}$

Allgemein gilt für den thermischen Wirkungsgrad:

$$\eta = \frac{\text{abgegebene mechanische Arbeit}}{\text{zugeführte Wärme}}$$

Die Dampfmaschine von James Watt setzte nur 2 % von der Verbrennungswärme der Kohle in mechanische Nutzarbeit um. Bis heute konnte der Wirkungsgrad der Kolbendampfmaschinen bis auf 18 % gesteigert werden.

Die wichtigste mit Wasserdampf betriebene Wärmekraftmaschine ist die Dampfturbine, deren Wirkungsgrad bei 30 % liegt.

Die Kolbendampfmaschine

Die Arbeitsleistung des Dampfes erfolgt in einem Dampfzylinder, in dem ein Kolben durch den im Dampfkessel erzeugten Wasserdampf hin- und hergeschoben wird. Die Arbeit des sich hin- und herbewegenden Kolbens wird durch die Kolbenstange, die Pleuelstange und die Kurbel auf das Schwungrad übertragen. Durch das Schwungrad kann der tote Punkt bei der Umkehr der Kolbenbewegung überwunden werden.

Aufgrund ihrer Unwirtschaftlichkeit (niedriger Wirkungsgrad) findet man heutzutage kaum noch Kolbendampfmaschinen.

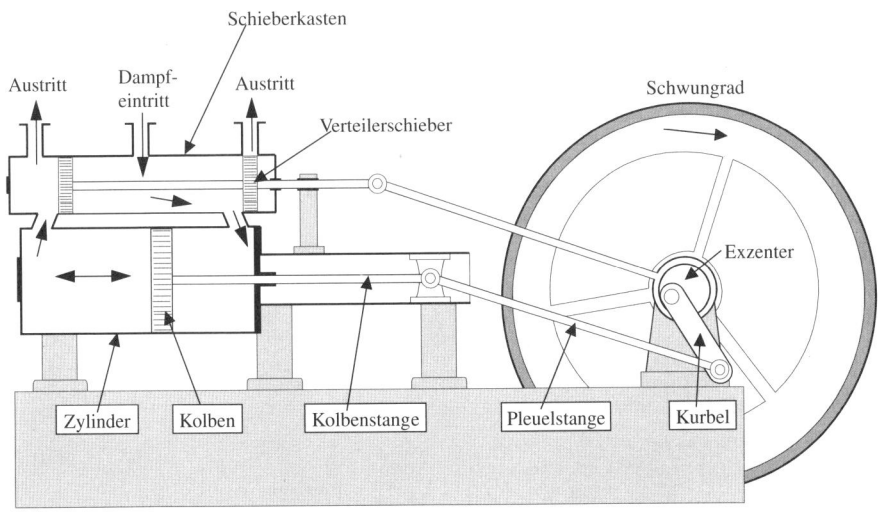

Die Dampfturbine

Bei der Dampfturbine dreht ein über Düsen gesteuerter Dampf ohne die Zwischenschaltung eines Getriebes das Laufrad und somit die Maschinenwelle.
Um die Bewegungsenergie des Dampfes optimal auszunützen, lässt man ihn auf mehrere Laufräder mit kleinen gekrümmten Schaufeln einwirken, die nebeneinander auf einer gemeinsamen Welle sitzen. Der eingeleitete Dampf kann somit fast seine gesamte Bewegungsenergie auf die Laufräder übertragen.
Die Dampfturbine wurde von dem schwedischen Ingenieur de Laval im Jahre 1883 entwickelt.
Dampfturbinen werden vor allem zum Antrieb von Schiffen und als Generatoren in Kraftwerken verwendet. Man kann mit ihnen Nutzleistungen von 250 Megawatt erreichen.

Verbrennungsmotoren

Im Gegensatz zu den Dampfmaschinen, bei denen der Dampf in einem besonderen Kessel erzeugt und dann der Maschine zugeführt wird, werden bei den Verbrennungsmotoren die Kraftstoffe im Arbeitszylinder selbst verbrannt. Durch diese Arbeitsweise geht weniger Wärmeenergie durch Wärmeleitung und Strahlung verloren.

Der Otto-Motor: Bei den Otto-Motoren unterscheidet man zwischen Zweitakt- und Viertakt-Motoren. Alle Otto-Motoren sind Benzinmotoren. Der Otto-Motor ist nach seinem Erfinder Nikolaus August Otto (1832–1891) benannt. Er ist eine Verbrennungsenergiemaschine, die chemische Energie über die Verbrennung in innere Energie und diese in mechanische Energie umwandelt. Die physikalische Grundlage ist die Erzeugung eines Drucks durch das Verbrennen eines Kraftstoff-Luft-Gemisches während des Arbeitstaktes.

Die kennzeichnenden Merkmale eines Otto-Motors sind die äußere Gemischbildung, die Fremdzündung, die Gleichraumverbrennung und die Mengenregelung.

Äußere Gemischbildung: Die Bildung des Kraftstoff-Luft-Gemisches erfolgt außerhalb des Verbrennungsraumes.

Fremdzündung: Ein elektrischer Zündfunke leitet die Verbrennung des Kraftstoff-Luft-Gemisches ein.

Gleichraumverbrennung: Während der Kraftstoff schlagartig verbrennt, bleibt der Verbrennungsraum nahezu konstant.

Mengenregelung: Die Menge des zufließenden Kraftstoff-Luft-Gemisches wird gemäß dem Belastungszustand des Motors geändert.

Viertakt-Otto-Motor: Die Bezeichnung *Viertakt* besagt, dass für ein Arbeitsspiel vier Vorgänge notwendig sind. Jeder einzelne Vorgang heißt Takt.

Ein Takt entspricht ungefähr einem Kolbenhub. Er wird durch die Ventilsteuerzeiten begrenzt.

Der Kolbenhub ist der Abstand zwischen den beiden Totpunkten des Kolbens im Zylinder. Unter dem Totpunkt versteht man den Umkehrpunkt des Kolbens.

Die Bezeichnung *Arbeitsspiel* steht für alle Vorgänge im Zylinder, die notwendig sind, um Arbeit zu verrichten. Für ein Arbeitsspiel werden zwei Kurbelwellenumdrehungen benötigt.

IV. Wärmelehre

Die vier Takte des Arbeitsspieles sind:

     - Ansaugtakt

     - Verdichtungstakt

     - Arbeitstakt

     - Auspufftakt

Der Ansaugtakt: Der durch die Wucht des Schwungrades von oben nach unten sich bewegende Kolben saugt das Kraftstoff-Luft-Gemisch an. Dabei ist das Einlassventil EV geöffnet und das Auslassventil AV geschlossen.

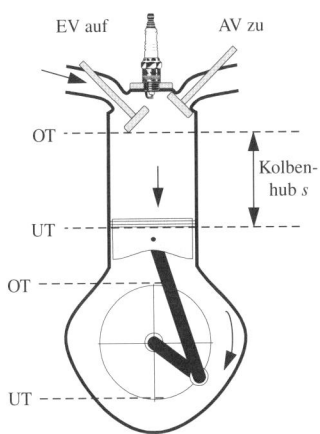

OT: oberer Totpunkt; UT: unterer Totpunkt

Der Verdichtungstakt: Beide Ventile sind geschlossen. Der Kolben bewegt sich aus dem unteren Totpunkt nach oben und verdichtet dabei das abgeschlossene Kraftstoff-Luft-Gemisch, das sich auf mehrere Hundert Grad Celsius erhitzt. Am oberen Totpunkt oder kurz vorher wird durch einen elektrischen Funken der Zündkerze das Kraftstoff-Luft-Gemisch zur Explosion gebracht.

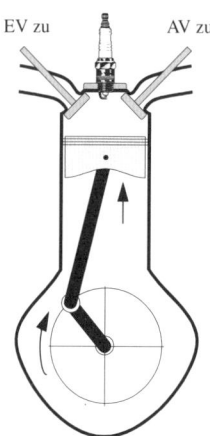

Der Raum über dem im oberen Totpunkt stehenden Kolben ist der *Verdichtungs-raum* oder *Kompressionsraum.*

Der Arbeitstakt: Bei der Verbrennung des Kraftstoff-Luft-Gemisches erhitzen sich die Verbrennungsgase auf etwa 2000 °C und drücken den Kolben durch die Ausdehnung mit großer Kraft nach unten.

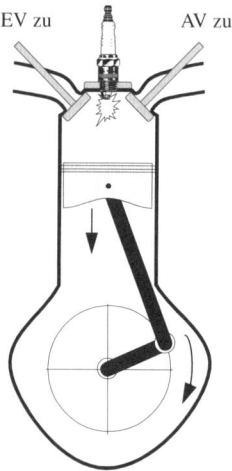

Während des Arbeitstaktes sind beide Ventile geschlossen.

Der Auspufftakt: Das Auslassventil ist geöffnet und das Einlassventil geschlossen. Der durch die Wucht des Schwungrades nach oben beförderte Kolben stößt die Verbrennungsgase über das Auslassventil nach außen.

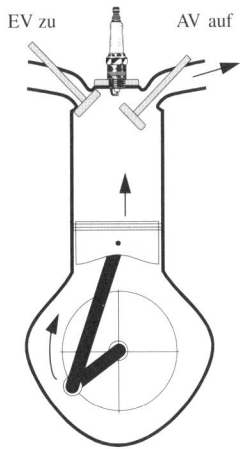

EV zu   AV auf

Am Ende des Auspufftaktes schließt sich das Auslassventil und das Einlassventil öffnet sich. Der Ablauf der vier genannten Takte beginnt erneut.
Bau des Viertakt-Ottomotors:

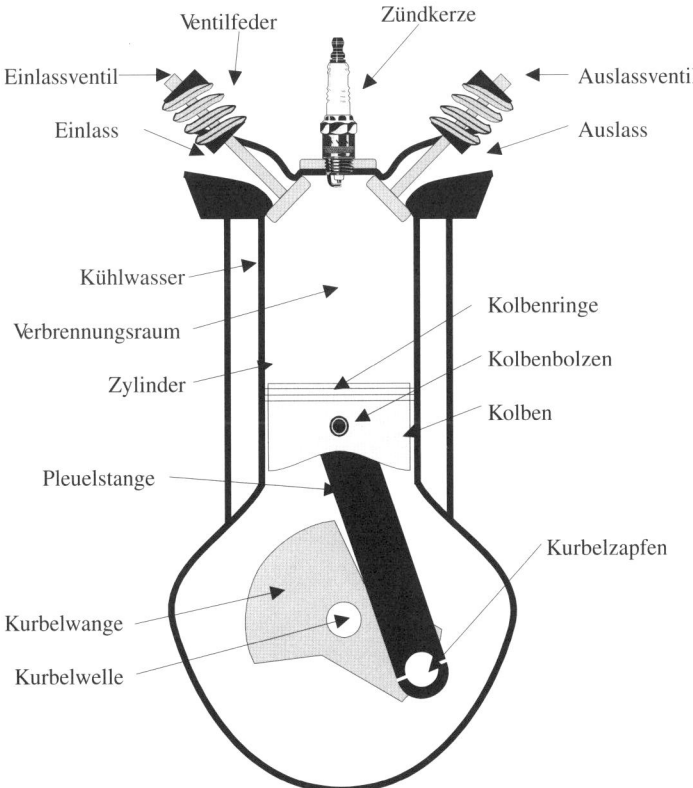

Ventilfeder   Zündkerze

Einlassventil   Auslassventil

Einlass   Auslass

Kühlwasser   Kolbenringe

Verbrennungsraum   Kolbenbolzen

Zylinder   Kolben

Pleuelstange   Kurbelzapfen

Kurbelwange

Kurbelwelle

Bei den Viertakt-Otto-Motoren unterscheidet man:

- Viertakt-Otto-Vergasermotoren
- Viertakt-Otto-Einspritzmotoren
- Viertakt-Otto-Turboladermotoren

Die Größe der gewonnenen Arbeit ist größtenteils von der Höhe der Verdichtung abhängig.

Der Zweitakt-Otto-Motor: Bei den Zweitakt-Otto-Motoren erfolgt der Antrieb des Kolbens bei jedem zweiten Takt. Im Grunde genommen sind je zwei Takte des Viertaktmotors zu einem Takt zusammengefasst.
Zweitakt besagt, dass für ein Arbeitsspiel zwei Takte oder eine Kurbelwellenumdrehung nötig sind.

1. Takt: Ansaugen und Verdichten
2. Takt: Arbeiten und Ausstoßen

Ventile sind bei Zweitakt-Otto-Motoren nicht erforderlich. Das Arbeitsspiel eines Zweitaktmotors läuft gleichzeitig oberhalb und unterhalb des Kolbens ab.
Zweitaktmotoren, bei denen das Kraftstoff-Luft-Gemisch auch unter den Kolben gelangt, werden durch die Mischungsschmierung geschmiert. Es ist somit eine ständige Frischölschmierung des Motors vorhanden.
Zweitaktmotoren haben einen offenen Gaswechsel. Auslass- und Einlasskanal sind fast während des ganzen Spülvorgangs gleichzeitig geöffnet.
Spülung: Nach dem Arbeitshub muss der Zylinder möglichst vollständig von den verbrannten Gasen geleert und mit neuem Gemisch gefüllt werden. Dieser Vorgang heißt Spülung.

Der Dieselmotor: Der Dieselmotor ist wie der Otto-Motor eine Verbrennungskraftmaschine. Er ist nach seinem Erfinder Rudolf Diesel (1858–1913), der diesen Motor im Jahre 1897 der Öffentlichkeit vorstellte, benannt. Rudolf Diesel war ein Ingenieur, der in Augsburg tätig war.
Im Gegensatz zu den Otto-Motoren haben die Dieselmotoren keine Zündanlage. Sie benötigen aber aufgrund ihrer Wirkungsweise immer eine Kraftstoffeinspritzanlage.

IV. Wärmelehre

Die wichtigsten Unterschiede zum Otto-Motor sind:
- innere Gemischbildung
- Selbstzündung
- Gleichdruck-Verbrennung
- Qualitätsregelung

Die innere Gemischbildung: Bei einem Dieselmotor wird nur Luft angesaugt. Am Ende des Verdichtungstaktes wird der Kraftstoff fein zerstäubt in den Verbrennungsraum eingespritzt. Die Gemischbildung erfolgt im Inneren des Verbrennungsraumes während des Einspritzvorgangs. Nach der Art der Einspritzung unterscheidet man zwei Arten der Gemischbildung, die wandverteilende Einspritzung und die luftverteilende Einspritzung.

Die Selbstentzündung: Am Ende des Verdichtungsvorganges hat sich die Temperatur der verdichteten Luft über die Zündtemperatur des Kraftstoffs erhitzt, so dass es nach dem Einspritzen des Kraftstoffes zur Selbstentzündung kommt.

Die Gleichdruck-Verbrennung: Während der Selbstentzündung und während der Verbrennung des Kraftstoff-Luft-Gemisches kommt es zu keinem weiteren Druckanstieg. Dies wird durch einen zeitlich anhaltenden, dosierten Einspritzvorgang erreicht.

Die Qualitätsregelung: Die Luft wird – unabhängig von der Drehzahl des Motors – gleichmäßig angesaugt. Bei Änderung des Lastzustandes wird lediglich die Kraftstoffmenge geändert.

Ist während des Mischungsvorgangs im Verbrennungsraum des Dieselmotors zu wenig Sauerstoff oder wird die Verbrennung durch einen starken Temperaturabfall der Luft vorzeitig abgebrochen, so tritt ein Teil der schwer brennbaren Kohlenwasserstoffe als Ruß im Abgas auf.
Die Zeit zwischen dem Einspritzbeginn und dem Beginn der Verbrennung bezeichnet man als *Zündverzug*.

Der Zweitakt-Dieselmotor: Wie bei einem Zweitakt-Otto-Motor werden auch hier je zwei Takte des Viertaktmotors zu einem Takt zusammengefasst.

IV. Wärmelehre

Ein Spülgebläse übernimmt den Ladungswechsel. Während die Luft mit einem Druck von ungefähr 1,7 bar in den Zylinder gepresst wird, werden die verbrannten Gase ausgespült. Durch ein mögliches Überströmen der Luft in den Auspuffkanal kann keine Energie verloren gehen. Das Erreichen eines sehr hohen Spülgrades ist somit möglich.

Vorteile des Zweitaktmotors gegenüber dem Viertaktmotor:
- einfacher Aufbau
- geringes Baugewicht
- gleichförmiges Drehmoment

Nachteile des Zweitaktmotors gegenüber dem Viertaktmotor:
- unrunder Leerlauf
- hoher spezifischer Kraftstoffverbrauch

Der erste nutzbare Zweitaktmotor wurde im Jahre 1879 von Carl Benz der Öffentlichkeit vorgestellt.
Heute werden Zweitaktmotoren meist als Einzylindermotoren in Mopeds und Mofas eingebaut. Als Mehrzylindermotoren findet man sie in Krafträdern und Nutzfahrzeugen.

Vergleich zwischen Otto-Motor und Dieselmotor:

Otto-Motor	**Dieselmotor**
äußere Gemischbildung	innere Gemischbildung
Fremdzündung	Selbstzündung
Quantitätsregelung	Qualitätsregelung
Gleichraumverbrennung	Gleichdruckverbrennung
gleichmäßiges Gemisch im Verbrennungsraum	ungleichmäßiges Gemisch im Verbrennungsraum

Otto-Motor	Dieselmotor
Motordrehzahl pro Minute: 4000–10.000	Motordrehzahl pro Minute: 1500–5000
Luftverhältniszahl von 0,7–1,3	Luftverhältniszahl größer 1
Verdichtungsverhältnis: 8–11 zu 1	Verdichtungsverhältnis: 14–24 zu 1
Verdichtungsdruck: 10–16 bar	Verdichtungsdruck: 25–45 bar
Verdichtungstemperatur: 350 °C–450 °C	Verdichtungstemperatur: 750 °C–900 °C
Verbrennungshöchstdruck: 30–50 bar	Verbrennungshöchstdruck: 60–80 bar
höchste Verbrennungstemperatur bei 2500°C	höchste Verbrennungstemperatur bei 2000°C
Abgastemperatur: 600–800 °C	Abgastemperatur: 550–750 °C
spezifischer Kraftstoffverbrauch: 240–430 Gramm pro kWh	spezifischer Kraftstoffverbrauch: 160–340 Gramm pro kWh
effektiver Wirkungsgrad: bis 30 %	effektiver Wirkungsgrad: bis 45 %

Der Wankelmotor: Der Wankelmotor ist ein von Felix Wankel (1902–1988) konstruierter Drehkolbenmotor. Der Kolben bewegt sich nicht hin und her wie bei einem Hubkolben, sondern führt eine Drehbewegung aus. Der Querschnitt des Drehkolbens hat die Form eines Dreiecks, dessen Seiten nach außen gewölbt sind.

Das Gehäuse ist so geformt, dass die Kolbenecken an der Innenwand entlanggleiten und gasdicht abschließen.
Bei der Bewegung des Dreieckskolben im ovalen Gehäuse vergrößern und verkleinern sich die drei getrennten Brennkammern. In jeder Kammer spielen sich

zeitlich versetzt (um eine drittel Drehung verschoben) dieselben Vorgänge ab. Bei einer vollen Kolbendrehung finden drei Zündungen statt. Die Exzenterwelle macht dabei drei Umdrehungen. Auf jede Wellendrehung kommt ein Arbeitstakt.

Die einzelnen Takte sind gleich dem Viertakt-Otto-Motor:

- Ansaugen

- Verdichten

- Arbeiten

- Ausstoßen

Die vier Takte spielen sich in den drei Kammern ab, die der Dreieckskolben mit den Gehäuseaußenseiten bildet.
Gleichzeitig wird in einer Kammer das Kraftstoff-Luft-Gemisch angesaugt, in der nächsten Kammer verdichtet und gezündet und in der dritten Kammer das verbrannte Gut ausgestoßen. Bei jeder Umdrehung finden in jeder Kammer die vier Takte einmal statt.
Nach einer vollen Umdrehung des dreieckigen Kolbens hat der Wankelmotor dreimal den Ablauf des Viertakt-Otto-Motors ausgeführt. Er hat dabei drei Umdrehungen der Exzenterwelle hervorgerufen.

Trotz seiner energiesparenden Konzeption hat sich der Wankelmotor auf dem Kraftfahrzeugsektor nicht durchsetzen können. Der Hauptgrund dafür könnte die starke Materialbelastung gewesen sein.

Strahltriebwerke

Für Flugzeuge, die mit hoher Geschwindigkeit bewegt werden sollen, werden keine Verbrennungsmotoren mit Propeller verwendet, sondern reine Strahlantriebe.
Bei Strahltriebwerken werden die aus den Brennkammern strömenden Gase über Düsen nach außen geleitet. Das Flugzeug erfährt seine gesamte Antriebskraft aus dem Rückstoß dieser Gase.

Luftstrahltriebwerk:

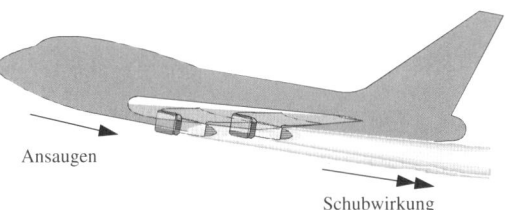

Ansaugen

Schubwirkung

An der Spitze des Strahltriebwerkes erfolgt das Ansaugen der zu erwärmenden Luft, die zur Verbrennung des Brennstoffs benötigt wird. Die angesaugte Luft wird mit einem Kompressor verdichtet, der von der Turbine angetrieben wird.

Raketentriebwerk:

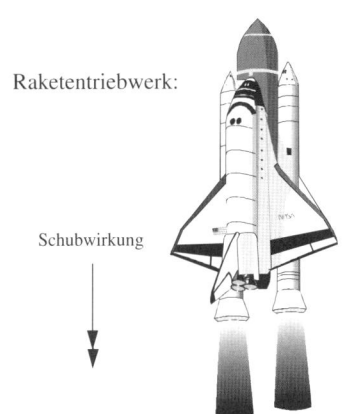

Schubwirkung

Bei *Raketen* erfolgt der Antrieb wie bei Strahltriebwerken durch das Rückstoßprinzip. Neben dem Brennstoff führen Raketen auch den zur Verbrennung nötigen Sauerstoff mit sich. Sie sind daher von der Außenluft unabhängig.

6. Grundlagen der Wetterkunde

Die Wetterelemente

Die Erde ist von einer Lufthülle umgeben, die mehrere hundert Kilometer dick ist. Sie besteht aus mehreren Schichten und heißt *Atmosphäre*.

In der untersten Schicht, der so genannten *Troposphäre*, spielen sich hauptsächlich unsere Wettererscheinungen ab.

Über der circa 11 km hohen Troposphäre befindet sich die für unser Wetter fast unbedeutende *Stratosphäre*. In der Stratosphäre gibt es keinen Wasserdampf und daraus folgend keine Wolken und kein Wetter.

Um über das Wetter Aussagen machen zu können, muss man sich erst über die Wetterelemente im Klaren sein. Eines der wichtigsten Wetterelemente ist der Wasserdampfgehalt der Luft.

In erdnahen Schichten der Atmosphäre gibt es keine Luft ohne Wasserdampf. Eine gewisse Luftfeuchtigkeit ist auch dann vorhanden, wenn uns die Luft trocken erscheint. Alle Pflanzen verdunsten Wasser. Bäume zum Beispiel geben an heißen Tagen bis zu hundert Liter Wasser pro Tag an Verdunstungsfeuchtigkeit ab. Besonders hohe Luftfeuchtigkeit besteht infolge der Verdunstung über Gewässern.

Je wärmer die Luft ist, um so mehr Wasserdampf kann sie enthalten. Bei 0 °C kann die Luft pro Kubikmeter 4,9 g Wasserdampf aufnehmen, bis sie gesättigt ist. Bei 20 °C Lufttemperatur sind dies bereits 17,3 g. Enthält die Luft weniger als die mögliche Höchstmenge, so kann man ihren Feuchtigkeitsgehalt durch die *relative Feuchtigkeit* angeben.

Beispiel: 1 m^3 Luft enthält bei 20 °C einen Wasserdampfgehalt von 12,1 g. Die relative Feuchtigkeit beträgt dann (12,1 : 17,3) · 100 % = 70%.

Wetterkundler besitzen Instrumente, mit denen man die relative Feuchtigkeit der Luft angeben kann. Man nennt diese Geräte *Hygrometer*. Sie bestehen im Wesentlichen nur aus einem menschlichen Haar, das die Eigenschaft besitzt, dass es unter dem Einfluss der Luftfeuchtigkeit seine Länge ändert. Die nur geringfügigen Längenänderungen werden durch eine Hebelübertragung sichtbar gemacht. In Wetterstationen wird die Luftfeuchtigkeit von einem *Hygrograf* ständig aufgezeichnet.

Kühlt sich die gesättigte Luft ab, so geht ein Teil des Wasserdampfes über Kondensation in Wassertröpfchen über. Es kommt zur Taubildung und zur Entstehung von Wolken oder Nebel. Bei Temperaturen unter 0 °C sublimiert ein Teil des Wasserdampfes zu Eiskristallen.

Voraussetzung für eine Kondensation oder Sublimation ist das Vorhandensein von Kondensations- bzw. Sublimationskernen. Sie bestehen aus kleinsten Teilchen feuchtigkeitsanziehender Stoffe wie Ruß, Staub oder anderen feinsten Staubteilchen.

Nicht immer muss übersättigte Luft zu einer Wolkenbildung führen. In großen Höhen ist es möglich, dass die Ansatzkerne fehlen. Erst durch die Abgase von

Flugzeugen wird dann eine Wolkenbildung ausgelöst. Dies erklärt die Kondens-streifen von Flugzeugen.

Ein weiteres wichtiges Wetterelement ist die Lufttemperatur. Sie wird mit Ther-mometern gemessen und mit Thermografen aufgezeichnet.
Ohne die Sonnenstrahlung würde die Atmosphäre unbeweglich auf der Erde ru-hen. Somit ist die eigentliche Ursache unserer Wettererscheinungen die Sonne.
Die Lufthülle absorbiert einen Teil der Sonnenstrahlung, wodurch sie erwärmt wird. Stärker noch wird sie durch die von den Sonnenstrahlen erwärmte Erd-oberfläche über Wärmeleitung und Konvektion aufgeheizt.
Aufgrund der Erddrehung ändert sich während des Tages laufend die Tempera-tur. Weiter nimmt die Temperatur nach oben hin ständig ab. An der oberen Grenze der Troposphäre beträgt die Temperatur -60 °C.
Die Gegensätze und Temperaturunterschiede auf der Erdoberfläche, die aus der ungleichmäßigen Verteilung der Sonnenenergie folgen, sind maßgeblich an der Gestaltung des Wetters beteiligt.

Durch die ständige Änderung der Lufttemperatur schwankt auch ständig der Luftdruck. Die zeitliche Änderung des Luftdrucks spielt für die Wettervorhersa-ge eine bedeutende Rolle. Luftdruckmessungen erfolgen mithilfe von Barome-tern und werden von Barografen aufgezeichnet. Für die Wettervorhersage sind auch die Windrichtung und die Windstärke von Bedeutung. Sie werden daher auf Wetterkarten mit registriert.

Der Wind: Bei Luftdruckunterschieden, die sich auszugleichen versuchen, kommt die Luft in Bewegung und es entsteht *Wind*. Die Luft strömt dabei von Gebieten hohen Drucks zu Gebieten niedrigen Drucks.
Auch Passatwinde, Taifune und Sandstürme entstehen durch Temperatur- und Druckunterschiede. Zur Kennzeichnung von Winden werden Richtung und Stär-ke angegeben. Zur Messung der Windgeschwindigkeit verwendet man „Scha-lenkreuzanemometer" (in der griechischen Sprache steht *anemos* für *Wind*).
Auch die Windgeschwindigkeiten können über einen Schreiber automatisch aufgezeichnet werden.
In der Wetterkunde werden die Winde nach ihrer Wirkung eingeteilt. Im Jahre 1805 führte der englische Admiral Beaufort eine nach ihm benannte *Windskala*

ein. Sie ist heute bereits auf 17 Skalengrade erweitert und nach oben offen gehalten.

Beaufortskala		Windge-schwindigkeit	Wirkungen
0	still	$1\frac{km}{h}$	keine
1	leichter Zug	$5\frac{km}{h}$	Ablenkung von Rauch
2	leichte Brise	$11\frac{km}{h}$	Wehen von Blättern
3	schwache Brise	$19\frac{km}{h}$	Bewegung von Zweigen
4	mäßige Brise	$28\frac{km}{h}$	Bewegung von Ästen
5	frische Brise	$38\frac{km}{h}$	Bewegung kleiner Bäume
6	starker Wind	$49\frac{km}{h}$	Bewegung starker Äste
7	steifer Wind	$61\frac{km}{h}$	Bewegung von Bäumen
8	stürmischer Wind	$74\frac{km}{h}$	Erschwernis beim Gehen
9	Sturm	$88\frac{km}{h}$	Hausschäden
10	schwerer Sturm	$102\frac{km}{h}$	Entwurzelung von Bäumen
11	orkanartiger Sturm	$117\frac{km}{h}$	Verbreitung von Sturmschäden
12	Orkan	$133\frac{km}{h}$	Verwüstungen

IV. Wärmelehre

Niederschläge: Durch die Abkühlung der Luft kommt es zu Niederschlägen in den verschiedensten Formen.

Der Nebel: Die Erdoberfläche und die bodennahen Luftschichten kühlen aufgrund der nächtlichen Wärmeausstrahlung ab. Dadurch kommt es zu Bodennebel. Auch bei der Mischung von Kalt- und Warmluft kann es zu Nebelbildung kommen.

Der Tau: Kühlen sich nur der Erdboden und die unmittelbar benachbarten Luftschichten ab, so scheiden sich Wassertröpfchen nur an festen Gegenständen ab. Es kommt zur Taubildung. In den darüber liegenden Luftschichten verdichtet sich der Wasserdampf nicht.

Der Reif: Bei Temperaturen unter 0 °C bildet sich bei der Abscheidung von Wasserdampf an festen Gegenständen Reif. Dies erfolgt über Sublimation ohne vorherige Verflüssigung.

Der Regen: Durch das Zusammenkommen von winzigen Wassertröpfchen bilden sich größere Tropfen, die als Regen langsam zur Erde fallen. Der Regen erfolgt hier aus Nebel oder tief liegenden Schichtwolken. Es handelt sich um Nieselregen mit Tropfendurchmessern von bis zu 0,5 mm Durchmesser. Sind die Regentropfen größer, so stammen sie von Eiskristallen, die von oben her durch Wasserwolken hindurchfallen. Meistens sind Regentropfen geschmolzene Schneeflocken oder geschmolzene Hagelkörner.
Fallen die Regentropfen durch Luftschichten mit Temperaturen unter 0 °C und bleiben dabei flüssig, so kommen sie als „unterkühlter" Regen auf dem Erdboden an und erstarren im Augenblick der Bodenberührung zu Eis (Eisregen!).

Der Schnee: Schneebildung setzt das Vorhandensein von Schneekristallen voraus. Die Eiskristalle bilden bei Vereinigung Schneesterne, welche bei weiterer Vergrößerung durch Verschmelzung als Schnee zur Erde fallen können.

Der Hagel: In Gewitterwolken werden aus stark unterkühlten Regentropfen gebildete Graupelkörner nach oben gewirbelt. An ihrer Oberfläche kommt es zu einer lebhaften Kondensation und zur Anlagerung von zwiebelförmigen Eisschichten. Bei der darauf folgenden Wolkenentladung entsteht Hagel. Hagelkörner bestehen aus Eis, sie können auch zackig sein und die Größe von Taubeneiern erreichen.

Die Menge der Niederschläge wird in der Wetterkunde als *Niederschlagshöhe* bezeichnet. Die Niederschlagshöhe gibt an, wie hoch der Regen oder der Schnee (Eis) bei geschmolzenem Zustand den Boden bedecken würde, wenn das Wasser stehen bliebe. Zur Bestimmung der Niederschlagshöhe verwendet man besonders geeichte Gefäße, so genannte *Regenmessser*.
Der Zahlenwert für die Niederschlagshöhe in Millimeter ist gleich dem Zahlenwert für die Niederschlagsmenge in Liter pro Quadratmeter.

In Deutschland beträgt die mittlere jährliche Niederschlagshöhe 700 Millimeter. Dies bedeutet, dass jährlich 700 Liter Wasser auf jeden Quadratmeter fallen.

Die Wolkenformen:
Bei den Wolken unterscheidet man zwischen drei Grundformen:

> Cumuluswolken
> Stratuswolken
> Zirruswolken

Die Cumuluswolken: Sie heißen auch Haufenwolken und entstehen an heißen Tagen im Bereich der Aufwinde. Typisch ist ihre quellende Form und ihre ebene Unterseite. Obwohl es sich bei den Cumuluswolken um Schönwetterwolken handelt, können aus ihnen durch starke Quellung auch Gewitterwolken entstehen.

Die Stratuswolken: Sie heißen auch Schichtwolken und reichen bis in eine Höhe von 4 km. Sie bilden eine gleichmäßige Wolkenschicht, die den Himmel vollkommen in der Farbe Grau erscheinen lässt.

Die Zirruswolken: Sie heißen auch Federwolken und bestehen aus Eisnadeln. Es sind feine Wolkenstreifen in 6 bis 10 km Höhe. Durch Luftbewegungen kann es im Wechsel zu ständiger Wolkenbildung und Wolkenauflösung kommen.

Das Wetter

Die Wettertypen: Man unterscheidet zwei grundlegende Wettertypen:

> Hochdruckgebiet
> Tiefdruckgebiet

Hochdruckgebiet: Hat der Luftdruck über einem Gebiet der Erde einen höheren Wert als über benachbarten Gebieten, so spricht man von einem Hochdruckgebiet. Die Luft der oberen Schichten hat das Bestreben, nach unten abzusinken und drückt dabei die unteren Schichten zusammen.
Durch den Druck erwärmt sich die Luft und verhindert somit Wolkenbildungen. Dies erklärt, dass bei Hochdruck das Wetter meist wolkenlos ist.
Bei sehr starker Sonneneinstrahlung wird die Luft über trockenen Gebieten stärker erwärmt als in der Umgebung und steigt auf. Sie kühlt ab und sättigt sich mit Wasserdampf. Es bilden sich Konvektionswolken.
Diese Wolken können am Abend wieder verschwinden oder sich in Gewittern entleeren.

Tiefdruckgebiet: In Mitteleuropa wird das Wetter hauptsächlich von Tiefdruckgebieten bestimmt. Luftmassen steigen nach oben und saugen verschiedene Luftmassen aus der Umgebung an. Dies können feuchtwarme Luftmassen aus südlichen Richtungen oder kühle Luftmassen aus dem nördlichen Atlantik sein. Tiefdruckgebiete enthalten feuchtwarme und kalte Luftmassen, die sich nicht vermischen. Sie bleiben durch eine Warmfront und eine Kaltfront voneinander getrennt.

Bei einer Warmfront gleitet die angesaugte feuchtwarme Luft auf der kalten Luft, die am Boden liegt, und kühlt sich dabei ab. Dadurch bilden sich Schichtwolken, die zu länger anhaltenden Niederschlägen führen.

Bei einer Kaltfront drückt kühle Meeresluft mit großer Bewegungsenergie auf die warme Luft am Boden. Die warme Luft wird dabei schnell nach oben verdrängt und bildet stark quellende Schauerwolken, welche kurzzeitige starke Niederschläge oder Frontgewitter bringen.

Eine weitere typische Wettererscheinung ist das Wetter im *Stau* und *Lee* der Gebirge. Strömen Luftmassen über Berge, werden sie zum Aufsteigen gezwungen.

IV. Wärmelehre

Im Luftstau nach oben bilden sich dabei Stauwolken, die besonders in den Alpen und Mittelgebirgen zu Niederschlägen führen. Sinken die Luftmassen auf der anderen Seite, der *Leeseite*, wieder ab, werden sie erwärmt und führen zu einem fast wolkenlosen Wetter (Föhnwetter).

Ob außerirdische Vorgänge unser Wettergeschehen beeinflussen, ist noch nicht genau bekannt. Meteorologen nehmen an, dass der Mond keinen merklichen Einfluss auf unser Wetter hat. Es soll aber zwischen den verstärkt auftretenden Sonnenflecken und dem irdischen Wettergeschehen ein Zusammenhang bestehen, der noch nicht völlig geklärt ist.

Die Wettervorhersage: Eine bedeutende Rolle für die Wettervorhersage spielt die Luftdruckverteilung auf der Erde. Auf Wetterwarten werden laufend Wetterkarten gezeichnet, in denen Orte mit gleichem Luftdruck durch Kurven verbunden werden. Man bezeichnet diese Kurven als *Isobaren*.
Die Lage von Tiefdruck- und Hochdruckgebieten kann aus dem Verlauf der Isobaren abgelesen werden. Durch den Einsatz von Wettersatelliten in Verbindung mit Computern hat sich die mögliche Wettervorhersage verbessert und die Arbeit der Meteorologen erleichtert.

Bestimmte Grundregeln haben für die Wettervorhersage Gültigkeit:

- In Hochdruckgebieten drehen die Winde circa 1000 m über NN auf der nördlichen Erdhalbkugel mit dem Uhrzeigersinn aus dem Kern des Hochs.

- In Tiefdruckgebieten drehen die Winde circa 1000 m über NN auf der nördlichen Erdhalbkugel gegen den Uhrzeigersinn um den Kern des Tiefs.

- In Hochdruckgebieten ist meist wolkenloses oder wolkenarmes Wetter.

- In Tiefdruckgebieten ist meist längs der Fronten schlechtes Wetter.

- Hochdruck- und Tiefdruckgebiete verlagern sich nach bestimmten Gesetzen.

V. Elektrizitätslehre

1.   Magnetismus

In Chile, Schweden und Kleinasien gibt es ein Eisenerz, das Eisenteilchen anzieht. Bei den alten Griechen wurde dieses Gestein nach der Stadt *Magnesia* als magnetischer Stein bezeichnet.
Gegenstände, die Eisen anziehen können, heißen *magnetisch*.

Neben diesem natürlichen magnetischen Gestein gibt es künstliche Magnete, die meist aus Stahl oder Legierungen von Eisen, Nickel und Aluminium hergestellt sind. Eine weitere Art der künstlichen Magnete sind die Elektromagnete.

Die magnetischen Grunderscheinungen: Ein Magnet zieht mit seinen Enden Eisen, Nickel und Kobalt an. Diese Stoffe heißen *ferromagnetische Stoffe*.
Die Stellen mit der stärksten Anziehung befinden sich an den Enden und heißen *Pole* des Magneten.
In der Mitte ist die Anziehungskraft am geringsten. Dieses Gebiet heißt *indifferente Zone*.
Ist ein Magnet um eine vertikale Achse frei drehbar, so stellt er sich in die Nord-Süd-Richtung ein. Ein Pol zeigt annähernd zum geografischen Nordpol, der andere annähernd zum geografischen Südpol. Der Pol des Magneten, der nach Norden weist, heißt *Nordpol*, der andere *Südpol*.

Magnetische Grundgesetze: Magnete üben anziehende Kräfte (nur) auf ferromagnetische Stoffe aus.

Jeder Magnet hat einen Nordpol und einen Südpol.

Gleichnamige Pole (Nord – Nord; Süd – Süd) stoßen einander ab, ungleichnamige Pole (Nord – Süd) ziehen sich an.

Frei drehbare Magnete stellen sich in die Nord-Süd-Richtung ein.

Häufige Magnetformen

Stabmagnet:

Hufeisenmagnet:

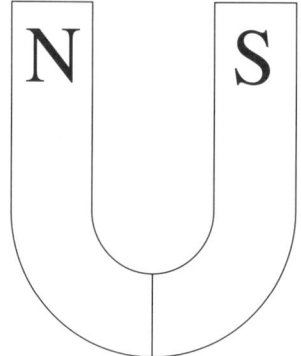

Magnetnadel:

Die magnetische Influenz

Nähert man einem Magnetpol ein unmagnetisiertes Eisenstück, wie zum Beispiel einen Nagel, so wird das dem Magnetpol zugewandte Ende des Eisenstücks ungleichnamig, das andere Ende gleichnamig magnetisiert. Man nennt diese Erscheinung *magnetische Influenz*.

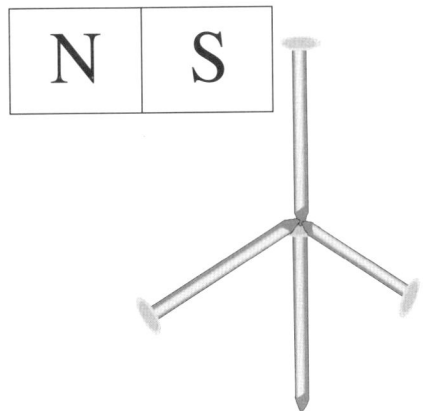

Mihilfe der magnetischen Influenz lassen sich künstliche Magnete herstellen. Während dieses Magnetisierungsvorgangs streicht man mit einem starken Magnetpol entlang eines ferromagnetischen Stoffes in einer Richtung. Die Kraft des magnetisierenden Magneten wird während des Magnetisiervorganges im Stahlstab nicht verringert. Mit einem Magneten kann man beliebig viele künstliche Magnete herstellen. Die nötige Energie stammt aus der erbrachten mechanischen Arbeit. Demnach verliert ein Magnet nichts an Kraft, wenn man mit ihm Stahlstäbe magnetisiert.

Magnetismus ist kein Stoff, der beim Magnetisieren von einem Körper auf den anderen übertragen wird.

Das Elementarmagnetenmodell

Nur aus ferromagnetischen Stoffen kann man Magnete herstellen. Diesen Vorgang nennt man Magnetisieren. Eine Modellvorstellung, das Elementarmagnetenmodell, hilft, diesen Vorgang zu verstehen.
Alle ferromagnetischen Stoffe kann man sich aus Elementarmagneten aufgebaut denken. Elementarmagnete sind in der Modellvorstellung kleinste Magnete.
Eine Magnetwirkung nach außen hin tritt nur dann auf, wenn die Elementarmagnete geordnet sind, da sich sonst die Wirkungen der Elementarmagnete nach außen hin aufheben.

Keine magnetische Wirkung nach außen:

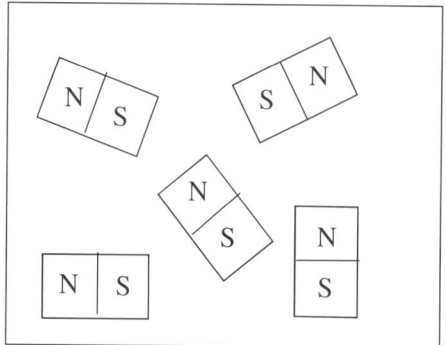

Die Elementarmagnete liegen ungeordnet im ferromagnetischen Stoff.

Magnetische Wirkung nach außen:

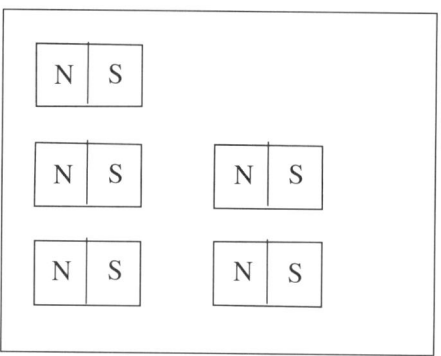

Die Elementarmagnete liegen geordnet im ferromagnetischen Stoff.

Die Elementarmagnete lassen sich nur mithilfe eines anderen Magneten ausrichten. Wie lange die Elementarmagnete ausgerichtet bleiben, hängt von den Stoffeigenschaften ab. Bei weichem Eisen tritt dabei nur eine zeitlich begrenzte, so genannte *temporäre* Magnetisierung auf. Bei Körpern aus Stahl führt die magnetische Influenz zu einer dauerhaften Magnetisierung. Es entstehen *Permanentmagnete*.

Die Stärke eines Magneten kann über eine feste vorhandene Grenze hinaus nicht gesteigert werden. Diese Grenze ist erreicht, wenn alle Elementarmagnete ausgerichtet sind. Man spricht von einer *Sättigung* des Magneten.

V. Elektrizitätslehre

Das magnetische Feld

Einen Raum, in dem magnetische Wirkungen nachweisbar sind, nennt man magnetisches Feld.

Magnetische Wirkungen sind nur im Bereich des magnetischen Feldes feststellbar. Sie sind auch durch den luftleeren Raum hindurch wirksam.
Mit *Feldlinien* kann man für jeden Punkt eines magnetischen Feldes die Richtung der magnetischen Kraft darstellen.

Die Richtung der Feldlinien entspricht der Richtung, in der sich ein Probenordpol bewegen würde. Sie verlaufen von Nord nach Süd.

Feldlinienbild eines Stabmagneten:

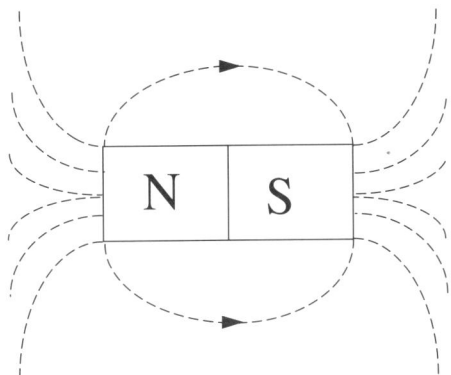

Feldlinienbild eines Hufeisenmagneten:

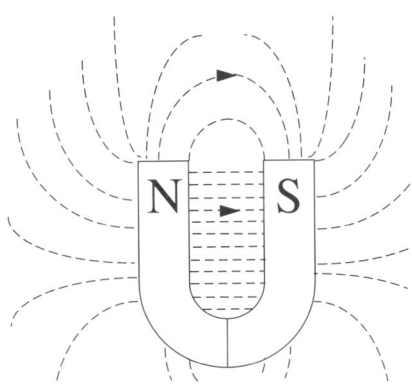

Feldlinienbild zwischen zwei gleichartigen Polen:

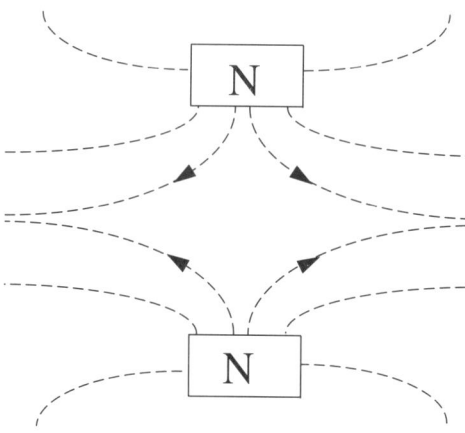

Feldlinienbild zwischen zwei ungleichnamigen Polen:

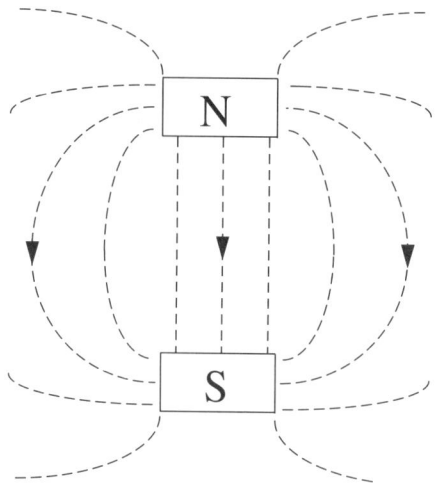

Bringt man eine Magnetnadel in ein magnetisches Feld, so stellt sie sich tangential zur Feldlinie. Die Stärke eines Magnetfeldes stellt man durch die Dichte der vorhandenen Magnetfeldlinien dar.

Die Richtung der magnetischen Feldlinien ist vom magnetischen Nordpol ausgehend zum magnetischen Südpol mündend festgelegt.

Der Erdmagnetismus

Die Erde wirkt wie ein großer Magnet. Dabei ist der magnetische Nordpol in der Nähe des geografischen Südpols, der magnetische Südpol in der Nähe des geografischen Nordpols. (Der magnetische Südpol liegt westlich der Halbinsel Boothia Felix in Nordamerika, der magnetische Nordpol liegt südlich von Tasmanien.)

Die magnetischen Pole der Erde sind nicht fix, sondern verändern mit der Zeit langsam ihre Lage. Auch sind im Laufe der Erdgeschichte Umpolungen eingetreten.

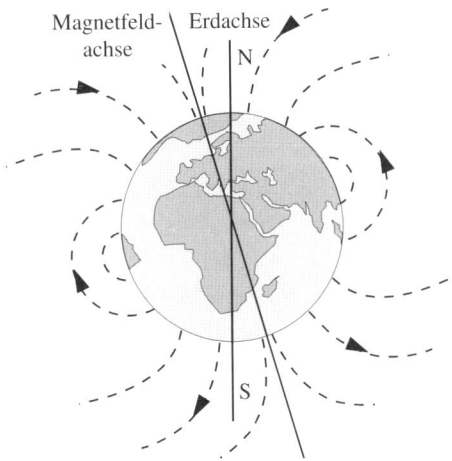

In der Zeichnung sind nur die geografischen Pole eingetragen. Eine frei drehbare Magnetnadel zeigt deshalb nicht genau in die geografische Nord-Süd-Richtung, sondern weicht von dieser ab. Diese Abweichung nennt man *Deklination*. Sie ist örtlich verschieden und ändert sich an jedem Ort auch zeitlich.
In Bayern beträgt der Deklinationswinkel zurzeit circa 1,7 ° westlich. Die magnetische Nordrichtung weicht also nach Westen gegen die geografische Nordrichtung ab.

Die Achse der frei drehbaren Magnetnadel bildet zudem mit der Horizontalebene einen Winkel, den man *Inklinationswinkel* nennt. In Deutschland beträgt der Inklinationswinkel circa 65°.
Wie die Deklination ist auch die Inklination zeit- und ortsabhängig.

V. Elektrizitätslehre

2. Elektrizität

Elektrischer Strom kann nur dann fließen, wenn der Stromkreis über eine Strom-quelle durch elektrische Leitungen geschlossen ist.

Schaltbild eines einfachen Stromkreises:

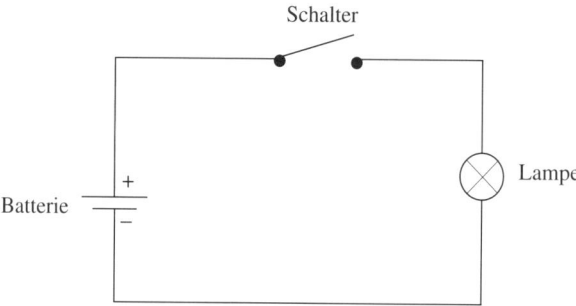

Wird ein Stromkreis ohne Verbraucher geschlossen, so entsteht ein *Kurzschluss.*

Vergleich zu einem Wasserkreislauf:

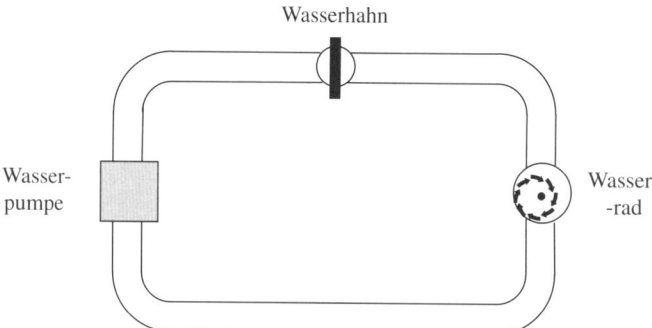

Der elektrische Strom: Der in einem Leiter fließende Strom besteht aus Elektro-nen, die sich mit relativ kleiner Geschwindigkeit (wenige Zentimeter pro Sekun-de) fortbewegen.

Im Leiter müssen sich Ladungen bewegen können.

V. Elektrizitätslehre

V. Elektrizitätslehre

Leiter und Nichtleiter

Metalle, Kohle und geschmolzene Salze leiten den elektrischen Strom, sie sind Leiter. Glas, Porzellan, Gummi, Paraffin, Wolle, Bernstein und reine Seide sind Nichtleiter oder *Isolatoren*.

Flüssigkeiten können Leiter und Nichtleiter sein. Zum Beispiel sind wässrige Lösungen von Säuren, Salzen und Basen Leiter. Destilliertes Wasser hingegen leitet den Strom nicht, es ist ein Nichtleiter, wie auch Öle.
Gase im Normalzustand sind Nichtleiter. Bei niedrigem Druck können sie aber zu Leitern werden (Neonröhre).
Der menschliche Körper ist ein schlechter Leiter. Besondere Gefahr besteht, wenn der Strom über den menschlichen Körper zur Erde abfließt. Es kann dabei zu einem Erdschluss mit Todesfolge kommen.

Die Grundlage für die heutige Elektronik sind Festkörper, wie Silicium, Germanium und Selen, die sich in ihrem Leitungsmechanismus anders verhalten als Metalle. Man nennt sie *Halbleiter*.
Halbleiter besitzen bei 0 K keine freien Elektronen und sind bei dieser Temperatur Isolatoren. Bei höheren Temperaturen erhalten sie eine gewisse Leitfähigkeit.
Der Widerstand eines Halbleitermaterials nimmt bei Temperaturerhöhung ab.
In der Technik werden Halbleiter als Heißleiter (Thermistoren) bzw. als NTC-Widerstände verwendet.

Die Stromrichtung

In der Technik wurde die Richtung des Stromes so festgelegt, dass der Strom vom positiven Pol durch den Leiter zum negativen Pol fließt.
Man hatte bei der Festlegung die Elektronen noch nicht gekannt.

In einem geschlossenen Stromkreis bewegen sich die Elektronen vom negativen zum positiven Pol. Man nennt diese Stromrichtung die physikalische Stromrichtung.

technische Stromrichtung:	von	+	nach	-
physikalische Stromrichtung:	von	-	nach	+

Wirkungen des elektrischen Stroms

Bei Stromdurchgang tritt in elektrischen Leitern eine Erwärmung auf. Die *Wärmewirkung* ist unabhängig von der Stromrichtung.

Die durch Elektrizität erzeugte Wärmeenergie kann an die Umgebung abgegeben werden. Ein einfaches Beispiel für die Wärmewirkung des elektrischen Stroms ist ein Glühdraht wie man ihn beim Toaster sehen kann. Genützt wird die Wärmewirkung bei elektrischen Koch- und Heizgeräten, elektrischen Temperaturreglern mit Bimetallkontakt und Schmelzsicherungen.

Neben der Wärmewirkung hat die Elektrizität ihre durch Edison berühmt gewordene *Leuchtwirkung*. Eine Glühlampe leuchtet infolge der hohen Temperatur des Glühdrahtes.

Lässt man den elektrischen Strom durch *Geißlerröhren* (unter geringem Druck mit verschiedenen Gasen gefüllte Glasröhren) fließen, leuchten diese Röhren je nach Gasfüllung in verschiedenen Farben.

Bei den uns bekannten Leuchtstoffröhren handelt es sich um Lichtaussendung mit nur geringer Temperaturerhöhung.

Eine weitere Wirkung des elektrischen Stroms ist die *chemische Wirkung*. Die meisten chemisch reinen Flüssigkeiten verhalten sich wie Isolatoren. Durch Hinzufügen von geeigneten Stoffen (etwa Ionen) werden solche Flüssigkeiten zu Leitern. Bei Stromdurchgang finden dann chemische Umsetzungen statt. Leiter, die bei Stromdurchgang eine chemische Zersetzung erfahren, heißen *Elektrolyte*. Elektrolyte sind meist wässrige Lösungen von Salzen, Säuren und Basen.

Der Stromdurchfluss durch einen Elektrolyten ruft eine chemische Zersetzung hervor. Diese chemische Zersetzung nennt man *Elektrolyse*. Dabei werden an den Elektroden Stoffe abgeschieden. Für eine Elekrolyse werden zwei Elektroden in eine Flüssigkeit gebracht. *Elektroden* sind die festen Leiterstücke, die den Strom der Flüssigkeit zu- und ableiten. Die positive Elektrode heißt *Anode* und die negative Elektrode *Kathode*. Während der Elektrolyse wandern die positiven Ladungsträger des Elektrolyten zur Kathode, die negativen Ladungsträger zur Anode. Während die positiven Ladungsträger an der Kathode Elektronen aufnehmen, geben die negativen Ladungsträger an der Anode Elektronen ab. Beide Ladungsträger werden an den Elektroden neutralisiert.

Die an den Elektroden abgeschiedenen Stoffmengen sind proportional zur Stromstärke und können deshalb zu deren Messung herangezogen werden.

Elektrolyse:

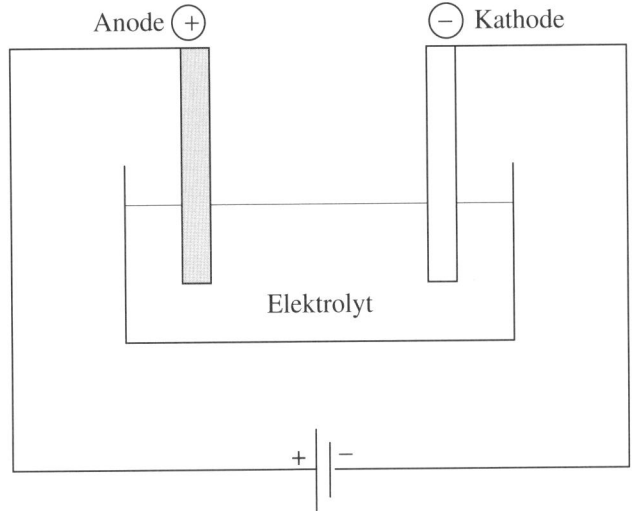

Beim Stromdurchgang durch verdünnte Salzsäure scheidet sich an der Anode Chlor und an der Kathode Wasserstoff ab. Die H^+ und Cl^--Ionen der Salzsäure (HCl) werden also getrennt.

Die technisch vielleicht wichtigste Wirkung des elektrischen Stroms ist seine *magnetische Wirkung*. Um einen Strom durchflossenen Leiter baut sich ein Magnetfeld auf. Die Richtung dieses Magnetfeldes ist von der Stromrichtung abhängig. Mithilfe der Faustregel der linken Hand kann man die Magnetfeldrichtung eines Strom durchflossenen geraden Leiters bestimmen.

Faustregel: Umfasst man gedanklich einen Strom durchflossenen geraden Leiter so mit der linken Hand, dass der abgespreizte Daumen in die physikalische Stromrichtung weist, so zeigen die gekrümmten Finger die Richtung des Magnetfeldes an.

Wechselt die Stromrichtung wie beim Wechselstrom, so kehrt sich die Stromrichtung um.

Das Magnetfeld einer Strom durchflossenen Spule ist mit dem Feld eines Stabmagneten vergleichbar. Für die Polbestimmung der Spule gilt die linke Handregel.

Handregel: Umfasst man gedanklich eine Strom durchflossene Spule so mit der linken Hand, dass die angewinkelten Finger in die physikalische Stromrichtung weisen, so zeigt der abgespreizte Daumen zum Nordpol der Spule.

Durch einen Eisenkern wird das Feld in der Spule verstärkt, was man für Elektromagnete nutzt. Durch eine Änderung der Stärke des elektrischen Stromes kann die Feldstärke des Magneten verändert werden.

Anwendungen für die magnetische Wirkung des elektrischen Stromes sind zum Beispiel das Relais, die elektrische Klingel, der Fernschreiber, elektrische Uhren, elektrische Türöffner, Sicherungsautomaten und vieles mehr.

Die Stromstärke

Die Eigenschaft des elektrischen Stroms, verschieden starke Wirkungen hervorrufen zu können, bezeichnet man mit der physikalischen Größe *Stromstärke*.

Das Symbol für die elektrische Stromstärke ist I.

Die Einheit der elektrischen Stromstärke ist 1 *Ampere* (= 1 A).

Häufige Untereinheiten:

$$0,001 \text{ A} = 1 \text{ mA}$$
$$0,001 \text{ mA} = 1 \mu\text{A}$$

1 A ist die Stärke eines zeitlich unveränderlichen elektrischen Stromes, der durch zwei im Vakuum parallel im Abstand von 1 m angeordnete, unendlich lange, geradlinige Leiter von vernachlässigbar kleinem, kreisförmigem Querschnitt fließend, auf 1 m Leiterlänge die Kraft $0,2 \cdot 10^{-6}$ N hervorrufen würde.

Die elektrische Stromstärke ist der Quotient aus der Elektrizitätsmenge (Ladung) ΔQ und der Zeitspanne Δt, in der ΔQ fließt.

$$I = \frac{\Delta Q}{\Delta t}$$

Beispiele für Stromstärken:

Glühlampe	circa	0,2 A
Taschanlampe	bis	0,6 A
Bügeleisen	circa	2 A
Blitz	bis	20.000 A
Autoanlasser	bis	100 A
Elektroofen	bis	12 A
Elektrolok	circa	150 A

Für den menschlichen Körper können bereits Stromstärken von 10 mA tödliche Folgen haben.

Stromstärkemessgeräte: Stromstärken können mit Geräten gemessen werden, deren Bauweise auf den Wirkungen des elektrischen Stroms beruht. Neben der elektrolytischen Wirkung spielt besonders die magnetische Wirkung eine bedeutende Rolle für die Stromstärkemessung.
Die am häufigsten verwendeten Stromstärkemessgeräte sind *Drehspulinstrumente*.

Bei einem Drehspulinstrument ist eine Spule, die um einen Weicheisenkern gewickelt ist, drehbar zwischen den Polen eines Hufeisenmagneten gelagert. An der Spule ist eine Rückstellfeder befestigt. Fließt Gleichstrom durch die Spule, so baut sich ein Magnetfeld auf, das durch den Weicheisenkern verstärkt wird. Durch die Abstoßung oder Anziehung der vorhandenen beiden Magnetfelder kommt es zu einer Drehung der Spule. Je stärker der Strom in der Spule, desto größer ist der Drehwinkel. Nach Beendigung des Stromflusses stellt die Rückstellfeder die Ausgangslage der Spule wieder her.
Befestigt man an der Spule einen Zeiger, so ist der Zeigerausschlag von der Stärke des Stromes und von der Richtung des Stromes abhängig.
Drehspulinstrumente sind nur zur Messung von Gleichstrom geeignet.

Strommessgeräte für kleine Stromstärken sind *Galvanometer*.
Die empfindlichsten Galvanometer sind *Spiegelgalvanometer*. Es sind Drehspulinstrumente mit Lichtzeigerablesung.

Die elektrische Spannung

Die elektrische Spannung wird immer zwischen zwei Punkten gemessen.
In einem Stromkreis fließt nur dann Strom, wenn zwischen seinen Polen eine
Spannung herrscht. Sie ist die Ursache jedes elektrischen Stromes.
Früher wurde die Spannung als *elektromotorische Kraft* bezeichnet (*EMK*).

Symbol für die elektrische Spannung: U

Einheit der elektrischen Spannung: 1 Volt (1 V)
Untereinheiten:

$$1\ kV\ =\ 1000\ V$$
$$1\ MV\ =\ 1.000.000\ V$$

Gebräuchliche Spannungen:

Lichtanlage im Auto	12 V
Netzspannung in Europa	230 V
Netzspannung in Amerika	110 V
Bleiakkumulator (je Zelle)	2 V
Straßenbahn	550 V
Elektroloks	bis 15.000 V
Hochspannungsleitung	bis 38.0000 V

Unter der Spannung U zwischen zwei Punkten eines Leiters versteht man das Verhältnis der in diesem Leiterteil umgesetzten Leistung zu dem durch den Leiter fließenden Strom. Daraus ergibt sich die SI-Einheit der elektrischen Spannung:

$$1\ \text{Volt}\ =\ \frac{1\ \text{Watt}}{1\ \text{Ampere}} \qquad 1\ V = \frac{1\ W}{1\ A}$$

Das Volt ist die elektrische Spannung zwischen zwei Punkten eines metallischen Leiters, in dem bei einem Strom von 1 A zwischen den beiden Punkten eine Leistung von 1 W umgesetzt wird.

Eine andere Erklärung für die Spannung U ist:
Die elektrische Spannung U zwischen einer Stelle 1 und einer Stelle 2 im elektrischen Feld ist der Quotient aus der Transportarbeit W und der Ladung Q, für welche die Transportarbeit W nötig war, um sie von der Stelle 1 zur Stelle 2 überführen zu können.

$$U = \frac{W}{Q}$$

$$\text{Stelle 2}$$
$$U = \int \vec{E} \, d\vec{s}$$
$$\text{Stelle 1}$$

Für ein homogenes elektrisches Feld kann die Gleichung vereinfacht werden:

$$U = \vec{E} \cdot \vec{s} \text{ , wobei } \vec{s} \text{ der Weg von der Stelle 1 zur Stelle 2 ist.}$$

Spannungsmessung

Die elektrische Spannung wird stets zwischen zwei Punkten gemessen.
Die Spannung, die zwischen zwei Punkten eines Leiters anliegt, kann mit einem *Elektroskop* ermittelt werden.
Folgende Skizze zeigt die Bauweise eines Elektroskops. Zur Messung der Spannung wird ein Pol an das Metallgehäuse, der andere an den beweglichen Zeiger des Gerätes angeschlossen. Mit der Größe der angelegten Spannung wächst aufgrund der gegenseitigen Abstoßung auch der Ausschlag des gegenüber dem Gehäuse isolierten Zeigers.

V. Elektrizitätslehre

Isolierung

Da nach dem Ohm'schen Gestz die Stromstärke I und die Spannung U einander proportional sind, kann zur Spannungsmessung jedes Strommessgerät herangezogen werden. Dazu muss man nur den Widerstand R des Messgeräts kennen.

Schaltung von Messgeräten: Strommessgeräte (Amperemeter) werden im Stromkreis stets in den Stromkreis geschaltet.

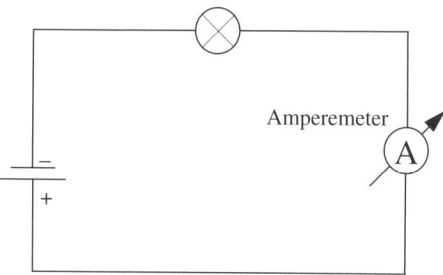

Spannungsmessgeräte (Voltmeter) werden parallel zu dem Bereich geschaltet, für den die Spannung gemessen werden soll.

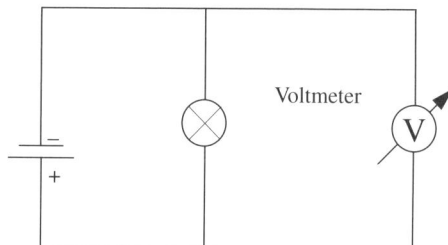

Das galvanische Element

Bringt man zwei verschiedene Metallplatten in einen Elektrolyten, so entsteht zwischen den Platten eine Spannung. Dies beruht darauf, dass von der Oberfläche des Metalls positive Metallionen in den Elektrolyten übertreten, wodurch sich das Metall gegenüber der Lösung negativ auflädt. Edlere Metalle geben weniger Ionen ab als unedlere, so dass sich die Metalle unterschiedlich aufladen und zwischen ihnen eine Spannung besteht.

Dies Spannungsquellen nennt man *galvanische Elemente*.

Statt der beiden verschiedenen Metalle kann auch ein Metall und Kohle verwendet werden.

V. Elektrizitätslehre

Zink-Kupfer-Element:

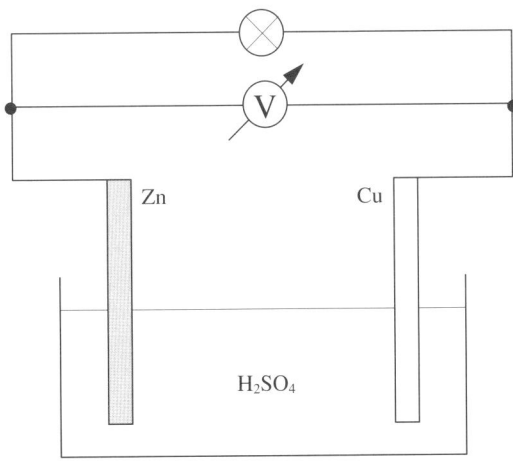

Die Erfindung des galvanischen Elements beruht auf den Froschschenkel-Versuchen Galvanis im Jahre 1786. Der Italiener Volta entwickelte aus den Erkenntnissen Galvanis das *Volta-Element*. Dabei ist ein Kupferstab der positive Pol und ein Zinkstab der negative Pol. Seine Spannung beträgt 1 Volt.

Das galvanische Element ist eine Gleichspannungsquelle.

Das Salmiak-Trockenelement:

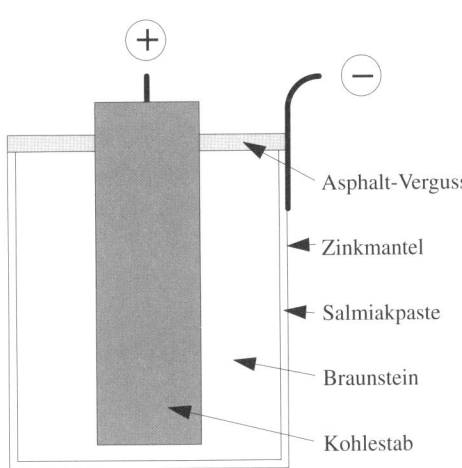

Der Behälter des Elektrolyten (Salmiaklösung) ist eine becherförmige Zinkelektrode. Die positive Elektrode bildet ein von einem Braunsteinbeutel umgebener Kohlestab. Die gesamte Zelle wird von einem Asphaltdeckel feuchtigkeitsdicht verschlossen.

Die Spannung eines Elementes beträgt 1,5 Volt.

Salmiak-Trockenelemente werden meist als Taschenlampen- und Spielzeugbatterien verwendet.

Der Blei-Akkumulator: Der Blei-Akkumulator ist ein Polarisationselement. Unter der *elektrolytischen Polarisation* versteht man die Erscheinung, dass durch Abscheidung von Stoffen bei der Elektrolyse die wirksame Oberfläche der verwendeten Elektroden geändert wird.

Taucht man zwei Bleiplatten in verdünnte Schwefelsäure, so überziehen sie sich an ihrer Oberfläche mit einer Bleisulfatschicht. Bei der Elektrolyse der verdünnten Schwefelsäure bildet sich an der Anode Bleidioxid, wobei die Kathode die Bleisulfatschicht verliert. Nach diesem *Ladevorgang* befinden sich im Elektrolyten zwei verschiedene Leiter. Es ist ein galvanisches Element entstanden. Durch die Spannung, die zwischen den Polen herrscht, kann ein Stromfluss durch einen Leiterkreis bewirkt werden.

Da die Elektroden beim Stromdurchgang polarisiert werden, nennt man den Blei-Akkumulator *Polarisationselement*. Die entstehende Spannung heißt demnach *Polarisationsspannung*.

Die Spannung einer Zelle des Blei-Akkumulators beträgt 2–2,5 Volt.

Sinkt die Spannung unter 1,8 Volt ab, muss der Akkumulator neu geladen werden.

Edison entwickelte einen Akkumulator von größerer Lebensdauer. Er verwendete eine Eisenkathode und eine Anode aus Nickeloxid. Als Elektrolyt wählte er Kalilauge. Die Spannung eines Elementes dieses Nickel-Eisen-Akkumulators beträgt 1,2 Volt.

Die Zusammenstellung mehrerer gelvanischer Elemente bildet eine *Batterie*. Werden die einzelnen Elemente einer Batterie hintereinander geschaltet, so ist die Gesamtspannung gleich der Summe der Einzelspannungen.

V. Elektrizitätslehre

Werden die einzelnen Elemente einer Batterie parallel geschaltet, so entspricht die Gesamtspannung der Spannung eines Elementes.

Gesetze des elektrischen Stromkreises

Der Physiker Georg Simon Ohm untersuchte im Jahre 1827 die Abhängigkeit der Stromstärke von der Spannung in einem Leiterstück. Er fand heraus, dass die Spannung U zwischen den Enden eines Leiters und die Stromstärke I im Leiter zueinander proportional sind.

Ohm'sches Gesetz: $U \sim I$

Das Ohm'sche Gesetz hat nur bei konstanter Temperatur Gültigkeit.

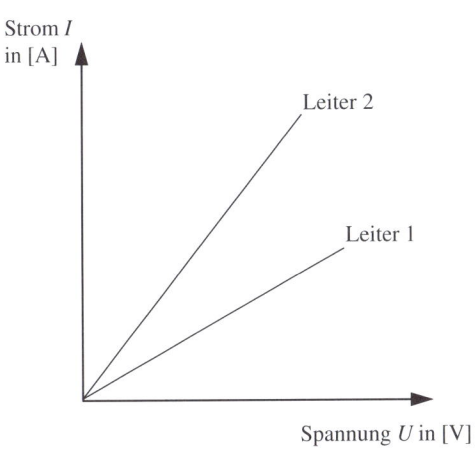

elektrischer Widerstand $= \dfrac{\text{Spannung}}{\text{Stromstärke}} \qquad R = \dfrac{U}{I}$

Den Quotienten aus Spannung U und Stromstärke I nennt man elektrischen Widerstand R, er wird auch als *Ohm'scher Widerstand* bezeichnet.

Die Einheit des elektrischen Widerstandes ist 1 Ohm (1 Ω).

$$1\,\Omega = 1\,\frac{V}{A}$$

V. Elektrizitätslehre

Der elektrische Widerstand R eines metallischen Leiters ist nur bei unveränderter Temperatur konstant. Mit der Temperatur verändert sich der Widerstand. Die Spannung und die Stromstärke steigen bei Temperaturerhöhung nicht im gleichen Verhältnis. Die Stromstärke erhöht sich langsamer als die Spannung. Dies hat zur Folge, dass der Widerstand von festen Leitern mit steigender Temperatur wächst. Bei flüssigen Leitern nimmt der Widerstand mit steigender Temperatur ab.

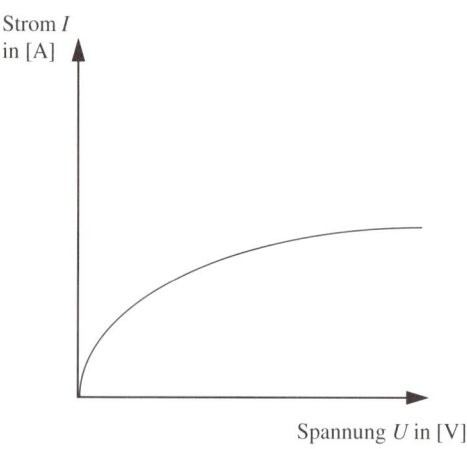

Das Ohm'sche Gesetz kann für die Elektrizitätsleitung in Gasen nicht angewendet werden.

Mithilfe des Ohm'schen Gesetzes kann man Strommessgeräte in Spannungsmessgeräte umeichen. Aus dem Widerstand des Gerätes und dem Strom, der durch das Gerät fließt, lässt sich die angelegte Spannung mit $U = R \cdot I$ berechnen.

Den Kehrwert des Widerstandes R bezeichnet man als *elektrischen Leitwert G*.

$$G = \frac{1}{R}$$

Die SI-Einheit des elektrischen Leitwertes ist 1 Siemens (1 S).

$$1\,S = \frac{1}{\Omega}$$

Der Widerstand R eines Drahtes ist direkt abhängig von der Länge des Drahtes. R ist proportional zur Drahtlänge l.

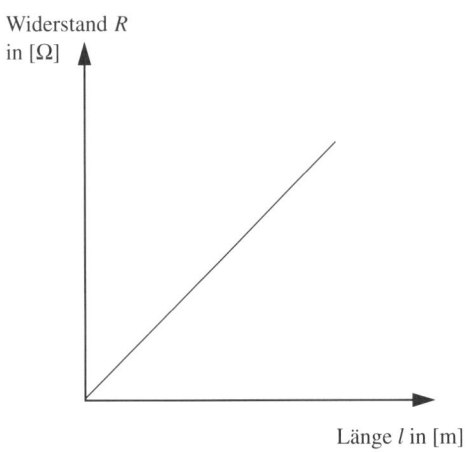

Widerstand R in [Ω]

Länge l in [m]

Der Widerstand R ist umgekehrt proportional zum Drahtquerschnitt A.

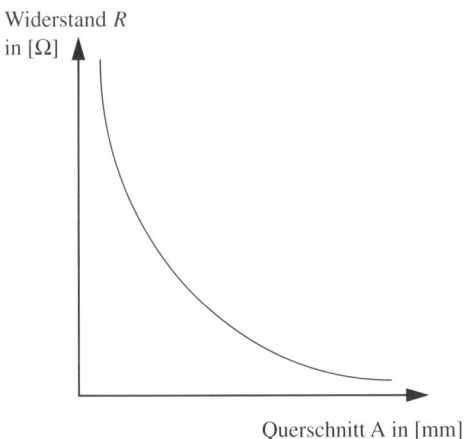

Widerstand R in [Ω]

Querschnitt A in [mm]

Der Widerstand R ist bei verschiedenen Metallen unterschiedlich. Zum Beispiel hat Eisen einen höheren Widerstand als Kupfer. Somit leitet Kupfer besser als Eisen.

Der spezifische Widerstand ρ eines Leiters ist eine Materialkonstante.

Die Einheit des spezifischen Widerstandes ist: $1 \ \frac{\Omega \cdot mm^2}{m}$. Der spezifische Widerstand ist von der momentanen Temperatur des Leiters abhängig.

V. Elektrizitätslehre

Spezifischer Widerstand ρ

in $\left[\dfrac{\Omega \cdot mm^2}{m}\right]$

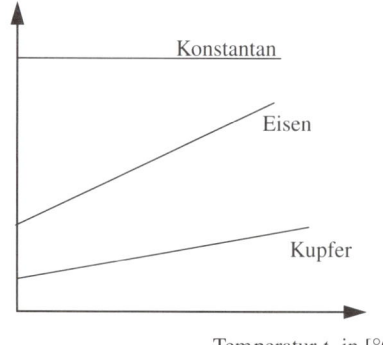

Temperatur t in [°C]

Spezifische Widerstände in $\dfrac{\Omega \cdot mm^2}{m}$ bei 18° C.

Silber	0,016
Kupfer	0,017
Aluminium	0,032
Messing	0,08
Eisen	0,1
Quecksilber	0,96
20-prozentige Schwefelsäure	15.000
20-prozentige Salzsäure	13.100
10-prozentige Kochsalzlösung	82.000

Der Widerstand eines Leiters ist von der Art des Leiters (seinem spezifischen Widerstand ρ), seiner Länge und seiner Querschnittsfläche abhängig.

$$R = \rho \cdot \frac{l}{A}$$

Die elektrische Leitfähigkeit σ eines Leiters ist der Kehrwert seines spezifischen Widerstandes.

$$\sigma = \frac{1}{\rho}$$

Elektrische Geräte, welche die Stromstärke in einem Stromkreis begrenzen, heißen *Widerstände*.

Einige Widerstandsarten: Schiebewiderstände
Präzisionswiderstände
Stöpselwiderstände
Hochohmwiderstände

Zudem sind alle elektrischen Leitungen Widerstände. Bei kurzen, dicken Leitern wird der Widerstand oft vernachlässigt.

Reihenschaltung und Parallelschaltung

In einem elektrischen Stromkreis können mehrere Widerstände (Verbraucher) hintereinander geschaltet sein. Man nennt eine solche Schaltung *Reihenschaltung* oder *Serienschaltung*.

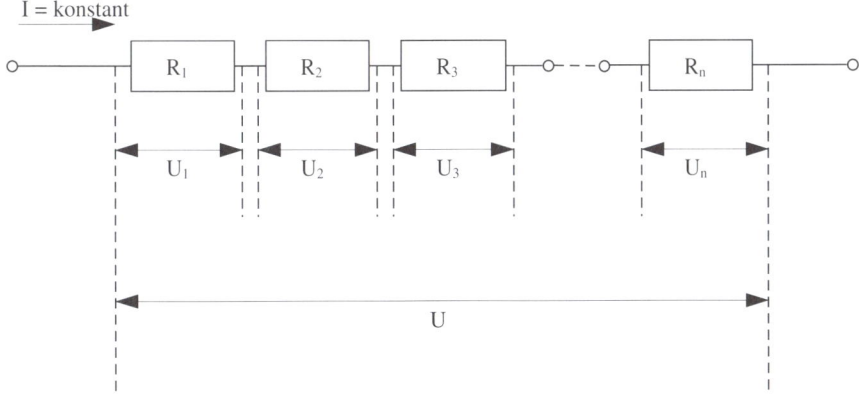

Die Gesamtspannung U ist die Summe der an den n Einzelwiderständen abfallenden Teilspannungen.

$$U = U_1 + U_2 + U_3 + \dots + U_n$$

Die Spannungen an den Enden von hintereinander geschalteten Widerständen verhalten sich wie die zugehörigen Widerstände.

$$U_1 : U_2 : U_3 : \ldots : U_n = R_1 : R_2 : R_3 : \ldots : R_n$$

Bei der Hintereinanderschaltung von Widerständen ist der Gesamtwiderstand die Summe aus den Einzelwiderständen.

$$R_{ges} = R_1 + R_2 + R_3 + \ldots + R_n$$

Sind in einem Stromkreis die einzelnen Widerstände (Verbraucher) parallel zueinander geschaltet, so spricht man von einer Stromverzweigung oder einer Parallelschaltung.

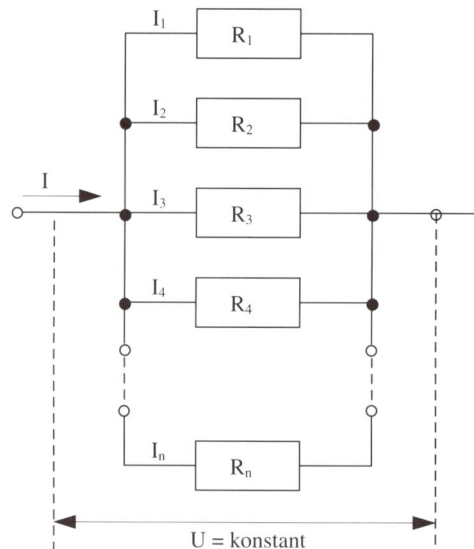

Der Vorteil der Parallelschaltung besteht darin, dass bei einem defekten Gerät nicht der gesamte Stromkreis unterbrochen ist, sondern nur ein Stromzweig.

1. Kirchhoff'sche Regel: Bei der Parallelschaltung ist die Gesamtstromstärke I die Summe aus den Teilstromstärken in den Zweigen.

$$I = I_1 + I_2 + I_3 + \ldots\ldots + I_n$$

2. Kirchhoff'sche Regel: In jedem Zweig ist der Spannungsabfall gleich groß.

$$U_1 = U_2 = U_3 = \ldots = U_R$$

$$I_1 \cdot R_1 = I_2 \cdot R_2 = I_3 \cdot R_3 = \ldots = I_n \cdot R_n$$

Die Stromstärken in den Zweigen verhalten sich wie die Kehrwerte der entsprechenden Zweigwiderstände.

$$I_1 : I_2 : I_3 \ldots : I_n = \frac{1}{R_1} : \frac{1}{R_2} : \frac{1}{R_3} : \ldots : \frac{1}{R_n}$$

Aus der ersten Kirchhoff'schen Regel kann für den Gesamtwiderstand eines verzweigten Stromkreises geschlossen werden, dass der Kehrwert des Gesamtwiderstandes der Summe der Kehrwerte aus den Teilwiderständen entspricht.

$$\frac{1}{R_{ges}} = \frac{1}{R_1} + \frac{1}{R_2} + \frac{1}{R_3} + \ldots + \frac{1}{R_n}$$

Elektrische Arbeit und Leistung

Stellt man einen an das Stromnetz angeschlossenen Tauchsieder in Wasser, so kann man eine Erwärmung des Wassers bemerken. Der Tauchsieder hat an das Wasser Wärmeenergie abgegeben, welche mit zunehmender Zeit t, Stromstärke I und Spannung U wächst.
Bei konstanter Spannung ist die in der Zeit t übertragene Wärmeenergie proportional zur Stromstärke und proportional zur Spannung.

Die in einem elektrischen Leiter freigesetzte Wärmeenergie ist proportional zum Produkt aus Spannung, Stromstärke und Zeit.

Die im elektrischen Leiter freigesetzte Wärmeenergie ist (fast) genauso groß wie die verrichtete elektrische Arbeit.

V. Elektrizitätslehre

$$W_{el} = U \cdot I \cdot t$$

Einheit: 1 Joule = 1 Volt · Ampere · Sekunde=1 Wattsekunde

          1 J   =   1 V · A · s   =1 Ws

Für praktische Zwecke wird die elektrische Arbeit meist in der Einheit Kilowattstunde (kWh) angegeben.

$$1 \, kWh = 3,6 \cdot 10^6 \, Ws$$

Mit $U = R \cdot I$ ergeben sich weitere Formeln zur Berechnung der elektrischen Arbeit:

$$W = I^2 \cdot R \cdot t$$

$$W = \frac{U^2}{R} \cdot t$$

Aus der Mechanik ist der Leistungsbegriff als Arbeit pro Zeit bekannt. Wendet man dies für die Elektrizitätslehre an, so ergibt sich:

$$\text{elektrische Leistung } P = \frac{W}{t} = \frac{U \cdot I \cdot t}{t} = U \cdot I$$

Die elektrische Leistung ist das Produkt aus der Spannung U und der Stromstärke I.

$$P = U \cdot I$$

Einheit: 1 Watt =   1 Volt · Ampere

          1 W   =   1 V · A

Weitere Formeln zur Berechnung der elektrischen Leistung:

$$P = \frac{U^2}{R}; \; P = I^2 \cdot R$$

Elektrische Leistung einiger Geräte in Watt :

Glühlampen	15 bis 1000
Elektrokocher	500 bis 1500
Heizsonnen	500 bis 1000
Waschmaschinen	um 2000
Bügeleisen	400 bis 1000
Taschenlampen	0,5 bis 3
E-Lok-Motor	5.000.000
Walchenseekraftwerk	120.000.000

Wirkungsgrad: Andere Energiearten lassen sich in elektrische Energie umwandeln und diese lässt sich wieder in andere umwandeln. Bei der Energieumwandlung entstehen Verluste, so dass eine Differenz zwischen der aufgewendeten und der erhaltenen Energie auftritt. Dies gilt sowohl für die Umwandlung in elektrische Energie als auch für die Umwandlung aus elektrischer Energie. Zum Beispiel beträgt die Lichtenergie einer Glühlampe nur noch 5% der von der Lampe aufgenommenen Energie. Der Rest von 95 % wird in Wärmeenergie umgesetzt. Diese Wärmeenergie ist für das Beispiel Beleuchtung ein Verlust.

Der Wirkungsgrad ergibt sich als Quotient aus der abgegebenen und der zugeführten Leistung.

$$\text{Wirkungsgrad} = \frac{\text{abgegebene Leistung}}{\text{zugeführte Leistung}}$$

$$\mu = \frac{P_{ab}}{P_{zu}}$$

Beispiel: Die Scheinwerferbirne eines Autos nimmt 40 Watt auf. In einer Stunde verbraucht sie eine Energie von 40 x 3600 Wattsekunden. Das sind 144.000 Joule. Von diesen 144.000 Joule werden 95% als Wärmeenergie abgegeben, also 136.800 J. Nur 7200 J dienen zur Beleuchtungswirkung.

Elektrische Ladung und elektrisches Feld

Die Elektrizität besitzt Mengencharakter. Elektrische Ladungen lassen sich portionsweise übertragen. Geht dieses Übertragen von Ladungen fließend vor sich, so spricht man von einem Stromfluss. Elektrischer Strom ist demnach nichts anderes als Bewegung elektrischer Ladungen.

Bei vielen Nichtleitern, wie zum Beispiel Glas oder Hartgummi, kann durch Reibung die Oberfläche elektrisch geladen werden. Der Oberfläche werden durch den Reibungsvorgang Elektronen entzogen oder zugeführt.

Entsteht am Körper ein Elektronenmangel, so ist er positiv geladen. Entsteht ein Elektronenüberschuss, so ist er negativ geladen.

Man unterscheidet positive und negative elektrische Ladungen. Ungleichartige Ladungen ziehen einander an, gleichartige Ladungen stoßen einander ab.

Die Ladungen leitender Körper sitzen stets an seiner Oberfläche. Das Körperinnere ist ladungsfrei und somit auch feldfrei.

Die Verteilung der Ladungen ist ungleich. An stärker gekrümmten Stellen der Oberfläche sitzen sie dichter, an Spitzen und Kanten möglicherweise so dicht, dass sie die Luft ionisieren und den Körper verlassen können.

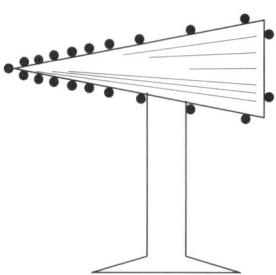

Die Ladungen sitzen an der Spitze am dichtesten.

Spitzenentladungen sind nachts bei Hochspannungsleitungen als bläuliches Licht zu sehen (Korona-Entladung). Gleiche Erscheinungen kann man im Hochgebirge an Felsspitzen oder auf dem Meer an den Spitzen der Schiffe beobachten.

Auf einer Kugel sind die Ladungen gleichmäßig verteilt.

Influenz

Ladungen wirken auf jede andere Ladung in ihrer Umgebung. Die gleichmäßig verteilten Elektronen eines ungeladenen Leiters zwei entgegengesetzt geladener Platten sammeln sich auf einer Körperhälfte unter Wirkung der Kräfte eines elektrischen Feldes, wodurch auf der anderen Körperhälfte Elektronenmangel herrscht. Die Ladungen des Leiters werden in der Nähe einer anderen Ladung getrennt.

Durch die Ladungstrennung werden auch ungeladene Körper von geladenen Körpern angezogen. Der Nachweis der elektrischen Ladung kann somit nur durch Abstoßung gleichnamiger Ladungen erfolgen.

Ladungsmessung

Zum Nachweis und zur Messung von Ladungen verwendet man *Elektrometer* oder *Elektroskope*. Sie bestehen aus einem starren und einem beweglichen Metallstab, die an einem isolierten Gehäuse befestigt sind.
Werden die Metallstäbe mit einem geladenen Körper berührt, tritt ein Teil der Ladung auf die Metallstäbe über. Der bewegliche Stab spreizt sich ab, da sich gleichartig geladene Körper (hier Metallstäbe) abstoßen.

Bauprinzip eines Elektrometers:

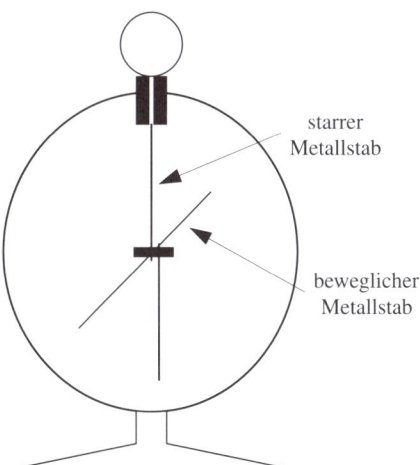

starrer
Metallstab

beweglicher
Metallstab

Die Einheit der Ladung und des Stroms

Die Einheit der elektrischen Ladung ist 1 Coulomb (1 C).

Die Stromstärke I gibt die in der Zeit t durch den Leiterquerschnitt geflossene Ladung Q an.

$$I = \frac{Q}{t}$$

V. Elektrizitätslehre

Die Einheit der elektrischen Stromstärke ist Ampere (A).

$$1 \text{ A} = 1\frac{C}{S}$$

$$1 \text{ Ampere} = 1 \frac{\text{Coulomb}}{\text{Sekunde}}$$

Die spezifische elektrische Ladung eines Teilchens ist der Quotient aus der elektrischen Ladung Q des Teilchens und der Masse m des Teilchens.

Das elektrische Feld

Das elektrische Feld ist der Raum um eine elektrische Ladung, in dem Kräfte auf Ladungen ausgeübt werden.
Ein elektrisches Feld wird durch elektrische Feldlinien oder Kraftlinien dargestellt. Die elektrischen Feldlinien sind die Linien, längs denen sich ein Pluspol im elektrischen Feld bewegen würde. Sie verlaufen von der positiven zur negativen Ladung. Sie geben in jedem Punkt des elektrischen Feldes die Richtung der auf eine positive Ladung wirkenden Kraft an.

Die Feldlinien: treten stets senkrecht aus der Oberfläche eines leitenden Körpers aus. Sie verlaufen von der positiven zur negativen Ladung. Je nach Verlauf der Feldlinien nennt man das Feld radial, homogen oder inhomogen.

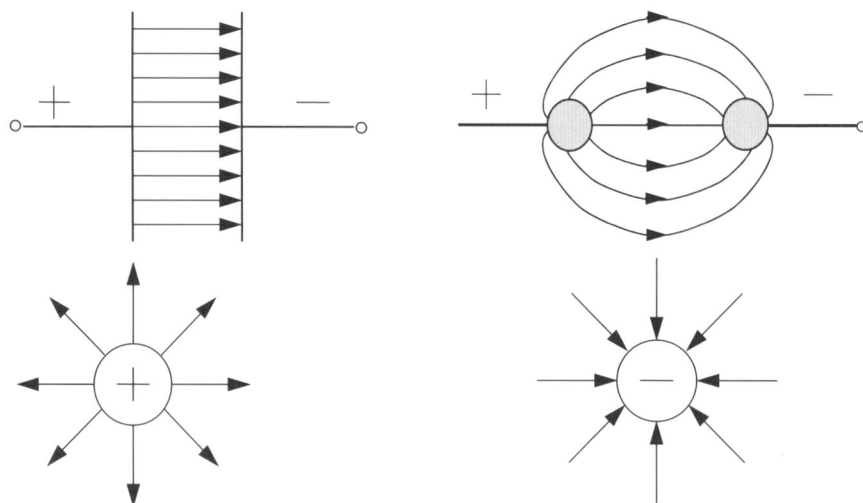

Randtext: V. Elektrizitätslehre

Bei einem homogenen Feld verlaufen die Feldlinien eines elektrischen Feldes an allen Stellen parallel, gleich gerichtet und gleich dicht.
Bei nicht parallelen Feldlinien spricht man von einem inhomogenen Feld.

Die elektrische Feldstärke

Die elektrische Feldstärke E ist das Verhältnis aus der auf eine Punktladung im Feld wirkenden Kraft F zur Größe dieser Ladung Q.

$$\text{Feldstärke} = \frac{\text{wirkende Kraft}}{\text{Ladung im Feld}}$$

$$\vec{E} = \frac{\vec{F}}{Q}$$

Die elektrische Feldstärke ist eine vektorielle Größe mit der Richtung der Kraft.

Einheit der elektrischen Feldstärke: N = Newton

C = Coulomb

$$1\frac{N}{C} = 1\frac{N}{A \cdot s} = 1\frac{V \cdot N}{W \cdot s} = 1\frac{V}{m}$$

Die Verschiebung einer Ladung Q in einem homogenen Feld erfordert die Arbeit $W = F \cdot s$, wobei s entlang der Feldlinien verläuft. Mit den Gleichungen $E = \frac{F}{Q}$ und $U = E \cdot s$ ergibt sich

$$W = F \cdot s$$
$$W = E \cdot Q \cdot s$$
$$W = U \cdot Q$$

Speziell für diese Arbeit ist die Einheit *Elektronenvolt* (eV) gebräuchlich. Die Ladung wird dabei als Vielfaches der Elementarladung e und die Spannung in Volt angegeben.

V. Elektrizitätslehre

Die Kraft, die ein elektrisches Feld auf eine elektrische Ladung ausübt, ist das Produkt aus der Feldstärke E und der elektrischen Ladung Q.

$$F = E \cdot Q$$

Vektoriell geschrieben :

$$\vec{F} = \vec{E} \cdot Q$$

Die Flächenladungsdichte und die elektrische Verschiebungsdichte

Über die Flächenladungsdichte oder die Verschiebungsdichte lässt sich die elektrische Feldstärke berechnen. Die Ladungen, die auf einem geladenen Körper gebunden sind, bestimmen die Größe der elektrischen Feldstärke.

Das Verhältnis der gebundenen Ladung zur Größe der geladenen Fläche bezeichnet man als *Flächenladungsdichte*.

$$\text{Flächenladungsdichte} = \frac{\text{Ladung}}{\text{Oberfläche des geladenen Leiters}}$$

$$\sigma = \frac{Q}{A}$$

Die Ladungen sind die Ursache des elektrischen Feldes.

Die Kräfte auf Ladungen im Feld sind die Wirkung des elektrischen Feldes.

Ursache und Wirkung sind dabei zueinander proportional. Der dazugehörige Proportionalitätsfaktor ist die *elektrische Feldkonstante* ε_0.

$$\varepsilon_0 = 8,854 \cdot 10^{-12} \frac{C}{V \cdot m}$$

Für elektrische Felder in Luft und im Vakuum ergibt sich die Flächenladungsdichte

$$\sigma = \varepsilon_0 \cdot E$$

Auch die elektrische Verschiebungsdichte kann man zur Beschreibung eines elektrischen Feldes verwenden.

V. Elektrizitätslehre

Die Verschiebungsdichte (elektrische Flussdichte) D ist der Quotient aus der positiven elektrischen Influenzladung Q auf einem Leiterplättchen, das rechtwinklig zu den elektrischen Feldlinien steht, und seiner Fläche A. Im homogenen Feld gilt:

$$D = \frac{Q}{A}$$
$$\text{Einheit: } 1\frac{C}{m^2} = 1\frac{A_s}{m^2}$$

Eine weitere Formel zur Berechnung der elektrischen Verschiebungsdichte im Vakuum:

$$\vec{D} = \varepsilon_0 \cdot \vec{E}$$

Während die elektrische Feldstärke E über die Kraftwirkung definiert ist, wird die Verschiebungsdichte über die Ladungen definiert, die das Feld verursachen.

Dielektrikum

Wird in das elektrische Feld ein nicht leitender Stoff, ein Dielektrikum, gebracht, so entsteht auf dessen Oberfläche durch Polarisation zusätzliche Ladung. Ein Teil der Feldlinien endet an diesen Ladungen, die übrigen Feldlinien gehen durch den Isolator hindurch. So ist das Feld im Inneren eines Dielektrikums stark vermindert.

Der Faktor, um den sich das Feld vermindert, wird als Dielektrizitätskonstante ε_r des betreffenden Stoffes bezeichnet.

im Vakuum: $E_0 = \dfrac{D}{\varepsilon_0}$ im Dielektrikum: $E = \dfrac{D}{\varepsilon_0 \varepsilon_r}$; D : Ladungsdichte

$$\frac{E_0}{E} = \varepsilon_r$$

Im homogenen Feld gilt für die Flächenladungsdichte D und die Feldstärke E:

$$D = \varepsilon_0 \cdot \varepsilon_r \cdot E$$

In Luft und im Vakuum ist die Dielektrizitätszahl gleich 1.

V. Elektrizitätslehre

Kraft zwischen elektrischen Ladungen

Die Kraft, die zwei elektrische Ladungen aufeinander ausüben, ist von der Größe der elektrischen Ladungen Q_1 und Q_2, ihrer Art und von der Entfernung r der Ladungsmittelpunkte abhängig.

Allgemein gilt:
$$F = \frac{1}{4 \cdot \pi \cdot \varepsilon_0 \cdot \varepsilon_r} \cdot \frac{|Q_1 \cdot Q_2|}{r^2}$$

Coulomb-Gesetz: Die Kraft F, mit der die beiden (punktförmigen) Ladungen Q_1 und Q_2 aufeinander wirken, ist dem Produkt $Q_1 \cdot Q_2$ dieser Ladungen proportional und dem Quadrat der Entfernung der Ladungsmittelpunkte umgekehrt proportional.

Im Vakuum gilt:
$$F = \frac{1}{4 \cdot \pi \cdot \varepsilon_0} \cdot \frac{|Q_1 \cdot Q_2|}{r^2}$$

Die Kraft *F* zeigt in Richtung der Verbindungslinien der beiden Mittelpunkte und ist je nach Vorzeichen anziehend oder abstoßend.

Abstoßung:

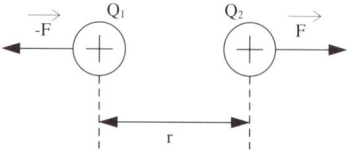

Dies gilt auch für zwei negative Ladungen.

Anziehung:

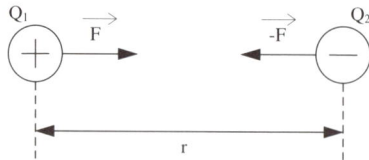

Ladungsverschiebung

Werden zwei verschiedene Isolatoren, die sich eng berühren, voneinander getrennt, so laden sie sich entgegengesetzt auf. Der Körper, der die größere Dielektrizitätskonstante aufweist, wird dabei positiv geladen, der andere negativ.

An der Trennungsfläche zweier verschiedener Körper entsteht eine elektrische Spannung zwischen ihnen, indem von dem einen der beiden Körper Elektronen in den anderen übertreten. Früher war man der Meinung, dass die auftretende Spannung auf Reibungselektrizität zurückzuführen sei. Heute erklärt man sich die Spannungsentstehung durch Ladungsverschiebungen bei der Berührung der beiden Körper.

Zur Erzeugung von hohen Spannungen wird ein *selbsterregter Bandgenerator* verwendet. Seine Wirkungsweise basiert auf der Ladungsverschiebung beim Berühren. In Zusammenwirkung mit Influenz werden dabei laufend Ladungen in einen Hohlkonduktor transportiert.

Bandgenerator von *Van de Graaff* aus dem Jahre 1931:

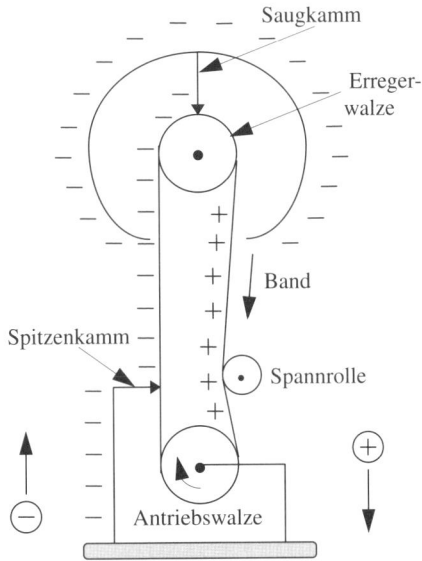

V. Elektrizitätslehre

Der Kondensator

Ein Kondensator besteht aus zwei eng benachbarten Leitern. Die beiden Leiter werden entgegengesetzt geladen. Aufgrund der gegenseitigen Anziehung der Ladungen kann auf die beiden Platten bei gleicher Spannung eine größere Ladungsmenge gebracht werden, als wenn die Leiter alleine stehen würden. Ein Kondensator besitzt ein größeres Fassungsvermögen (Kapazität). Handelt es sich bei den beiden Leitern um Platten, so spricht man von einem Plattenkondensator.

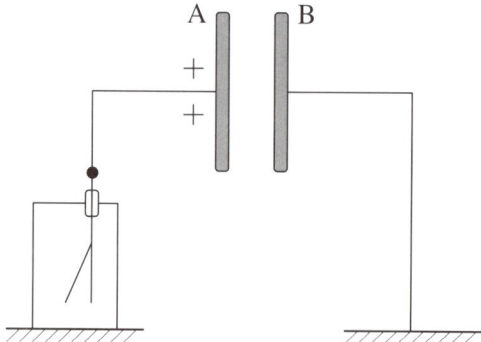

Befindet sich eine geladene Metallkugel isoliert im Inneren einer konzentrischen metallischen Hohlkugel, so münden alle von ihr ausgehenden Kraftlinien auf der Innenseite der äußeren Kugel (bzw. je nach Ladung umgekehrt). Eine solche Anordnung bezeichnet man als *Kugelkondensator*.

Ein Plattenkondensator kann als Kugelkondensator mit unendlich großem Radius aufgefasst werden.

Die Kapazität C eines Kondensators ist der Quotient aus der Ladung Q und der Spannung U zwischen den beiden Leitern.

$$C = \frac{Q}{U}$$

Eine Einheit der Kapazität ist 1F.

Ein Kondensator hat die Kapazität 1 Farad, wenn er bei einer Spannung von 1 V die Ladung 1 C trägt.

$$1\frac{C}{V} = 1\frac{As}{V} = 1F$$

Die Kapazität C eines Plattenkondensators ist direkt proportional zur Plattengröße A und umgekehrt proportional zum Plattenabstand d.

Liegt Luft oder ein Vakuum zwischen den beiden Platten, so gilt:

$$C = \varepsilon_0 \cdot \frac{A}{d}$$

ε_0: elektrische Feldkonstante

Befindet sich zwischen den Platten ein Dielektrikum, so gilt:

$$C = \varepsilon_0 \cdot \varepsilon_r \cdot \frac{A}{d}$$

ε_r: Dielektrizitätszahl des isolierenden Zwischenmaterials

Für die Kraft von einer Platte auf die andere gilt:

$$F = \frac{Q^2}{2\varepsilon_0\varepsilon_r A} = \frac{C \cdot U^2}{2d}$$

Q: Ladung
U: Spannung zwischen den Platten
d: Abstand der Platten

Für den Kugelkondensator gilt:

$$C = \varepsilon_0 \cdot \varepsilon_r \cdot 4\pi \cdot \frac{r_1 \cdot r_2}{r_2 - r_1}$$

r_1: Radius der inneren Kugelfläche
r_2: Radius der äußeren Kugelfläche

V. Elektrizitätslehre

Die Kapazität der Erdkugel beträgt circa 700 μF.

Serienschaltung von Kondensatoren:

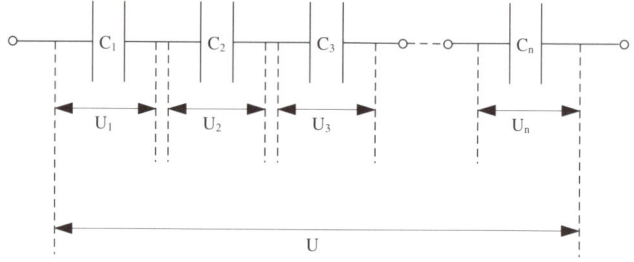

Für die Serienschaltung gilt:

$$Q = Q_1 = Q_2 = Q_3 = \ldots = Q_n$$

$$\frac{1}{C} = \frac{1}{C_1} + \frac{1}{C_2} + \frac{1}{C_3} + \ldots + \frac{1}{C_n}$$

$$U = U_1 + U_2 + U_3 + \ldots + U_n$$

$$U = \frac{Q}{C}; \quad U_i = \frac{Q}{C_i}$$

Parallelschaltung von Kondensatoren:

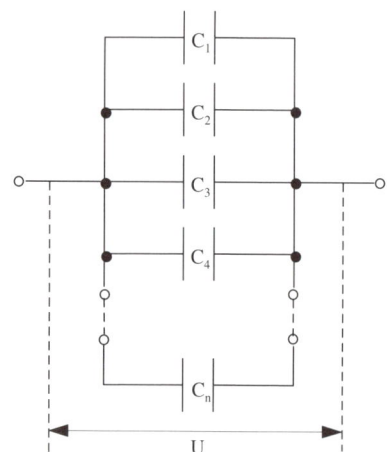

Für die Parallelschaltung gilt:

$$U = U_1 = U_2 = U_3 = ... = U_n$$

$$C = C_1 + C_2 + C_3 + C_4 + ... + C_n$$

$$Q = Q_1 + Q_2 + ... + Q_n$$

$$Q = C \cdot U$$

$$Q_i = C_i \cdot U$$

wobei:

C : Gesamtkapazität in F (Farad)

C_i: Einzelkapazität für i $\in$ {1; 2; ...; n} in F

U : Gesamtspannung in V (Volt)

U_i: Einzelspannung für i $\in$ {1; 2; ...; n} in V

Q : Gesamtladung in C (Coulomb)

Q_i: Einzelladung für i $\in$ {1; 2; ...; n} in C

3.   Magnetfeld und Stromfluss

Jedes Magnetfeld übt auf einen Strom durchflossenen Leiter eine Kraft aus. Diese Kraft erfolgt durch Überlagerung der magnetischen Felder von Stromträger und Magnet.

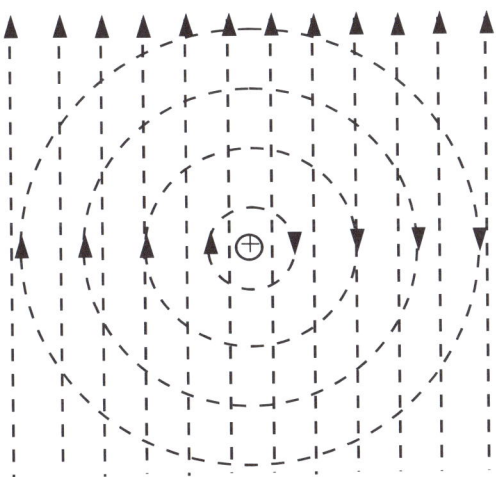

Das Bild zeigt das lineare Feld eines Hufeisenmagneten und das kreisförmige Feld des Stromträgers (Stromrichtung senkrecht zur Papierebene von vorne nach hinten). Links sind die Felder gleich gerichtet, rechts entgegengesetzt gerichtet.

Durch Überlagerung der beiden Felder entsteht das resultierende Magnetfeld, das in der nächsten Skizze dargestellt ist. Auf der linken Seite ist das Feld stärker als auf der rechten Seite. Der Leiter erfährt senkrecht zu den Feldlinien des Hufeisenmagneten und der Stromrichtung eine Kraft nach rechts.

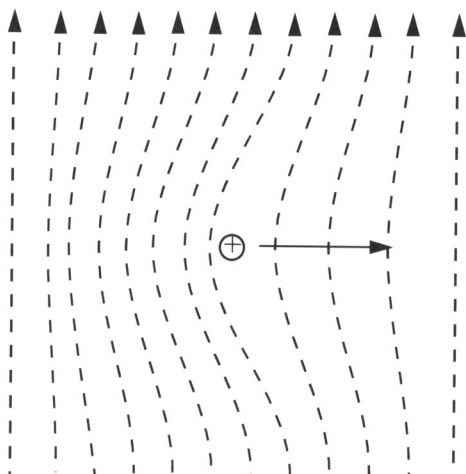

Bewegung eines Strom durchflossenen Leiters im Feld eines Hufeisenmagneten: Ein frei beweglicher, Strom durchflossener Leiter erfährt in einem Magnetfeld eine Kraft $\vec{F}$; $\vec{F}$ steht senkrecht auf der Stromrichtung und senkrecht zum magnetischen Feld.

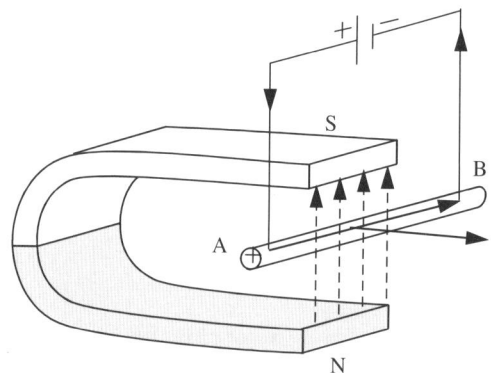

Die Richtung der Ablenkung des Leiterstücks im Magnetfeld kann durch die *UVW-Regel* der rechten Hand bestimmt werden:

Spreizt man Daumen, Zeige- und Mittelfinger der rechten Hand rechtwinklig zueinander aus und hält den Daumen in die technische Stromrichtung, den Zeigefinger in die Richtung der magnetischen Feldlinien, so gibt der Mittelfinger die Bewegungsrichtung des Leiters an.

Ursache	Vermittlung	Wirkung
U	V	W
Daumen	Zeigefinger	Mittelfinger
Strom-richtung	Feld-richtung	Bewegungs richtung

oder

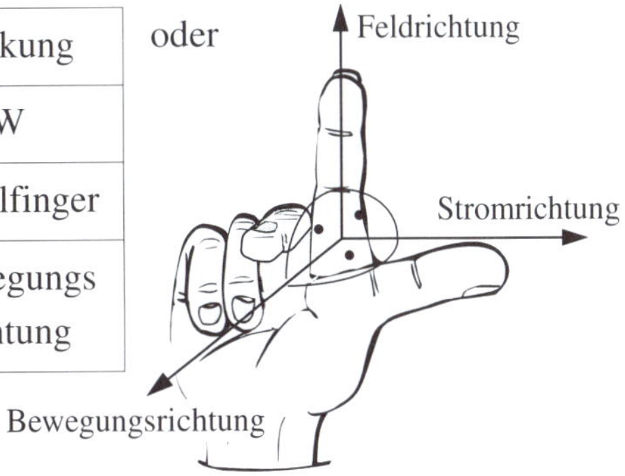

Feldrichtung

Stromrichtung

Bewegungsrichtung

Steht die Stromrichtung senkrecht auf der Richtung des Magnetfeldes, so ist die Kraft F auf ein geradliniges Leiterstück gleich dem Produkt aus der Stromstärke I, der Länge l des Leiterstücks im Magnetfeld und der magnetischen Flussdichte B.

$$F = I \cdot l \cdot B$$

Die magnetische Flussdichte B ist hier das Produkt aus der magnetischen Feldkonstanten μ_0 und der magnetischen Feldstärke H.

$$B = \mu_0 \cdot H$$

Elektromagnetische Induktion

Wird ein Leiter senkrecht zu den Feldlinien eines Magneten bewegt, so tritt im Leiter ein Stromfluss auf. Diese Erscheinung nennt man elektromagnetische Induktion.

V. Elektrizitätslehre

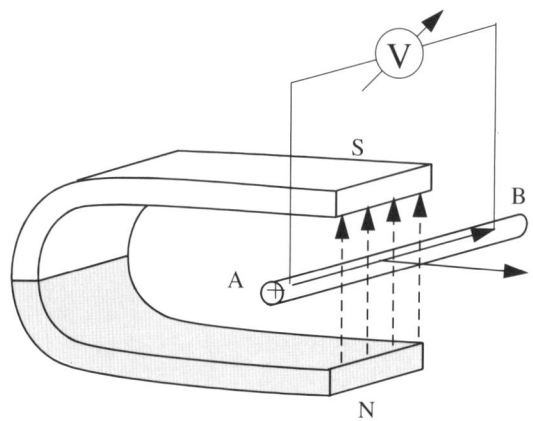

Richtung des Induktionsstromes

Wird die Bewegungsrichtung des Leiters oder die Richtung des Feldes umgekehrt, so wechselt die Stromrichtung. Wird ein Leiterstück in einem festen Magnetfeld abwechselnd hin- und herbewegt, so pendelt der Zeiger eines Strommessgerätes im gleichen Rhythmus hin und her. Im Leiterkreis des bewegten Leiters fließt ein Wechselstrom.

Die Richtung des Induktionsstromes kann mithilfe der *Dreifingerregel der rechten Hand* geprüft werden.

Daumen	Zeigefinger	Mittelfinger
Bewegungsrichtung	Magnetfeldrichtung	Stromrichtung

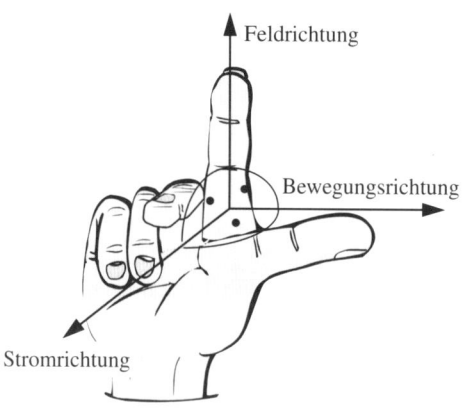

Unter der Stromrichtung versteht man hier die technische Stromrichtung.

Die Ursache eines elektrischen Stromes ist stets eine elektrische Spannung. Bei der Bewegung eines Leiters in einem Magnetfeld entsteht zwischen seinen Enden primär eine elektrische Spannung, die bei geschlossenem Stromkreis einen Stromfluss bewirkt.

Stehen Magnetfeld, Leiter und Bewegungsrichtung paarweise aufeinander senkrecht, so ist die Induktionsspannung eines im Magnetfeld bewegten Leiterstückes gleich dem Produkt aus der magnetischen Flussdichte B, der Länge des Leiterstückes l und der Bewegungsgeschwindigkeit v des Leiters.

$$U_{\text{ind}} = B \cdot l \cdot v$$

Der induzierte Stromstoß ist gleich der in dieser Zeitspanne bewegten elektrischen Ladung.

$$\Delta Q = I_{\text{ind}} \cdot \Delta t$$

Eine Spannung wird auch dann induziert, wenn sich der Leiter bzw. die Leiterschleifen (Induktionsspule) in einem veränderlichen Magnetfeld befinden.

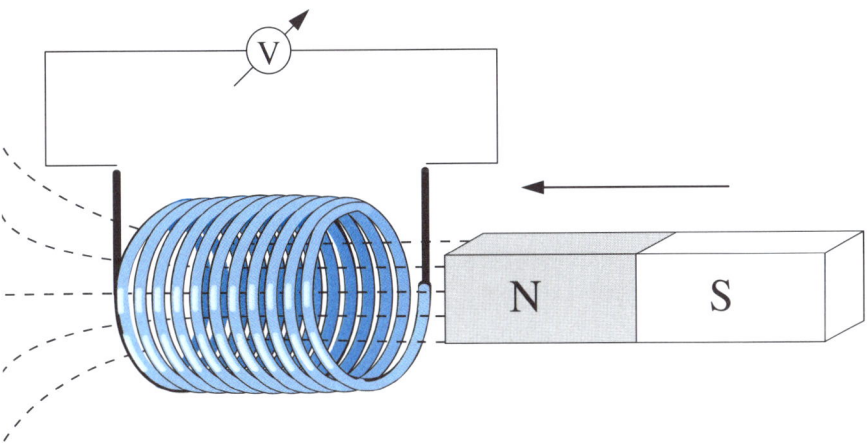

Die Größe der Induktionsspannung ist von der Änderung der Zahl der umfassten Feldlinien abhängig.

V. Elektrizitätslehre

Spannungen werden also in Leitern induziert, wenn sich dieser in einem Magnetfeld bewegt oder sich das Magnetfeld, das eine Leiterschleife umfasst, ändert. Beide Induktionserscheinungen werden zusammengefasst im Faraday'schen Induktionsgesetz.

In einem Leiterkreis entsteht eine Induktionsspannung, wenn sich die Zahl der vom Leiterkreis umfassten magnetischen Feldlinien, der so genannte magnetische Fluss durch den Leiterkreis, zeitlich ändert.

magnetischer Fluss: Unter dem magnetischen Fluss Φ versteht man das Produkt aus dem Betrag B der Flussdichte A des Stromkreises senkrecht zu den Feldlinien.

$$\Phi = B \cdot A$$

Einheit $1\,V \cdot s = 1\,Wb$ (Weber)

Induktionsgesetz von Faraday:

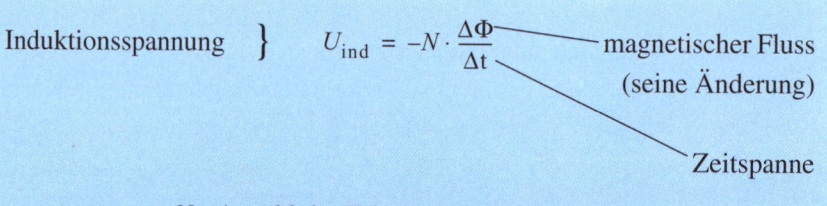

Induktionsspannung } $U_{ind} = -N \cdot \dfrac{\Delta\Phi}{\Delta t}$ — magnetischer Fluss (seine Änderung)

Zeitspanne

N : Anzahl der Windung der Induktionsspule
$\Delta\Phi$: Änderung des magnetischen Flusses
Δt : Zeitspanne, in der die Änderung stattfand

Das Minuszeichen bedeutet, dass die Induktionsspannung und der Induktionsstrom der sie erzeugenden Flussänderung entgegenwirken (Lenz'sche Regel). Bei einer Zunahme des magnetischen Flusses fließt der induzierte Strom entgegengesetzt zu der sich aus der Korkenzieherregel ergebenden Richtung.

Die Größe der Induktionsspannung ist proportional zur Windungszahl n der Induktionsspule.

V. Elektrizitätslehre

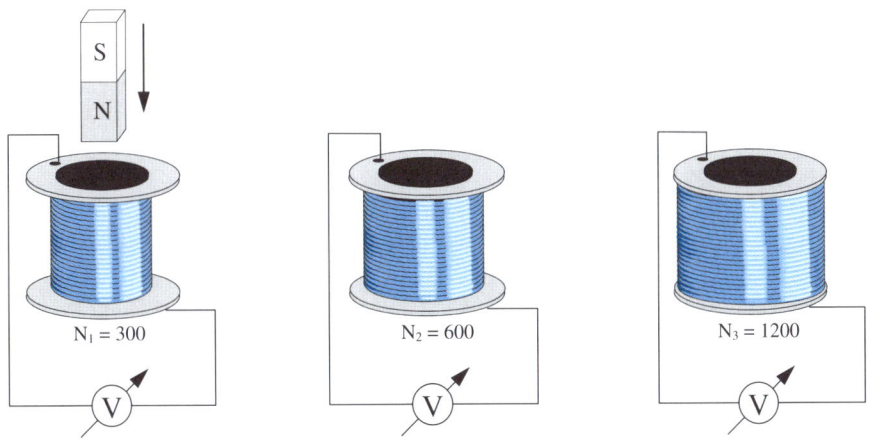

$N_1 = 300$ $N_2 = 600$ $N_3 = 1200$

Mit zunehmender Windungszahl nimmt auch der Ausschlag am Spannungs-messgerät zu.

Lenz'sche Regel

Im Jahre 1834 entdeckte der Wissenschaftler H. F. Lenz eine Gesetzmäßigkeit zur Richtungsbestimmung des Induktionsstromes, die *Lenz'sche Regel*:
In einem geschlossenen Stromkreis erzeugt die induzierte Spannung einen Strom, dessen Magnetfeld der Ursache, d. h. der Feldänderung, entgegenwirkt.
Bei der Erzeugung elektrischer Energie durch Induktion hat das Gesetz von der Erhaltung der Energie Gültigkeit.

Wirbelströme

Lässt man ein Pendel, das am Ende eine dicke Kupferscheibe trägt, durch das Feld zwischen den Polschuhen eines Elektromagneten schwingen, so wird es nach Er-regung des Magneten beim Eintritt in das Feld abgebremst und schließlich ange-halten.

Zieht man das Pendel von außen in das homogene Feld hinein, so spürt man einen Widerstand wie bei der Bewegung in einem dickflüssigem Medium.
Die induzierten Ströme bewirken ein Magnetfeld, das nach der Lenz'schen Regel die Bewegung hemmt.

Die Energie dieser „Wirbelströme" wird umgewandelt aus der mechanischen Arbeit, die gegen die magnetischen Kräfte zu verrichten ist.

Bei Drehspulgalvanometern und anderen Messgeräten werden die Wirbelströme zur Dämpfung oder Bremsung der Zeigerschwingungen genützt.

Waltenhofen'sches Pendel:

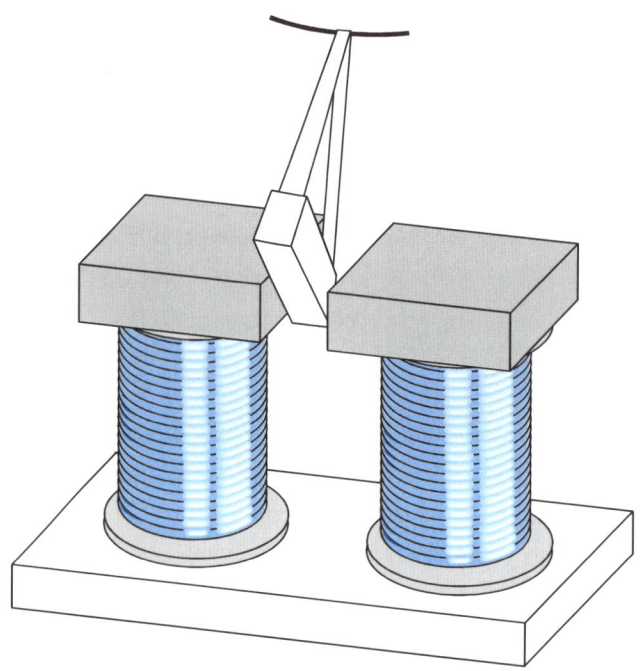

Selbstinduktion

Die Induktionswirkung auf den eigenen Leiter nennt man Selbstinduktion.

Nach dem Einschalten leuchtet aufgrund der Selbstinduktion das Lämpchen L_1 später auf als L_2. In der Spule L_2 entsteht durch den ansteigenden Strom I ein magnetisches Feld, das nach dem Induktionsgesetz an der Spule eine Spannung induziert, die der Stromänderung entgegenwirkt: Die Induktionsspannung ist entgegengesetzt zur verursachenden Spannung gepolt. Durch die entgegenwirkende Induktionsspannung steigt der Strom nur langsam an.

Die Selbstinduktion wirkt in jedem Falle einer Änderung des jeweiligen stationären Zustandes entgegen (siehe Lenz'sche Regel).

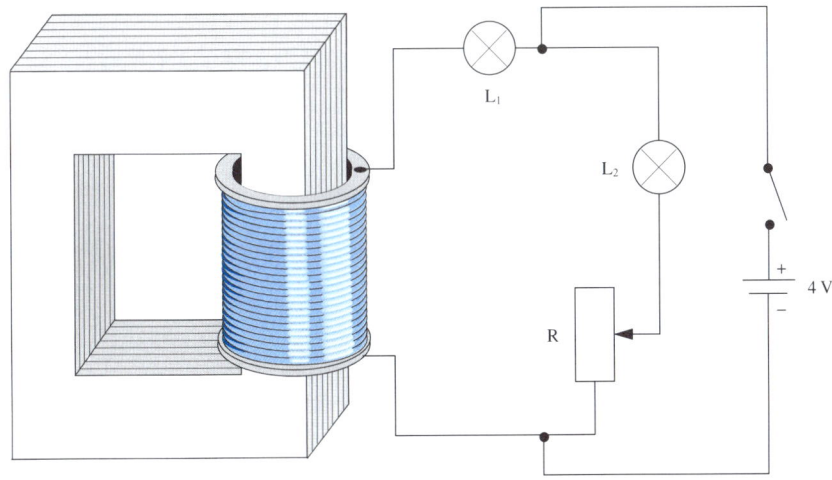

Die Induktionswirkung einer Spule wird durch die *Induktivität L* gemessen. *L* wird auch als Selbstinduktionskoeffizient bezeichnet.

Die Einheit für die Induktivität ist das Henry: 1 H

$$1 \text{ Henry (H)} = 1 \frac{V \cdot s}{A}$$

Ein Stromkreis oder ein Teil eines Kreises besitzt die Selbstinduktion 1 Henry, wenn durch die Änderung der Stromstärke um 1 Ampere pro Sekunde eine Spannung von 1 Volt induziert wird.

Mit der zeitlichen Änderung der Stromstärke $\frac{dI}{dt}$ in einem Leiter ist eine Kraftflussänderung verbunden, die eine Spannung U induziert.

$$U = -L \cdot \frac{dI}{dt}$$

Die Induktivität einer eisenfreien lang gestreckten Spule ist:

$$L = \mu_0 \cdot \frac{N^2}{l} \cdot A$$

mit μ_0: magnetische Feldkonstante $1,257 \cdot 10^{-6} \dfrac{\text{V} \cdot \text{s}}{\text{A} \cdot \text{m}}$

    N: Anzahl der Windungen

    l : Länge der Spule

    A: Querschnittsfläche der lang gestreckten Spule

Bei Metall gefüllten Spulen ist die Induktivität noch von der relativen Permeabilität μ_r abhängig.

$$L = \mu_0 \cdot \mu_r \cdot \frac{N^2 \cdot A}{I}$$

Die Energie E_m des Magnetfeldes einer Spule ist das halbe Produkt aus dem Quadrat der Stromstärke I und der Induktivität L. Ihre Einheit wird in Joule angegeben.

$$E_m = \frac{1}{2} \cdot L \cdot I^2$$

Befinden sich in einem Stromkreis eine Stromquelle mit der Spannung U und ein Widerstand R mit der Selbstinduktion L, so ist nach dem Ohm'schen Gesetz die momentane Stromstärke gleich dem Quotienten aus der Summe der angelegten Spannung U und der induzierten Spannung U_{ind} geteilt durch den Widerstand R.

$$I = \frac{U + U_{ind}}{R} = \frac{U + \left(-L \cdot \dfrac{dI}{dt}\right)}{R}$$

Die Selbstinduktion wirkt beim Einschalten eines Stromes verzögernd auf den Strom. Beim Ausschalten der Stromquelle eines Stromes treibt sie den Strom an.

Als Vergleich dazu bietet sich ein Auto mit seinem Fahrer an. Es zeigt die Trägheitswirkung und gibt übertragen die Richtung des ursprünglichen Primärstroms und des induzierten Sekundärstroms an.

In den folgenden Bildern ist der Wagen mit der ursprünglichen Primärspannung und die Bewegung des Fahrers mit der induzierten Sekundärspannung zu vergleichen.

Das Auto fährt an (Einschalt-vorgang). Der Fahrer bleibt ge-genüber dem Auto zurück (Die induzierte Spannung wirkt der Primärspannung entgegen.).

Das Auto fährt mit gleichförmi-ger Geschwindigkeit (gleich bleibende Stromstärke). Der Fahrer zeigt keine Bewegung relativ zum Auto (keine Induk-tionsspannung).

Das Auto bremst (Ausschalt-vorgang). Der Fahrer bewegt sich in die Fahrtrichtung weiter und fällt im Auto nach vorn (Die induzierte Sekundärspan-nung wirkt in Richtung der Pri-märspannung.).

V. Elektrizitätslehre

Für Gleichströme in Stromkreisen mit Selbstinduktion gilt beim Einschalten:

Schaltskizze:

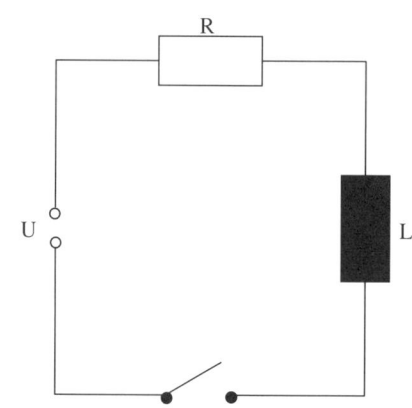

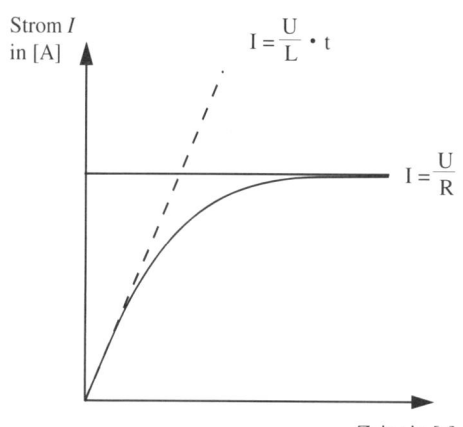

$I = \dfrac{U}{L} \cdot t$

$I = \dfrac{U}{R}$

Zeit t in [s]

I: Stromstärke; *t:* Zeit; *U:* Spannung; *R:* Widerstand; *L:* Induktivität

Beim Einschalten erreicht der Strom nicht sofort den Wert $I = \dfrac{U}{R}$, sondern steigt von null an mit einer Anfangsgeschwindigkeit $\dfrac{dI}{dt}$, die für sehr kleine Werte von t den Wert $\dfrac{U}{L}$ hat.

Wäre $R = 0$, so würde der Anstieg unverändert weitergehen (siehe: gestrichelte Linie).

Der Widerstand R bewirkt den Übergang zum konstanten Wert $I = \dfrac{U}{R}$.

Für Gleichströme in Stromkreisen mit Selbstinduktion gilt beim Ausschalten:

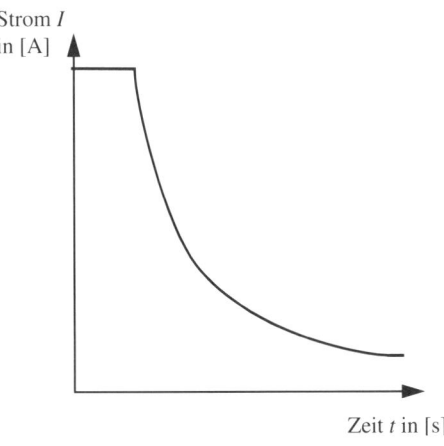

I: Stromstärke; t: Zeit; U: Spannung; R: Widerstand; L: Induktivität

Schaltskizze:

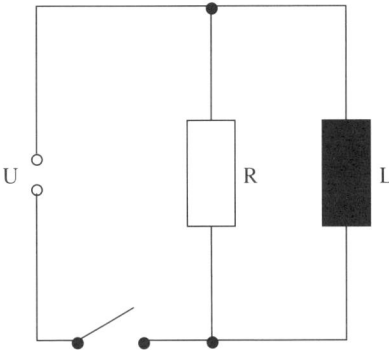

Beim Ausschalten fließt nach dem Abschalten der Stromquelle noch ein Strom durch die Spule und den Widerstand. Dieser Strom klingt nach einer Exponentialfunktion in Abhängigkeit von L und R ab.
Je größer die Selbstinduktion L des Kreises ist, umso länger dauert der Strom nach dem Abschalten an.

Bei *bifilar* gewickelten Spulen macht sich die Selbstinduktion nicht bemerkbar, da sich zwei gleich große, aber entgegengesetzte Magnetfelder aufbauen.

V. Elektrizitätslehre

Bifilar gewickelte Spule:

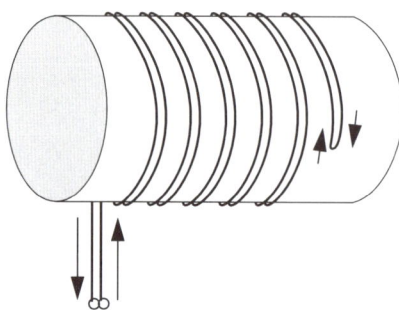

Für die Serienschaltung von n Spulen gilt:
Die Gesamtinduktivität L ist die Summe aus den Einzelinduktivitäten.

$$L = L_1 + L_2 + L_3 + \dots + L_n$$

Die Gesamtspannung U ist die Summe aus den Einzelspannungen.

$$U = U_1 + U_2 + U_3 + \dots + U_n$$

Für die Parallelschaltung von n Spulen gilt:
Der Kehrwert der Gesamtinduktivität L ist die Summe der Kehrwerte der Einzelinduktivitäten.

$$\frac{1}{L} = \frac{1}{L_1} + \frac{1}{L_2} + \frac{1}{L_3} + \dots + \frac{1}{L_n}$$

Die Gesamtstromstärke I ist die Summe aus den Einzelstromstärken.

$$I = I_1 + I_2 + I_3 + \dots + I_n$$

Bei der Hintereinanderschaltung (Serienschaltung) von Spulen nimmt die Gesamtinduktivität zu, bei der Parallelschaltung von Spulen nimmt die Gesamtinduktivität ab.

V. Elektrizitätslehre

Wechselstrom

Rotiert eine Leiterschleife gleichmäßig in einem Magnetfeld, so wird eine Wechselspannung induziert. Diese ist dadurch gekennzeichnet, dass sich periodisch ihre Größe und Polung ändert. Grafisch dargestellt ergibt die induzierte Wechselspannung eine Sinuskurve.

Darstellung des Spannungsverlaufes in Abhängigkeit der Lage der Leiterschleife im Magnetfeld:

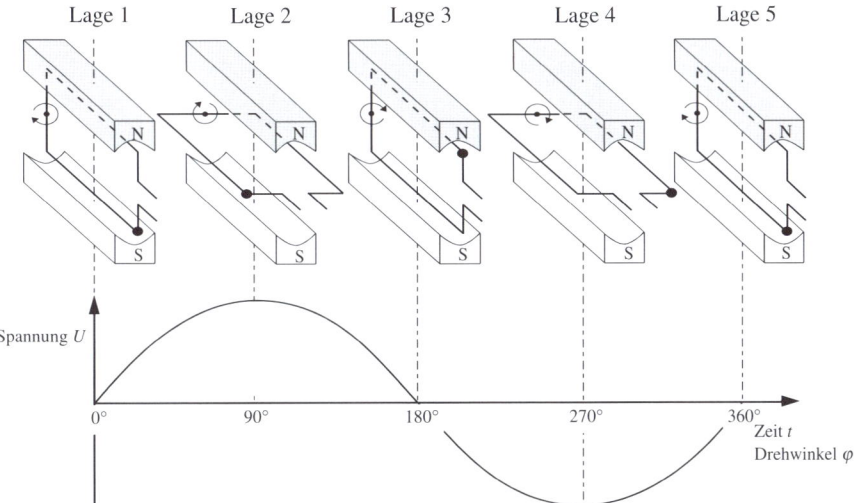

Werden die Enden der rotierenden Spule mit einem äußeren Stromkreis verbunden, so fließt ein Strom, dessen Stärke sich ebenfalls sinusförmig mit der Zeit ändert und dessen Richtung in jeder Periode einmal wechselt. Man bezeichnet ihn als *Wechselstrom*.

Wird die Spule mit der Winkelgeschwindigkeit ω im Magnetfeld gedreht, so ist der magnetische Fluss durch die Spule zeitabhängig und beträgt:

$$\Phi = \Phi_0 \cdot \cos \omega t$$

mit: Φ_0: größter magnetischer Fluss

t: Zeit

ω: Winkelgeschwindigkeit, Kreisfrequenz

Angabemöglichkeiten für die Winkelgeschwindigkeit:

- über die Frequenz f:

$$\omega = 2 \cdot \pi \cdot f$$

- über die Periodendauer T:

$$\omega = \frac{2 \cdot \pi}{T}$$

Wechselstromkreis mit *Ohm'schen Widerstand R*:

$U = U_0 \cdot \sin\omega \cdot t$	$U_{eff} = I_{eff} \cdot R$
$I = I_0 \cdot \sin\omega \cdot t$	$I_{eff} = \dfrac{I_0}{\sqrt{2}}$
$P = \dfrac{1}{2} \cdot I_0^{\,2} \cdot R$	$P_s = U_{eff} \cdot I_{eff}$

Bedeutung der verwendeten Symbole:

U: Spannung; U_0: Maximalwert der Wechselspannung;

U_{eff}: effektive Spannung;

I: Stromstärke; I_0: Maximalwert des Wechselstromes; I_{eff}: effektive Stromstärke;

R: Widerstand; P: Durchschnittsleistung; P_s: Scheinleistung;

t: Zeit; ω: Kreisfrequenz

Schaltskizze:

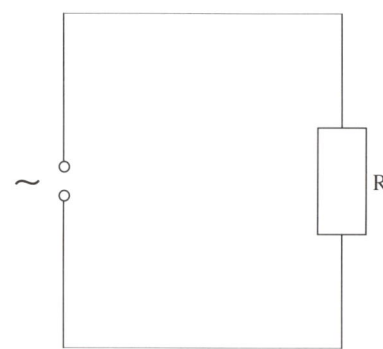

V. Elektrizitätslehre

Spannungs- und Stromverlauf:

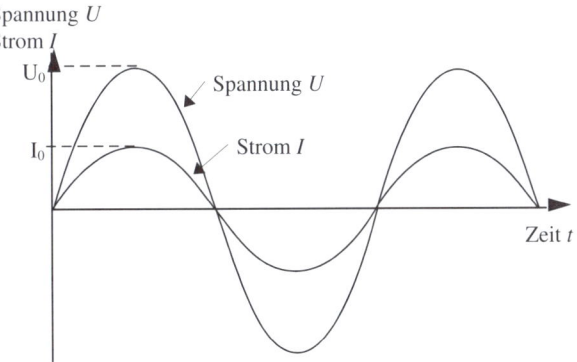

Aus der grafischen Darstellung ist ersichtlich, dass Strom und Spannung phasengleich verlaufen.

Unter der effektiven Stromstärke eines Wechselstromes versteht man die Stromstärke, die ein Gleichstrom haben muss, um in einem gleichen Widerstand die gleiche Leistung hervorrufen zu können.

$$I_{\text{eff}} = \sqrt{2} \cdot I_0 \qquad \text{für} \qquad U_{\text{eff}} = \sqrt{2} \cdot U_0$$

Wechselstromkreis *mit induktivem Widerstand L*:

$U = U_0 \cdot \sin \omega \cdot t$	$U_L = I_0 \cdot \omega \cdot L \cdot \cos \omega \cdot t$
$I = I_o \cdot \sin\left(\omega \cdot t - \dfrac{\pi}{2}\right)$	$I_{\text{eff}} = \dfrac{U_{\text{eff}}}{X_L}$
$P = 0$	$P_s = U_{\text{eff}} \cdot I_{\text{eff}}$

Die Bedeutung der verwendeten Symbole ist wie auf Seite 284 mit :
U_L: Spannung an der Spule; *L*: Induktivität; X_L: induktiver Widerstand

Berechnung des induktiven Widerstandes: $X_L = \dfrac{U_{\text{eff}}}{I_{\text{eff}}} = \omega \cdot L$

V. Elektrizitätslehre

V. Elektrizitätslehre

Schaltskizze:

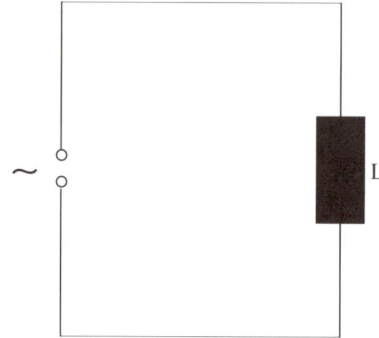

Spannungs- und Stromverlauf:

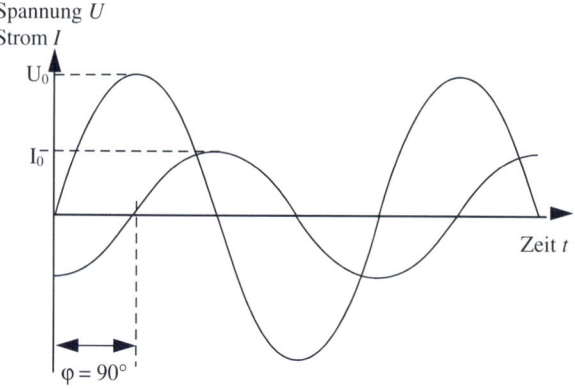

Die Grafik zeigt, dass der Strom der Spannung hinterherläuft. Die Phasenverschiebung beträgt:

$$\Delta\varphi = \frac{\pi}{2} \;\triangleq\; 90°$$

Ein Vergleich für die Maximalwerte der Wechselspannung und der Stromstärke wird in einem Zeigerdiagramm ersichtlich.

Zeigerdiagramm mit Leitungswiderstand R:

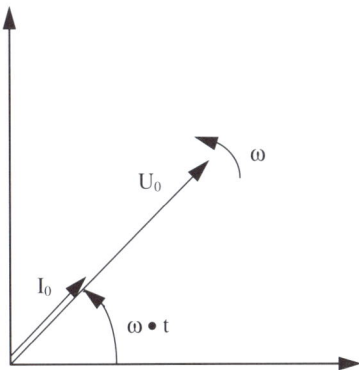

Zeigerdiagramm mit induktivem Widerstand L:

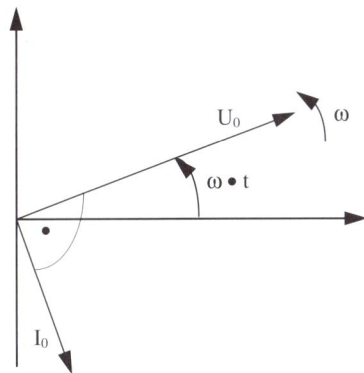

Auch das Zeigerdiagramm weist eine Phasenverschiebung um 90° auf.

Wechselstromkreis mit *kapazitivem Widerstand C*:

$U = U_0 \cdot \sin \omega t$	$U_C = \dfrac{I_0}{C \cdot \omega} \cdot \sin\left(\omega t - \dfrac{\pi}{2}\right)$
$I = I_0 \cdot \sin\left(\omega t + \dfrac{\pi}{2}\right)$	$I_{\text{eff}} = \dfrac{U_{\text{eff}}}{X_c}$
$P = 0$	$P_s = U_{\text{eff}} \cdot I_{\text{eff}}$

V. Elektrizitätslehre

Die Bedeutung der verwendeten Symbole entspricht denen auf Seite 284 mit :
U: Spannung am Kondensator; C: Kapazität; X_C: kapazitiver Widerstand

Berechnung des kapazitiven Widerstandes:

$$X_C = \frac{U_{eff}}{I_{eff}} = \frac{1}{\omega \cdot C}$$

Schaltskizze:

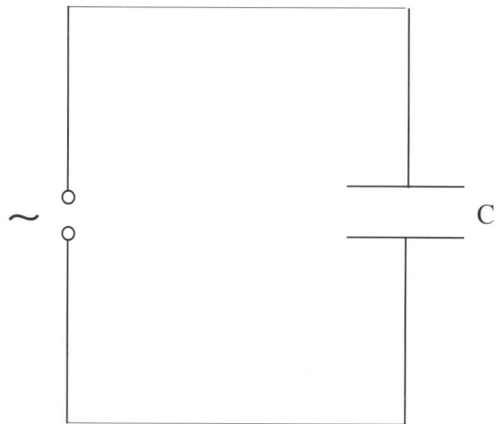

Spannungs- und Stromverlauf:

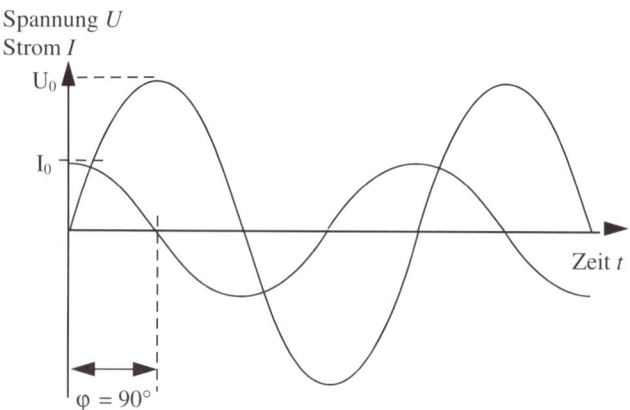

V. Elektrizitätslehre

Die grafische Darstellung zeigt, dass der Strom der Spannung vorausläuft. Die Phasenverschiebung beträgt:

$$\Delta\varphi = \frac{\pi}{2} \;\triangleq\; 90°$$

Zusammengesetzte Wechselstromkreise

Das Ohm'sche Gesetz hat auch mit einigen Veränderungen im Wechselstromkreis Gültigkeit. Anstelle des festen Leitungswiderstandes R wird ein Scheinwiderstand Z verwendet, für den gilt:

$$Z = \frac{U_{\text{eff}}}{I_{\text{eff}}} = \frac{U_0}{I_0}$$

Bei einem Zusammenwirken von Leitungswiderstand R, induktivem Widerstand L und kapazitivem Widerstand C sind die Momentanwerte für die Wechselspannung und die Stromstärke des gesamten Stromkreises von der Art der Schaltung abhängig.

Für die Reihenschaltung gilt:

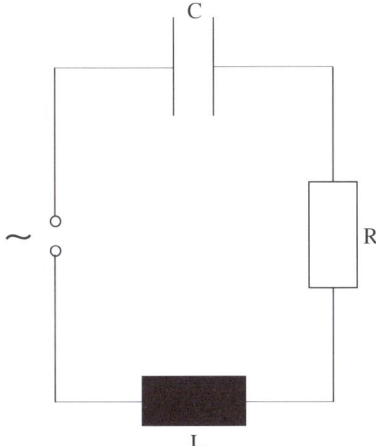

$$U = U_0 \cdot \sin\omega t; \quad I = I_0 \cdot \sin(\omega \cdot t - \Delta\varphi)$$

$$Z = \sqrt{R^2 + \left(\omega L - \frac{1}{\omega C}\right)^2}$$

$$I_{\text{eff}} = \frac{U_{\text{eff}}}{Z}$$

$$\tan\varphi = \frac{\omega L - \dfrac{1}{\omega C}}{R}$$

Für die Parallelschaltung gilt:

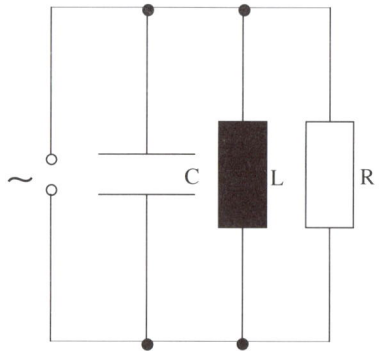

$$U = U_0 \cdot \sin\omega \cdot t; \quad I = I_0 \cdot \sin(\omega \cdot t + \Delta\varphi)$$

$$\frac{1}{Z} = \sqrt{\frac{1}{R^2} + \left(\frac{1}{\omega L} - \omega C\right)^2}$$

$$I_{\text{eff}} = \frac{U_{\text{eff}}}{Z}$$

$$\tan\varphi = \frac{\dfrac{1}{\omega L} - \omega C}{\dfrac{1}{R}}$$

Der Generator

Maschinen, die mechanische Energie in elektrische Energie umwandeln, heißen *Generatoren.*

Bei Generatoren wird die Rotationsenergie einer Leiterschleife im Magnetfeld durch Induktion in elektrische Energie umgewandelt.

Bauprinzip eines Generators:

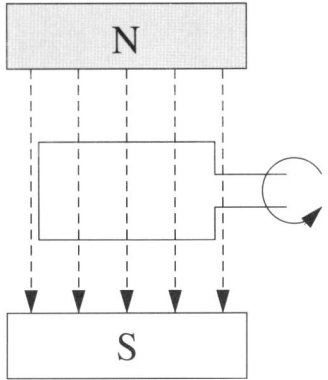

Stator: Fest stehender Teil des Generators. Im oberen Beispiel ist es der Magnet.

Rotor: Der sich drehende Anker des Generators. Im oberen Beispiel ist es die Leiterschleife.

Der Wechselstromgenerator: In der folgenden Zeichnung ist eine Spule mit geblättertem Weicheisenkern dargestellt, die zwischen den Polen eines starken Elektromagneten rotiert. Die Spule mit Eisenkern bezeichnet man als Anker (Rotor) des Generators. In unserem Beispiel handelt es sich um einen Doppel-T-Anker.

Um einen günstigen Verlauf des magnetischen Flusses zu erhalten, verwendet man den Eisenkern in der Spule sowie möglichst kleine Abstände zwischen dem Anker und den Polschuhen.

Die am Generator entstehende Wechselspannung wird mit Schleifbürsten aus Kohle oder Kupfer abgenommen. Dabei schleift jede der beiden Bürsten auf einem von zwei an der Achse isoliert zueinander angebrachten Schleifringen, die mit je einem Ende der Ankerwicklung verbunden sind.

V. Elektrizitätslehre

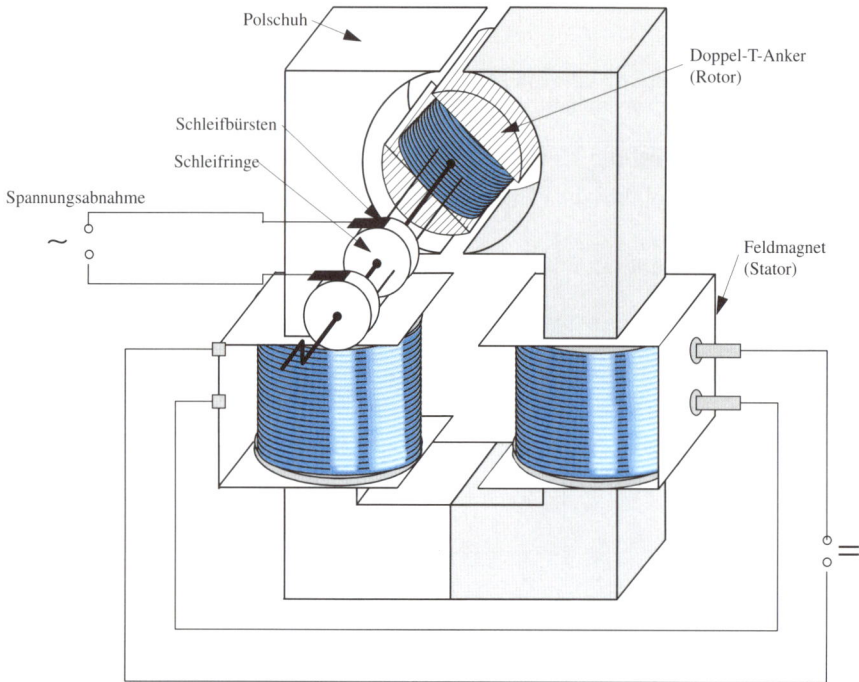

Polschuh

Doppel-T-Anker
(Rotor)

Schleifbürsten

Schleifringe

Spannungsabnahme

Feldmagnet
(Stator)

Generatoren, bei denen die Induktionsspule rotiert, während das Magnetfeld vom Stator erzeugt wird, bezeichnet man als *Außenpolgeneratoren*.

Da die Stromabnahme über die Schleifbürsten bei großen Leistungen mit Schwierigkeiten verbunden ist, verwendet man in den Elektrizitätswerken *Innenpolgeneratoren*. Die Induktionswicklungen sind bei dieser Generatorart auf dem Stator angebracht, während dem Rotor, der als Feldmagnet dient, Gleichstrom über Schleifringe zugeführt wird.

Der Gleichstromgenerator: Der Gleichstromgenerator unterscheidet sich vom Wechselstromgenerator zunächst nur durch die Abnahmevorrichtung für den induzierten Strom.
Auch er besteht aus einem Stator, der mit den felderzeugenden Wicklungen versehen ist, sowie einem Rotor, auf dem sich die Induktionswicklungen befinden. Die Enden der Rotorwicklungen sind jetzt aber nicht mit zwei Ringen verbunden, sondern mit nur einem Ring, dem so genannten *Kommutator* oder *Kollektor*.
Der Kommutator oder Stromwandler ist symmetrisch in zwei voneinander isolierte Segmente geteilt. Die Bürsten schleifen auf beiden Seiten des Kommutators und

V. Elektrizitätslehre

wechseln den Halbring, wenn infolge der Drehung die Spannung in der Spule die Richtung ändert. Es entsteht dadurch eine pulsierende Gleichspannung, im geschlossenen Leiterkreis ein pulsierender Gleichstrom.

Darstellung der Gleichstromabnahme über einen Kommutator:

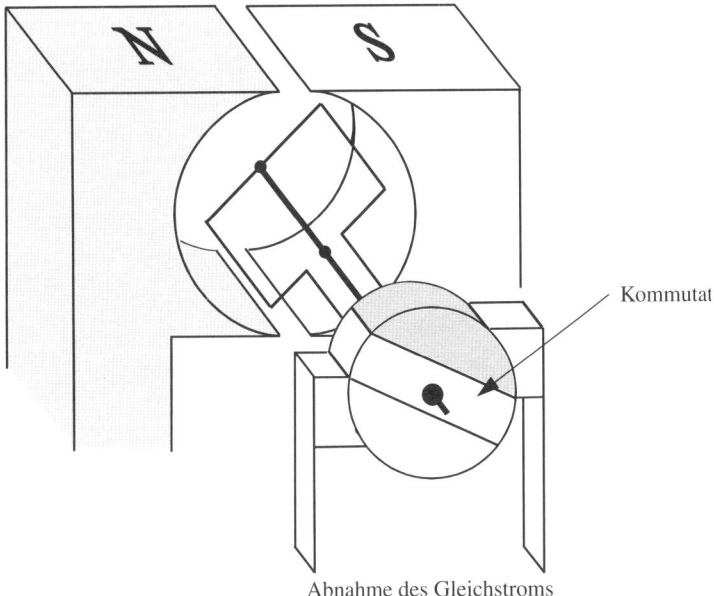

Kommutat

Abnahme des Gleichstroms

Entstehende pulsierende Gleichspannung:

Spannung U

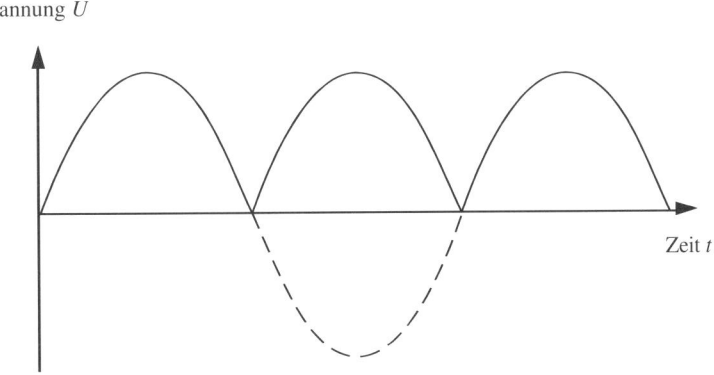

Zeit t

Um die starken Schwankungen der entstehenden Spannung und Stromstärke zu mindern, verwendet man bei der technischen Ausführung von Gleichstromgeneratoren Anker mit mehreren Spulen, die symmetrisch zueinander angeordnet sind. In jeder Spule werden Spannungen induziert, die zeitlich gegeneinander verschoben sind.

Zusammengesetzt ergibt sich eine nur noch gering pulsierende Gesamtgleichspannung.

In der heutigen Technik werden bei Generatoren fast nur noch *Trommelanker* von *Hefner-Alteneck* eingebaut. Der Kommutator besitzt der Anzahl der verwendeten Spulen entsprechend viele Segmente.

Darstellung eines Trommelankers:

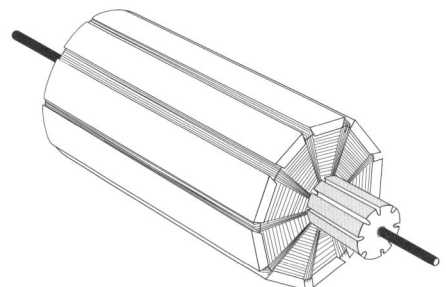

Pulsierende Gleichspannung bei einem Trommelanker mit 4 Spulen:

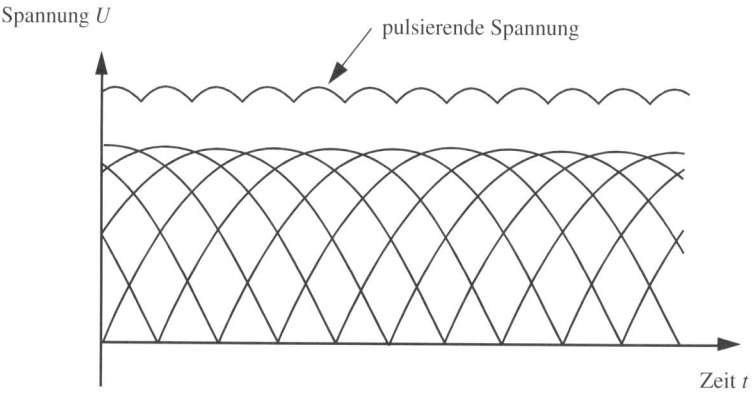

Bei der Verwendung von genügend vielen Spulen entsteht fast eine konstante Gleichspannung.

Das dynamoelektrische Prinzip

Im Jahre 1867 entdeckte Werner von Siemens das Dynamoprinzip. Er konstruierte einen Generator, dessen Feldspule zur Erregung des Magnetfeldes keinen von außen zugeführten Gleichstrom benötigt.

Dabei ist der Feldmagnet ein Elektromagnet, der durch geeignete Schaltung von dem Strom, der vom Generator erzeugt wird, gespeist werden kann. Man nennt diese Generatoren *selbsterregt*.

Im Eisen des Elektromagneten bleibt nach jeder Magnetisierung ein Rest von Magnetismus erhalten. Eine Drehung des Ankers bewirkt daher anfänglich einen schwachen Induktionsstrom, der aber durch die Wicklungen des Feldmagneten fließt und somit dessen Magnetismus verstärkt. Dies hat zur Folge, dass sich bei der nächsten Drehung auch der entstehende Induktionsstrom steigert. Die gegenseitige Zunahme von Strom und Magnetismus erfolgt so lange, bis eine Sättigung des Feldmagneten erreicht ist und somit die Maschine ihre Höchstspannung liefert.

Schaltungsmöglichkeiten von Feld- und Ankerspule:

Hintereinanderschaltung: Der gesamte vom Anker gelieferte Strom fließt durch die Feldspulen. Diese besitzen Windungen aus dicken Drähten mit kleinem Widerstand. Man bezeichnet diese Art von Generatoren als *Reihenschlussgeneratoren*.

Parallelschaltung: Der Anker und die Feldspulen sind parallel geschaltet. Da an den Enden der Feldspulen die gesamte Ankerspannung anliegt, aber nur ein Teil des Stromes durch die Feldspulenwicklungen fließen soll, müssen die Feldspulen einen sehr großen Widerstand aufweisen, das heißt, sie müssen aus vielen Wicklungen dünnen Drahtes bestehen. Man bezeichnet diese Art von Generatoren als *Nebenschlussgeneratoren*.

Die benötigte Gleichstromlieferung für Wechselstromgeneratoren erfolgt von Dynamomaschinen, die auf der Rotorachse des Wechselstromgenerators befestigt sind.

V. Elektrizitätslehre

Unsere Elektrotechnik verdankt die explosionsartige Entwicklung zu einem nicht zu vernachlässigenden Teil dem *Dynamoprinzip* von Werner von Siemens.

Der Elektromotor

Maschinen, die elektrische Energie in mechanische Drehenergie umwandeln, heißen Elektromotoren.

Die Bauweise von Elektromotoren ist vom Prinzip gleich der Bauweise von Generatoren. Bauprinzip eines Gleichstrommotors:

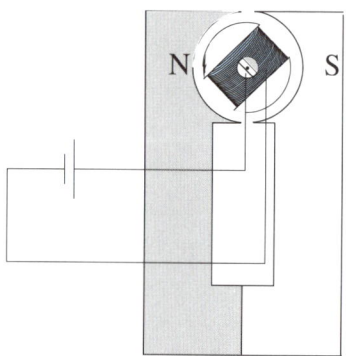

Durch das Magnetfeld der stromdurchflossenen Spule kommt es zu einer Wechselwirkung zwischen den Polen des Permanentmagneten und des Ankers. Nach der *UVW-Regel* wird der Anker in Drehung versetzt.

Ein Kommutator erhält während der Drehung die Stromzufuhr.

Ein Elektromotor regelt seinen Strombedarf, je nach Belastung, von selbst.

$$I = \frac{U - u}{R_\mathrm{i}}$$

U: Netzspannung; R_i: Widerstand des Motors; u: Gegenspannung

Der Strom I wächst, je mehr die Gegenspannung u abnimmt. Dies bedeutet, dass der Strom dann zunimmt, wenn der Motor stärker belastet wird.

Würde ein Motor reibungslos (und leer) laufen, so wäre die Gegenspannung u gleich der Netzspannung U. Da aber durch den sich drehenden Anker ständig Reibung und dadurch Wärmeentwicklung vorhanden ist, bleibt die induzierte Gegenspannung kleiner als die angelegte Netzspannung.

Der Anlasswiderstand eines Elektromotors verringert sich mit der Drehzahl des Ankers bis er ganz vernachlässigt werden kann.

Nach der Schaltung von Anker und Feldwicklungen unterscheidet man zwei Arten von Elektromotoren:

Reihenschlussmotor und Nebenschlussmotor

Neben den genannten Gleichstrommotoren gibt es noch Wechselstrommotoren. Bei jedem Richtungswechsel des Wechselstromes ändert sich die Stromrichtung in den Feldwicklungen und im Anker gleichzeitig. Dadurch bleibt die Drehrichtung erhalten.

Viele Gleichstrommotoren können auch als Wechselstrommotoren verwendet werden. Man nennt sie *Allstrommotoren* und gebraucht sie bei Haushaltsgeräten.

Das Drehstromnetz und der Drehstrommotor

Erzeugung von zwei Wechselspannungen:

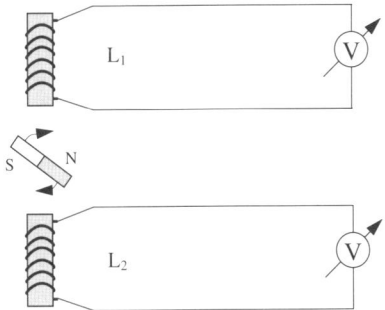

Erzeugung von 3 Wechselspannungen:

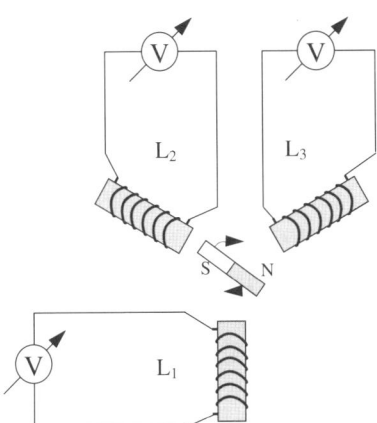

V. Elektrizitätslehre

Momentanwerte von 3 Wechselspannungen mit 120° Phasenverschiebung:

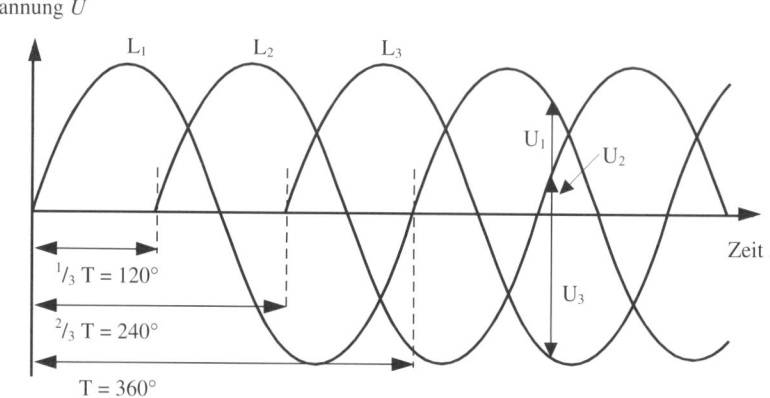

Der Dreiphasenstrom oder Drehstrom wird von Drehstromgeneratoren erzeugt. Es sind Wechselstromgeneratoren mit drei gleichen, um je 120° versetzten Induktionsspulen, die drei um je 120° phasenverschobene Wechselspannungen liefern. Die algebraische Summe der drei entstehenden Spannungen ist in jedem Augenblick null.

Um weniger als sechs Leitungen verwenden zu können, sind die drei Induktionsspulen besonders verkettet.

Dreiecksschaltung: Die drei Induktionsspulen (Stränge) sind hintereinander zu einem geschlossenen Stromkreis geschaltet.

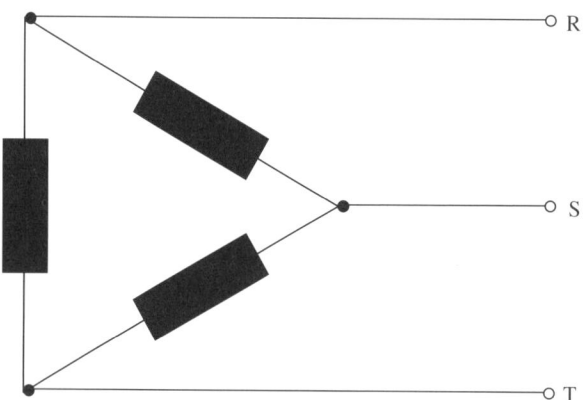

Für die Leiterspannungen gilt:

$$U_{RS} = U_{RT} = U_{ST} = \text{Strangspannung}$$

Für die Leiterströme gilt:

$$I_R = I_S = I_T = \sqrt{3} \cdot \text{Strangstrom}$$

Sternschaltung: Die Anfänge der drei Induktionsspulen (Stränge) sind in einem Punkt, dem Sternpunkt, zusammengefasst. Dieser wird geerdet und als vierter Leiter, als so genannter Nullleiter, mitgeführt.

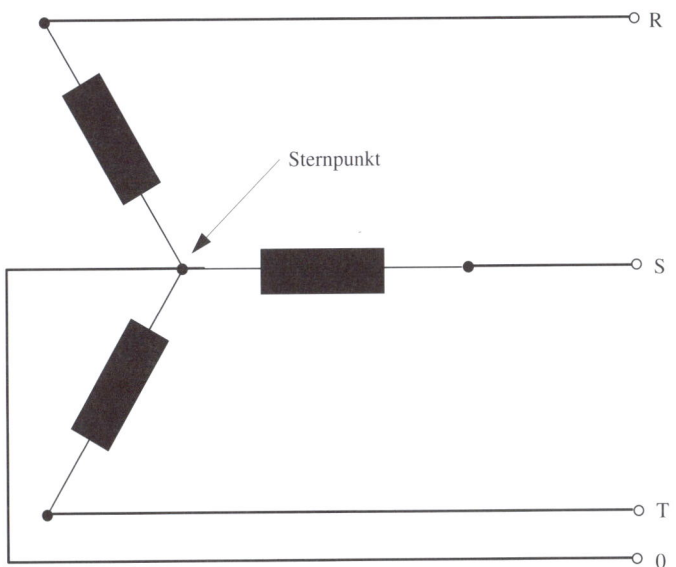

Sternpunkt

R

S

T

0

Für die Leiterspannungen gilt:

$$U_{RS} = U_{RT} = U_{ST} = \sqrt{3} \cdot \text{Strangspannung}$$

$$U_{RO} = U_{SO} = U_{TO}$$

Für die Leiterströme gilt:

$$I_R = I_S = I_T = \text{Strangstrom}$$

Für den Nullleiterstrom gilt: $I_0 = 0$

Im öffentlichen Netz beträgt die Strangspannung 230 V und die Leiterspannung

$\sqrt{3} \cdot 230\ \text{V} = 398\ \text{V}$

Drehstrommotoren entsprechen im Aufbau einem Innenpol-Drehstromgenerator. Der Stator besteht aus drei Wicklungen, in denen ein Drehfeld erzeugt wird, da der Strom in den einzelnen Wicklungen nacheinander sein Maximum erreicht. Der Rotor (Kupfer- oder Aluminiumstab) benötigt keine Wicklung. Er wird von dem in den Statorwicklungen erzeugten Drehfeld in eine Drehbewegung versetzt.

Der Drehstrommotor ist ein *Asynchronmotor*, da der Rotor langsamer rotiert als das Drehfeld.
Die relative Drehzahldifferenz heißt *Schlupf*.

$$\text{Schlupf} = \frac{\text{Felddrehzahl} - \text{Läuferdrehzahl}}{\text{Läuferdrehzahl}}$$

Der Transformator

Ein Transformator besteht aus zwei Spulen, der Primär- und der Sekundärspule, die um einen gemeinsamen Eisenkern gewickelt sind.
Die Primärspule, auch Feldspule genannt, hat die Windungszahl n_P, die Sekundärspule, auch Induktionsspule genannt, besitzt die Windungszahl n_S.
Fließt ein Wechselstrom durch die Primärspule, so ändert sich das Magnetfeld im geschlossenen Eisenkern und damit auch in der Sekundärspule fortlaufend. Es entsteht in ihr eine induzierte Sekundärspannung U_S, welche die gleiche Frequenz wie die Primärspannung U_P hat.

Aufbau des Transformators:

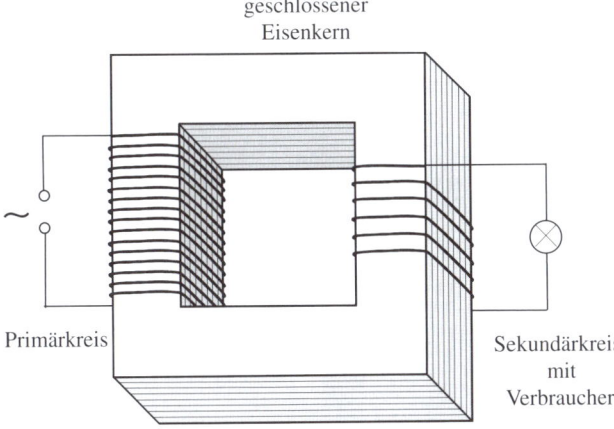

Bei einem unbelasteten Transformator verhalten sich die Spannungen wie die Windungszahlen der entsprechenden Spulen.

$$U_P : U_S = n_P : n_S$$

mit: U_P: Primärspannung; U_S: Sekundärspannung; n_P: Primärwindungszahl; n_S: Sekundärwindungszahl

Bei einem belasteten Transformator verhalten sich die Stromstärken umgekehrt wie die Windungszahlen der entsprechenden Spulen (unter der Annahme, dass die Phasenverschiebungen zwischen Strom und Spannung gleich sind und keine Verluste auftreten!).

$$I_P : I_S = n_P : n_S$$

mit: I_P: Primärstromstärke; I_S: Sekundärstromstärke

Das Verhältnis $n_S : n_P$ heißt *Übersetzungsverhältnis* des Transformators.

V. Elektrizitätslehre

Bei allen Transformatoren ist die Leistung im Primärkreis gleich der Leistung im Sekundärkreis, wenn Verluste unberücksichtigt bleiben.

Schaltskizze eines Transformators mit zwei parallel geschalteten Verbrauchern im Sekundärkreis:

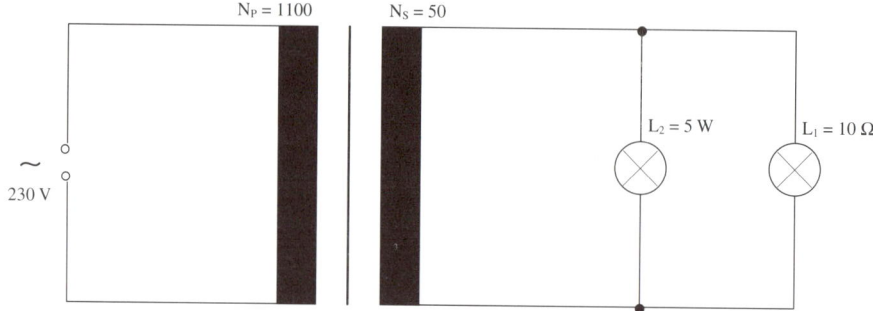

Bei Transformatoren wird entweder die Spannung auf Kosten der Stromstärke oder die Stromstärke auf Kosten der Spannung erhöht.
Es gilt:

$n_S > n_P$	$U_S > U_P$	$I_S < I_P$
$n_S < n_P$	$U_S < U_P$	$I_s > I_P$

Anwendungen des Transformators: Eine wirtschaftliche Übertragung von elektrischer Energie ist durch Drähte auf große Distanzen nur bei hoher Spannung möglich.

Die in den Fernleitungen auftretenden Wärmeverluste berechnen sich nach der Gesetzmäßigkeit $W_{el} = I^2 \cdot R \cdot t$. Hält man I möglichst klein, so sind auch die Wärmeverluste gering. Trotzdem lässt sich mit der dazugehörigen hohen Spannung nach der Formel $P = U \cdot I$ eine große Leistung übertragen.

Schweißtransformator: Man wählt auf der Primärseite viele Windungen und auf der Sekundärseite wenig Windungen. Somit erhält man auf der Sekundärseite (Verbraucherseite) eine große Stromstärke I und die damit verbundene erwünschte hohe Wärmeentwicklung.

V. Elektrizitätslehre

Induktionsschmelzofen: Die Induktionsspule besteht aus nur einer Windung, aus dem Metallschmelzgut selbst. Dieses metallische Schmelzgut umgibt in einer feuerfesten Rinne kreisförmig die Feldspule.

Batteriezündung im Auto: Bei geschlossenem Zündschalter und Unterbrecherkontakt fließt ein Primärstrom durch die Primärwicklung der Zündspule. In der Primärwicklung wird ein Magnetfeld aufgebaut. Im Zündzeitpunkt wird der Unterbrecherkontakt geöffnet und führt zu einer Unterbrechung des Primärstroms. Dadurch ändert sich das Magnetfeld und in der Sekundärwicklung der Zündspule wird nach dem Transformatorprinzip die Zündspannung erzeugt.

Aufbau einer konventionellen Batteriezündanlage:

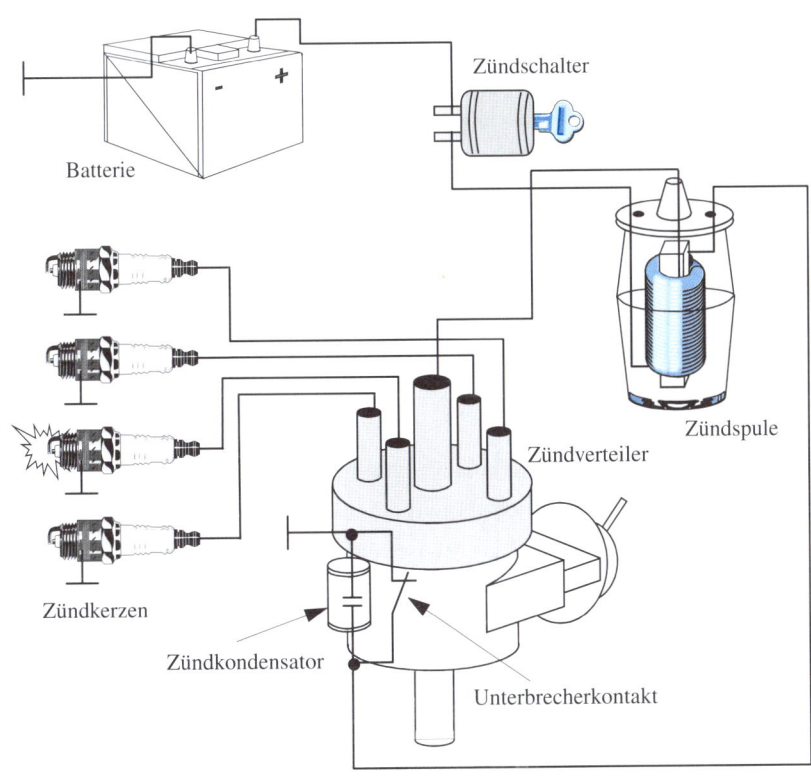

V. Elektrizitätslehre

In der konventionellen Batteriezündanlage erfolgt die Unterbrechung des Primärstromes im Zündzeitpunkt durch den *Unterbrecherkontakt*.

Die *Zündspule* hat die Aufgabe, die für den Funkenüberschlag notwendige Zündspannung zu erzeugen.

Der *Zündverteiler* hat die Aufgabe, die Zündspannung entsprechend der Zündfolge des Motors an die Zündkerzen zu leiten.

Schaltplan der konventionellen Batteriezündanlage:

V. Elektrizitätslehre

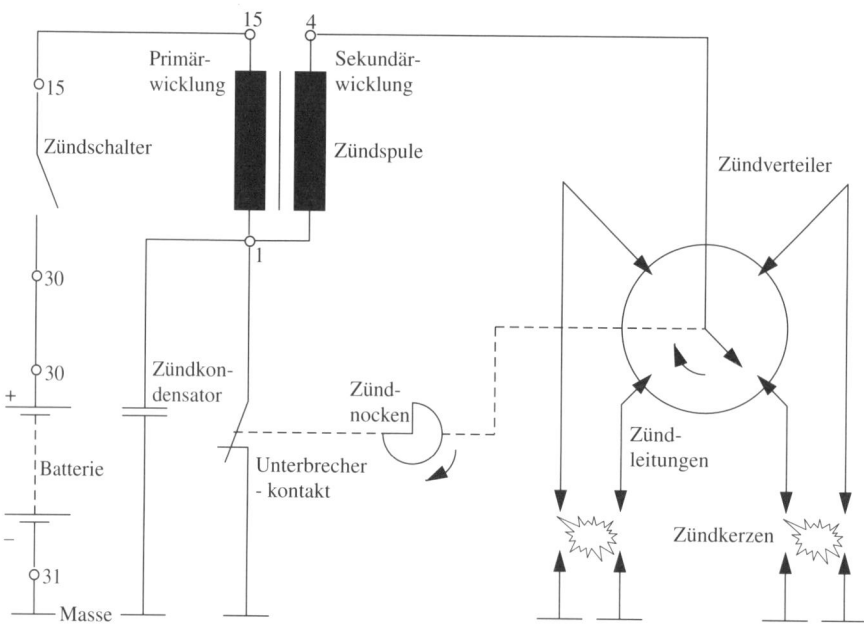

4.   Elektrizitätsleitung

In Metallen erfolgt die Elektrizitätsleitung durch die negativ geladenen Elektronen. Bei einer angelegten Gleichspannung bewegen sich diese infolge der Kraftwirkung des elektrischen Feldes zwischen den positiven Metallionen zum positiven Pol. Bei einer angelegten Wechselspannung führen sie eine ständige Hin- und Herbewegung aus.

Das elektrische Feld pflanzt sich mit Lichtgeschwindigkeit längs der Leitung fort. Die Geschwindigkeit der Elektronen ist gegenüber dieser Geschwindigkeit sehr gering.

Die gute Leitfähigkeit der Metalle basiert darauf, dass ein Teil ihrer Elektronen nicht an bestimmte Atome gebunden ist. Durchschnittlich ist etwa ein Elektron je Atom ungebunden. Diese Leitungselektronen können durch die Kraft eines elektrischen Feldes leicht bewegt werden, wobei die positiven Metallionen an ihre festen Plätze gebunden sind.

In leitenden Flüssigkeiten (Elektrolyten) erfolgt die Elektrizitätsleitung durch Ionen. Diese Art der Elektrizitätsleitung (Ionenleitung) ist stets mit dem Transport von Materie verbunden.

Stoffe, deren Lösungen die Fähigkeit zur Leitung des elektrischen Stromes besitzen, heißen Elektrolyte (z. B. Salze, Säuren, Basen). Elektrolyte sind heteropolare Verbindungen und aus elektrisch geladenen Atomen des gelösten Stoffes aufgebaut.

Bei der Herstellung wässriger Lösungen von Säuren, Salzen und Basen dissoziieren (zerfallen) ihre Moleküle zum Teil in positiv und negativ geladene Ionen. Bei allen Elektrolyten ist der Stromdurchgang mit einer Zersetzung an den Elektroden verbunden. Diese Zersetzung nennt man *Elektrolyse*.

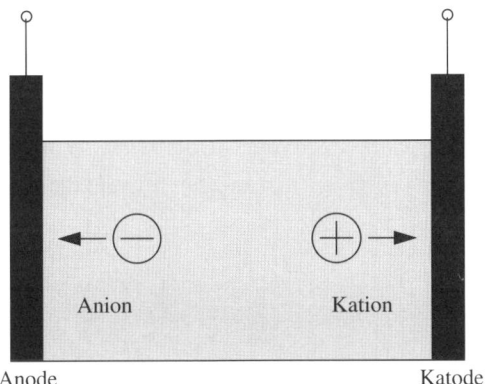

Positive Ionen (*Kationen*) wandern zur negativen Elektrode (*Kathode*). Negative Ionen (*Anionen*) wandern zur positiven Elektrode (*Anode*).

Bei der Dissoziation gilt: Metallionen und Wasserstoffionen sind positiv geladen!

Elektrolyse einiger Stoffe:

	Anode (+)	Kathode (-)
Salzsäure (HCl)	Cl_2	H_2
Zinkchlorid ($ZnCl_2$)	Cl_2	Zn_2

An der Kathode scheidet sich stets das Metall oder der Wasserstoff ab. Der Molekülrest scheidet sich an der Anode ab.

Die bei der Elektrolyse an einer Elektrode abgeschiedene Stoffmenge m ist proportional zu der Ladungsmenge, die durch den Elektrolyten gewandert ist.

1. Faraday'sches Gesetz: $m = \ddot{A} \cdot Q$ oder $m = \ddot{A} \cdot I \cdot t$

mit : $\ddot{A}$: elektrochemisches Äquivalent in $\dfrac{\text{kg}}{\text{A} \cdot \text{s}}$

                   Q: elektrische Ladung in $\text{C} = \text{A} \cdot \text{s}$

                   I: elektrische Stromstärke in A

                   t: Zeit in s

                   m: abgeschiedene Stoffmenge in kg

Die durch gleiche Elektrizitätsmengen abgeschiedenen Massen verschiedener Elektrolyte verhalten sich wie die Äquivalentgewichte der Stoffe, wobei man unter dem Äquivalentgewicht eines Stoffes das Atomgewicht pro Wertigkeit versteht.

2. Faraday'sches Gesetz: $m_1 : m_2 = \ddot{A}_1 : \ddot{A}_2$

Die für das Abscheiden der Stoffmenge 1 mol nötige Ladung Q ist bei allen einwertigen Stoffen gleich. Man bezeichnet sie als *Faraday-Konstante F* und erhält sie aus dem Produkt der *Avogadro-Konstanten* N_A und der elektrischen Elementarladung e.

$$F = N_A \cdot e = 9{,}648531 \cdot 10^4 \frac{C}{\text{mol}}$$

mit $N_A = 6{,}022137 \cdot 10^{23} \dfrac{1}{\text{mol}}$ und $e = 1{,}602177 \cdot 10^{-19} \text{C}$

Zwischen dem elektrochemischen Äquivalent $\ddot{A}$ und der Faraday-Konstanten F gilt:

$$\ddot{A} = \frac{M}{z \cdot F}$$

mit: M: molare Masse; z: Wertigkeit

Die molare Masse M ist zahlengleich zur relativen Molekülmasse.

Nach derselben Methode wie wässrige Lösungen von Salzen werden auch geschmolzene Salze elektrolytisch zersetzt. Von großer technischer Bedeutung ist dabei die Gewinnung von Aluminium aus geschmolzenem Bauxit ($Al_2 O_3$).

Ein wichtiges Anwendungsbeispiel der Elektrolyse ist die *Wasserzersetzung*. Dabei wird Wasser (H_2O) in seine Bestandteile Wasserstoff (H_2) und Sauerstoff (O_2) zersetzt. Als Elektrolyt dient Wasser und Schwefelsäure. Während der Elektrolyse wird dabei primär die Schwefelsäure zersetzt und sekundär das Wasser. Wasserzersetzung mit dem *Hofmann'schen Apparat*:

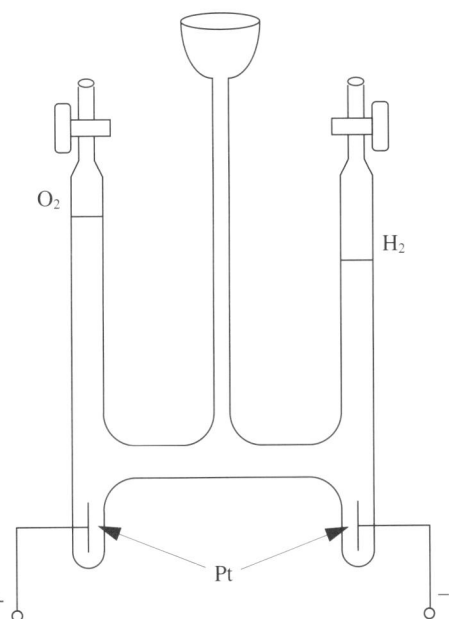

Galvanische Elemente

Bei galvanischen Elementen findet eine Umwandlung von chemischer Energie in elektrische Energie statt.

Taucht ein Metall in einen Elektrolyten, so gehen positive Metallionen in Lösung. Das Metallblech ist dann gegenüber der Lösung negativ geladen, es besteht eine Spannung, deren Größe stoffabhängig ist. Zwischen zwei Metallen, die in eine Flüssigkeit getaucht sind, liegt die Spannung, die sich aus der Differenz der Spannungen der Metalle gegenüber der Flüssigkeit ergibt. Diese Spannung erhält man über die elektrochemische Spannungsreihe.

Elektrochemische Spannungsreihe (U inV):

Au	Hg	Ag	Cu	H	Pb	N	Fe	Zn
1,4	0,86	0,80	0,34	0,0	-0,13	-0,24	-0,54	-0,76

Der Strom, der durch ein galvanisches Element fließt, verändert allmählich die Elektroden chemisch. Dabei entsteht eine Gegenspannung. Dadurch verringert sich die Spannung des Elementes und die Stromstärke geht zurück.

Akkumulatoren

Akkumulatoren sind Sammler. Es wird in ihnen elektrische Energie in Form von chemischer Energie gespeichert. Durch Polarisation während des Aufladevorgangs wird ein galvanisches Element geschaffen.

Der *Bleiakkumulator* besteht aus zwei Bleiplatten, die in 28-prozentige Schwefelsäure getaucht sind. An der oxydierten Oberfläche bildet sich dabei Bleisulfat. Der Ladestrom verwandelt das Bleisulfat der Anode zu Bleidioxid und das Bleisulfat der Kathode zu Blei, wobei sich unter Aufnahme von Wasser Schwefelsäure bildet.

Ladevorgang: $2\ PbSO_4 + 2\ H_2O \rightarrow PbO_2 + 2\ H_sSO_4 + Pb$

Entladung: $PbO_2 + 2\ H_2SO_4 + Pb \rightarrow 2\ PbSO_4 + 2\ H_2O$

Die Dichte der Schwefelsäure ist ein Maß für den Ladezustand des Akkumulators.

Die mittlere Spannung einer Bleiakkumulatorzelle beträgt bei normaler Belastung etwa 2 Volt.

$$U = \left(\frac{\varsigma}{g/cm^3} + 0,84 \right) V$$

mit: ς: Dichte der Schwefelsäure; *U:* Grundspannung des Bleiakkus
Der *Nickel-Eisen-Akkumulator* besitzt eine Nickelhydroxid-Anode und eine Eisenhydroxid-Kathode. Eine 20-prozentige Kalilauge wird dabei als Elektrolyt verwendet.

Ladevorgang: $2\ Ni(OH)_2 + Fe(OH)_2 \rightarrow 2\ Ni(OH)_3 + Fe$

Entladung: $2\ Ni(OH)_3 + Fe \rightarrow 2\ Ni(OH)_2 + Fe(OH)_2$

Die mittlere Spannung einer Nickel-Eisen-Akkumulatorzelle beträgt bei normaler Belastung etwa 1,2 Volt.

Bei einem *Nickel-Kadmium-Akkumulator* wird anstelle von Eisen Kadmium benützt. Die Vorgänge sind gleich den vorher beschriebenen.

Stromdurchgang durch Gase

In Gasen erfolgt eine unselbstständige elektrische Leitung, wenn die Gase im elektrischen Feld durch bestimmte Vorgänge ionisiert werden.
Jede Stromleitung in Gasen wird als *Entladung* bezeichnet. Ihre Ladungsträger können Ionen und Elektronen sein.
Bei niedrigem Druck erfolgt eine Glimmentladung, die durch Stoßionisation hervorgerufen wird. Sie ist mit besonderen Leuchterscheinungen, wie zum Beispiel das Polarlicht, verbunden und wird durch die Ionen- und Elektronenbewegung aufrechterhalten.
Im Hochvakuum treten bei hoher Spannung Kathodenstrahlen auf.

Kathodenstrahlen sind schnell bewegte Elektronen, die senkrecht aus der Oberfläche der Kathode austreten und sich geradlinig ausbreiten. Durch elektrische oder magnetische Felder können sie in ihrer Ausbreitungsrichtung gesteuert werden.

Entladungsarten

Unselbstständige Entladung: Durch äußere Einflüsse, wie Röntgenstrahlung oder die Strahlung radioaktiver Nuklide, werden Ionen im Gas erzeugt. Diese wandern unter dem Einfluss einer angelegten Spannung und rufen einen Stromfluss hervor. Bis zum Erreichen eines gleich bleibenden Wertes (Sättigungsstrom) wächst dieser Stromfluss proportional zur angelegten Spannung.

Anwendungsbeispiel: Ionisationskammern zur Strahlungsmessung

Selbstständige Entladung: Wird nach Eintritt des Sättigungsstromes die Spannung noch weiter erhöht, so beginnt ab einem bestimmten Zeitpunkt auch die Stromstärke wieder mitzusteigen.

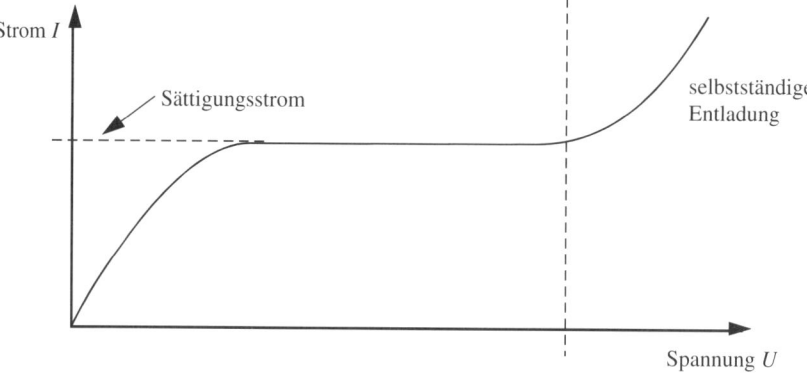

Infolge der hohen Ionenenergie kommt es beim Zusammenstoß zur Ionisation anderer Moleküle. Man spricht von *Stoßionisation.* Die Zahl der Ladungsträger steigt dadurch an. Diese Entladungsart nennt man selbstständig, weil sie keiner Ionisierung aufgrund äußerer Einflüsse bedarf.

Mit dem Anwachsen des Stromes und der Zahl der Ladungsträger nimmt der Widerstand ab.

Gasentladungen müssen stets so ablaufen, dass ein Vorwiderstand den Strom begrenzt. Man verwendet dazu häufig eine so genannte *Drossel,* einen induktiven Wechselstromwiderstand.

Glimmentladung: Erfolgt eine selbstständige Entladung bei stark verringertem Gasdruck, so ist sie mit einer Leuchterscheinung verbunden. An der Kathode werden durch auftreffende positive Ionen Elektronen herausgeschlagen. In der Nähe der Kathode erzeugen rekombinierende Ionen ein negatives Glimmlicht.

Beispiele für Glimmentladungen:

Leuchtröhren: Die Leuchtfarbe wird von der Art des Füllgases bestimmt.

Leuchtstofflampen: Mit Quecksilberdampf gefüllte Leuchtröhren, die zudem Fluoreszenz ausnutzen. Mit der auf der Röhreninnenseite aufgetragenen Leuchtstoffschicht werden unsichtbare ultraviolette Strahlungsanteile in sichtbares Licht umgewandelt.

Quecksilberdampflampen: Hier wird dem Füllgas Quecksilberdampf zugesetzt. Mit der Höhe des Dampfdruckes steigt die Lichtausbeute.
Bei Höhensonnen ist der Quecksilberdampf in Quarzglasröhren eingeschlossen, die für ultraviolette Strahlung durchlässig sind.

Glimmlampen: Die Löschspannung ist niedriger als die Zündspannung. Sie werden meist für den Spannungsnachweis verwendet.

Elektronenblitzröhren: Hartglasröhren, die mit Edelgasen, wie zum Beispiel Xenon, gefüllt sind.

Folgende Skizzen zeigen den Verlauf der Spannung U, der Feldstärke E und der Raumladung Q entlang einer Entladungsröhre.

Entladungsröhre:

Spannungsverlauf:

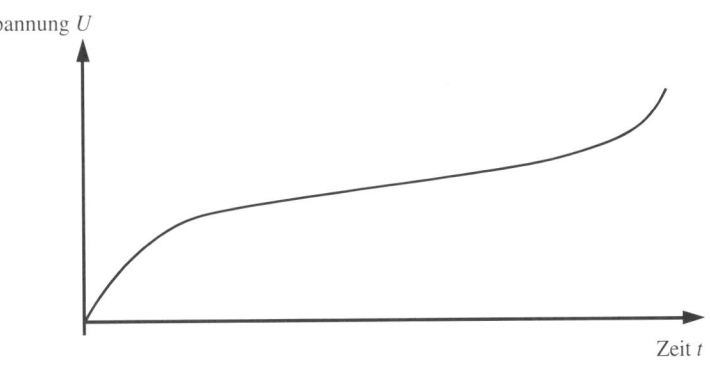

V. Elektrizitätslehre

Feldstärkeverlauf:

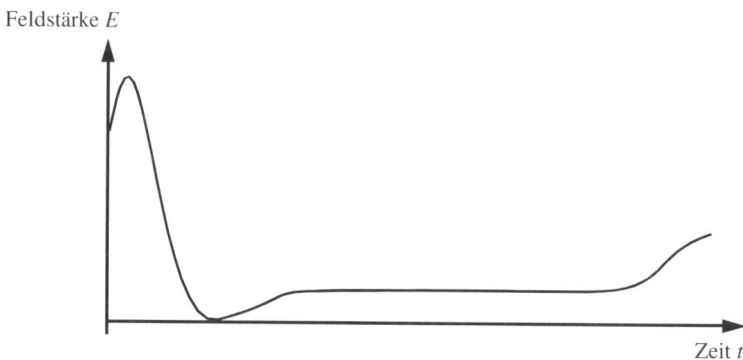

Raumladungsverlauf:

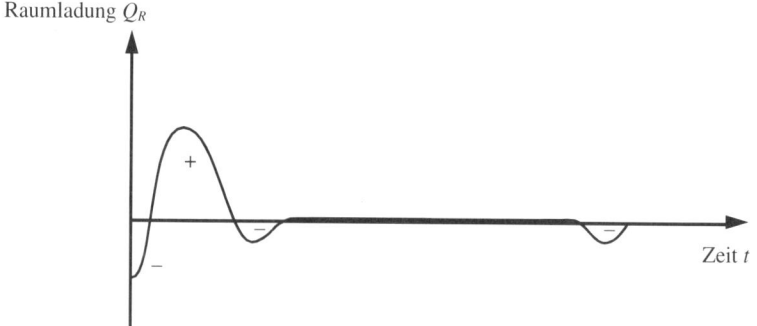

Strahlenarten

Kathodenstrahlen (Elektronenstrahlen): Zum Nachweis der Kathodenstrahlen verwendet man die *Hittorf'sche Röhre* (siehe Abb. nächste Seite).

Kathodenstrahlen treten bei hoher Spannung im Hochvakuum auf. Es sind schnell bewegte Elektronen, die senkrecht aus der Kathodenoberfläche austreten und sich geradlinig ausbreiten. Sie können durch elektrische oder magnetische Felder abgelenkt werden.

Kanalstrahlen: Kanalstrahlen sind schnell bewegte positive Ionen. Ihre Geschwindigkeit liegt zwischen 300 und 3000 km/s.

Ihre Farbe ist von der Art des Gases in der Röhre abhängig. Bei der Verwendung von Wasserstoff leuchten sie rosa.

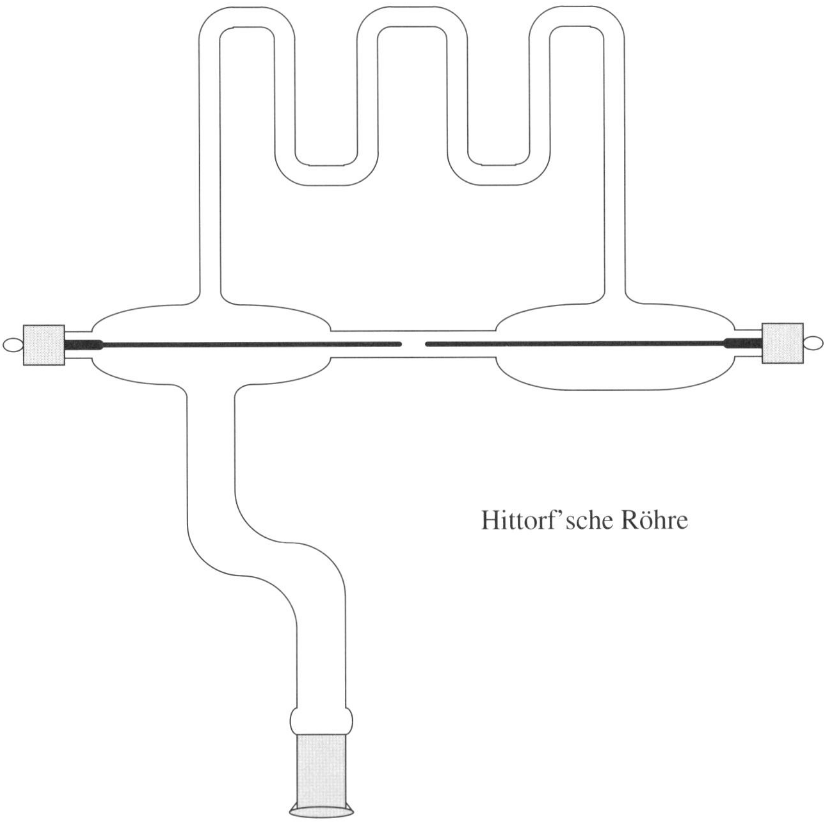

Hittorf'sche Röhre

V. Elektrizitätslehre

Im Gegensatz zu den Kathodenstrahlen, die nur eine negative elektrische Elementarladung tragen, können die Kanalstrahlen Vielfache der Elementarladung haben. Das folgende Bild zeigt die Erzeugung von Kanalstrahlen in einer Röhre:

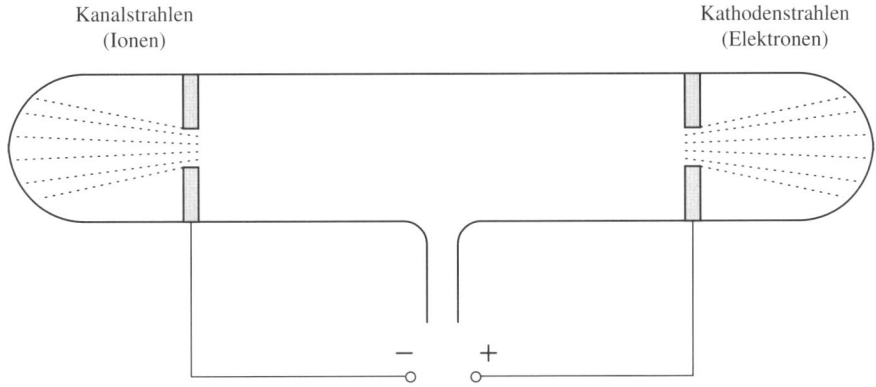

Kanalstrahlen
(Ionen)

Kathodenstrahlen
(Elektronen)

−   +

Röntgenstrahlen: Im Jahre 1895 entdeckte Wilhelm Röntgen, dass Kathoden-strahlen beim Auftreffen auf Metalle mit hoher Atommasse diese zur Abgabe einer besonderen Strahlung anregen. Diese andersartige Strahlung wird als Röntgenstrahlung bezeichnet.

Röntgenstrahlen sind unsichtbar, durch elektrische und magnetische Felder nicht ablenkbar, sie durchdringen Stoffe, breiten sich geradlinig aus, ionisieren die Luft, belichten fotografische Platten und erregen bestimmte Stoffe zu einem hellen Leuchten.

Röntgenstrahlen sind elektromagnetische Wellen, die beim Auftreffen von schnell bewegten Elektronen auf Materie entstehen.

Röntgenröhre:

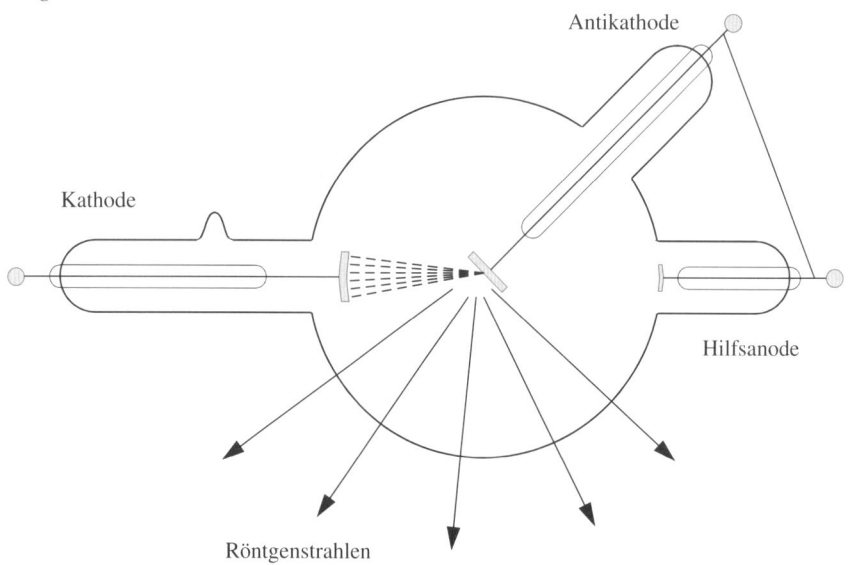

Röntgenstrahlen

Die Glühemission: Im Vakuum erfolgt die Elektrizitätsleitung über Elektronen. Diese Elektronen werden durch ein elektrisches Feld aus der metallischen Kathode herausgezogen und nach ihrer Ablösung vom Metall durch das Vakuum hindurch zur Anode hin beschleunigt. Man bezeichnet diese Art der Ablösung von Elektronen als *Feldemission*.

Thomas Edison (1847–1931) erkannte, dass man bereits durch die Erhitzung eines Metalls Elektronen ablösen kann. Diese Art der Elektronenemission bezeichnet man als *Glühemission.* Durch die Energiezufuhr während des Erhitzens erhalten die Leitungselektronen eines Metalls genügend kinetische Energie, um aus dem Metall herausdampfen zu können.

Die Glühemission von Elektronen beginnt unter Normalbedingungen bei etwa 2000 Kelvin. Sie steigt mit der Temperatur schnell an.

Möglichkeit zum Nachweis der Glühemission:

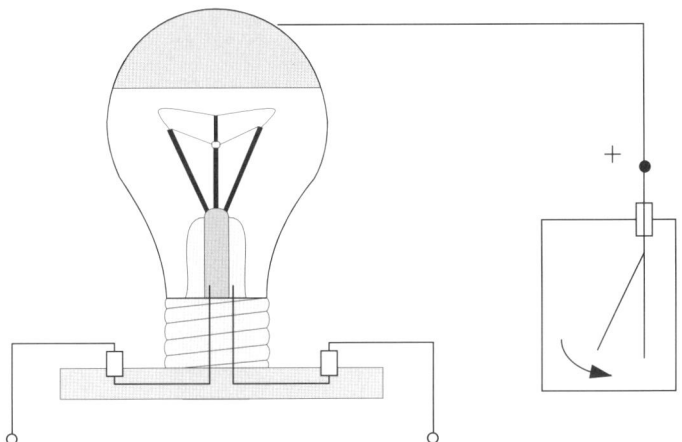

Aus einer kalten Kathode treten Elektronen nur bei genügend hoher Spannung aus. Eine Glühkathode verlassen die Elektronen auch ohne Spannung.

Elektronenröhren: Vakuumröhren mit geheizter Kathode bezeichnet man als Elektronenröhren. Es handelt sich um Anwendungen der Glühelektronenemission. Zwischen der Anode und der Kathode liegt die *Anodenspannung.*

Die Diode

Sie besteht im Wesentlichen aus einem hoch evakuierten Glasgefäß mit Anode und Kathode. Das zwischen Anode und Kathode liegende elektrische Feld beschleunigt die aus der Kathode austretenden Elektronen zur Anode hin. Die Stärke des Anodenstroms ist von der Anodenspannung abhängig. In einer Diode fließt nur dann ein Anodenstrom, wenn die Anode an den positiven Pol der Anodenbatterie angeschlossen ist.

Dioden werden auch als Zweielektrodenröhren oder Zweipolröhren bezeichnet.

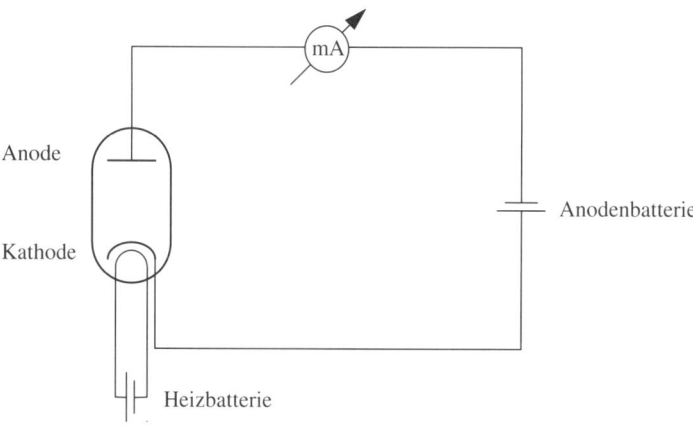

V. Elektrizitätslehre

Anwendungen für Dioden:

- Demodulation
- Gleichrichtung von Wechselspannungen
- Erzeugung von Regelspannungen

Die Triode

Eine Elektronenröhre mit drei Elektroden bezeichnet man als Triode. Die dritte Elektrode befindet sich zwischen Kathode und Anode und wird als *Gitter* bezeichnet. Dieses Steuergitter besteht aus einem weitmaschigen Netz oder einer Drahtwendel. Es steuert mit seiner Spannung den Anodenstrom.

Schaltbild einer Triode:

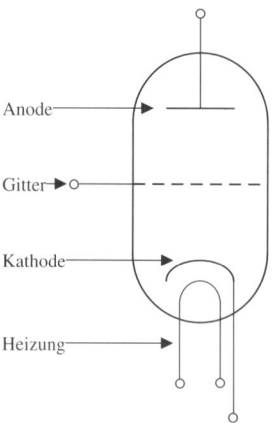

Auf die Kathode bezogen erhält das Gitter meist eine negative Vorspannung.

Für ΔU_a: Änderung der Anodenspannung

ΔI_a: Änderung des Anodenstroms

ΔU_g: Änderung der Gitterspannung

R_i: innerer Röhrenwiderstand

S: Steilheit

D: Durchgriff

V: Spannungsverstärkungsfaktor gilt:

Steilheit $S = \dfrac{\Delta I_a}{\Delta U_g}$ bei konstanter Anodenspannung

Durchgriff $D = \dfrac{\Delta U_g}{\Delta U_a}$ bei konstantem Anodenstrom

innerer Widerstand $R_i = \dfrac{\Delta U_a}{\Delta I_a}$ bei konstanter Gitterspannung

Als Zusammenfassung aus den Gleichungen für Steilheit, Durchgriff und inneren Widerstand ergibt sich die *Gleichung nach Barkhausen*:

$$S \cdot R_i \cdot D = 1$$

Die Barkhausen-Gleichung hat nur dann Gültigkeit, wenn I_a, U_a und U_g konstant sind.

Der maximale Verstärkungsfaktor einer Triode ist der Kehrwert des Durchgriffs.

$$V_m = \frac{1}{D} = S \cdot R_i$$

Trioden werden meist als Verstärkerröhren eingesetzt. Sie werden auch als Dreielektrodenröhren oder Dreipolröhren bezeichnet.

V. Elektrizitätslehre

Kennlinie einer Triode:

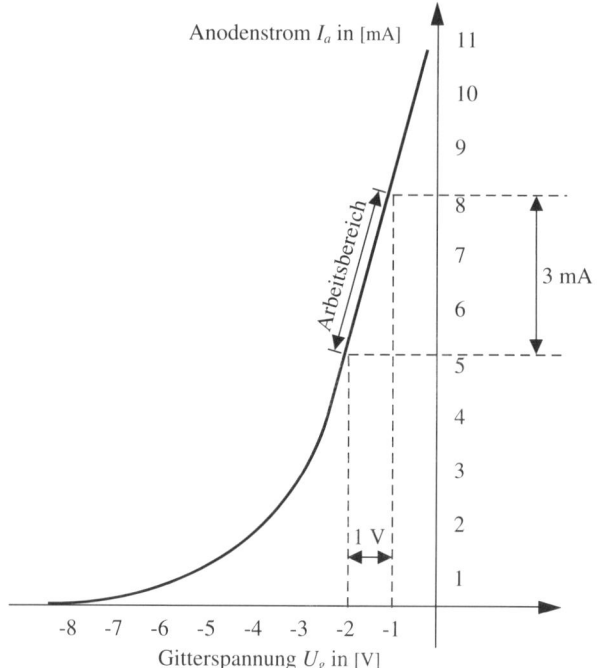

Die Kennlinie der Röhre stellt die Abhängigkeit des Anodenstromes von der Gitterspannung dar.

Die Steilheit der Kennlinie ist ein Maß für die Verstärkereigenschaften der Triode.

Meistens wird die Verstärkerröhre heute durch Transistoren ersetzt. Benötigt man aber eine sehr hohe Leistung oder höchste Frequenzen, so greift man oft auf die Verstärkerröhre zurück.

Elektronenbewegung in elektrischen Querfeldern

Die Bewegung eines Elektrons quer zur Richtung eines elektrischen Feldes ähnelt einem waagerechten Wurf. Seine Flugbahn entspricht der Form einer Parabel. Die Fallbeschleunigung wird durch die Beschleunigung, die das elektrische Feld erzeugt, ersetzt.

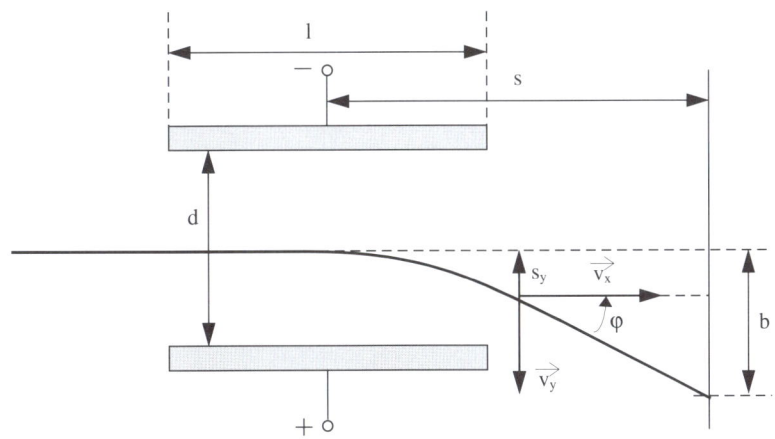

Zeichenerklärung:

l: Plattenlänge; s: Abstand des Auffangschirmes von der Kondensatormitte; d: Plattenabstand; b: Ablenkung auf dem Auffangschirm; φ: Ablenkwinkel; v: Geschwindigkeit des Elektrons bei Eintritt in das Feld; $\vec{v}_x$, $\vec{v}_y$: Geschwindigkeitskomponenten beim Verlassen des Feldes; s_y: Ablenkung beim Verlassen des Feldes

Für die Ablenkung b auf dem Auffangschirm ergibt sich:

$$b = s_y + \left(s - \frac{l}{2}\right) \cdot \tan\varphi \quad \text{(aus der Zeichnung)}$$

oder:

$$b = \frac{1}{2} \cdot \frac{e \cdot U \cdot l^2}{m_e \cdot d \cdot v^2} + \frac{e \cdot U \cdot l \cdot s}{m_e \cdot d \cdot v^2}$$

mit m_e: Masse des Elektrons; U: Spannung zwischen den Platten; e: Ladung des Elektrons

Die Braun'sche Röhre

Die Ablenkbarkeit des Elektronenstromes im Hochvakuum wird in der Braun'schen Röhre technisch genutzt.

Die mit einer Hochspannung zwischen Kathode und Anode beschleunigten Elektronen werden auf dem Weg zum Fluoreszenzschirm quer zu ihrer Bewegungsrichtung abgelenkt. Bei einem Elektronenstrahl-Oszillographen geschieht dies mittels eines elektrischen Feldes, bei Fernsehbildröhren vertikal und horizontal mit Magnetfeldern.

V. Elektrizitätslehre

Bauart einer Braun'schen Röhre:

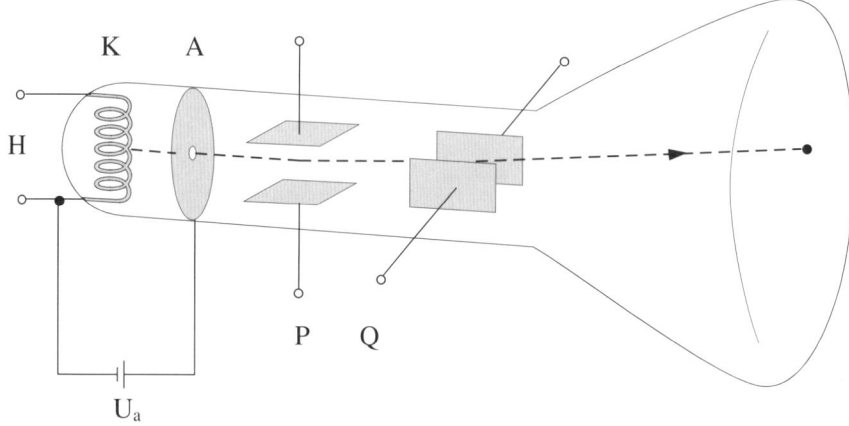

Die Ablenkung von Elektronenstrahlen in einem Querfeld wurde als erstes von Ferdinand Braun (1850–1918) zur Messung von schnell veränderlichen Spannungen verwendet. Die von ihm erfundene *Braun'sche Röhre* ist heute ein nicht mehr wegzudenkendes Messgerät geworden.

Halbleiter

Auch bei nicht metallischen Festkörpern kann eine Elektronenleitung stattfinden. Man bezeichnet diese Stoffe, die kristallin aufgebaut sind, aber nicht durch metallische Bindung zusammengehalten werden und somit viel schlechter leiten als Metalle, als *Halbleiter*.
Die Eigenschaften der Halbleiter sind besonders in Bezug auf ihre Leitfähigkeit in hohem Maße durch ihre Reinheit bestimmt. Bereits kleinste Verunreinigungen können ihre Leitfähigkeit verändern.

Die am häufigsten verwendeten Halbleiter sind aus Germanium und Silizium. Die Atome besitzen vier Bindungselektronen, die jeweils mit einem Nachbarelektron ein festes Elektronenpaar bilden und somit nicht frei im Kristall beweglich sind.

Durch Zufuhr von Energie, wie Licht, Erwärmung, können einzelne Elektronen in einen energiehöheren Zustand gehoben werden. Sie sind zwischen den Nachbaratomen frei beweglich und stehen somit der Elektrizitätsleitung zur Verfügung. Die nach Entfernung eines Elektrons zurückbleibenden Fehlstellen (Löcher) können ihrerseits Elektronen aufnehmen, zum Beispiel ein Nachbarelektron, wodurch das Loch nun an der Nachbarstelle zu finden ist. Neben den Elektronen wandern also auch die Fehlstellen (Löcher), weswegen man von Elektronenleitung und Löcherleitung spricht.

Der Elektrizitätstransport findet in reinen halbleitenden Stoffen ohne Transport von Materie statt.

Anwendungen:

Kaltleiter:

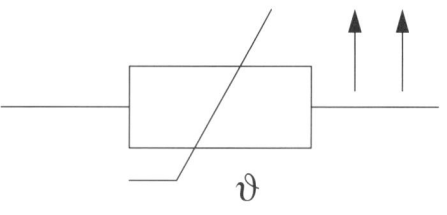

PTC

Beispiele: Füllstandsanzeige, Überhitzungsschutz

Heißleiter:

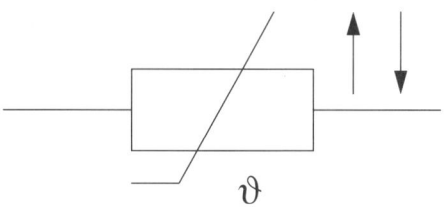

NTC

Beispiel: automatischer Brandmelder

Fotowiderstand:

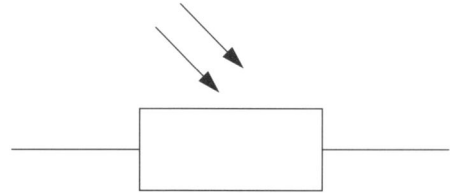

LDR

Beispiel: Steuerung und Regelung mit Lichtschranken

Durch gezielte Verunreinigung mit Fremdatomen kann die Leitfähigkeit verbessert werden. Es treten entweder die Elektronen oder die Löcher als Elektrizitätsträger in den Vordergrund. Baut man zum Beispiel in das Gitter des 4-wertigen Silizium einige 5-wertige Atome ein, so wirken diese als Elektronenspender (*Donatoren*) und es entsteht ein *n*-Leiter. Baut man hingegen 3-wertige Atome ein, so wirken diese als Elektronempfänger (*Akzeptoren*) und es entsteht ein *p*-Leiter.

Halbleiterdioden

Fügt man einen n- und einen p-dotierten Halbleiter aneinander, so erhält man eine Halbleiterdiode. Sie ist nur leitend, wenn die p-Seite an dem Pluspol der Spannungsquelle, die n-Seite am Minuspol liegt. Zudem muss die angelegte Spannung einen Mindestwert (ca. 0,6 V) überschreiten. Die Halbleiterdiode hat Ventilfunktion.

Der Transistor

Transistoren bestehen aus einer pnp-Kombination oder einer npn-Kombination. Die mittlere Schicht ist immer sehr, sehr dünn.

Transistoren werden als steuerbare Ventile bezeichnet.

V. Elektrizitätslehre

Prinzipieller Aufbau:

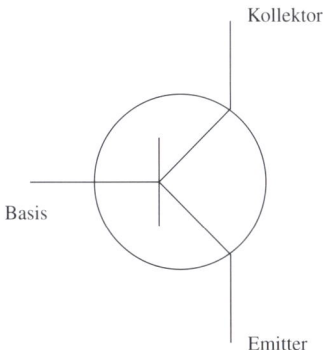

Der Emitter emittiert bei richtiger Polung (Anschluss an den Minuspol) Elektronen in die Basis. Er entspricht also der Kathode einer Triode. Die Basis kann mit dem Gitter einer Triode verglichen werden. Der Kollektor sammelt die Elektronen und ist damit der Anode der Triode vergleichbar.

Für die Summe aller Ströme gilt:

$$I_E + I_C + I_B = 0$$

In der technischen Stromrichtung sind die Ströme in Richtung Transistor positiv, die vom Transistor weg negativ.

Verwendung als Schalter: Wird die Schwellenspannung nicht erreicht, so sperrt der Transistor. Ist der Steuerstrom groß, steuert der Transistor durch.

Verwendung als Verstärker: Kleine Änderungen des Steuerstroms bewirken bereits große Änderungen im Arbeitsstromkreis.

Feldeffekttransistoren ermöglichen aufgrund ihres großen Eingangswiderstandes eine leistungslose Steuerung eines Stromes durch eine Spannung.

Der elektrische Schwingkreis

Eine Parallelschaltung aus Kondensator und Spule, deren Ohm'scher Widerstand so gering ist, dass die Entwicklung von Joule'scher Wärme vernachlässigt werden kann, nennt man einen elektrischen Schwingkreis, weil der Strom zwischen den Belegungen des Kondensators hin- und herschwingen kann. Der Strom führt eine *ungedämpfte Schwingung* aus. Es handelt sich um eine elektromagnetische Schwingung, da abwechselnd ein magnetisches und ein elektrisches Feld aufgebaut werden.

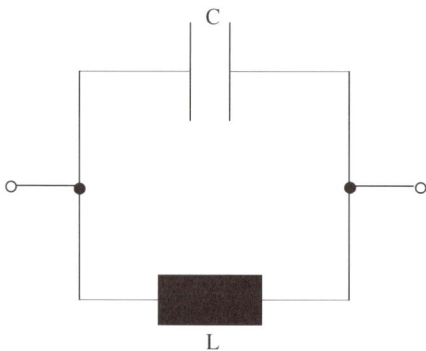

Bei mechanischen Schwingungen findet ein periodischer Wechsel von kinetischer und potenzieller Energie statt. Bei elektromagnetischen Schwingungen wechseln elektrische und magnetische Feldenergie einander ab.

Die Periodendauer T_0 einer ungedämpften Schwingung ist von der Induktivität L der Spule und der Kapazität C des Kondensators abhängig.

Thomson-Formel: $$T_0 = 2 \cdot \pi \cdot \sqrt{L \cdot C}$$

Durch den nie ganz zu vermeidenden Widerstand geht während einer Periode dem Schwingkreis Energie durch die Entwicklung Joule'scher Wärme verloren. Zur Erzeugung einer ungedämpften Schwingung muss man daher diese Energie wieder zuführen. Dies kann man mithilfe von Elektronenröhren erreichen.

Die Differenzialgleichung der ungedämpften Schwingung lautet:

$$L \cdot \ddot{Q} + \frac{1}{C} \cdot Q = 0$$

mit: L: Induktivität; Q: Momentanladung; C: Kapazität

Der Ohm'sche Widerstand des Schwingkreises bewirkt, dass durch den Strom Joule'sche Wärme entwickelt wird, die der elektrischen und magnetischen Energie entzogen wird. Dadurch entsteht eine *gedämpfte Schwingung*.

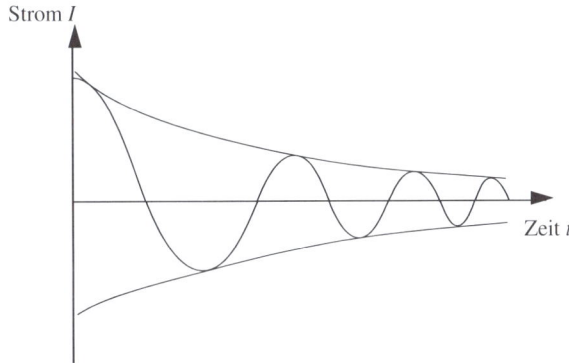

Der zeitliche Verlauf des Stromes einer gedämpften Schwingung zeigt eine Abnahme der Stromstärke. Die Amplitude nimmt nach einer Exponentialfunktion ab.

Die Differenzialgleichung der gedämpften Schwingung lautet:

$$L \cdot \ddot{Q} + R \cdot \dot{Q} + \frac{1}{C} \cdot Q = 0$$

mit: *L:* Induktivität; *Q:* Momentanladung; *C:* Kapazität; *R:* elektrischer Widerstand

Eigenkreisfrequenz der gedämpften Schwingung:

$$\omega = \sqrt{\frac{1}{L \cdot C} - \left(\frac{R}{2L}\right)^2}$$

Für die Resonanz, die erzwungenen elektromagnetischen Schwingungen und die aperiodischen Bewegungen haben Gesetze Gültigkeit, die denen der mechanischen Schwingung analog sind.

V. Elektrizitätslehre

V. Elektrizitätslehre

Elektromagnetische Wellen

Freie elektromagnetische Wellen breiten sich mit Lichtgeschwindigkeit aus. Ihre Ausbreitungsgeschwindigkeit ist vom Medium abhängig.

Für die Ausbreitungsgeschwindigkeit gilt:

$$c = \frac{1}{\sqrt{\varepsilon \cdot \mu}}$$

mit: ε: Permittivität des Mediums; μ: Permeabilität des Mediums

Speziell für das Vakuum gilt:

$$c_0 = 2,998 \cdot 10^8 \, \frac{\text{m}}{\text{s}}$$

Die Energie in einer elektromagnetischen Welle verteilt sich auf beide Felder gleichmäßig.
Für die Energiedichte ω gilt:

$$\omega = \frac{E \cdot H}{c}$$

mit: E, H: Feldstärken; c: Wellengeschwindigkeit

Die Energieflussdichte S ist das Produkt aus der Energiedichte und der Wellengeschwindigkeit.

$$S = \omega \cdot c$$

Die Intensität S stellt die Feldenergie dar, die in einer Sekunde durch eine Fläche von 1 m^2 senkrecht durchdringt.

Bei elektromagnetischen Wellen schwingen das elektrische und magnetische Feld gleichphasig. Der elektrische und der magnetische Ausbreitungsvektor stehen dabei senkrecht zueinander und senkrecht zur Ausbreitungsrichtung der Welle.

Bei Kugelwellen nehmen die Amplituden der Feldstärken mit dem Quadrat des Abstandes vom Wellenzentrum ab.

Benennung der elektromagnetischen Wellen je nach Wellenlänge:

Wellenart   Wellenlänge

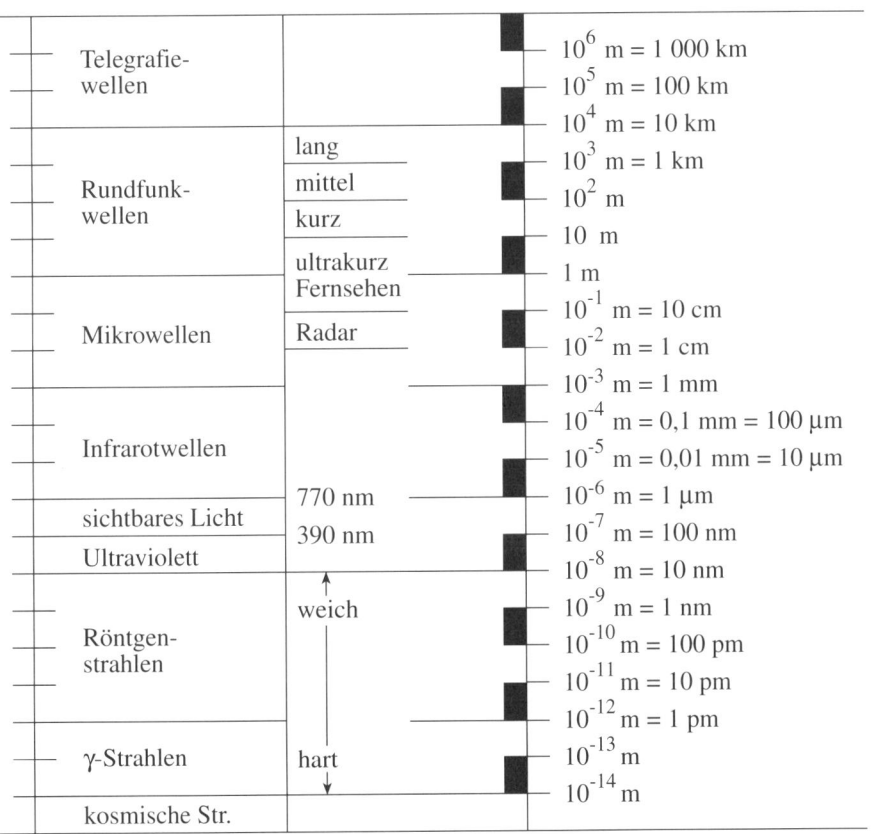

Wellenart		Wellenlänge
Telegrafie-wellen		10^6 m = 1 000 km
		10^5 m = 100 km
		10^4 m = 10 km
Rundfunk-wellen	lang	10^3 m = 1 km
	mittel	10^2 m
	kurz	10 m
Mikrowellen	ultrakurz Fernsehen	1 m
	Radar	10^{-1} m = 10 cm
		10^{-2} m = 1 cm
		10^{-3} m = 1 mm
Infrarotwellen		10^{-4} m = 0,1 mm = 100 µm
		10^{-5} m = 0,01 mm = 10 µm
sichtbares Licht	770 nm	10^{-6} m = 1 µm
	390 nm	10^{-7} m = 100 nm
Ultraviolett		10^{-8} m = 10 nm
Röntgen-strahlen	weich	10^{-9} m = 1 nm
		10^{-10} m = 100 pm
		10^{-11} m = 10 pm
		10^{-12} m = 1 pm
γ-Strahlen	hart	10^{-13} m
kosmische Str.		10^{-14} m

V. Elektrizitätslehre

VI. Atomlehre

1. Quanten

Jede Strahlung, auch die Lichtstrahlung, ist aus Energiequanten zusammengesetzt. Nach der von Max Planck (1858–1947) aufgestellten Theorie ist die Strahlungsenergie, die frequenzabhängig ist, immer ein ganzzahliges Vielfaches der Energie eines Strahlungsquants.

Es gilt: $$E = h \cdot f$$

mit: E: Energie eines Strahlungsquants; f: Frequenz der Strahlung;
        h: Planck'sche Konstante (Planck'sches Wirkungsquantum)
        $h = 6{,}626 \cdot 10^{-34} \, J \cdot s$

Befinden sich die Strahlungsquanten im Frequenzbereich des sichtbaren Lichtes, so bezeichnet man sie als *Lichtquanten*.

Das Photon

Jede Strahlung kann sowohl als Welle als auch als Teilchenstrom angesehen werden. Die einzelnen Teilchen, die keine Ruhemasse besitzen, nennt man *Photonen*. Sie bewegen sich stets mit Lichtgeschwindigkeit und existieren im Ruhezustand nicht.

Masse eines Photons:

$$m_{Ph} = \frac{h \cdot f}{c_0^{\,2}}$$

mit: h: Planck'sche Konstante; f: Frequenz der Strahlung;
c_0: Lichtgeschwindigkeit im Vakuum

$$\text{Mit } c = \lambda \cdot f \text{ ergibt sich: } m_{Ph} = \frac{h}{c_0 \cdot \lambda}$$

Für den Impuls p eines Photons gilt:

$$p = \frac{h \cdot f}{c_0}$$

Strahlendruck: Druck, den Photonen wegen ihres Impulses bei einer Absorption oder Reflexion erzeugen.

Für die Quantelung der Strahlung und den daraus resultierenden Teilchencharakter des Photons gibt es folgende experimentellen Beweise:

Lichtelektrischer Effekt: Die Geschwindigkeit emittierter Elektronen ist von der Frequenz und nicht von der Intensität der Lichtstrahlung abhängig. Unterhalb einer bestimmten Grenzfrequenz ist die Aussendung von Elektronen nicht möglich.

Compton-Effekt: Trifft ein Photon ($p = h \cdot f$) auf ein Elektron, so geht ein Teil seiner Energie und seines Impulses ($p_e = m_e \cdot v_e$) auf das Elektron über. Die Energieübertragung bewirkt eine Impulsverkleinerung ($p' = h \cdot f'$) und damit Frequenzverkleinerung. Die Geschwindigkeit des Photons bleibt dem Betrag nach gleich.

Es gilt: $p = p_e + p'$

$\qquad h \cdot f = m_e \cdot v_e + h \cdot f'$

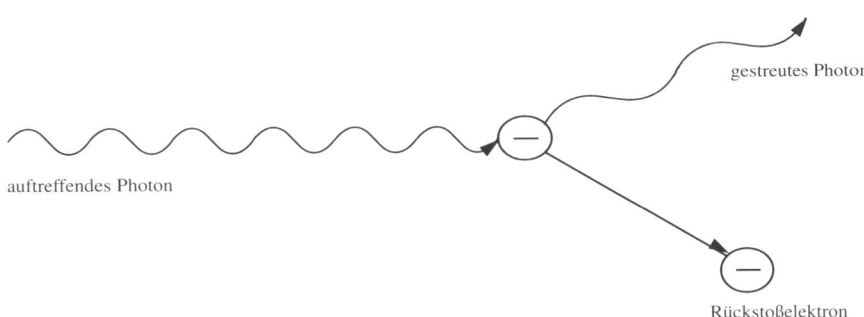

gestreutes Photon

auftreffendes Photon

Rückstoßelektron

VI. Atomlehre

Der Energieerhaltungssatz und der Impulserhaltungssatz der Mechanik haben auch bei einem Stoß des Photons gegen ein als ruhend betrachtetes Elektron Gültigkeit.

Materiewellen

Jedem Strahl aus Teilchen gleicher Masse und einheitlicher Geschwindigkeit lässt sich eine Welle mit der Wellenlänge λ zuordnen. Man nennt diese Wellen *Materiewellen*.
Die Wellenlänge von Materiewellen ist eine Funktion von Masse und Geschwindigkeit der Teilchen.

$$\lambda = \frac{h}{m \cdot v}$$

mit: λ: Wellenlänge einer Materiewelle; h: Planck'sche Konstante; m: relativistische Teilchenmasse; v: Teilchengeschwindigkeit

Materiewellenlängen von Elektronen:

v in $\frac{km}{s}$	λ in m
0	∞
593	$1,23 \cdot 10^{-9}$
1 876	$3,88 \cdot 10^{-10}$
5 930	$1,23 \cdot 10^{-10}$
18.728	$3,88 \cdot 10^{-11}$
58.455	$1,22 \cdot 10^{-11}$
164.352	$3,70 \cdot 10^{-12}$
282.128	$8,72 \cdot 10^{-13}$
299.438	$1,18 \cdot 10^{-13}$
299.789	$1,23 \cdot 10^{-14}$
299.792	$1,24 \cdot 10^{-15}$
299.792	$1,24 \cdot 10^{-16}$
299.792	$1,24 \cdot 10^{-17}$
299.792	$1,24 \cdot 10^{-18}$

Materiewellenlängen für Protonen

v in $\frac{km}{s}$	λ in m
0	∞
14	$2,86 \cdot 10^{-11}$
44	$9,05 \cdot 10^{-12}$
138	$2,86 \cdot 10^{-13}$
438	$9,05 \cdot 10^{-13}$
1 384	$2,86 \cdot 10^{-13}$
4 377	$9,05 \cdot 10^{-14}$
13.830	$2,86 \cdot 10^{-14}$
43.423	$9,03 \cdot 10^{-15}$
128.370	$2,79 \cdot 10^{-15}$
262.326	$7,31 \cdot 10^{-16}$
298.687	$1,14 \cdot 10^{-16}$
299.780	$1,23 \cdot 10^{-17}$
299.792	$1,24 \cdot 10^{-18}$

Werner Heisenberg (1901–1976) fand heraus, dass dem Teilchen einer Materie-welle nie gleichzeitig ein Ort und ein Impuls mit beliebiger Genauigkeit zuge-ordnet werden können. Man bezeichnet diese Erkenntnis als *Heisenberg'sche Unschärferelation.*

Jede Steigerung der Genauigkeit in der Ortsbestimmung eines Teilchens geht auf Kosten der Genauigkeit in der Impulsbestimmung. Umgekehrt hat jede Ge-nauigkeitssteigerung der Impulsbestimmung einen Genauigkeitsverlust in der Ortsbestimmung zur Folge. Diese Ungenauigkeit ist unabhängig von techni-schen Messmöglichkeiten.

Die Unschärferelation von Heisenberg gilt prinzipiell auch für makroskopische Körper. Da sie aber gegenüber den technischen Messfehlern sehr klein ist, kann sie vernachlässigt werden.

Beziehung zwischen Energie und Masse:
Nach Albert Einstein (1879–1955) sind Energie und Masse jeder Materie durch folgende Gleichung verknüpft:

VI. Atomlehre

$$E = m \cdot c_0^{\,2}$$

mit: *E:* Energie; *m:* Masse; c_0: Lichtgeschwindigkeit im Vakuum

Aus der Gleichung lässt sich ableiten, dass jeder Masse eine bestimmte Energie und jeder Energie eine bestimmte Masse entspricht. Demnach hat auch jede Massenänderung eine Energieänderung und jede Energieänderung eine Massenänderung zur Folge.

2. Aufbau der Atome

Alle festen, flüssigen und gasförmigen Stoffe bestehen aus Atomen.
Schema des Atomaufbaus:

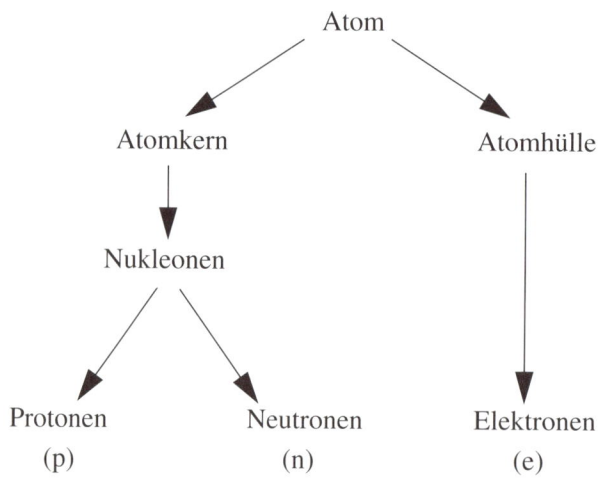

In der Modellvorstellung besteht ein Atom aus einem Atomkern und einer Atomhülle. Der Atomkern besteht aus den *Nukleonen*, *Protonen* und *Neutronen*. Die Protonen sind positiv elektrisch geladen:

$$e_{\text{Proton}} = + 1{,}602 \cdot 10^{-19} \text{Coulomb}$$

Die Neutronen sind elektrisch neutral.

In der Atomhülle bewegen sich die negativ geladenen Elektronen. Ihre elektrische Ladung ist entgegengesetzt gleich der des Protons.

$$e_{\text{Elektron}} = -1{,}602 \cdot 10^{-19} \text{Coulomb}$$

Da ein Atom im Allgemeinen nach außen neutral ist, gilt:

Die Zahl der Protonen im Kern eines Atoms ist gleich der Anzahl der Elektronen in der Atomhülle.

Der Atomkern

Die Protonen und Neutronen des Atomkerns haben ungefähr die gleiche Masse:

$$m_{\text{Proton}} = 1{,}672 \cdot 10^{-27} \text{ kg}$$

$$m_{\text{Neutron}} = 1{,}675 \cdot 10^{-27} \text{ kg}$$

Die Massenzahl M eines Atoms ist die Summe der Protonenzahl Z und der Neutronenzahl N in einem Kern.

$$M = Z + N$$

Atomkerne mit gleicher Protonenzahl Z, aber unterschiedlichem M und N heißen *Isotope*.

Atomkerne mit gleicher Massenzahl M, aber unterschiedlichem Z und N heißen *Isobare*.

Atomkerne verschiedener Elemente mit gleicher Neutronenzahl N bezeichnet man als isotone Nuklide oder *Isotone*.

Zur Kennzeichnung eines Atoms verwendet man folgende Schreibweise:

$$^{M}_{Z}\text{Atomsymbol}$$

Beispiele: $^{27}_{13}\text{Al}$; $^{238}_{92}\text{U}$; $^{37}_{17}\text{Cl}$; $^{40}_{20}\text{Ca}$; ...

Die Ordnungszahl Z gibt die Anzahl der Protonen im Kern, die Anzahl der Elektronen in der Hülle und die Kernladungszahl an.

Atommasse und Molekülmasse:

Die atomare Masseneinheit 1 u ist der 12. Teil der Masse eines Atoms des Nuklids ^{12}C (Kernmasse).

$1\ u = 1,660277 \cdot 10^{-27}$ kg

Die Masse eines Atoms ist das Produkt aus der relativen Atommasse A_r und der atomaren Masseneinheit u.

$$m_{\text{Atom}} = A_r \cdot u$$

Die Masse eines Moleküls ist das Produkt aus der relativen Molekülmasse M_r und der atomaren Masseneinheit u.

$$m_{\text{Molekül}} = M_r \cdot u$$

$$\text{mit: } M_r = A_{r_1} + A_{r_2} + A_{r_3} + \ldots + A_{r_n}$$

Massendefekt: Unter dem Massendefekt versteht man die Differenz zwischen der Summe der Massen aller im Kern enthaltenen Nukleonen und der etwas kleineren Kernmasse.
Die Ursache für den Massendefekt ist die beim Zusammenschluss der Nukleonen frei werdende Kernbindungsenergie. Die Masse, die der Kernbindungsenergie entspricht, der so genannte Massendefekt, ergibt sich aus der Energie-Masse-Relation von Einstein.

Kernbindungsenergie: Man versteht darunter die bei der Bildung eines Atomkerns aus Elementarteilchen frei werdende Energie.

Beim Verschmelzen leichter Kerne oder beim Spalten schwerer Kerne kann Kernenergie freigesetzt werden, da sich bei derartigen Prozessen die mittlere Bindungsenergie der Nukleonen vergrößert.

Kernfusion: Verschmelzen leichter Kerne

Kernspaltung: Spalten schwerer Kerne

Beinahe die gesamte Masse eines Atoms ist im Atomkern konzentriert. Aus Masse und Radius errechnet sich die Dichte der Kernsubstanz.

Die Größe des Atomradius ergibt sich aus dem Abstand der kernfernsten Elektronenbahnen. Die Atomradien liegen in einer Größenordnung von 0,1 Nanometer.

Die Atomhülle

Mit der folgenden Modellvorstellung (Schalenmodell) sind viele chemische und physikalische Vorgänge erklärbar. Die Elektronen der Atomhülle umkreisen den Kern in gesetzmäßiger Ordnung. Sie bewegen sich dabei auf so genannten Schalen, deren Radien mit der Größe des Atoms zunehmen. Jede Schale kann nur eine bestimmte Anzahl von Elektronen aufnehmen.

1. Schale (K-Schale): maximal 2 Elektronen

2. Schale (L-Schale): maximal 8 Elektronen

3. Schale (M-Schale): maximal 18 Elektronen

.
.
.

n. Schale: maximal $2 \cdot n^2$ Elektronen

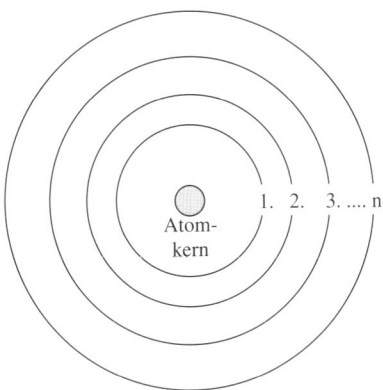

VI. Atomlehre

Die größtmögliche Anzahl z von Elektronen in einer Schale ist das doppelte Quadrat der Schalenzahl (Hauptquantenzahl n).

$$z = 2 \cdot n^2$$

Zum Beispiel können auf der 4. Schale höchstens $2 \cdot 4^2 = 32$ Elektronen Platz finden.

Bohr führte als erster diskrete Umlaufbahnen für die Elektronen der Atomhülle ein. Er verband in seinem Atommodell mithilfe seiner Postulate die Gesetze der klassischen Physik mit den experimentellen Ergebnissen seiner Zeit, so beispielsweise das Auftreten scharfer Spektrallinien.
Nach der kassischen Physik:
Jedes Elektron muss vom Kern mit einer Kraft F (Coulombkraft) angezogen werden, um die Zentrifugalkraft des kreisenden Elektrons ausgleichen zu können.

Die *Bohr'schen Postulate*

1. Postulat: Elektronen können den Atomkern nur auf bestimmten Bahnen strahlungslos umlaufen. Diese sind durch Quantenbedingungen festgelegt.

Quantenbedingung: Der mit 2π multiplizierte Drehimpuls des Elektrons bei seiner Kreisbewegung ist ein ganzzahliges Vielfaches der Planck'schen Konstanten h.

$$2 \cdot \pi \cdot m_e \cdot r_n \cdot v_n = n \cdot h \quad \text{für } n \in \{1; 2; 3; ...\}$$

mit: m_e: Ruhemasse des Elektrons, r_n: Radius der Elektronenbahn, v_n: Geschwindigkeit des Elektrons n: Hauptquantenzahl, h: Planck'sche Konstante

2. Postulat: Jeder nach der Quantenbedingung zulässigen Elektronenbahn entspricht ein Energieniveau. Der Übergang von einer kernferneren zu einer kernnäheren Bahn erfolgt sprunghaft unter Abgabe eines Strahlungsquants.

Für die Energie, die bei einem Übergang von einer kernferneren Bahn 1 nach einer kernnäheren Bahn 2 frei wird, gilt:

$$E = E_1 - E_2 = h \cdot f$$

Bei jedem Übergang eines Elektrons auf ein niedrigeres Energieniveau wird ein Strahlungsquant abgegeben.

Das Wasserstoffatom

Mithilfe der Bohr'schen Postulate kann man die Bahngeschwindigkeit, den Bahnradius, die Energie und die Frequenz der Strahlungsquanten berechnen. Relativ einfach ist dies für das Wasserstoffatom durchzuführen, da nur ein Elektron den Kern umkreist.

Bahngeschwindigkeit:

$$v_n = \frac{2,1877 \cdot 10^6}{n} \ \frac{\text{m}}{\text{s}}$$

Die Geschwindigkeiten des Elektrons auf den verschiedenen Bahnen sind umgekehrt proportional zur Bahnzahl.

Bahnradius:

$$r_n = n^2 \cdot 5,2918 \cdot 10^{-11} \text{ m}$$

Die möglichen Elektronenbahnradien des Wasserstoffatoms verhalten sich proportional zu den Quadraten der Bahnzahlen.

$$r \sim n^2 \ (1 : 4 : 9 : 16 : 25 : 36 : ...)$$

Daraus ergibt sich der Bohr'sche Radius des Wasserstoffatoms mit:

$$r_1 = 5,2918 \cdot 10^{-11} \text{ m (Radius der Bahn } n = 1)$$

VI. Atomlehre

VI. Atomlehre

Umlauffrequenz:

$$f_n = \frac{6{,}5797 \cdot 10^{15}}{n^3} \, Hz$$

Energieniveau:

Das Energieniveau, das zu jeder Elektronenbahn gehört, lässt sich als Summe aus der potenziellen und der kinetischen Energie des Elektrons darstellen.

Potenzielle Energie:

$$E_{pot} = -\frac{4{,}3598 \cdot 10^{-18} \, J}{n^2}$$

Die potenzielle Energie eines Elektrons auf den verschiedenen Bahnen ist umgekehrt proportional zum Quadrat der Bahnzahl.

$$E_{pot} \sim \frac{1}{n^2}$$

Kinetische Energie:

$$E_{kin} = \frac{|E_{pot}|}{2}$$

Die kinetische Energie eines Elektrons ist auf jeder Bahn die Hälfte des Betrages der potenziellen Energie.

Für das Energieniveau ergibt sich daraus:

$$E_n = -\frac{2{,}1799 \cdot 10^{-18} \, J}{n^2}$$

Die Gesamtenergie eines Elektrons auf den verschiedenen Bahnen ist umgekehrt proportional zum Quadrat der Bahnzahl.

$$E_n \sim \frac{1}{n^2}$$

Die Energie eines Wasserstoffatoms beträgt:

$$E_n = -R \cdot \frac{c_0 \cdot h}{n^2}$$

mit: R: Rydbergkonstante $\left(1,097 \cdot 10^7 \, \frac{1}{m}\right)$;

c_0: Vakuum-Lichtgeschwindigkeit $\left(2,998 \cdot 10^8 \, \frac{m}{s}\right)$; h: Planck'sche Konstante

Mit den eingesetzten Konstanten ergibt sich:

$$E_n = -2,18 \cdot 10^{-18} \text{ Joule (für } n = 1)$$

Das Ergebnis zeigt, dass im einfachen Wasserstoffatommodell die Energiestufe eines Elektrons nur von der ganzzahligen Hauptquantenzahl n abhängig ist. In verfeinerten Modellen sind aber unter Berücksichtigung der Feinstruktur der Spektren und des Einflusses von elektrischen und magnetischen Feldern die Energiestufen der Elektronen erst durch die Angabe von vier Quantenzahlen vollständig festgelegt.

Frequenzen der Strahlung:

$$f = \left(\frac{1}{n^2} - \frac{1}{m^2}\right) \cdot 3,2898 \cdot 10^{15} \text{ Hz}$$

mit: m- kernfernere Bahn

n - kernnähere Bahn

Der konstante Wert $3,2898 \cdot 10^{15}$ Hz heißt *Rydberg-Frequenz R*.

Die Rydberg-Konstante ist das $\frac{1}{c_0}$ -fache der Rydberg-Frequenz:

Rydbergkonstante und Rydbergfrequenz berücksichtigen nicht, dass bei einer Elektronenbewegung um einen Kern mit endlicher Masse der Kern selbst eine Eigenbewegung ausführt. Wird dies berücksichtigt, so erhält man eine kleinere Rydbergkonstante R.

Für Wasserstoff ergibt sich:

$$R' = 1,0968 \cdot 10^7 \, \frac{1}{m}$$

3. Atom und Licht

Für das Elektron des Wasserstoffatoms gibt es im Kernfeld bestimmte Energiestufen. Die Lichtemission erfolgt so, dass bei einem Übergang des Elektrons von einem höheren Energieniveau auf ein niedrigeres Energieniveau Licht der Frequenz f ausgestrahlt wird.

Die Energieänderung beim Elektronensprung ist das Produkt aus der Planck'schen Konstante h und der Frequenz f, die dem Quant zugeordnet ist.

$$\Delta E = h \cdot f$$

Die kinetische Energie von lichtelektrisch ausgelösten Elektronen ist nicht von der Größe des auftreffenden Lichtstromes abhängig, sondern nur von der Frequenz f des auslösenden Lichtes. Bei der Auslösung eines Elektrons muss die Austrittsarbeit W aufgebracht werden.

Kinetische Energie der ausgelösten Elektronen: $E_{kin} = h \cdot f - W$ (Einstein-Gleichung)

Die Austrittsarbeit W ist von der Art der Oberfläche und der Art des Trägers abhängig. Sobald das Energiequant $h \cdot f$ kleiner wird als die Austrittsarbeit W, können keine Elektronen mehr ausgelöst werden.

Wellenmechanisches Atommodell

Das zuvor dargestellte Atommodell von Bohr und Sommerfeld ist mit kleinen Mängeln belastet, die aber eine allgemeine Brauchbarkeit nicht in Frage stellen. So wurden zum Beispiel willkürliche Festlegungen getroffen, die zur Erklärung von Versuchsergebnissen nötig waren und in sich der Logik entsprechen.

Schrödinger benutzte für den Aufbau eines neuen Atommodells die Wellenmechanik.

Sieht man das um den Kern laufende Elektron als stehende Welle an, so muss der Umfang der Elektronenbahn ein ganzzahliges Vielfaches der Wellenlänge sein.

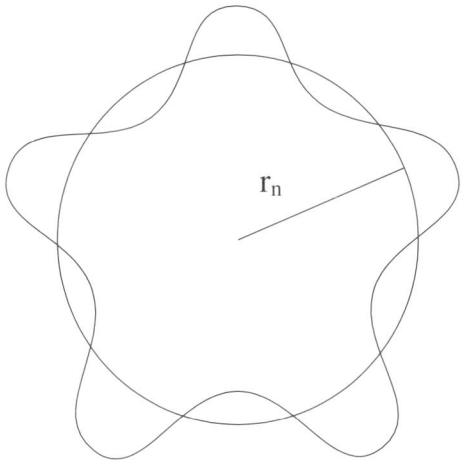

Die Materiewellenlänge eines Elektrons beträgt nach De Broglie:

$$\lambda = \frac{h}{m_e \cdot v_n}$$

Ist nun der Umfang der Elektronenbahn ein Vielfaches der Wellenlänge, so gilt:

$$2 \cdot \pi \cdot r_n = n \cdot \lambda = \frac{n \cdot h}{m_e \cdot v_n}$$

Das Ergebnis ist übereinstimmend mit dem 1. Bohr'schen Postulat.

Die Bohr'schen Bahnen werden im wellenmechanischen Atommodell durch räumliche stehende Wellen ersetzt. Jede solche Welle besitzt eine bestimmte Energie und eine Eigenfrequenz.
Statt des Übergangs von einer Bahn zur anderen spricht man bei diesem neuen Modell vom Übergang von einem Zustand in den anderen.

Die Intensität der Welle an den einzelnen Stellen des Raumes ist das Maß für die Wahrscheinlichkeit des Aufenthaltes von Elektronen.

Das Elektron bildet um den Kern eine *Ladungswolke*, deren örtliche Dichte der Intensität der Welle an dieser Stelle entspricht.
In den Knotenflächen der Wellen ist die Intensität gleich null und somit das Vorhandensein eines Elektrons unwahrscheinlich.

4. Radioaktivität

Henry Becquerel entdeckte im Jahre 1896 eine unbekannte, nicht kontinuierliche Strahlung, die viele Stoffe durchdringen kann und Fotoplatten belichtet. Zwei Jahre später gelang es dem Ehepaar Pierre und Marie Curie, aus einem Uranerz, der Uranpechblende, zwei bisher unbekannte Elemente abzuscheiden, die besonders stark radioaktiv waren. Es handelte sich dabei um die Elemente Polonium und Radium.

Die Fähigkeit bestimmter Kernarten, sich unter Aussendung von Strahlung umzuwandeln, bezeichnet man als *Radioaktivität*.
Die Umwandlung selbst wird radioaktiver Zerfall genannt, ein Vorgang, der durch keine äußere Einwirkung beeinflussbar ist.
Unter natürlicher Radioaktivität versteht man die Umwandlung von Radionukliden unter Aussendung von α- oder β-Strahlen, meist begleitet von γ-Strahlen.

Strahlungsarten

α-*Strahlung*: Sie setzt sich aus positiv geladenen Heliumkernen zusammen. α-Strahlen sind $^{4}_{2}\text{He}^{2+}$-Strahlen.

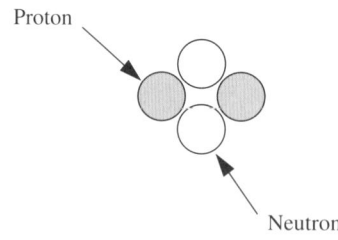

Proton

Neutron

Aufgrund ihrer positiven Ladung sind sie durch elektrische und magnetische Felder ablenkbar.

Die Austrittsgeschwindigkeit von α-Strahlen beträgt cirka $10^7 \frac{m}{s}$.

β-*Strahlung*: Es handelt sich um Elektronenstrahlen, wie die Kathodenstrahlen. Sie besteht aus Elektronen mit Geschwindigkeiten zwischen $10^8 \frac{m}{s}$ und $0,99 \cdot c_0$. Aufgrund ihrer negativen Ladung werden β-Strahlen in elektrischen und magnetischen Feldern abgelenkt. Die Ablenkung erfolgt in entgegengesetzter Richtung zu den α-Teilchen.

γ-*Strahlung*: Es handelt sich um eine energiereiche elektromagnetische Strahlung mit Wellenlängen von cirka 10^{-12} m und Frequenzen von ungefähr 10^{20} Hz. Die γ-Strahlung ist durch elektrische und magnetische Felder nicht ablenkbar.

Bei künstlichen Kernumwandlungen können Isotope entstehen, bei denen eine vierte Strahlung zu beobachten ist.

β^+-*Strahlung:* Sie besteht aus Teilchen, die den Elektronen bis auf das Vorzeichen der Ladung gleich sind. Die Teilchen bezeichnet man als *Positronen* (*positive Elektronen*).

Reichweite der Strahlung radioaktiver Stoffe: Die Reichweite ist von der Art der Strahlung und von der radioaktiven Substanz abhängig. Für die α-Strahlung ist sie sehr gering und beträgt nur 4-8 cm.

Absorptionsfähigkeit der Strahlung radioaktiver Stoffe: α-Strahlen lassen sich bereits durch ein Blatt Papier abschirmen. Für die β-Strahlen sind 12 mm starke Aluminiumplatten notwendig. Die γ-Strahlen können nur von dicken Bleiplatten absorbiert werden.

Nachweis der Strahlung

Die Radioaktivität erkennt man an den verschiedenen Wirkungen. Zum Beispiel schwärzt Strahlung radioaktiver Stoffe eine lichtempfindliche Fotoplatte. Bei einem fluoreszierenden Material ruft die Strahlung Lichtblitze hervor. Eine Beobachtung ist nur bei völliger Dunkelheit im Spinthariskop möglich.

Nachweisgeräte:

Ionisationskammern: Die zwischen den beiden Elektroden durch Stoßionisation erzeugten Ionen werden durch eine Spannung beschleunigt und gelangen somit zum inneren Draht, wobei ein Stromstoß verzeichnet werden kann. Allerdings resultiert ein messbarer Stromstoß erst bei vielen einfallenden α-Teilchen bzw. entsprechend hoher Strahlung.

Das Geiger-Müller-Zählrohr: Das Geiger-Müller-Zählrohr ist eine Ionisations-kammer, die bei sehr hohen Spannungen betrieben wird. Bereits ein einfallendes Teilchen ruft einen messbaren Stromstoß hervor. Die durch Stoßionisation er-zeugten Ladungsträger werden in dem starken elektrischen Feld so stark be-schleunigt, dass sie weitere Ladungsträger freisetzen, und zwar lawinenartig.

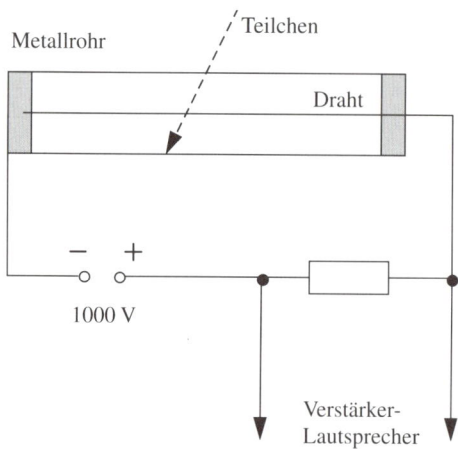

Die auftreffenden Teilchen führen zu einem kurzzeitigen Entladungsstoß, der verstärkt und gezählt werden kann. Die Impulse können auch als Knacken akus-tisch hörbar gemacht werden.

$$\text{Impulsrate} = \frac{\text{Anzahl der Impulse}}{\text{Zeit}}$$

Die Impulsrate ist von der Aktivität der Strahlung, dem Abstand zwischen Strah-lungsquelle und Zählrohr sowie der Bauart des Zählrohres abhängig.

Der Szintillationszähler: Die auftreffende Strahlung regt hier bestimmte Leucht-stoffe zur Lichtemission an. Die Lichtblitze können durch eine Lupe beobachtet und gezählt werden. Sie können aber auch auf eine Fotokathode geleitet werden. Die herausgeschlagenen Elektronen werden dann in Sekundärelektronenverviel-fachern verstärkt. Man erhält durch diese Methode die empfindlichsten und leis-tungsfähigsten Strahlenmessgeräte zum Nachweis radioaktiver Stoffe.

Die Wilson'sche Nebelkammer:

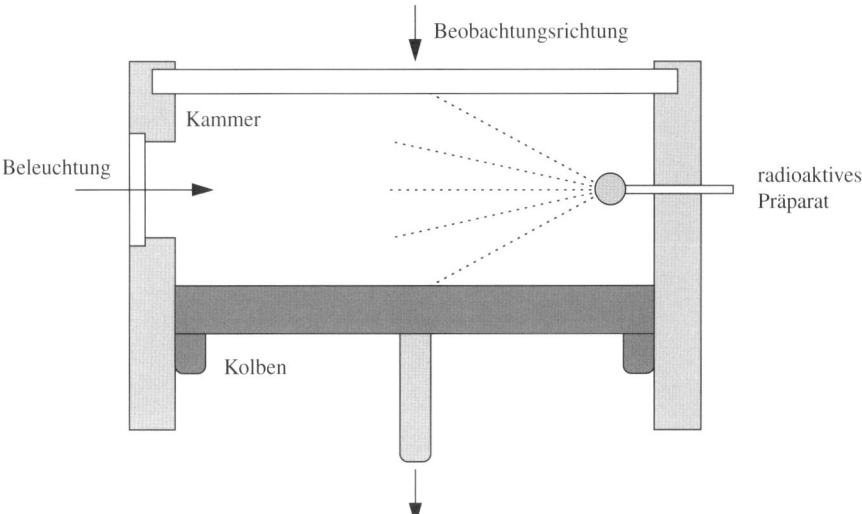

In der Kammer ist die Luft mit Wasserdampf übersättigt. Die erzeugten Ionen dienen als Kondensationskeime, an denen Wasserdampf kondensiert. Die ent-standenen Kondensstreifen machen den Verlauf der Strahlung bzw. die Flug-bahn der Teilchen sichtbar.

Radioaktiver Zerfall

Heute ist bekannt, dass sich radioaktive Elemente durch Strahlung in andere Ele-mente verwandeln und dabei große Mengen von Wärmeenergie abgeben. Wäh-rend der Umwandlung strahlt ein Atom nur α- oder β-Strahlen aus, niemals gleichzeitig beide Strahlungsarten zusammen. Die γ-Strahlung ist eine häufige Begleiterscheinung bei α - Strahlern und β-Strahlern.

Bei Mischungen von verschiedenen radioaktiven Stoffen, wie zum Beispiel bei nicht reinem Radium, können alle drei Strahlungsarten festgestellt werden:

Aus $^{226}_{88}$Ra (Radium) entsteht durch Abgabe eines Heliumkerns (α-Strahlung) das Edelgas Radon ($^{222}_{86}$Rn).

Radon zerfällt durch Aussendung von α-Strahlung in Radium A.

Radium A geht durch α-Strahlung in Radium B über.

Radium B ist ein β- und γ-Strahler und verwandelt sich in Radium C.

Diese Elementumwandlungen führen über Radium C[1], Radium D, Radium E, ... , bis zum stabilen Blei, das nicht mehr radioaktiv ist.

Radium A, B, C usw. sind geschichtlich bedingte Namen. In den folgenden Reaktionsgleichungen, die nur eine Auswahl darstellen, werden die modernen Elementbezeichnungen verwendet.

$$^{226}_{88}\text{Ra} \rightarrow {}^{222}_{86}\text{Rn} + {}^{4}_{2}\text{He}$$

$$^{222}_{86}\text{Rn} \rightarrow {}^{218}_{84}\text{Po} + {}^{4}_{2}\text{He}$$

$$^{218}_{84}\text{Po} \rightarrow {}^{214}_{82}\text{Pb} + {}^{4}_{2}\text{He}$$

$$^{214}_{82}\text{Pb} \rightarrow {}^{214}_{83}\text{Bi} + {}^{0}_{-1}\text{e}$$

$$\left({}^{218}_{84}\text{Po} = \text{Ra A}; \ {}^{214}_{82}\text{Pb} = \text{Ra B}; \ {}^{214}_{83}\text{Bi} = \text{Ra C} \right)$$

Stabilität des Kerns: Das Verhältnis aus Neutronenzahl N und Protonenzahl Z nimmt mit steigender Massenzahl A zu.

Kerne sind nur dann stabil, wenn ein bestimmtes Verhältnis aus Neutronen und Protonen angenähert erreicht wird.

Als Voraussetzung für eine stabile Nukleonenverbindung gilt:

$$\frac{N}{Z} \approx 1 + 0,015 \ A^{2/3} \text{ mit } A < 250$$

Für: A: Massenzahl (N + Z)

               N: Neutronenzahl im Kern

               Z: Protonenzahl im Kern

Der α-Zerfall: Bei einem α-Strahler entsteht ein Atom, dessen Ordnungszahl um 2 kleiner ist als die des Ausgangsatoms.

Beispiel:

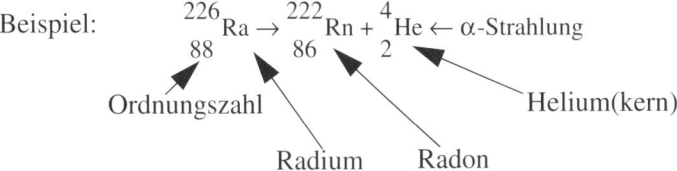

$$^{226}_{88}\text{Ra} \rightarrow \,^{222}_{86}\text{Rn} + \,^{4}_{2}\text{He} \leftarrow \text{α-Strahlung}$$

Ordnungszahl   Helium(kern)

               Radium   Radon

Ein α-Zerfall tritt nur bei Kernen mit hoher Massenzahl A auf.

Der β-Zerfall: Bei einem β-Strahler entsteht ein Atom, dessen Ordnungszahl um 1 größer ist als die des Ausgangsatoms.

Beispiel:

$$^{214}_{82}\text{Pb} \rightarrow \,^{214}_{83}\text{Bi} + \,^{0}_{-1}\text{e} \leftarrow \text{β-Strahlung}$$

Blei   Wismut   Elektron

Ein β-Zerfall tritt bei Kernen mit relativem Neutronenüberschuss auf. Das ausgeschleuderte Elektron entsteht bei der Umwandlung von einem Neutron in ein Proton.

$$^{1}_{0}\text{n} \rightarrow \,^{1}_{1}\text{p} + \,^{0}_{-1}\text{e} + \bar{\text{v}}$$

Neutron   „Antineutrino"

         Proton   Elektron

Ein Antineutrino besitzt weder Ladung noch Ruhemasse. Es bindet einen Teil der Zerfallsenergie und wird bei Reaktionsgleichungen meist nicht angegeben.

VI. Atomlehre

Der β⁺-Zerfall: Besitzen Kerne einen relativen Protonenüberschuss, so kann es zu einem β⁺-Zerfall kommen. Bei der Umwandlung eines Protons in ein Neutron wird ein Positron ausgeschleudert.

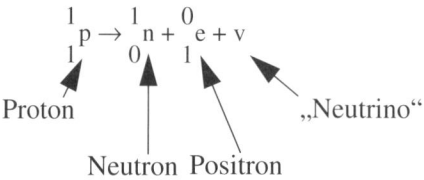

Das Neutrino besitzt weder Ladung noch Ruhemasse. Bei der Angabe von Reaktionsgleichungen wird es meist vernachlässigt.

Bei einem β⁺-Zerfall wird ein Positron ausgeschleudert. Bei konstanter Massenzahl muss daher die Kernladungszahl des neuen Kernes um 1 verkleinert sein.

Die γ-Strahlung: Bei einer γ-Strahlung verändert sich die Kernladung nicht. Daher bleibt die Ordnungszahl gleich.

Nach einem α- oder β-Zerfall vollzieht sich im Kern ein Umwandlungsprozess. Der Kern wird aus einem angeregten Zustand in energieärmere Zustände übergeführt.

Übersicht:

α-Zerfall	β-Zerfall	γ-Zerfall
$^{2}_{4}\text{He}$	$^{0}_{-1}\text{e}$	keine Kernumwandlung
$Z \rightarrow -2$	$Z \rightarrow +1$	Z: konstant
$N \rightarrow -2$	$N \rightarrow -1$	N: konstant
$M \rightarrow -4$	M: konstant	M: konstant

Z: Protonenzahl

N: Neutronenzahl

M: Massenzahl

Zerfallsgesetz

Der Zerfall der Kerne ist ein statistischer Vorgang. Durch die große Anzahl der in radioaktiven Stoffen enthaltenen Atome ist es möglich, für den radioaktiven Zerfall Gesetze zu formulieren.

Die Anzahl der in einer Zeitspanne Δt umgewandelten Kerne ΔN eines Nuklids ist direkt proportional zur Anzahl N_0 der zu Beginn der Zeitspanne vorhandenen radioaktiven Kerne des Nuklids, der Zeitspanne selbst und der Zerfallskonstanten λ des Nuklids.

$$\Delta N = \lambda \cdot N_0 \cdot \Delta t$$

Grafik für den zeitlichen Verfall radioaktiver Stoffe:

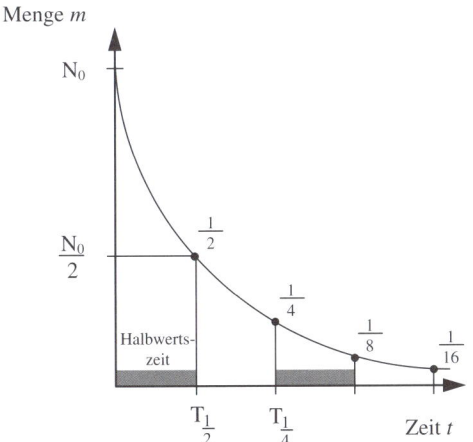

Die Halbwertszeit

Die Zeit, nach der die Hälfte einer gegebenen großen Anzahl von radioaktiven Atomen zerfallen ist, heißt *Halbwertszeit*.

$$\text{Halbwertszeit } T_{\frac{1}{2}} = \frac{ln\,2}{\lambda \rightarrow \text{Zerfallskonstante}}$$

In dieser Zeitspanne sinkt die Anzahl N der radioaktiven Kerne eines Elementes auf die Hälfte des ursprünglichen Wertes N_0.

$$N = N_0 \cdot \left(\frac{1}{2}\right)^{1/T}$$

Jedes radioaktive Isotop hat eine bestimmte Halbwertszeit.

Die Aktivität

Unter der Aktivität eines Stoffes versteht man den Quotienten aus der Anzahl der Zerfälle und der dazu benötigten Zeit.

Die momentane Aktivität ist eine wichtige Kenngröße einer radioaktiven Substanz und ist leicht berechenbar. Ist N die Anzahl der zerfallsfähigen Kerne in der Substanz und λ die Zerfallskonstante, so beträgt die Aktivität A der radioaktiven Substanz:

$$A = \lambda \cdot N$$

Die Einheit der Aktivität ist 1 Becquerel (1 Bq) = $\frac{1}{s}$

Früher wurde für die Einheit der Aktivität das Curie verwendet.

1 Curie ist die Aktivität einer Substanz mit $3,7 \cdot 10^{10}$ Zerfallsakten in der Sekunde.

Wird die Aktivität einer Substanz auf ihre Masse bezogen, so spricht man von der *spezifischen Aktivität a*.

$$\text{spezifische Aktivität} \rightarrow a = \frac{A}{m} \leftarrow \frac{\text{Aktivität}}{\text{Masse}}$$

$$\text{Einheit: } \frac{\text{Bq (Becquerel)}}{\text{g (Gramm)}}$$

Spezifische Aktivität einiger radioaktiver Substanzen:

Element	Z	Isotop	$a/\dfrac{Bq}{g}$
Blei	82	Pb 214	$1,22 \cdot 10^{18}$
Bismut	83	Bi 214	$1,67 \cdot 10^{18}$
Polonium	84	Po 218	$1,05 \cdot 10^{19}$
Radon	86	Rn 222	$5,74 \cdot 10^{15}$
Radium	88	Ra 226	$3,7 \cdot 10^{10}$
Thorium	90	Th 230	$7,03 \cdot 10^{8}$
		Th 234	$8,47 \cdot 10^{14}$
Uran	92	U 234	$2,1 \cdot 10^{8}$
		U 238	$1,22 \cdot 10^{4}$

Zerfallsreihen

Beim Zerfall eines radioaktiven Kernes entsteht meist wieder ein radioaktiver Kern.

Natürliche Zerfallsreihen ergeben sich, da die Zerfallsprodukte ebenfalls radioaktiv sind. Diese Zerfallsreihen führen zu stabilen Blei-Isotopen, die nicht weiter zerfallen. Außerhalb der Zerfallsreihen gibt es noch viele weitere Formen des natürlichen radioaktiven Zerfalls.

Natürliche Zerfallsreihen:

Uran-Radium-Reihe

$$\text{Ausgangskern: } ^{238}_{92}\text{U stabiler Endkern: } ^{206}_{82}\text{Pb}$$

Uran-Aktinium-Reihe

$$\text{Ausgangskern: } ^{235}_{92}\text{U stabiler Endkern: } ^{207}_{82}\text{Pb}$$

Thorium-Reihe

Ausgangskern: $^{232}_{90}$Th stabiler Endkern: $^{208}_{82}$Pb

Neptunium-Reihe (nicht mehr existent)

Ausgangskern: $^{237}_{93}$Np stabiler Endkern: $^{209}_{83}$Bi

Herkunft der natürlichen Radioaktivität

In der Natur ist überall stets eine geringe Strahlung radioaktiver Stoffe vorhanden. Man spricht von dem so genannten *Nulleffekt*. Dieser Nulleffekt basiert auf zwei stets vorhandenen Strahlungsarten:

1. *Kosmische Strahlung:* Höhenstrahlung
2. *Terrestrische Strahlung:* Strahlung von Gestein und Baustoffen

Dosimetrie

Die Wirkung, welche eine Strahlung auf den durchstrahlten Körper hat, ist durch die an den Körper abgegebene Energie bestimmt. Dies gilt nicht nur für Strahlung radioaktiver Stoffe, sondern für alle ionisierenden Strahlungsarten, wie auch Röntgenstrahlen oder Neutronenstrahlen.

Unter der *Energiedosis D* versteht man das Verhältnis aus der Energie E, die ein Körper aufnimmt, und der Masse *m* des Körpers.

$$D = \frac{E}{m}$$

Die SI-Einheit für die Energiedosis ist das *Gray*.

$$1 \text{ Gy (Gray)} = 1 \frac{\text{J (Joule)}}{\text{kg (Kilogramm)}}$$

VI. Atomlehre

Unter der *Energiedosisrate* versteht man das Verhältnis aus der Energiedosis D und der Zeit t.

$$\text{Energiedosisrate D}' = \frac{D}{t} \quad \text{Einheit}: \frac{\text{Gy}}{\text{s}}$$

Eine der wichtigsten Eigenschaften der radioaktiven Strahlung ist die ionisierende Wirkung. Die Anzahl der in Luft gebildeten Ionen ist ein Maß für die Intensität der Strahlung.

Die *Ionendosis* oder *Exposition* ist der Quotient aus der durch Ionisierung in Luft gebildeten Ladung Q und der Masse m der durchstrahlten Luft.

$$\text{Ionendosis } J = \frac{Q}{m}$$

Die Ionendosis J, die ein bestimmter γ-Strahler mit der Aktivität 1 Becquerel im Abstand von 1 Meter pro Sekunde erzeugt, wird in der *spezifischen Gammastrahlenkonstante* angegeben.

Spezifische γ-Strahlenkonstanten I' in $10^{-18}\text{C} \cdot \frac{\text{m}^2}{\text{kg}}$

Material	Symbol	Konstante I'
Natrium	Na 22	2,30
Kalium	K 40	3,68
	K 42	0,27
Chrom	Cr 51	0,03
Mangan	Mn 52	3,60
	Mn 54	0,91
Eisen	Fe 55	1,16
	Fe 59	1,22
Cobalt	Co 58	1,07
	Co 60	2,54
Kupfer	Cu 64	0,23
Zink	Zn 65	0,54
Brom	Br 82	2,83

VI. Atomlehre

Rubidium	Rb 86	0,097
Antimon	Sb 124	1,55
Iod	I 130	2,36
	I 131	0,44
	I 132	2,29
Caesium	Cs 134	1,72
	Cs 137	0,66
Lanthan	La 140	2,32
Cer	Ce 144	0,04
Europium	Eu 152	0,93
	Eu 154	1,2
	Eu 155	0,06
Thulium	Tm170	0,01
Tantal	Ta 182	1,18
Iridium	Ir 192	0,97
Gold	Au198	0,45
Radium	Ra 226	1,60
Thorium	Th 228	1,36
Uranium	U 238	0,02

Die Ionendosis lässt sich, da die zur Ionisierung eines Moleküls erforderliche Energiemenge bei allen Stoffen bekannt ist, durch die entsprechende Energiedosis ausdrücken.

Für trockene Luft von 0°Celsius bei 1013 hPa gilt:

$$1\frac{C}{kg} = 33,7 \text{ Gy}$$

Auf *Muskelgewebe* umgerechnet ergibt sich:

$$1\frac{C}{kg} = 38,8 \text{ Gy}$$

Für den Strahlenschutz ist die Wirkung ionisierender Strahlung auf lebendes Gewebe wichtig.

VI. Atomlehre

Die *Äquivalentdosis* ist ein Maß für die biologische Wirkung einer Strahlungsart bei gleicher Energiedosis.

$$\text{Äquivalentdosis} = \text{Energiedosis} \cdot \text{Bewegungsfaktor}$$

$$D_q = D \cdot q$$

Die Einheit für die Äquivalentdosis ist *Sievert*.

$$1 \text{ Sievert (1 Sv)} = 1 \frac{J}{kg}$$

Einige Bewertungsfaktoren q in $\dfrac{Sv}{Gy}$

γ-Strahlen	1
β- und Röntgenstrahlen	1
α-Strahlen	20
Neutronen (0,02 bis 0,1 MeV)	5 bis 8
langsame Neutronen (0,03 eV)	3
schnelle Neutronen	10
schnelle Protonen	10

Gefahren und Nutzen der radioaktiven Strahlung

In der Medizin kommt es zum Einsatz von Radionukliden in der Therapie und Diagnostik. Dabei werden Präparate mit geringer Halbwertszeit und bestimmten Substanzeigenschaften für die Anreicherung in Organen verwendet.

Die Archäologie und Paläontologie bedienen sich der Radiokarbonmethode. Dieses Verfahren nutzt die Halbwertszeit des Kohlenstoffisotops ^{14}C, sie beträgt 5730 Jahre. Dieses Kohlenstoffisotop wird zu Lebzeiten des Organismus zu einem bestimmten Anteil in die organische Substanz eingebaut. Beim Absterben verringert sich die Menge dieses Isotops in den Organismen. Über Berechnungen lässt sich daraus das Alter von Materialien bestimmen.

In der Technik wird die radioaktive Strahlung unter anderem zur Sterilisation von Geräten, Veredelung von Stoffen und Konservierung von Lebensmitteln verwendet.

Die *Strahlenbelastung* des menschlichen Körpers richtet sich nach dem Einfluss kurzzeitig hoher oder kontinuierlich niedriger Bestrahlung.

Unter der *inneren Strahlung* versteht man dabei die Strahlung der durch Nahrungsaufnahme und Atemluft in den Körper gelangten radioaktiven Stoffe. Diese sind im Körper gleichmäßig verteilt oder an bestimmten Organen abgelagert. Jod zum Beispiel lagert sich in der Schilddrüse, Strontium in der Knochensubstanz und Radon in der Lunge ab.

Unter *äußerer Strahlung* versteht man das Eindringen von Strahlung in den Körper. Sowohl innere als auch äußere Strahlung führen zu Schäden, da es in den Körperzellen durch Ionisation zu chemischen Veränderungen und damit möglicherweise zu Veränderungen des Erbguts der Zelle kommt.

Die Wirkung ionisierender Strahlung auf den Menschen ist von der Art, der Energie, der Dauer und der zeitlichen Verteilung der Strahlung sowie der Strahlungsempfindlichkeit des betreffenden Organs abhängig.

Bei starker Strahlungsbelastung entstehen *Frühschäden*, die zu Strahlenkrankheiten und zum direkten Strahlentod führen können. Schwache Strahlungsbelastungen haben Spätschäden wie zum Beispiel Krebserkrankungen zur Folge. Missbildungen und Fehlgeburten können ebenfalls auftreten.

Wegen der großen Gefahr ionisierender Strahlung jeder Art wurden vom Gesetzgeber Richtlinien erstellt. Ein wichtiger Bereich sind die maximal zulässigen Äquivalentdosen.

Für beruflich strahlenexponierte Personen gilt:

$$\text{maximal zulässige Äquivalentdosis:} \; 0,05 \; \frac{\text{Sievert}}{\text{Jahr}}$$

$$30 \; \frac{\text{Millisievert}}{13 \; \text{Wochen}}$$

Für Personen, die nur gelegentlich mit ionisierenden Strahlen kontaktieren, gelten ein Zehntel der Werte.

VI. Atomlehre

Die künstliche Radioaktivität

Nach dem Vorbild der natürlichen Radioaktivität haben Naturwissenschaftler stets versucht, ein Atom eines bestimmten Elements in ein Atom eines anderen Elements zu verwandeln. Durch Beschuss des Atomkerns mit leichten Teilchen, wie zum Beispiel Protonen, Deuteronen, Neutronen und Heliumkernen, schien dies möglich. Es führte aber zu großen Schwierigkeiten, da der Atomkern schwer zu treffen ist und die Kernkräfte, die den Kern zusammenhalten, sehr stark sind.

Im Jahre 1919 gelang es dem englischen Physiker Rutherford, in der Wilsonkammer vereinzelt Stickstoffatome durch Beschuss mit α-Strahlen in Sauerstoffatome zu verwandeln.

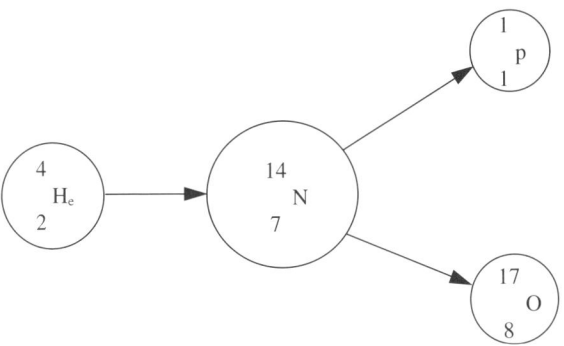

VI. Atomlehre

Reaktionsgleichung:

$$^{14}_{7}N + {}^{4}_{2}He \rightarrow {}^{17}_{8}O + {}^{1}_{1}p$$

α - Teilchen   Proton

Wenn die Spuren der α-Teilchen in der Nebelkammer glatt und ohne Knick verlaufen, so wurde kein Stickstoffkern getroffen.

Trifft das α-Teilchen auf einen Kern, so gabelt sich die Spur des α-Teilchens. Dies geschieht bei 45.000 Bahnen nur etwa einmal.

Bei der Gabelung zeigt die kurze dicke Spur den Verlauf des neu entstandenen Sauerstoffkerns, die lange Spur den Weg des herausgeschleuderten Protons.

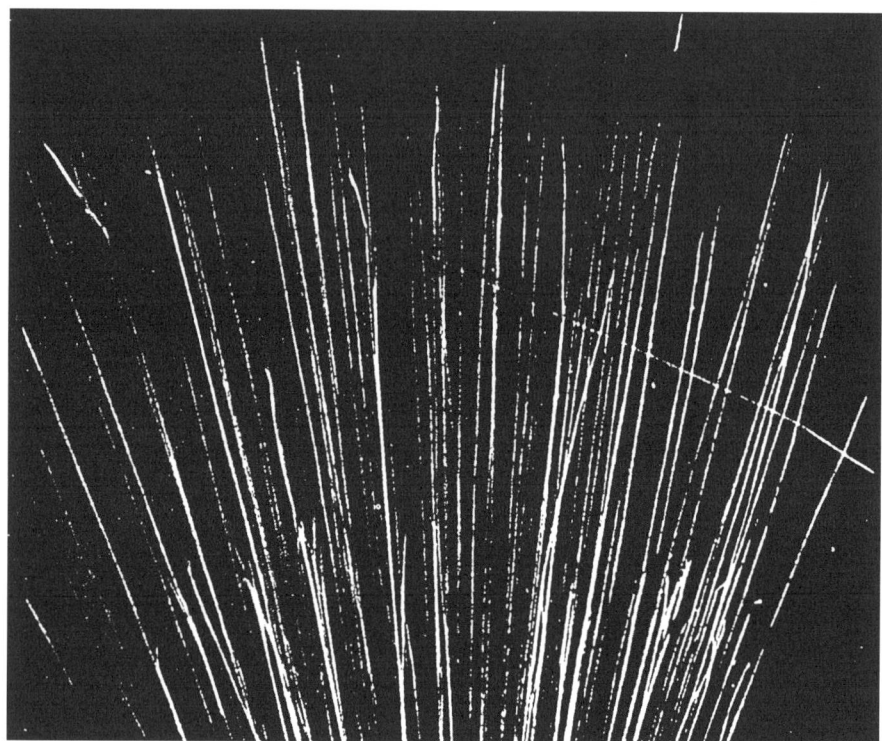

Rutherford hat weitere zwölf Elemente in ähnlichen Versuchen umgewandelt. Zur Zertrümmerung schwerer Kerne reicht die Energie der α-Teilchen nicht aus. Man verwendet dazu Teilchen, wie zum Beispiel Protonen und Deuteronen, die durch *Teilchenbeschleuniger* in eine höhere Energiestufe gebracht werden.

Teilchenbeschleuniger

Hochspannungsanlagen: Kaskadengenerator nach Greinacher
Hochspannungsgenerator nach van de Graaff

Die größte Bedeutung neben Hochspannungsanlagen und Linearbeschleunigern haben die *Kreisbeschleuniger*. Sie besitzen ein magnetisches Führungsfeld, mit dem die Teilchen auf eine Kreisbahn gezwungen werden. Ein elektrisches Feld beschleunigt die Teilchen auf die nötige Geschwindigkeit.

Beispiele für Kreisbeschleuniger:

Zyklotron: Teilchen, die im Zentrum eintreffen, bewegen sich aufgrund ihrer wachsenden Geschwindigkeit auf einer Spiralbahn.

Synchro-Zyklotron: Kommt es zu hohen Teilchengeschwindigkeiten, so macht sich der relativistische Massenzuwachs bemerkbar. Die Teilchen gelangen dann zu spät in die Beschleunigungsfelder und kommen aus dem Takt. Dieser Fehler wird korrigiert, indem man die Beschleunigungsfrequenz moduliert.

Synchro-Phasotron: Es wird für schwere Teilchen verwendet. Dabei werden die Teilchen vorbeschleunigt und tangential in die ringförmige Beschleunigungsstrecke geschossen.

Betatron: Eine Beschleunigungsanlage für Elektronen.

Kernumwandlungen durch Neutronen

Dem englischen Physiker Chadwick gelang es im Jahre 1932, durch Beschuss eines Berylliumatoms mit α-Teilchen ein Kohlenstoffatom und ein freies Neutron zu erzeugen.

$$\underset{4}{^{9}}\text{Be} + \underset{2}{^{4}}\text{He} \rightarrow \underset{6}{^{12}}\text{C} + \underset{0}{^{1}}\text{n}$$

$$\alpha\text{ - Teilchen} \qquad \text{Neutron}$$

Neutronen eignen sich besonders gut zur Umwandlung von Kernen. Sie können sich dem Kern gut nähern, da sie ungeladen sind.

Beispiel für Neutronenbeschießung:

$$\underset{16}{^{32}}\text{S} + \underset{0}{^{1}}\text{n} \rightarrow \underset{15}{^{32}}\text{P} + \underset{1}{^{1}}\text{p}$$

$$\text{Schwefel} \quad | \quad \text{Phosphorisotop}$$
$$\text{Neutron} \qquad \qquad \text{Proton}$$

Das entstandene Phosphorisotop ist radioaktiv und unter dem Namen *Radiophosphor* ein wichtiges Isotop für Medizin und Biologie.

VI. Atomlehre

Der Radiophosphor verwandelt sich unter Aussendung von β-Strahlen in Schwefel.

$$^{32}_{15}P \rightarrow \ ^{32}_{16}S + \ ^{0}_{-1}e$$

Derartige von Menschen erzeugte radioaktive Isotope der natürlichen Elemente heißen *künstliche radioaktive Elemente*.

Heute ist es möglich, von allen Elementen des periodischen Systems künstlich radioaktive Isotope herzustellen.

Es ist auch gelungen, aus Quecksilber das Edelmetall Gold herzustellen, jedoch ist die Herstellung kostenaufwendiger als die Förderung natürlichen Goldes.

Entstehung von Transuranen

Bei der Beschießung verschiedener Elemente mit Neutronen gelang es, neue Elemente zu erzeugen, die im Periodensystem hinter dem Uran, dem letzten damals bekannten Element, einen Platz zugeordnet bekamen.

Man nennt sie *Transurane*.

Beispiel:

$$^{238}_{92}U + \ ^{1}_{0}n \rightarrow \ ^{239}_{92}U$$

Neutronenbeschuss

^{239}U ist radioaktiv und zerfällt.

$$^{239}_{92}U \rightarrow \ ^{239}_{93}Np + \ ^{0}_{-1}e$$

$^{239}_{93}Np$ ist das erste Transuran, es heißt *Neptunium*.

Auch Neptunium ist radioaktiv und zerfällt. Es entsteht ein weiteres neues Transuran, das *Plutonium*.

$$^{239}_{93}Np \rightarrow \ ^{239}_{94}Pu + \ ^{0}_{-1}e$$

VI. Atomlehre

Weitere künstlich hergestellte radioaktive Transurane sind zum Beispiel *Americum, Einsteinium, Nobelium* oder *Lawrencium* (Elemente mit einer Protonenzahl, die größer als 92 ist).

Die Kernspaltung

Im Jahre 1939 gelang den beiden deutschen Atomforschern Otto Hahn und Fritz Strassmann die erste *Kernspaltung*. Der Kern des Uranisotops U 235 zerbrach beim Beschuss mit langsamen Neutronen in zwei mittelschwere Bruchstücke, in einen Bariumkern und einen Kryptonkern.

$$^{235}_{92}U + ^{1}_{0}n \rightarrow ^{89}_{36}Kr + ^{144}_{56}Ba + 3 \cdot ^{1}_{0}n$$

Uran   Neutron   Krypton   Barium   Neutron

andere Zerfallsmöglichkeiten:

$$^{235}_{92}U + ^{1}_{0}n \rightarrow ^{139}_{54}Xe + ^{95}_{38}Sr + 2 \cdot ^{1}_{0}n$$

$$^{235}_{92}U + ^{1}_{0}n \rightarrow ^{140}_{55}Cs + ^{94}_{37}Rb + 2 \cdot ^{1}_{0}n$$

$$^{235}_{92}U + ^{1}_{0}n \rightarrow ^{145}_{57}La + ^{87}_{35}Br + 4 \cdot ^{1}_{0}n$$

Da bei diesen Reaktionen je Neutron mehrere neue Neutronen, die wiederverwertbar sind, frei werden, kann eine so genannte *Kettenreaktion* entstehen. Unter einer Kettenreaktion versteht man einen Prozess, bei dem eine bestimmte Reaktion weitere gleichartige Reaktionen auslöst.

Bei dem Element U 235 läuft nur dann eine Kettenreaktion ab, wenn keine Neutronen absorbierenden Beimischungen vorhanden sind. Weiter muss genügend spaltbares Material vorhanden sein, damit die freigesetzten Neutronen neue Kerne treffen können.
Die Minimalmenge für eine Kettenreaktion nennt man *kritische Masse*.

Die Anzahl der zu weiteren Spaltungen führenden Neutronen einer Spaltung wird als *Vermehrungs- oder Multiplikationsfaktor k* bezeichnet.

VI. Atomlehre

Für $k = 1$ gilt: Die Anzahl der Spaltungen pro Zeiteinheit ist konstant. Ein Reaktor arbeitet demnach mit konstanter Leistung.

Für $k < 1$ gilt: Die Anzahl der Spaltungen pro Zeiteinheit verringert sich. Eine laufende Kettenreaktion erlischt.

Für $k > 1$ gilt: Die Anzahl der Spaltungen pro Zeiteinheit nimmt zu. Die Leistung eines Reaktors nimmt exponentiell zu. Es kommt zu einer Explosion.

Kettenreaktionen können durch Absorption eines bestimmten Neutronenanteils gesteuert werden. Man verwendet dazu Regelstäbe, die meist aus Borstahl oder Cadmium bestehen. Durch das Einbringen der Regelstäbe verändert sich der Vermehrungsfaktor k.

Schema einer Kettenreaktion:

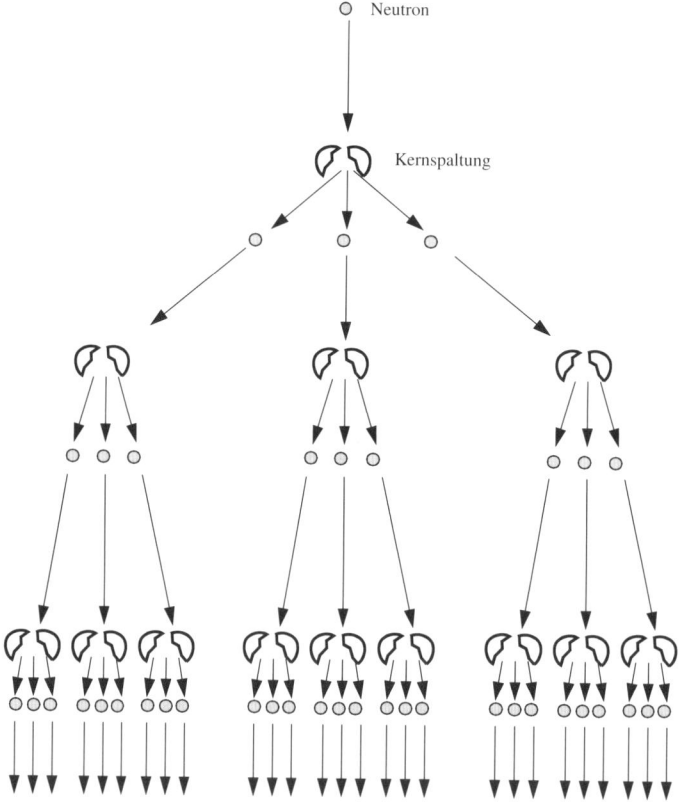

VI. Atomlehre

Der Kernreaktor

Der erste Kernreaktor wurde 1942 in Chicago unter der Leitung von E. Fermi in Betrieb gesetzt.

Das spaltbare Material (z. B. Uran) in Stabform ist von Grafit (Moderator) umgeben. Wenn durch ein von außen kommendes Neutron die Spaltung in Gang gesetzt wird, entstehen drei weitere Neutronen, die zum Teil entweichen, zum Teil nach dem Durchdringen der Grafitschicht verlangsamt und für weitere Spaltprozesse geeignet gemacht werden, die sie dann wieder in den Uranstäben auslösen. Sobald die Zahl dieser Neutronen die Anzahl der entweichenden übersteigt, wächst die Anzahl der Spaltungen. Dadurch wird in steigendem Maße Energie frei und in Wärme umgewandelt, die durch geeignete Kühlflüssigkeiten abgeführt und genutzt werden kann.

Um den Prozess zu regeln, können weitere Stäbe (Regelstäbe) aus Materialien, die Neutronen absorbieren, eingeschoben werden.

Aufbau eines Kernreaktors mit Elektroenergiegewinnung:

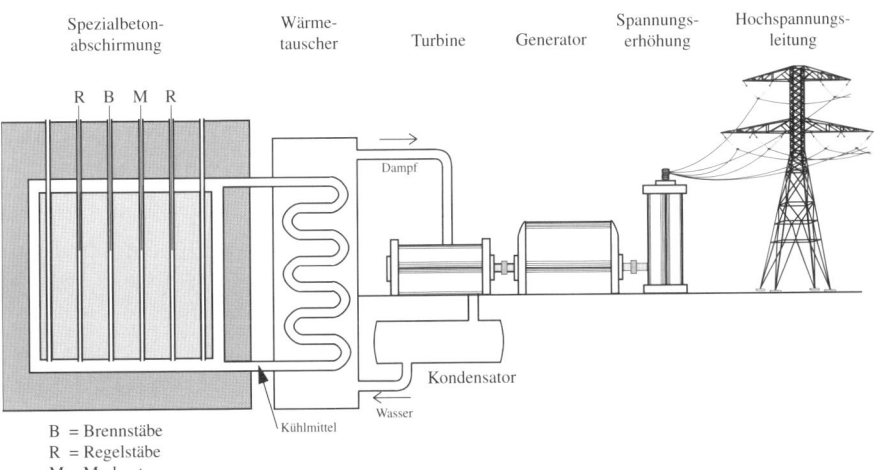

Der Brennstoff Uran ist zu einem der kostbarsten Rohstoffe geworden. Die wichtigsten Fundstätten dieses Rohstoffes befinden sich in Katanga im Kongo, in den Rocky Mountains in den USA, im Ferjana Becken, in der Nähe von Johannesburg in Südafrika und in China.

Die Kernfusion

Eine andere Möglichkeit, Bindungsenergie von Atomkernen nutzbar zu machen, liefert die *Kernfusion* (Kernverschmelzung). Nur im Bereich kleiner Atomgewichte ist die Verschmelzung von Atomkernen mit Energiegewinn verbunden.

Folgende Reaktionen könnten genutzt werden:

$$_1^2 D + _1^2 D \rightarrow _2^3 He + _0^1 n + 3,25 \text{ MeV}$$

$$^7 Li + {}^1 H \rightarrow 2 \cdot _2^4 He + 17,3 \text{ MeV}$$

$$_1^2 D + _1^3 T \rightarrow _2^4 He + _0^1 n + 17,7 \text{ MeV}$$

Eine Fusion zweier Kerne tritt aber nur dann ein, wenn diese sich trotz gleichnamiger Ladungen so stark nähern, dass die sehr großen, aber nur mit geringer Reichweite wirkenden Kernkräfte greifen können. Dies wird bei sehr hohen Temperaturen erreicht.

Elementarteilchen

Neben den Atombausteinen Proton, Neutron und Elektron kennt man heute noch über 200 andere Elementarteilchen. Viele von ihnen sind das Ergebnis der Wechselwirkung zwischen Erdatmosphäre und kosmischer Strahlung oder das Produkt aus Kernzertrümmerungen mithilfe von Teilchenbeschleunigern.

Die Elementarteilchen sind in folgende Gruppen unterteilt:

Leptonen (leichte Teilchen)
Mesonen (mittelschwere Teilchen)
Baryonen (schwere Teilchen)

Von diesen drei Gruppen sind nur die Leptonen echte (unteilbare) Elementarteilchen. Mesonen und Baryonen setzen sich aus Quarks (bzw. Antiquarks) zusammen, sie sind also zusammengesetzte Elementarteilchen.

Die meisten Elementarteilchen existieren mit gegenpoliger elektrischer Ladung und umgekehrtem magnetischem Moment als so genannte *Antiteilchen*.

Trifft ein Teilchen mit seinem Antiteilchen zusammen, so kommt es zur Zerstrahlung. Ihre Energie wird als γ-Strahlung frei.

Äquivalenz von Masse und Energie

Bereits im Jahre 1905, lange vor der Entdeckung der Atomkernenergie, hat der deutsche Physiker Albert Einstein aus seiner Relativitätstheorie gefolgert, dass Masse und Energie zwei Formen der gleichen Erscheinung sind.
Nach der von ihm aufgestellten Formel $E = m \cdot c^2$ entfällt auf die Masse 1 Kilogramm eine Energie von 24 Milliarden Kilowattstunden. Diese große Energie steckt in den Atomkernen.

Atomenergie gewinnen ist also nichts anderes, als die in den Atomkernen vereinigte Masse zum Teil in Energie umzuwandeln. Diese einfache Logik war der Grundstein für die Atomenergiegewinnung.

VI. Atomlehre

VII. Übungsaufgaben

1. Ein Metallstück hat ein Volumen von $7,5\ dm^3$ und eine Masse von 59 kg. Wie groß ist die Dichte des Metalls?

2. Das Ruder eines Kahns ist ein zweiseitiger Hebel. Die Muskelkraft mit dem Betrag 170 N greift im Abstand von 1,20 m von der Drehachse an. Es soll eine Kraft von 275 N auf das Wasser wirken. Wie groß muss der (mittlere) Abstand von dem eingetauchten Teil des Ruderblatts zur Drehachse sein?

3. Ein Wagen wird gleichmäßig beschleunigt und erreicht vom Stand aus in 20 Sekunden die Endgeschwindigkeit von 40 km/h. Wie groß ist seine Beschleunigung und seine mittlere Geschwindigkeit?

4. Ein Auto bewegt sich vom Stand aus gleichmäßig beschleunigt mit $1,2\ \dfrac{m}{s^2}$. Wie weit ist es in 6,5 Sekunden gefahren und welche Geschwindigkeit hat es?

5. Ein Ball (Masse 0,4 kg) wird aus einer Ausgangslage von 1,5 m über dem Boden senkrecht nach oben geworfen und erreicht eine Höhe von 5,0 m über dem Boden. Man berechne die potenzielle Energie am Umkehrpunkt (gegenüber dem Boden), die Abwurfgeschwindigkeit und die Aufprallgeschwindigkeit am Boden.

6. Ein Automotor leistet nach Herstellerangaben 50 kW. Lässt man die mechanische Leistung der Antriebsräder auf eine sog. Wasserwirbelbremse einwirken, so misst man in 60 s eine Arbeit von 2,1 MJ (MJ = Megajoule). Wie groß ist demnach der Wirkungsgrad des Getriebes?

7. Mit welcher Kraft wird der Mond von der Erde auf seiner Kreisbahn gehalten?

   (Abstand Mond - Erde: r = 384400 km). Die Umlaufzeit des Mondes beträgt 27,3 Tage, die Masse des Mondes beträgt $7,36 \cdot 10^{22}$ kg.

8. Der Pumpenhebel einer hydraulischen Presse hat Hebelarme von 85 cm und 15 cm Länge. Der Querschnitt des Druckkolbens beträgt $9,0$ cm^2, der des Presskolbens 40 cm^2. Am längeren Hebelarm wirkt eine Kraft von 2,0 N, welche Kraft wirkt am Presskolben?

9. Wie hoch muss Alkohol ($\rho = 0,79 \; \dfrac{\text{kg}}{\text{dm}^3}$) über einer Unterlage stehen, wenn dort der Gewichtsdruck 0,20 bar betragen soll?

10. Ein kugelförmiger Körper taucht, wenn er in Wasser schwimmt, ungefähr zur Hälfte ein. Wird seine Eintauchtiefe größer oder kleiner, wenn man ihn in Öl schwimmen lässt? Begründung!

11. Ein unregelmäßig geformter Körper hat in Luft die Gewichtskraft $F_L =$ 6,5 N, in Wasser greift dagegen die Gewichtskraft von nur $F_W = 4,8$ N an. Welches Volumen hat dieser Körper?

12. Ein Wassergefäß mit der Höhe 10 cm hat eine Ausflussöffnung 3,0 cm oberhalb des Bodens. Mit welcher Geschwindigkeit fließt das Wasser aus der Öffnung, wenn die Reibung vernachlässigt wird?

13. Welche Kraft und welcher Druck wirken auf ein Schleusentor der Fläche 1,0 m^2, das senkrecht zur Strömungsrichtung in einem Fluss angebracht ist? Der Fluss fließt mit einer Geschwindigkeit von 0,50 m/s und der Widerstandsbeiwert des Schleusentores beträgt $c_W = 0,60$. Anmerkung: Die Dichte von Wasser beträgt (näherungsweise) $\rho = 1,00 \cdot 10^3 \; \dfrac{\text{kg}}{\text{m}^3}$.

VII. Aufgaben

14. Wie groß ist die Druckzunahme von Wasser in einem geneigten Rohr der Länge 10 m infolge des Schweredrucks? Der Neigungswinkel zur Horizontalen beträgt 30°. Wie viel Prozent des Atmosphärendrucks (Luftdrucks bei Normalbedingungen) entspricht dieses?

15. Wie groß ist die Druckabnahme (in mbar) in einer Warmwasser-Steigleitung pro Höhenmeter? Annahme: Die Leitung verläuft senkrecht nach oben und die Strömungsgeschwindigkeit soll an jeder Stelle des Rohres konstant sein.

16. Die schwingende Masse eines Federpendels ist 150 g, die Federkonstante der Feder ist 15 N/m. Man berechne die Schwingungsdauer und Frequenz des Pendels.

17. Die Kette einer Kinderschaukel (Fadenpendel) ist 3,0 m lang. Man berechne die Schwingungsdauer und Frequenz, mit der ein Kind schaukelt, wenn es nur kleine Schwingungen ($< 10°$) ausführt. Hängt die Schwingungsdauer von der Masse bzw. dem Gewicht des schaukelnden Kindes ab?

18. Als Schallpegel $L_0 = 0$ dB ist die Schallintensität $I_0 = 10^{-12} \frac{W}{m^2}$ festgelegt. Wie viele dB entsprechen der Schmerzgrenze des menschlichen Ohres von 1 Watt pro m^2?

19. An heißen windstillen Tagen kann man eine spiegelnde Luftschicht über einer geteerten schwarzen Straße beobachten. Was folgt daraus für den Brechungsindex in Luft: Nimmt er mit der Temperatur zu oder ab?

20. In der Glasfaseroptik werden Lichtleiter aus Kunststoff verwendet. Was passiert mit dem Licht im Lichtleiter? Warum breitet sich das Licht nur parallel zum Leiter aus und nicht auch senkrecht dazu?

21. Eine Ultraschallwelle mit der Frequenz 25 kH breitet sich in Luft mit der Geschwindigkeit 340 m/s aus. Wie groß ist ihre Wellenlänge?

22. Wie lang muss ein Seil mit losem Ende sein, wenn sich auf ihm die 4. Oberschwingung der Frequenz 8,0 Hz ausbilden soll? (c = 8,0 m/s)

23. Wie viele Jahre (1 a = 360 d) braucht das Licht, um von dem der Sonne am nächsten liegenden Fixstern (Entfernung $4 \cdot 10^{13}$ km) bis zur Erde zu gelangen?

24. Vor einem Hohlspiegel mit dem Krümmungsradius 8,0 cm steht auf der optischen Achse ein 1,5 cm großer Pfeil im Abstand 3,0 cm. Wo liegt das virtuelle Bild des Pfeils und wie groß ist es?

25. Eine optische Linse hat den Brechwert -6 dpt. Um welche Linse handelt es sich, wie groß ist ihre Brennweite?

26. Eine Sammellinse hat die Brennweite 20 cm. Das Bild eines auf der optischen Achse stehenden Pfeils soll genau viermal so groß wie der Pfeil selbst sein. Wo befindet sich der Pfeil? (2 Lösungen)

27. Wie kann man von einem blauen Lichtbündel feststellen, ob es sich um eine reine Spektralfarbe oder um eine Mischfarbe handelt?

28. Ein Stück Messingdraht, der bei der Temperatur 15 °C genau 1,2500 m lang ist, wird auf 115 °C erwärmt. Wie lang ist er jetzt?

29. Bei einer Temperatur von -31 °C wurden 270 dm^3 eines Gases abgemessen. Welchen Raum nimmt dieses Gas bei 22 °C ein, wenn der Druck konstant bleibt?

30. Ein Motor erzeugt neben seiner mechanisch verwendbaren Energie Wärme, und zwar 2,5 MJ in der Minute. Diese Wärme wird mithilfe einer Wasserkühlung abgeführt. Wie viele Liter Wasser müssen dazu in der Sekunde durch die Kühlleitungen fließen, wenn sich das Wasser dabei nur um 5 K erwärmen darf?

31. Man gebe je ein Beispiel für folgende Energieumwandlungen an:
    a) Wärmeenergie wird über die Beschleunigungsarbeit in Bewegungsenergie umgewandelt.
    b) Chemische Energie wird durch Verbrennung in Wärmeenergie umgewandelt.
    c) Bewegungsenergie wird durch Hubarbeit in potenzielle Energie umgewandelt.

32. Man berechne die pro Sekunde (Rechengenauigkeit: 1,0 s) übertragene Wärmeenergie in einem Kupfer- und in einem Eisenleiter vom Durchmesser 1,0 mm bei einer Wärmedifferenz (Temperaturdifferenz) von 10 K und einer Leiterlänge von 1,0 m. Die Wärmeleitzahl von Kupfer beträgt $384 \dfrac{W}{m \cdot K}$, die von Eisen $74,0 \dfrac{W}{m \cdot K}$.

33. Man berechne den Wärmeverlust (Leistungsverlust) in einer Ziegelstein-Hauswand (Länge 10 m, Höhe 4,0 m, Dicke 36 cm, Wärmeleitzahl $0,14 \dfrac{W}{m \cdot K}$ bei einer Außentemperatur von -10 °C und einer Innentemperatur von 20 °C aufgrund der Wärmeleitung. Welche Verluste treten außerdem noch auf?

34. Um wie viel Prozent steigt die Länge einer Quecksilbersäule, wenn die Temperatur von 0 °C auf 100 °C steigt? Der Volumenausdehnungskoeffizient γ von Quecksilber beträgt $0,00018\ K^{-1}$.

35. Das Molvolumen eines (idealen) Gases beträgt 22,4 Liter. Wie viele Mole stecken in einem Kubikmeter?

36. Welche Energie benötigt ein Heizungskessel, um 3,0 m² Wasser von 20 °C auf 70 °C zu erwärmen? Welche Leistung ist erforderlich, wenn dies in einer halben Stunde geschehen soll? Die Dichte von Wasser beträgt $1,00 \cdot 10^3 \dfrac{kg}{m^3}$ und die spezifische Wärme $4,19 \dfrac{kJ}{kg \cdot K}$.

37. Die Solarkonstante beträgt für senkrechten Strahleneinfall und ohne Schwächung durch die Atmosphäre 1,37 $\frac{kW}{m^2}$. An guten Sonnentagen werden davon etwa 1,1 $\frac{kW}{m^2}$ erreicht. Welche Leistung kann ein Solarmodul der Größe 100 x 100 Meter an guten Sonnentagen maximal erbringen, wenn der Wirkungsgrad 50% beträgt? Wie viele Module werden für die Leistung eines Kernkraftwerkblocks (1 GW) benötigt?

38. Ein Stromkreis besteht aus einer Stromquelle (U = 230 V) und zwei in Serie geschalteten Verbrauchern mit den Widerständen 25 Ohm und 60 Ohm.
   a) Man berechne den Gesamtwiderstand.
   b) Welche Teilspannungen treten an den Enden der beiden Verbraucher auf?
   c) Welche Stromstärke tritt in dem Kreis auf?

39. An einem Verbraucher liegt die Spannung 50 V, es fließt 5,0 min lang ein Strom von 2,6 A.
   a) Wie groß ist die Stromarbeit und die elektrische Leistung?
   b) Man berechne die durch den Verbraucher geflossene elektrische Ladung.

40. Zwischen zwei parallelen Metallplatten (Fläche 1,5 dm^2), auf denen jeweils die Ladungsmenge $6,0 \cdot 10^{-7}$ C sitzt, breitet sich ein homogenes elektrisches Feld aus.
   a) Wie groß ist die Feldstärke?
   b) Welche Kräfte üben die Metallplatten aufeinander aus?

41. Wie groß ist der Betrag der Kraft auf einen Leiter der Länge 3,0 cm im Magnetfeld mit der Flussdichte 0,15 T? Durch den Leiter fließt ein Strom der Stärke 1,5 A.

42. Man berechne die Induktivität einer Spule mit 500 Windungen, die eine Länge von 6,5 cm und einen Querschnitt von $8,0$ cm^2 hat. Die Spule hat keinen Eisenkern.

43. Ein sinusförmiger Wechselstrom an einem Verbraucher hat die Scheitelwerte $U_0 = 40$ V und $I_0 = 0,8$ A . Man berechne die Effektivwerte und die mittlere Leistung.

44. Ein Klingeltransformator hat auf der Primärseite 4000 und auf der Sekundärseite 200 Windungen. Die Primärwicklung wird ans Stromnetz (Wechselspannungsnetz mit 230V $\approx$) angeschlossen. Welche Effektiv- und welche Spitzenspannung (Scheitelspannung) entsteht an der Sekundärseite?

45. Eine Glühlampe mit der elektrischen Leistung 100 W wird ans Stromnetz (230 V $\approx$) angeschlossen. Welcher Effektivstrom fließt durch die Lampe?

46. Man berechne die Kreisfrequenz ω des Netzstromes. Die Frequenz f ist 50,0 Hz.

47. Man berechne

    a) den kapazitiven Widerstand eines Kondensators der Kapazität 100 μF und

    b) den induktiven Widerstand einer Spule der Induktivität 100 μH in einem Wechselstromkreis mit der Frequenz 50,0 Hz (Netzstrom).

48. Man beschreibe das Verhalten des kapazitiven Widerstands eines Kondensators und des induktiven Widerstands einer Spule mit steigender Frequenz des Wechselstroms. Welche Werte nehmen zu und welche nehmen ab?

49. Wie groß ist die Eigenfrequenz und die Schwingungsdauer eines LC-Schwingkreises (Parallelschaltung von Spule L und Kondensator C) mit folgenden Daten: C = 1000 μF, L = 1,00 mH?

50. Wie lässt sich jeweils die Masse des Wasserstoffatoms, des Stickstoffatoms, des Uranatoms, des Wassermoleküls, des Schwefeldioxidmoleküls in Abhängigkeit von der atomaren Masseneinheit u angeben?

51. Man erkläre das Leuchten von Gasen in Gasentladungsröhren.

52. In 1,5 kg Uran 238 sind $2,5 \cdot 10^{24}$ noch nicht zerfallene Atomkerne enthalten.
    Wie groß ist die Zahl der in der nächsten Sekunde zerfallenden Kerne?
    (Zerfallskonstante: $k = 5 \cdot 10^{-18} \frac{1}{s}$)

53. $^{222}_{86}$Rn entsteht durch zwei Beta-Zerfälle und drei Alpha-Zerfälle. Wie heißt das Isotop, von dem diese Zerfallsreihe ausgeht?

54. Wie kann sich ein bei einer Kernumwandlung entstandenes freies, schnelles Neutron verhalten?

55. Man berechne die Energie eines Photons (in kJ und in eV) der Frequenz $1,00 \cdot 10^{16}$ Hz. Welche Wellenlänge hat das Photon? Anmerkung: Das Planck'sche Wirkungsquantum beträgt h = $6,626 \cdot 10^{-34}$ Js und die Elementarladung e = $1,602 \cdot 10^{-19}$ As.

56. Wie groß sind die Radien der Elektronenbahnen im Wasserstoffatom für n = 1, n = 2 und n = 3?

57. Ein Angström (beliebte Maßeinheit in der Atomphysik) ist 10^{-10} m. Wie viele Angström misst ein Wasserstoffatom im Radius und im Durchmesser?

VIII. Lösungen der Aufgaben

1. $\rho = \dfrac{m}{V} \Rightarrow \rho = \dfrac{59 \text{ kg}}{7,5 \text{ dm}^3} \approx 7,9 \ \dfrac{\text{kg}}{\text{dm}^3} = 7,9 \cdot 10^3 \ \dfrac{\text{kg}}{\text{m}^3}$

2. $F_1 \cdot a_1 = F_2 \cdot a_2 \Rightarrow a_1 = \dfrac{F_2 \cdot a_2}{F_1}$

     $a_1 = \dfrac{170 \text{ N} \cdot 1,20 \text{ m}}{275 \text{ N}} = 0,74 \text{ m}$

3. $v = 40 \ \dfrac{\text{km}}{\text{h}} = 11,1 \ \dfrac{\text{m}}{\text{s}}$

     $a = \dfrac{v}{t} \Rightarrow a = \dfrac{11,1 \ \frac{\text{m}}{\text{s}}}{20 \text{ s}} = 0,56 \ \dfrac{\text{m}}{\text{s}^2}$

     $v_m = \dfrac{v}{2} \Rightarrow v_m = \dfrac{1}{2} \cdot 40 \ \dfrac{\text{km}}{\text{h}} = 20 \ \dfrac{\text{km}}{\text{h}}$

4. $s = \dfrac{1}{2} \cdot at^2 \Rightarrow s = \dfrac{1}{2} \cdot 1,2 \ \dfrac{\text{m}}{\text{s}^2} \cdot \left(6,5 \text{ s}\right)^2 = 25,35 \text{ m}$

     $v = a \cdot t \Rightarrow v = 1,2 \ \dfrac{\text{m}}{\text{s}^2} \cdot 6,5 \text{ s} = 7,8 \ \dfrac{\text{m}}{\text{s}}$

5. $h_1 = 1,5 \text{ m}, \ h_2 = 5,0 \text{ m}$

     $E_{pot} = m \cdot g \cdot h_2 \Rightarrow E_{pot} = 0,4 \text{ kg} \cdot 9,81 \ \dfrac{\text{N}}{\text{kg}} \cdot 5 \text{ m} = 19,6 \text{ J}$

Der Ball hat am Umkehrpunkt die potenzielle Energie
$E_{pot,W} = m \cdot g \cdot (h_2 - h_1)$ gegenüber der Abwurfstelle.

Aus dem Energieerhaltungssatz ergibt sich die Abwurfgeschwindigkeit

$$v_W : m \cdot g \cdot (h_2 - h_1) = \frac{1}{2} m \cdot v_W^2 \Rightarrow v_W^2 = 2g \cdot (h_2 - h_1)$$

$$\Rightarrow v_W = 8{,}3 \, \frac{m}{s}$$

Aus dem Energiesatz folgt für die Auftreffgeschwindigkeit am Boden:

$$m \cdot g \cdot h_2 = \frac{1}{2} m \cdot v_A^2 \Rightarrow v_A^2 = 2g \cdot h_2 \Rightarrow v_A = 9{,}9 \, \frac{m}{s}$$

6. $P_1 = 50 \text{ kW}, W_2 = 2{,}1 \cdot 10^6 \text{ J}, t = 60 \text{ s}$

$$\eta = \frac{P_2}{P_1} = \frac{W_2}{P_1 t}; \; \eta = \frac{2{,}1 \cdot 10^6}{5 \cdot 10^4 \cdot 60} = 0{,}7$$

7. $r = 384400 \text{ km} = 3{,}84 \cdot 10^8 \text{ m}$

$T = 27{,}3 \text{ d} = 2{,}36 \cdot 10^6 \text{ s}$

$$F_r = m \cdot r \cdot \omega^2 \; \text{und} \; \omega = \frac{2\pi}{T} \Rightarrow F_r = m \cdot r \cdot \frac{4\pi^2}{T^2}$$

$$F_r = \frac{7{,}36 \cdot 10^{22} \cdot 3{,}84 \cdot 10^8 \cdot 4\pi^2}{2{,}36^2 \cdot 10^{12}} \text{ N} = 2{,}00 \cdot 10^{20} \text{ N}$$

8. Hebel: $F_1 \cdot a_1 = F_1' \cdot a_2 \Rightarrow F_1' = \frac{a_1}{a_2} F_1 = \frac{85 \text{ cm}}{15 \text{ cm}} \cdot 2{,}0\text{N} = 11{,}3\text{N}$

Hydraulische Presse:

$$\frac{F_2}{F_1} = \frac{A_2}{A_1} \Rightarrow F_2 = \frac{A_2}{A_1} \cdot F_1' = \frac{40 \text{ cm}^2}{9 \text{ cm}^2} \cdot 11{,}3\text{N} = 50{,}4\text{N}$$

VIII. Lösungen

9. $p = g \cdot \rho \cdot h \Leftrightarrow h = \dfrac{p}{g \cdot \rho}$

$$1 \text{ bar} = 10^5 \, \frac{N}{m^2}, \ 0,2 \text{ bar} = 0,2 \cdot 10^5 \, \frac{N}{m^2}$$

$$h = \frac{0,2 \cdot 10^5 \, \dfrac{N}{m^2}}{9,81 \, \dfrac{N}{kg} \cdot 790 \, \dfrac{kg}{m^3}} = 2,58 \text{ m}$$

10.   Der Auftrieb in Öl ist wegen der kleineren Dichte kleiner, infolgedessen sinkt der Körper in Öl tiefer ein.

11. $\rho_W = 1000 \, \dfrac{kg}{m^3}; \ F_A = F_L - F_W$

$$F_A = 6,5 \text{ N} - 4,8 \text{ N} = 1,7 \text{ N}$$

$$V_T = \frac{F_A}{\rho_W \cdot g} \Rightarrow V_T = \frac{1,7 \text{ N}}{1000 \, \dfrac{kg}{m^3} \cdot 9,81 \, \dfrac{N}{kg}} = 0,000173 \text{ m}^3 =$$

173 cm^3

12.   Höhe der Wassersäule h = 10 cm - 3,0 cm = 7,0 cm.

Geschwindigkeit $v = \sqrt{2 \cdot g \cdot h} = \sqrt{2 \cdot 9,81 \text{ m/s}^2 \cdot 0,070 \text{ m}} = 1,2 \text{ m/s}.$

13.   Kraft $F = c_W \cdot \dfrac{\rho}{2} \cdot v^2 \cdot A = 0,6 \cdot \dfrac{1,00 \cdot 10^3 \text{ kg/m}^3}{2} \cdot 0,5^2 \, \dfrac{m^2}{s^2} \cdot 1 \text{ m}^2 =$

$0,075 \cdot 10^3 \text{ kg m/s}^2 = 75 \text{ N}.$

Druck $p = \dfrac{F}{A} = 75 \, \dfrac{N}{1 \text{ m}^2} = 75 \, \dfrac{N}{m^2} = 75 \text{ Pa}.$

14. $\Delta p = \rho \cdot g \cdot \Delta h = \rho \cdot g \cdot l \cdot \sin \alpha = 1{,}00 \cdot 10^3 \, \frac{kg}{m^3} \cdot 9{,}81 \, \frac{m}{s^2} \cdot 10 \, m \cdot \sin 30° =$

$9{,}81 \cdot 10 \cdot 0{,}5 \cdot 10^3 \, \frac{kg}{ms^2} = 49{,}05 \cdot 10^3 \, \frac{N}{m^2} = 49 \, \frac{kN}{m^2} = 49 \, kPa.$

Normaldruck $p_N = 1013 \, mbar = 1013 \, hP = 101{,}3 \, kPa.$

Also: $\dfrac{\Delta p}{p_N} = \dfrac{49 \, kPa}{101{,}3 \, kPa} = 48\%.$

15. $\Delta p = \rho \cdot g \cdot (h_2 - h_1) + \dfrac{p}{2} \cdot (v_2^2 - v_1^2) \;\; \text{mit } h_2 - h_1 = \Delta h.$

Es gilt: $v_2 = v_1$.

Also: $\Delta p = \rho \cdot g \cdot (h_2 - h_1) = 1{,}00 \cdot 10^3 \, \frac{kg}{m^3} \cdot 9{,}81 \, \frac{m}{s^2} \cdot 1{,}00 \, m =$

$9{,}81 \cdot 10^3 \, \frac{kg}{ms^2} = 9{,}81 \, kPa = 98{,}1 \, hPa = 98{,}1 \, mbar.$

16. Federkonstante D: $D = 15 \, \dfrac{N}{m} = 15 \, \dfrac{kgm}{s^2 m} = 15 \, \dfrac{kg}{s^2}$

Schwingungsdauer: $T = 2\pi \sqrt{\dfrac{m}{D}} \Rightarrow$

$T = 2\pi \sqrt{\dfrac{0{,}15 \, kg}{15 \, \frac{kg}{s^2}}} = 2\pi \sqrt{\dfrac{1}{100} \, s^2} = 0{,}628 \, s$

$f = \dfrac{1}{T} \Rightarrow f = \dfrac{1}{0{,}628 \, s} = 1{,}59 \, Hz$

17. Schwingungsdauer $T = 2\pi \cdot \sqrt{\dfrac{l}{g}} = 2\pi \cdot \sqrt{\dfrac{3,0 \text{ m}}{9,81 \text{ m/s}^2}} = 3,5$ s.

Frequenz $\nu = \dfrac{1}{T} = \dfrac{1}{3,47}$ s $= 0,29$ s$^{-1} = 0,29$ Hz.

Nein, die Schwingungsdauer ist für alle Massen dieselbe (ohne Reibung).

18. Schall ist eine Intensitätsgröße. Daher:

$L = 10 \cdot \lg(I/I_0)$ dB $= 10 \cdot \lg \dfrac{1 \text{ W/m}^2}{10^{-12} \text{ W/m}^2}$ dB $= 10 \cdot \lg(10^{12})$ dB $=$

$10 \cdot 12$ dB $= 120$ dB.

19. Es tritt Totalreflexion auf für diejenigen Lichtstrahlen, die von oben auf die Straße treffen. Die optisch dünnere Luft ist daher unten, in der Nähe des heißen Asphalts, wo es zu einem Luftstau kommt. Heißere Luft ist also optisch dünner und hat daher den kleineren Brechungsindex. Der Brechungsindex nimmt folglich mit der Temperatur ab.

20. Es tritt Totalreflexion auf: Die Lichtstrahlen, die oberhalb des Grenzwinkels auf die Grenzfläche Leiter-Luft treffen (beim Übergang in das optisch dünnere Medium) werden totalreflektiert, können also nicht austreten. Die Begrenzungsfläche der Faser wirkt daher wie ein Spiegel und das Licht verbleibt im Innern des Leiters. Nur am Ende der Faser ist der Auftreffwinkel unterhalb des Grenzwinkels und daher kann das Licht dort aus der Faser austreten.

21. $\lambda = \dfrac{c}{f} \Rightarrow \lambda = \dfrac{340 \dfrac{\text{m}}{\text{s}}}{25000 \dfrac{1}{\text{s}}} = 0,0136$ m $= 1,36$ cm

22. $n = 4, \ f = 8$ Hz

$$l = (2\,n + 1) \cdot \frac{\lambda}{4} = (2\,n + 1) \cdot \frac{c}{4 \cdot f}$$

$$l = (2 \cdot 4 + 1) \cdot \frac{8\,\frac{m}{s}}{4 \cdot 8\,\frac{1}{s}} = 2,3 \ m$$

23. $c = \dfrac{s}{t} \Rightarrow t = \dfrac{s}{c}$

$$t = \frac{4 \cdot 10^{13} \ km}{300000 \ \frac{km}{s}} = 1,33 \cdot 10^{8} \ s$$

$$1,33 \cdot 10^{8} \ s = \frac{1,33 \cdot 10^{8}}{86400 \cdot 360} \ a = 4,28 \ a$$

24. Brennweite des Hohlspiegels: f = 8 cm : 2 = 4 cm

$$\frac{1}{b} = \frac{1}{f} - \frac{1}{g} \Rightarrow \frac{1}{b} = \frac{1}{4 \ cm} - \frac{1}{3 \ cm} \Rightarrow b = -12 \ cm$$

Das virtuelle Bild des Pfeils steht auf der optischen Achse 12 cm hinter dem Spiegel.

$$B = \frac{G \cdot |b|}{g} \Rightarrow B = \frac{1,5 \ cm \cdot 12 \ cm}{3 \ cm} = 6 \ cm$$

25. Zerstreuungslinse, f = –17 cm

26. $b = 4\,g$ und $\dfrac{1}{g} = \dfrac{1}{f} - \dfrac{1}{b} \Rightarrow \dfrac{1}{g} = \dfrac{1}{f} - \dfrac{1}{4\,g}$

VIII. Lösungen

1. Fall: Das Bild ist reell: $\dfrac{1}{g} = \dfrac{1}{20 \ cm} - \dfrac{1}{4 \ g} \Rightarrow g = 25 \ cm$

2. Fall: Das Bild ist virtuell: $\dfrac{1}{g} = \dfrac{1}{20 \ cm} - \dfrac{1}{-4 \ g} \Rightarrow g = 15 \ cm$

27.   Man schickt das Lichtbündel durch ein Prisma. Falls es nicht mehr in weitere farbige Lichtbündel zerlegt wird, handelt es sich um eine Spektralfarbe.

28. $l_2 = l_1 (1 + \alpha \Delta T)$, $\Delta T = 100 \ K$

     $l_2 = 1{,}25 \ m \cdot (1 + 0{,}0000184 \ \dfrac{1}{K} \cdot 100 \ K) = 1{,}2523 \ m$

29. $T_1 = 242 \ K$, $T_2 = 295 \ K$

     $\dfrac{V_2}{V_1} = \dfrac{T_2}{T_1} \Rightarrow V_2 = \dfrac{T_2 \cdot V_1}{T_1}$

     $V_2 = \dfrac{295 \ K \cdot 270 \ dm^3}{242 \ K} = 329 \ dm^3$

30. $2{,}5 \ \dfrac{MJ}{min} = 41{,}67 \ \dfrac{kJ}{s}$

     $\Delta Q = c \cdot m \cdot \Delta T \Rightarrow m = \dfrac{\Delta Q}{c \cdot \Delta T}$

     $m = \dfrac{41{,}67 \ kJ}{4{,}2 \ \dfrac{kJ}{kg \cdot K} \cdot 5 \ K} = 1{,}98 \ kg$, das sind etwa 2 Liter Wasser.

31.   a) Kolben einer Dampfmaschine
     b) Ölbrenner
     c) Ein Ball wird hochgeworfen

32. a) $\Delta Q = 384 \, \dfrac{W}{m \cdot K} \cdot 3{,}14 \cdot (0{,}5 \cdot 10^{-3} \, m)^2 \cdot 10 \, \dfrac{10 \, K}{1 \, m} =$

   $3014 \cdot 10^{-6} \, W = 3{,}0 \, mW.$

   Pro Sekunde werden 3,0 mJ übertragen.

   b) $\Delta Q = 74{,}0 \, \dfrac{W}{m \cdot K} \cdot 3{,}14 \cdot (0{,}5 \cdot 10^{-3} \, m)^2 \cdot \dfrac{10 \, K}{1 \, m} = 580 \cdot 10^{-6} \, W = 0{,}58 \, mW$

   Pro Sekunde werden 0,58 mJ übertragen.

33. $\Delta Q = 0{,}14 \, \dfrac{W}{m \cdot K} \cdot 10 \, m \cdot 4{,}0 \, m \cdot 30 \, \dfrac{30 \, k}{0{,}36 \, m} = 467 \, W.$

   Es treten außerdem noch Wärmeverluste durch Konvektion (Wärme-strömung) und Strahlung auf.

34. $\dfrac{\Delta V}{V_0} = \gamma \cdot \Delta T = 0{,}00018 \, K^{-1} \cdot 100 \, K = 0{,}018 = 1{,}8\%.$

   $V = l \cdot A$ mit l der Länge und A dem Querschnitt der Säule. A ist konstant.

   Also: $\dfrac{\Delta l}{l_0} = 1{,}8\%.$

35. $\dfrac{1 \, m^3}{22{,}4 \, \text{Liter}} = \dfrac{1 \, m^3}{22{,}4 \cdot 10^{-3} \, m^3} = 44{,}6 \, mol.$

36.   Energie $\Delta Q = c \cdot m \cdot \Delta T = c \cdot \rho \cdot V \cdot \Delta T =$

   $4{,}19 \, \dfrac{kJ}{kg \cdot K} \cdot 1{,}00 \cdot 10^3 \, \dfrac{kg}{m^3} \cdot 3{,}0 \, m^3 \cdot 50 \, K = 62{,}85 \cdot 10^3 \, kJ = 63 \, MJ.$

   Leistung $P = \dfrac{\Delta Q}{t} = \dfrac{63 \, MJ}{1800 \, s} = 0{,}035 \, MW = 35 \, kW.$

VIII. Lösungen

37. $P = 1,1 \dfrac{kW}{m^2} \cdot 100 \text{ m} \cdot 100 \text{ m} \cdot 50\% = 1,1 \cdot 10^4 \text{ kW} \cdot 50\% = 5,5 \text{ MW}.$

Anzahl: $\dfrac{1 \text{ GW}}{5,5 \text{ MW}} = 182.$

Es werden 182 Module benötigt.

38. a) $R_g = R_1 + R_2 \Rightarrow R_g = 25 \ \Omega + 60 \ \Omega = 85 \ \Omega$

b) $\dfrac{R_1}{R_2} = \dfrac{U_1}{U_2} \Rightarrow \dfrac{R_1}{R_2} = \dfrac{U_1}{U - U_1}$

$\dfrac{25 \ \Omega}{60 \ \Omega} = \dfrac{U_1}{230 \text{ V} - U_1} \Leftrightarrow U_1 = 67,6 \text{ V}, \ U_2 = 162,4 \text{ V}$

c) $I = \dfrac{U}{R_g} \Rightarrow I = \dfrac{230 \text{ V}}{85 \ \Omega} = 2,7 \text{ A}$

39. a) $W = U \cdot I \cdot t \Rightarrow W = 50 \text{ V} \cdot 2,6 \text{ A} \cdot 300 \text{ s} = 3,9 \cdot 10^4 \text{ J}$

$P = U \cdot I \Rightarrow P = 50 \text{ V} \cdot 2,6 \text{ A} = 130 \text{ W}$

b) $Q = I \cdot t \Rightarrow Q = 2,6 \text{ A} \cdot 300 \text{ s} = 780 \text{ C}$

40. a) $D = \dfrac{Q}{A}$ und $D = \varepsilon_0 \cdot E \Rightarrow \varepsilon_0 \cdot E = \dfrac{Q}{A} \Rightarrow E = \dfrac{Q}{\varepsilon_0 \cdot A}$

$E = \dfrac{6 \cdot 10^{-7} \text{ C}}{8,85 \cdot 10^{-12} \dfrac{C^2}{Nm^2} \cdot 1,5 \cdot 10^{-2} \text{ m}^2} = 4,5 \cdot 10^6 \ \dfrac{N}{C}$

VIII. Lösungen

b) $F = E \cdot Q \Rightarrow F = 2,7$ N, an jeder Platte greift eine Kraft von 2,7 N an, die Kräfte sind entgegengesetzt gerichtet.

41. $F = B \cdot l \cdot I \Rightarrow F = 0,15$ T $\cdot 0,03$ m $\cdot 1,5$ A $= 6,8 \cdot 10^{-3}$ N

42. $L = \dfrac{N^2 \cdot A \cdot \mu_0}{l}$

$$L = \frac{500^2 \cdot 8 \cdot 10^{-4} \ \text{m}^2 \cdot 1,3 \cdot 10^{-6} \ \frac{\text{Vs}}{\text{Am}}}{6,5 \cdot 10^{-2} \ \text{m}} = 4,0 \cdot 10^{-3} \ \text{H}$$

43. $U_{eff} = \dfrac{U_0}{\sqrt{2}} \Rightarrow U_{eff} = \dfrac{40 \ \text{V}}{\sqrt{2}} = 28$ V

$I_{eff} = \dfrac{I_0}{\sqrt{2}} \Rightarrow I_{eff} = \dfrac{0,8 \ \text{A}}{\sqrt{2}} = 0,56$ A

$P = U_{eff} \cdot I_{eff} \Rightarrow P = 28$ V $\cdot 0,56$ A $= 16$ W

44. $\dfrac{U_2}{U_1} = \dfrac{N_2}{N_1}$

Effektivspannung: $U_{2,eff} = U_1 \cdot \dfrac{N_2}{N_1} = 230 \ \text{V} \cdot \dfrac{200}{4000} = 11,5$ V

Einfache Spitzenspannung: $U_{2,S} = \sqrt{2} \cdot 11,5 \ \text{V} = 16,3$ V

Doppelte Spitzenspannung: $U_{2,SS} = 2\sqrt{2} \cdot 11,5 \ \text{V} = 32,6$ V

45. $P = U_{eff} \cdot I_{eff}$

$$I_{eff} = \frac{p}{U_{eff}} = \frac{100 \text{ W}}{230 \text{ V}} = \frac{100 \text{ VA}}{230 \text{ V}} = 0,43 \text{ A}.$$

46. $\omega = 2\pi f = 2 \cdot 3,14 \cdot 50 \text{ Hz} = 6,28 \cdot 50,0 \text{ s}^{-1} = 314 \text{ s}^{-1}.$

47.   a) $X_C = \dfrac{1}{\omega \cdot c} = \dfrac{1}{2\pi f \cdot c} = \dfrac{1}{6,283 \cdot 50 \text{s}^{-1} \cdot 100 \cdot 10^{-6} \text{ As/V}}$

$$= 31,8 \ \frac{\text{V}}{\text{A}} = 31,8 \ \Omega.$$

   b) $X_L = \omega \cdot L = 2\pi f \cdot L = 6,283 \cdot 50 \text{ s}^{-1} \cdot 100 \cdot 10^{-6} \ \dfrac{\text{Vs}}{\text{A}} =$

$$= 31,4 \cdot 10^{-3} \ \frac{\text{V}}{\text{A}} = 31,4 \text{ m}\Omega.$$

48.   Kapazitiver Widerstand: $X_C = \dfrac{1}{2\pi f \cdot c}$:

   Widerstand nimmt mit Frequenz ab

   Induktiver Widerstand: $X_L = 2\pi f \cdot L$:

   Widerstand nimmt mit Frequenz zu.

49.   Thomson-Formel: $T = 2\pi \cdot \sqrt{LC}$

   Frequenz $f = \dfrac{1}{T} = \dfrac{1}{2\pi \cdot \sqrt{LC}} = \dfrac{1}{6,283 \cdot \sqrt{10^{-3} \text{ Vs/A} \cdot 1000 \cdot 10^{-6} \text{ Vs/A}}}$

$$= \frac{1}{6,283 \cdot 10^{-3}\text{s}} = 159,2 \text{ s}^{-1} = 159 \text{ Hz}.$$

   Schwingungsdauer $T = \dfrac{1}{159,2 \text{ s}} = 6,28 \text{ ms}.$

50. Masse des Wasserstoffatoms: 1u

    Masse des Stickstoffatoms: 14u

    Masse des Uranatoms: 238u

    Masse des Wassermoleküls: 1u + 1u + 16u = 18u

    Masse des Schwefeldioxidmoleküls: 32u + 16u + 16u = 64u

51. Die Atome der Gase in den Gasentladungsröhren werden durch unelasti-
    sche Zusammenstöße mit geladenen Teilchen (Elektronen, Ionen) ange-
    regt. Beim darauf folgenden Übergang in ihren Grundzustand senden sie
    Lichtquanten aus.

52. In dieser Aufgabe ist $\Delta t = 1$ s klein gegenüber der Halbwertszeit, man
    erhält daher durch die Formel $\Delta N = k \cdot N_0 \cdot \Delta t$ eine gute Näherung für
    die Zahl der zerfallenden Kerne.

    $$\Delta N = 5 \cdot 10^{-18} \, \frac{1}{s} \cdot 2,5 \cdot 10^{24} \cdot 1 \, s = 1,3 \cdot 10^{7}$$

53. $^{234}_{90}\text{Th}$

54. Es kann beispielsweise von einem Kern eingefangen werden und eine
    Kernumwandlung bewirken,

    von einem Kern ohne weitere Umwandlung eingefangen werden,

    eine Kernspaltung hervorrufen,

    in ein Proton und ein Elektron zerfallen,

    in einem Moderator abgebremst werden.

55. Energie $E = h \cdot f = 6,626 \cdot 10^{-34} \, \text{Js} \cdot 10^{16} \, \text{s}^{-1} = 6,626 \cdot 10^{-18} \, \text{J} = 6,63 \cdot 10^{-21} \, \text{kJ}$

    In Elektronenvolt: $\dfrac{E}{e} = \dfrac{6,626 \cdot 10^{-18} \, \text{Ws}}{1,602 \cdot 10^{-19} \, \text{As}} = 41,4 \, \text{V}.$

VIII. Lösungen

Also: 41,4 eV.

Wellenlänge $\lambda = \dfrac{c}{f} = \dfrac{3,00 \cdot 10^8 \text{ m/s}}{10^{16} \text{ s}^{-1}} = 3,0 \cdot 10^{-8} \text{ m} = 30,0 \text{ nm}$.

56. Bahnradius $r_n = \quad n^2 \cdot 5,29 \cdot 10^{-11} \text{ m}$

       n = 1: $r_1 = 5,29 \cdot 10^{-11} \text{ m}$

       n = 2: $r_2 = 2 \cdot 5,29 \cdot 10^{-11} \text{ m} = 1,06 \cdot 10^{-10} \text{ m}$

       n = 3: $r_3 = 3 \cdot 5,29 \cdot 10^{-11} \text{ m} = 1,59 \cdot 10^{-10} \text{ m}$

57. Radius $r = 5,29 \cdot 10^{-11} \text{ m} = 0,53 \cdot 10^{-10} \text{ m} \approx \dfrac{1}{2}$ Angström

Durchmesser $d = 2r = 1,06 \cdot 10^{-10} \text{ m} \approx 1$ Angström

IX. Lexikon physikalischer Fachbegriffe

A

$$\frac{1}{f} = \frac{1}{g} + \frac{1}{b} \quad oder$$

$$f = \frac{g \cdot b}{g + b}$$

Abbildung. Mithilfe der von einem Gegenstand ausgehenden oder an ihm reflektierten Lichtstrahlen kann ein Bild des Gegenstands erzeugt werden. Dabei nutzt man Brechungs- und Reflexionserscheinungen aus. Abbildungen können beispielsweise durch →Linsen oder Spiegel erzeugt werden. Beim Durchgang durch die Linse wird das von einem Punkt des Gegenstands ausgehende Strahlenbündel gebrochen bzw. am Spiegel reflektiert und idealerweise wieder in einem Punkt, dem Bildpunkt, vereinigt. Dabei ergibt die Gesamtheit der Bildpunkte das Bild des Gegenstands.

Abbildungsfehler siehe Aberration.

Abbildungsgleichung. Der Zusammenhang zwischen der →Brennweite einer dünnen →Linse, der Entfernung eines Gegenstands von der Linsenebene (Gegenstandsweite) und der Bildweite wird durch die Abbildungsgleichung erfasst. Sie wird manchmal auch als →Linsengleichung bezeichnet und lautet:

Dabei ist f die Brennweite der Linse, g die Gegenstandsweite und b die Bildweite. Für Berechnungen ist wichtig, dass die Brennweite von Sammellinsen ein positives Vorzeichen und die von Zerstreuungslinsen ein negatives Vorzeichen hat. Demzufolge kann die Bildweite positiv oder negativ sein. Das Vorzeichen beinhaltet hierbei eine Aussage über die Lage des Bildes bezüglich der Linse im Vergleich zum Gegenstand:

- Bei Sammellinsen und einer Gegenstandsweite, die größer als die Brennweite ist, hat die Bildweite immer ein positives Vorzeichen. Gegenstand und Bild liegen hier auf unterschiedlichen Seiten der Linse.

- Bei Sammellinsen und einer Gegenstandsweite, die kleiner als die Brennweite ist, hat die Bildweite ein negatives Vorzeichen. Gegenstand und Bild liegen auf der gleichen Seite der Linse.

- Bei Zerstreuungslinsen ist die Bildweite bei beliebigen Gegenstandsweiten stets negativ. Gegenstand und Bild liegen auf der gleichen Seite der Linse.

Die obige Abbildungsgleichung gilt nicht nur für dünne Sammel- und Zerstreuungslinsen, sondern auch für Hohlspiegel (kugelförmige Spiegel).

Abbildungsmaßstab. Als Abbildungsmaßstab A wird das Verhältnis von Bildgröße B zu Gegenstandsgröße G bezeichnet. Es gilt: $A = B/G$. Aus geometrischen Überlegungen und auch aus experimentellen Untersuchungen ergibt sich, dass das Verhältnis von Bildgröße B und Gegenstandsgröße G gleich dem Verhältnis von Bildweite b zu Gegenstandsweite g ist. Damit ergibt sich für den Zusammenhang zwischen Bildweite, Gegenstandsweite, Bildgröße und Gegenstandsgröße für dünne →Linsen die Gleichung:

$$\frac{B}{G} = \frac{b}{g}$$

Diese Gleichung gilt nicht nur für dünne Sammel- und Zerstreuungslinsen, sondern auch für Hohlspiegel (kugelförmige Spiegel).

Abendrot. Die Rotfärbung des Himmels nach Sonnenuntergang (am westlichen Himmel). Die kurzwelligen blauen und grünen Anteile des Sonnenlichts werden dabei durch die →Atmosphäre stärker gestreut als die langwelligen gelben und roten Strahlungsanteile; dadurch entsteht die rote Farbe.

Aberration. Bei optischen →Systemen Abweichung von der fehlerfreien →Abbildung, die bewirkt, dass Objektpunkte im Bild nicht ideal punktförmig wiedergegeben werden. Die wichtigsten Abbildungsfehler sind: Öffnungsfehler (sphärische Aberration) mit schlechter Vereinigung achsensymmetrischer Lichtbündel großer Öffnung, Asymmetriefehler mit einseitiger Verzerrung von Bildpunkten bei schräg einfallenden Bündeln, Bildfeldwölbung, Verzeichnung (Distorsion), kissen- oder tonnenförmige Verzerrung mit Vergrößerungsunterschieden bei unterschiedlichen Achsenentfernungen, sowie die Farbabweichung (→chromatische Aberration) mit schlechter Vereinigung von Strahlen unterschiedlicher →Wellenlänge. Durch spezielle Linsenformen, Blenden und Kombinationen von mehreren Linsen aus unterschiedlichen Materialien können die Abbildungsfehler reduziert werden.

abgeschlossenes System. Es bezeichnet ein physikalisches →System, das in keinerlei Wechselwirkung mit seiner Umgebung steht und daher weder Energie noch Materie austauscht. Die Energie bleibt in abgeschlossenen Systemen stets konstant (Energieerhaltungssatz).

Abgleichen. Das Einstellen von Kenngrößen elektrischer Schaltungen (etwa Resonanzfrequenz, →Spannung) auf ihren Sollwert, z. B. durch Verändern von Bauelementegrößen (→Kapazität, →Induktivität, →Widerstand usw.).

Abklingen. Die zeitliche Abnahme einer physikalischen Größe, etwa das Abklingen einer Schwingungsamplitude bei einer gedämpften →Schwingung.

Abklingkoeffizient. Beim →Abklingen einer physikalischen Größe der Wert, der den zeitlichen Ablauf bestimmt; bei Zerfallsprozessen Zerfallskonstante genannt. Die Abklingkonstante ist der Kehrwert der Abklingzeit.

Abkühlung. Die Abnahme der Temperatur eines Körpers, meist durch Wärmeleitung, Wärmekonvektion oder Wärmestrahlung.

Ablationskühlung. Ablationskühlung (→Schmelzkühlung), Kühlverfahren zum Schutz vor unzulässiger Aufheizung, besonders bei in die →Atmosphäre zurückkehrenden Raumflugkörpern. Durch endotherme Zersetzung, Abschmelzung und Verdampfung von Schutzschichten (Hitzeschild) wird dabei die durch Luftreibung entstehende →Wärme umgewandelt; weitere Anwendung in chemischen Raketentriebwerken. Ablationswerkstoffe sind unter anderem Graphit, Beryllium und faserverstärkte Kunststoffe.

Absättigung. →Zustand der Bindung der größtmöglichen Zahl von Atomen an ein anderes Atom oder Molekül.

Abschirmung. In der Elektrotechnik das Fernhalten oder Einschließen elektrostatischer, magnetostatischer oder elektromagnetischer Felder beziehungsweise Strahlung von oder in einem begrenzten Gebiet, beispielsweise durch einen Faraday'schen Käfig.

In der Atomphysik die Erscheinung, dass die äußeren Elektronen in einem Atom mit hoher Kernladungszahl Z ein abgeschwächtes elektrisches Feld spüren. Ist der elektromagnetischen Abschirmung verwandt.

In der Kernphysik bzw. Kerntechnik eine Anordnung von Materialien mit dem Ziel, die Intensität ionisierender Strahlung zu verringern. Die Abschirmung beruht hier auf →Streuung oder →Absorption der Strahlung.

Abschlusswiderstand. Elektrischer →Widerstand am Ende von Kabelverbindungen, der dazu dient, unerwünschte Signalreflexionen weitgehend zu vermeiden, speziell in der Hochfrequenztechnik. Auch Terminator genannt.

Absorberstab. Stab aus Neutronen absorbierendem Material zur Regelung der Reaktorleistung (Regelstab, Steuerstab) oder Abschaltung des Reaktors, d. h. Unterbrechung der →Kernkettenreaktion (Abschaltstab).

Absorption. Verringerung der Energie von →Teilchenstrahlung beim Durchgang durch Materie oder Schwächung der Intensität einer elektromagneti-

IX. Lexikon

schen →Welle. Das absorbierende Material wird als Absorber bezeichnet. Die absorbierte Energie wird dabei in Wärmeenergie umgewandelt. Die Intensität einer elektromagnetischen Welle nimmt bei der Absorption exponentiell ab (Gesetz von Lambert und Beer). Für die Absorption von Teilchenstrahlung lässt sich kein allgemein gültiges Gesetz aufstellen, denn sie hängt vom genauen Mechanismus der Absorption ab (Beispiele sind →Ionisation oder Stoßanregung). Der Begriff Absorption wird auch für die Aufnahme eines Gases durch eine Flüssigkeit oder einen →Festkörper verwendet.

Absorptionskoeffizient. Stoffspezifische Größe, die die exponentielle Schwächung der Intensität in einem Absorber beschreibt.

Abstimmkreis. Um einen bestimmten Radiosender zu empfangen muss ein Rundfunkgerät auf die gewünschte Trägerfrequenz abgestimmt werden. Dies geschieht mithilfe eines Abstimmkreises, der unmittelbar an die Antenne gekoppelt ist. Die Antenne eines Radiogerätes ist zum Empfang einer bestimmten →Frequenz optimal konstruiert. Allerdings kann sie innerhalb eines größeren Frequenzbereiches von allen elektromagnetischen →Wellen zu →Schwingungen angeregt werden. Man kann einen bestimmten Sender nur dann im Radio

hören, wenn man aus dem Frequenzgemisch aller Wellen die gewünschte Senderfrequenz herausfiltert. Dazu wird die Antenne induktiv an die →Spule eines Schwingkreises gekoppelt, man lässt also die zeitlich veränderlichen Magnetfelder in der Antenne in einer Spule Wechselspannungen mit gleicher Frequenz induzieren. Die Spule selbst ist Teil eines elektrischen Schwingkreises. Die →Eigenfrequenz f eines Schwingkreises beträgt nach der Thomson'schen Schwingungsgleichung:

$$f = 1 \ (2\pi \cdot \sqrt{(L \cdot C)})$$

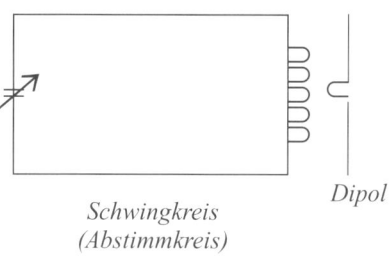

Schwingkreis   *Dipol*
(Abstimmkreis)

Von allen an der Antenne ankommenden Wellen wird demzufolge nur diejenige Frequenz in den Schwingkreis überführt, die der Eigenfrequenz des Schwingkreises entspricht. Baut man in den Schwingkreis einen →Kondensator mit veränderbarer →Kapazität ein (Drehkondensator), so kann man die Eigenfrequenz des Schwingkreises regulieren und dadurch jeweils andere Wellen mit unterschiedlichen Frequenzen und Längen herausfiltern. Durch die Kapazitätsveränderung stimmt man so den Schwingkreis auf einen bestimmten Sender ab.

actio = reactio. Diese lateinischen Begriffe heißen übersetzt →Wirkung = Gegenwirkung und formulieren schlagwortartig das dritte →Newton'-sche Axiom.

adiabatisch. Ein Prozess ohne Wärmeaustausch mit der Umgebung. Das →System muss dazu gut isoliert oder jedoch der Prozess so schnell sein, dass für den Wärmeausgleich keine Zeit verbleibt. Die adiabatische →Zustandsänderung ist die Zustandsänderung eines Gases ohne Wärmeaustausch mit der Umgebung. Der Zusammenhang zwischen →Druck und Volumen eines idealen Gases wird für eine adiabatische Zustandsänderung durch das Poisson'sche Gesetz beschrieben.

Adsorption. Anlagerung von Gasen oder gelösten Substanzen an der Oberfläche eines →Festkörpers.

affines Koordinatensystem. Im dreidimensionalen Fall sind die Koordinatenachsen drei verschiedene Geraden, die durch den Koordinatenursprung gehen. Die Koordinaten eines Raumpunktes ergeben sich als Projektionen parallel zu den drei Koordinatenebenen, die von je zwei Koordinatenachsen aufgespannt werden, auf die Koordinatenachsen.

Aggregatzustand. Erscheinungsform eines Stoffes. Eine von bestimmten Eigenschaften und der inneren Struktur bestimmte Phase eines Stoffes. Es existieren drei Aggregatzustände: →fest, →flüssig, →gasförmig. Zudem wird auch →Plasma, das nur bei sehr hohen Temperaturen auftritt, als „vierter" Aggregatzustand bezeichnet.

Aggregatzustandsänderung. Änderung des →Zustands, in dem ein Stoff vorliegt. Er hängt von der Temperatur und auch vom →Druck ab. Durch Zufuhr oder Abgabe von →Wärme oder durch Veränderung des Druckes kann sich der Aggregatzustand eines Stoffes ändern. Die verschiedenen Aggregatzustandsänderungen haben spezielle Bezeichnungen:

- →Schmelzen und →Erstarren,
- →Sieden und Kondensieren,
- Sublimieren und Resublimieren,
- Verdunsten und Verdampfen.

Für alle Aggregatzustandsänderungen gilt: Während einer Aggregatzustandsänderung bleibt die Temperatur des betreffenden Körpers gleich. Während einer Aggregatzustandsänderung ändert sich die thermische Energie eines Körpers. Mit einer Aggregatzustandsänderung verändert sich zumeist auch das Volumen des Körpers. Aggregatzustandsänderungen werden auch Phasenübergänge genannt.

IX. Lexikon

Akkumulator. Auf elektrochemischer Basis arbeitende Gleichstromquelle (= ladbare →Batterie). Beispiele: Blei-Akkumulator, Nickel-Eisen-Akku, Lithium-Ionen-Akku.

Akustik. Die Lehre von →Schwingungen und →Wellen in elastischen Medien. Die Akustik im engeren Sinne behandelt den für den Menschen hörbaren Frequenzbereich zwischen 16 Hz und 20 kHz (abhängig vom Alter einer Person). Physiologische und psychologische Probleme des Hörens gehören ebenfalls zur Akustik.

Alphastrahlung. Alphastrahlung ist eine →Teilchenstrahlung. Es handelt sich bei Alphateilchen um doppelt positiv geladene Heliumkerne. Bei Abgabe von Alphastrahlung verringert sich die →Massenzahl um 4 und die →Ordnungszahl um 2.

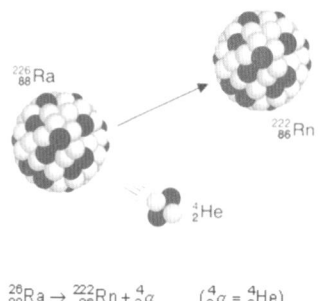

$$^{226}_{88}Ra \rightarrow ^{222}_{86}Rn + ^{4}_{2}\alpha \qquad (^{4}_{2}\alpha = ^{4}_{2}He)$$

Altersbestimmung. Die Altersbestimmung beruht auf radiometrischen Methoden, die den →Zerfall der in dem zu datierenden Material enthaltenen radioaktiven →Isotope ausnutzen.

Verfahren zur physikalischen Altersbestimmung sind unter anderem die Radiokarbonmethode (→C-14-Methode), die Aktivierungsanalyse, die ESR-Datierung und die Thermolumineszenz. In der →Astronomie werden zur Altersbestimmung des Mondes, von →Planeten und Meteoriten etwa radioaktive →Uran-, Thorium-, Rubidium- und Kaliumisotope herangezogen, beispielsweise bei den Bleimethoden, der Kalium-Argon- oder der Rubidium-Strontium-Methode. Danach ist die →Erde $4,58 \pm 0,03$ Milliarden Jahre alt und unser →Planetensystem vor etwa 4,6 bis 5 Milliarden Jahren entstanden. Aus der Theorie der Sternentwicklung und der Expansion des Weltalls (Hubble-Effekt, →Urknall) wird meist ein zwischen 15 und 20 Milliarden Jahren liegendes Weltalter angenommen.

Ampere. Einheit der elektrischen →Stromstärke; der Begriff geht auf den französischen Physiker André Marie Ampère zurück (1775–1836). Das Ampere ist die Stärke eines zeitlich konstanten elektrischen →Stroms, der durch zwei parallele, geradlinige, im Abstand von 1 m voneinander angeordnete unendlich lange →Leiter (im Vakuum) fließt und zwischen diesen Leitern pro 1 m Leitungslänge die Kraft von $2 \cdot 10^{-7}$ N (→Newton) hervorrufen würde. Das Ampere ist eine der sieben Basiseinheiten des Internationalen →Einheitensystems (SI).

Amplitude. Die maximale →Auslenkung (Elongation) einer mechanischen, elektrischen oder sonstigen →Schwingung. Bei einer mechanischen Schwingung der Maximalwert der Auslenkung aus der →Ruhelage.

Amplitudenmodulation (AM). Veränderung der Amplitude einer hochfrequenten Trägerwelle im Rhythmus des zu übertragenden niederfrequenten Signals. Modulierendes Signal:

$$\Delta A \, sin \, (\Omega \, t)$$

Die Zeitabhängigkeit der →Auslenkung einer amplitudenmodulierten →Welle an einem festen Ort ist dann:

$$y \, (t) = (A + \Delta A \, sin \, (\Omega \, t)) \, sin \, (\omega t)$$

wobei ω die Kreisfrequenz des Trägersignals ist. Amplitudenmodulation wird beim AM-Radio im Lang-, Mittel- und Kurzwellenbereich verwendet.

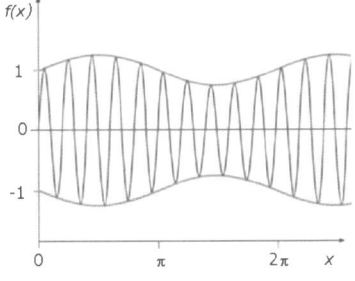

analog. Physikalische Größe, die zur Informationsübertragung dient und innerhalb bestimmter Grenzen alle möglichen Zwischenwerte annehmen kann.

Anion. Ein einfach oder auch mehrfach negativ geladenes →Ion, das von einer positiven Elektrode (→Anode) angezogen wird.

Anode. Der Pluspol (positiv geladener Pol) einer →Spannungsquelle oder eines Elektrodenpaars.

Anomalie des Wassers. Wasser hat eine besondere Eigenschaft, die es von fast allen anderen Flüssigkeiten unterscheidet. Es hat bei 4 °C sein kleinstes Volumen und damit seine größte Dichte. Dieses nicht normale thermische Verhalten von Wasser wird in der Physik als Anomalie des Wassers bezeichnet. Bei Temperaturen über 4 °C verhält sich Wasser wie andere Flüssigkeiten. Bei Erhöhung der Temperatur über 4 °C dehnt es sich aus, bei Verringerung der Temperatur wird sein Volumen kleiner. Kühlt sich Wasser auf unter 4 °C ab, so wird sein Volumen bis 0 °C wiederum größer. Gefriert dann das Wasser, so dehnt es sich weiter aus. Während Wasser von 0 °C eine Dichte von etwa 1 g/cm^3 hat, beträgt die Dichte von Eis bei 0 °C 0,92 g/cm^3. Deshalb schwimmt Eis auf Wasser. Das Verhältnis der Dichten von Eis und Wasser ist auch der Grund dafür, dass sich bei einem Eisberg etwa 9/10 der Masse unter Wasser und nur etwa 1/10 über Wasser befinden.

Anregung. Durch Energiezufuhr bewirkter Übergang eines Teilchensystems wie beispielsweise Atom, →Kern, Molekül oder Kristallgitter von einen Anfangszustand (Grundzustand) in einen energetisch höher liegenden Endzustand (angeregter →Zustand). Die nötige Energie (Anregungsenergie) kann durch Absorption elektromagnetischer Strahlung oder durch Stoßanregung (z. B. in einem Gas) erfolgen.

Anreicherung. Erhöhung des Gehalts eines Gemischs an nutzbaren Bestandteilen, beispielsweise bei nuklearem Brennstoff die Vergrößerung des Anteils spaltbarer →Isotope eines Elementes (Zentrifuge-Methode).

Arbeit. Bei allen physikalischen Vorgängen, bei denen ein Körper durch eine Kraft bewegt oder verformt wird, verrichtet man mechanische Arbeit. Definition der mechanischen Arbeit: Mechanische Arbeit wird verrichtet, wenn ein Körper durch eine Kraft bewegt oder verformt wird. Formelzeichen: W. SI-Einheit: 1 Newtonmeter (1 Nm) = 1 Joule (1 J). Eine Arbeit von 1 Nm wird verrichtet, wenn an einem Körper eine Kraft von 1 N angreift und der Körper dadurch 1 m in Richtung der wirkenden Kraft bewegt wird. Die Einheit ein Newtonmeter wird zu Ehren des englischen Physikers James Prescott Joule (1818–1889) auch als ein Joule bezeichnet. Je nach der Art und Weise, wie mechanische Arbeit verrichtet wird, unterscheidet man verschiedene spezielle Arten mechanischer Arbeit.

- Wird ein Körper durch eine Kraft gehoben, so wird Hubarbeit verrichtet. Dabei wirkt in der Regel eine konstante Kraft in Richtung der Bewegung.
- Wird die Bewegung eines Körpers durch eine Reibungskraft gehemmt, so spricht man von Reibungsarbeit. Wird ein Körper durch eine Kraft beschleunigt, so wird an ihm Beschleunigungsarbeit verrichtet.
- Wird ein Körper durch eine Kraft verformt, so spricht man von →Verformungsarbeit, im Falle der →Verformung einer Feder auch von Federspannarbeit.
- Wird durch eine Kraft das Volumen eines eingeschlossenen Gases verringert, so wird an dem Gas Volumenänderungsarbeit oder Volumenarbeit verrichtet.

Berechnung der mechanischen Arbeit: Die mechanische Arbeit kann aus einem Kraft-Weg-Diagramm (F-s-Diagramm) ermittelt werden. Unter der Bedingung, dass die Kraft konstant ist und in Richtung des Weges wirkt, gilt:

$$W = F \cdot s$$

Dabei ist F die wirkende Kraft und s der zurückgelegte Weg. Im Kraft-Weg-Diagramm ist die Fläche unter dem Grafen gleich der verrichteten mechanischen Arbeit. Demzufolge kann die mechanische Arbeit auch durch Auszählen der Fläche ermittelt werden. Dabei müssen die Einheiten beachtet werden, mit denen die Größen abgetragen sind. Wirkt die Kraft nicht in Richtung des Weges, dann spielt für die mechanische Arbeit nur die Komponente der Kraft eine Rolle, die in Richtung des Weges wirkt. Es gilt in diesem Fall:

$$W = \vec{F}_S \cdot s = \vec{F}_S \cdot s \cdot \cos \alpha$$

Wirkt eine Kraft senkrecht zum zurückgelegten Weg, so ist die verrichtete mechanische Arbeit null. Das ist z. B. der Fall, wenn eine Last in einer bestimmten Höhe an einem Kranhaken hängt und der Kran sich dreht. Die mechanische Arbeit ist auch dann null, wenn zwar eine Kraft wirkt, aber kein Weg zurückgelegt wird. Das ist beispielsweise der Fall, wenn man eine Tasche in der Hand hat, aber ruhig steht.

Arbeit, elektrische. Die elektrische Arbeit gibt an, wie viel →elektrische Energie in andere Energieformen umgewandelt wird. Symbol: W (benannt nach dem englischen work = Arbeit). Einheit: 1 Nm = 1 J = 1 W · s (Watt · Sekunde). Elektrische Arbeit muss man verrichten, um einen geladenen Körper in einem elektrischen →Feld zu verschieben. Die Arbeit zur →Bewegung eines solchen Körpers ist gleich dem Produkt aus seiner →Ladung und der Spannungsdifferenz zwischen dem Ausgangs- und dem Endpunkt: $W = Q \cdot U$. Für Berechnungen in einem →Stromkreis verwendet man eine andere Gleichung. Die Arbeit im elektrischen Stromkreis ist gleich dem Produkt aus der elektrischen Leistung und der Zeit, während der die Leistung aufgewandt wird: $W = P \cdot t = U \cdot I \cdot t$. Allgemein gilt: Wendet man eine Kraft F auf, um einen Körper entlang des Weges s zu bewegen, so verrichtet man an diesem Körper Arbeit. Zwei ungleichnamig geladene Körper ziehen sich gegenseitig an. Will man sie auseinander bringen, so muss man eine Kraft aufbringen, um einen dieser Körper im elektrischen →Feld des anderen Körpers zu verschieben. Bei dieser Verschiebung verrichtet man elektrische Arbeit.

Archimedisches Gesetz siehe Auftrieb, Auftriebskraft.

Astronomie. Die Astronomie beschäftigt sich mit allen Objekten des Weltalls (Monde, Bahnbewegungen, →Planeten, Sterne, Kometen, Planetoiden), ihrem Aufbau, ihren Eigenschaften und ihren Entwicklungen. Sie ermöglicht auf der Grundlage der gewonnenen Erkenntnisse die Erklärung und Voraussage vieler Erscheinungen in der Natur. Das Wort „Astronomie" ist vom griechischen „astros" abgeleitet, was so viel wie „die Sterne betreffend" bedeutet. Die Astronomie wendet vielerlei Untersuchungsmethoden an, insbesondere die Registrierung und Auswertung der sichtbaren und nicht sichtbaren Strahlung, die von den Himmelskörpern ausgeht. Nach der Art der untersuchten Strahlung trennt man zwischen der optischen und der nicht optischen Astronomie. Nach der Zielsetzung und den angewandten Methoden kann man zwischen klassischer Astronomie, Stellarstatistik, Astrophysik, Kosmogonie und Kosmologie unterscheiden.

Atmosphäre. Gasförmige Hülle eines Himmelskörpers, die durch die eigene Schwerkraft an den →Planeten gebunden wird. Im engeren Sinne die Atmosphäre der →Erde. Die Erdatmosphäre reicht bis in eine Höhe von ca. 3000 km, 80% ihrer Masse liegt allerdings unterhalb einer Höhe von 7 km. Die Atmosphäre besteht überwiegend aus Stickstoff (78,09%), Sauerstoff (20,94%) und Edelgasen, darunter vor allem Argon (0,93%) sowie CO_2 (Kohlendioxid) und Methan. Außerdem enthält die

Atmosphäre noch einen stark wechselnden Anteil an Wasserdampf (zwischen 0 und 4%). Daneben gibt es in einer engen Schicht um ca. 20–25 km Höhe eine erhöhte Konzentration von Ozon (Ozonschicht). Die Ozonschicht spielt eine wichtige Rolle bei der Filterung →ultravioletter Sonnenstrahlung; ihre Erhaltung ist für den Menschen lebenswichtig und heute ein ernsthaftes ökologisches Problem.

Atom. Kleinste Einheit eines chemischen Elements, die mit chemischen Mitteln nicht zerlegbar ist. Alle Stoffe, ob fest, flüssig oder gasförmig, bestehen aus Atomen oder Molekülen. Dem Aufbau aller Atome liegen gemeinsame Gesetzmäßigkeiten zugrunde. Jedes Atom besteht aus einem →Kern und einer Hülle; beide sind aus →Elementarteilchen zusammengesetzt. Für das Atom gibt es verschiedene physikalische Modelle. Wichtigstes Modell ist das Bohr'sche Atommodell, das auf den Gesetzen der →Quantenmechanik beruht. Nach diesem Modell bewegen sich die Elektronen strahlungsfrei, also ohne Energieverlust, auf Kreisbahnen. Der Radius ist in dem Fall ein Vielfaches des Bohr'schen Radius, $r = 0,529177 \cdot 10^{-10}$ m $= 5,29177 \cdot 10^{-11}$ m.

atomare Masseneinheit. Die atomare Masseneinheit (1 u) ist der zwölfte Teil der Masse eines Atoms des Nuklids $^{12}_{6}$C. 1 u $= 1,66057 \cdot 10^{-27}$ kg.

Atombindung. Die Atombindung ist eine der drei chemischen Hauptbindungsarten, zu denen man auch die Ionenbindung und die Metallbindung zählt. Die Atombindung tritt am deutlichsten bei Molekülen in Erscheinung, die aus gleichen Atomen bestehen. Fügen sich mehrere Atome zu einem größeren Verbund zusammen, dann erfolgt dies fast immer so, dass sie durch ihren Zusammenschluss einen energetisch stabilen →Zustand erlangen, der auf Bindungskräften zwischen den einzelnen Atomen beruht. Eine Möglichkeit, eine stabile Bindung zu realisieren, besteht für die Atome darin, sich mit benachbarten Atomen Elektronen zu teilen. Nach der Schalentheorie der Atomhülle sind alle äußeren Elektronenschalen, die mit genau acht Elektronen oder einer abgeschlossenen Elektronenhülle besetzt sind, besonders stabil. Allen Atomen, die im →Periodensystem der Elemente zu der siebten Hauptgruppe gehören, fehlt genau ein Elektron zur Erlangung einer abgeschlossenen Achterschale. Indem sie sich mit anderen Atomen ein Elektronenpaar gemeinsam teilen, können sie wechselseitig jeweils paarweise stabile Elektronenanordnungen (Elektronenkonfigurationen) erzielen.

Atommasse. Zur Kennzeichnung der Masse von Atomen, Molekülen und →Teilchen verwendet man die relative Atommasse. Sie ist eine Verhältniszahl und bezieht sich auf das Kohlenstoffatom 12C, dessen Masse gleich 12 gesetzt wird. Die in der Chemie verwendeten relativen Atom- bzw. Molekülmassen werden zwar auch auf Kohlenstoff 12 bezogen; ihre Zahlenwerte sind aber mit denen der in der Physik verwendeten relativen Atommasse nicht identisch, denn sie gelten stets für das natürliche Isotopengemisch des jeweiligen Elementes, sind also mittlere relative Atommassen. Da sich aber die physikalischen Eigenschaften der verschiedenen →Isotope eines Elementes unterscheiden, gilt in der Physik die relative Atommasse stets nur für das jeweilige Isotop. Die absolute Masse eines Atoms kann in der SI-Einheit →Kilogramm angegeben werden. Besser eignet sich jedoch die für den Gebrauch in der Atomphysik zulässige →atomare Masseneinheit u. Die atomare Masseneinheit u ist gleich 1/12 der Masse eines Atoms von Kohlenstoff 12. Kohlenstoff 12 besitzt demnach eine relative Atommasse von $A_r = 12,000$ und eine absolute Atommasse $m = 12,000$ u. Bei allen Isotopen sind relative Atommasse und absolute Atommasse in u je zahlengleich, also $A_r = m/u$. Ferner ist A_r zahlengleich der molaren Masse in g/mol, also auch $A_r = \{M\}$. Daraus folgt 1 u = 1 g/mol mit 1 mol = $6,022045 \cdot 10^{23}$ Teilchen.

Auftrieb, Auftriebskraft. Befindet sich ein Körper in einer Flüssigkeit oder in einem Gas, so verringert sich scheinbar seine Gewichtskraft. Das kann man experimentell einfach nachweisen, indem man einen Körper an einem Federkraftmesser befestigt, seine Gewichtskraft bestimmt und den Körper anschließend ins Wasser taucht. Am Federkraftmesser wird dann eine deutlich kleinere Kraft als die Gewichtskraft angezeigt. In der Flüssigkeit bzw. in dem Gas muss also der Gewichtskraft des Körpers eine Kraft entgegenwirken. Diese Kraft nennt man Auftriebskraft F_A, die Erscheinung selbst Auftrieb. Ursache ist der unterschiedlich große Schweredruck p in verschiedenen Tiefen h. Wegen der Abhängigkeit des Schweredrucks von der Tiefe gilt: $p_2 > p_1$. Für $A_1 = A_2$ gilt dann für die Druckkräfte wegen $F = p \cdot A$: $F_2 > F_1$. Die auf den Körper wirkende Auftriebskraft beträgt somit:

$$F_A = F_2 - F_1$$

Die Auftriebskraft an einem Körper ist umso größer, je größer sein eingetauchtes Volumen ist. Gleichzeitig verdrängt der eingetauchte Körper mit seinem Volumen ein genauso großes Volumen Flüssigkeit. Die verdrängte Flüssigkeit hat eine bestimmte

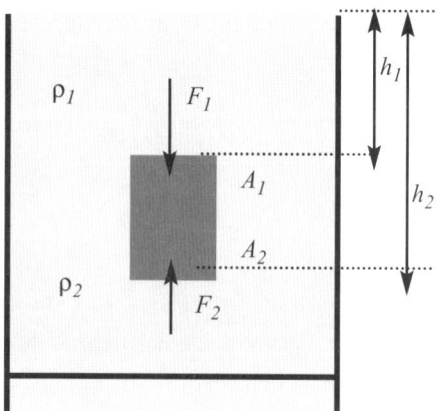

Für $A_1 = A_2$ gilt wegen $F = \rho \cdot A$:
$\rho_2 > \rho_1 \implies F_2 > F_1$

Gewichtskraft, die umso größer ist, je größer ihr Volumen und ihre Dichte ist. Damit ergibt sich ein Zusammenhang zwischen der Auftriebskraft an einem Körper und der Gewichtskraft der von ihm verdrängten Flüssigkeit bzw. des verdrängten Gases. Dieser Zusammenhang wird durch das archimedische Gesetz beschrieben. Es lautet: Für einen Körper, der sich in einer Flüssigkeit oder in einem Gas befindet, gilt: Die auf den Körper wirkende Auftriebskraft ist gleich der Gewichtskraft der von ihm verdrängten Flüssigkeits- bzw. Gasmenge. Dieses Gesetz wurde zuerst von Archimedes von Syrakus (287–212 v. Chr.) entdeckt. Die Gewichtskraft der verdrängten Flüssigkeit ist von deren Masse und damit der Dichte abhängig. Die Masse einer Flüssigkeit oder eines Gases ist wiederum von Dichte und Volumen abhängig, so dass man auch formulieren kann: Die Auftriebskraft ist umso größer, je größer das verdrängte Flüssigkeits- oder Gasvolumen ist und je größer die Dichte des verdrängten Stoffes ist. Für die an einen Körper angreifende Auftriebskraft in Flüssigkeiten und Gasen gilt:

$$F_A = \rho \cdot V \cdot g$$

Dabei ist ρ die Dichte des verdrängten Stoffes, V das Volumen des eingetauchten Körpers (verdrängtes Volumen) und g der Ortsfaktor (die Erd- oder →Fallbeschleunigung).

Auge. Das menschliche Auge ist ein kompliziertes Organ, das aus Muskeln, Fasern, Häuten, Nerven und Blutgefäßen besteht. Die nach außen auch als Schutz wirkende Hornhaut, die Augenflüssigkeit in der vorderen Augenkammer, die Augenlinse und der Glaskörper bilden ein Linsensystem, das insgesamt wie eine Sammellinse wirkt. Eine Sammellinse hat eine →Brennweite von ungefähr 23 mm, was einem Brechwert von 58 Dioptrien entspricht. Die Augenlinse ist an Muskeln, den Ciliarmuskeln, aufgehängt. Durch diese Muskeln kann die Krümmung der Augenlinse verändert werden, damit von unterschiedlich weit entfernten Gegenständen auf der Netzhaut ein scharfes Bild entsteht. Die Iris mit der Pupille als Öffnung wirkt wie eine Blende. Damit kann die Intensität des einfallenden →Lichtes gesteuert werden. In der Netzhaut befinden sich die lichtempfindlichen Zellen – etwa 120 Millionen hell-dunkel-empfindliche Stäbchen (zum schwarz-weiß-Sehen) und etwa 6 Millionen farbempfindliche Zäpfchen (zum Farbsehen).

Ausdehnungskoeffizient. Stoffspezifische Größe, welche die Längen- bzw. Volumenzunahme eines Körpers bei einer Temperaturänderung um 1 K (1 →Kelvin) beschreibt. Man unterscheidet den linearen oder Längen-Ausdehnungskoeffizienten und den kubischen oder auch Volumenausdehnungskoeffizienten.

Auslenkung (Elongation). Die (zeitlich veränderliche) Entfernung von der Ruhe- oder Gleichgewichtslage bis zum Maximalwert (Umkehrpunkt) bei einer mechanischen →Schwingung. Der Maximalwert der Auslenkung ist die →Amplitude.

Avogadro-Konstante, Avogadro'sches Gesetz. Die Avogadro-Konstante gibt die Zahl der Atome pro mol an. Diese ist nach dem Avogadro'schen Gesetz unabhängig von der Art des Gases immer konstant und beträgt $6{,}022045 \cdot 10^{23}$ →Teilchen. Nach der Molekülhypothese, die später als Avogadro'sches Gesetz bekannt wurde, bestehen alle Gase aus Teilchen (Atome oder

Moleküle), die sich ähnlich verhalten. Für viele Eigenschaften von Gasen spielt daher nur die Anzahl der Atome oder Moleküle eine Rolle, aber nicht ihr genauer (atomarer) Aufbau. Diese Tatsache spiegelt das Avogadro'sche Gesetz wieder: Bei gleichem Druck und gleicher Temperatur enthalten gleiche Volumina verschiedener (idealer) Gase je dieselbe Anzahl von Molekülen. Die Gesetze für ein →ideales Gas (etwa $p \cdot V = const.$ bei $T = const.$) sind daher unabhängig von der Art des Gases.

B

Bahn. Als Bahn bezeichnet man die Menge aller Raumpunkte (Orte), die der Körper bei seiner →Bewegung durchläuft. Die Bahn legt damit den Weg des Körpers fest. Die Bahnkurve kann durch den Ortsvektor beschrieben werden.

Bahnbeschleunigung. Die →Beschleunigung, die in Richtung der Bahntangente, also parallel zum Geschwindigkeitsvektor wirkt. Ob eine Bahnbeschleunigung auftritt, hängt von den Details der →Bewegung ab. Bei einer konstanten Kreisbewegung tritt beispielsweise zwar eine Zentrifugalbeschleunigung auf (in Richtung des Kreisradius), aber keine Bahnbeschleunigung, da die →Geschwindigkeit in Richtung der Bahntangente (Kreisgeschwindigkeit) immer konstant ist.

Bahndrehimpuls. Im eigentlichen Sinn der →Drehimpuls, den ein →Teilchen aufgrund seiner →Bewegung auf einer gekrümmten →Bahn besitzt. Speziell bei der kreisförmigen Bewegung des Elektrons, das um den Atomkern kreist (nach der Vorstellung im Bohr'schen Atommodell) versteht man unter dem Bahndrehimpuls L den Drehimpuls des Elektrons bei dieser Kreisbewegung. Dieser Bahndrehimpuls des Elektrons ist – nach der modernen →Quantentheorie – keine stetige Größe, sondern quantisiert. Er kann also nur bestimmte Werte, die sog. Bahndrehimpuls–Quantenzahlen L_1, L_2, L_3 usw. annehmen.

Bahngeschwindigkeit. →Geschwindigkeit, mit der sich ein Körper entlang seiner Bahn bewegt. Sie ist genauso groß wie der Betrag des Geschwindigkeitsvektors.

Bahnkurve. Darstellung der →Bahn als Funktion eines Parameters (z. B. Zeitpunkt oder zurückgelegter Weg).

Ballistik. Lehre vom Verhalten und der →Bewegung geschossener Körper. Die so genannte innere Ballistik untersucht die Vorgänge im Lauf einer Feuerwaffe. Die so genannte äußere Ballistik befasst sich mit dem Verhalten des Geschosses nach dem Verlassen des Laufs.

ballistische Kurve. Kurvenform, die ein geschossener Körper unter realen Bedingungen (Luftdichte, →Luftdruck, Witterung) einnimmt und die erheblich von der idealen Wurfparabel abweicht. Die ballistische Kurve liegt stets innerhalb der idealen Wurfparabel. Der absteigende Ast ist stets steiler als der aufsteigende.

Barometer. Ein Gerät zur →Messung des →Luftdrucks. Man unterscheidet Flüssigkeitsbarometer und Aneroidbarometer. Das Flüssigkeitsbarometer (meist als Quecksilberbarometer) misst den Luftdruck über die Höhe einer Flüssigkeitssäule in einer U-förmigen Glasröhre mit zwei unterschiedlich langen Schenkeln. Der längere Schenkel ist oben geschlossen, der kürzere ist oben offen und läuft in einer Schale aus. Je höher der Luftdruck, desto größer ist nun die Differenz der Flüssigkeitssäulen in den beiden Schenkeln, da ein Druckausgleich stattfindet. Das Aneroidbarometer funktioniert aufgrund der Durchbiegung einer →Membran am Rand einer Dose. Das Dosenbarometer, das aus einer luftleer gepumpten Metalldose besteht, die vom äußeren Luftdruck entsprechend zusammengedrückt wird, ist die gebräuchlichste Form. Diese Deformation wird gemessen und in eine Skala umgesetzt.

barometrische Höhenformel. Formel, die den Zusammenhang zwischen →Luftdruck und Höhe über dem Erdboden wiedergibt. Bei konstanter Temperatur gilt:

$$p_h = p_0 \cdot e^{-\rho_0 \cdot h \cdot g / p_0}$$

Dabei ist p_h der Luftdruck in der Höhe h, p_0 der Luftdruck in der Höhe 0, ρ_0 die Luftdichte bei $h = 0$ und g die Erdbeschleunigung. Der Luftdruck nimmt

IX. Lexikon

also exponentiell mit der Höhe ab. Bei genauen Luftdruckberechnungen muss beachtet werden, dass die Temperatur mit der Höhe abnimmt.

Batterie. Ursprünglich Zusammenschaltung ein oder mehrerer galvanischer Elemente. Heute wird jede vom Stromnetz unabhängige Gleichstromquelle als Batterie bezeichnet – sofern sie nicht wieder aufladbar ist (Akku).

Becquerel. SI-Einheit für die Aktivität eines Radionuklids oder einer radioaktiven Substanz. Ersetzt die früher gebräuchliche Einheit →Curie. Die Aktivität beträgt 1 Becquerel, wenn von der vorliegenden Menge eines Radionuklids 1 Atomkern pro Sekunde zerfällt. Einheit: 1 Bq. 1 Bq = 1 Zerfall/s.

Beleuchtungsstärke. Der Quotient aus dem senkrecht auf eine Ebene fallenden Lichtstrom Φ und der beleuchteten Fläche A. Formelzeichen: E. Es gilt: $E = \Phi/A$. Die SI-Einheit der Beleuchtungsstärke ist 1 Lux (lx, →Lux).

Bernoulli-Gleichung. Nach dem Naturwissenschaftler Daniel Bernoulli (1700–1782) benannte Gleichung für den →Druck p in einem strömenden Medium. Diese auch hydrodynamische Druckgleichung genannte Gleichung lautet:

$$p_1 + \rho \cdot g \cdot h_1 + \frac{\rho}{2} \cdot v_1^2 =$$

$$p_2 + \rho \cdot g \cdot h_2 + \frac{\rho}{2} \cdot v_2^2$$

Dabei ist ρ die Dichte des strömenden Mediums, g die Erdbeschleunigung und h die Höhe der Flüssigkeitssäule. Der Gesamtdruck ist an jeder Stelle der Flüssigkeit gleich groß. Die Summe aus statischem Druck p, dem Schweredruck $\rho \cdot g \cdot h$ und dem dynamischen Druck $\rho/2 \cdot v^2$ ist an jeder Stelle einer Stromlinie konstant.

Beschleunigung. Zeitliche Änderung der →Geschwindigkeit nach Größe und/oder Richtung. Bei Abnahme der Geschwindigkeit spricht man vom Bremsen (negative Beschleunigung).

Betastrahlung. Betastrahlung ist eine →Teilchenstrahlung. Es handelt sich dabei um Elektronen oder um Positronen. Bei Abgabe eines Elektrons bleibt die →Massenzahl gleich. Die Kernladungszahl (→Ordnungszahl) vergrößert sich um 1. Bei solchen Kernumwandlungen ist zu beachten, dass dieses frei werdende Elektron nicht aus

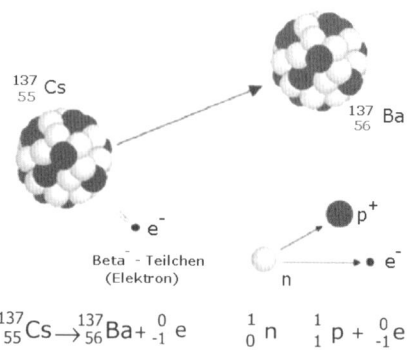

$^{137}_{55}$ Cs

$^{137}_{56}$ Ba

e^-

Beta-Teilchen
(Elektron)

p^+

e^-

n

$^{137}_{55}\text{Cs} \rightarrow {}^{137}_{56}\text{Ba} + {}^{0}_{-1}\text{e}$ $\quad$ $^{1}_{0}\text{n} \quad {}^{1}_{1}\text{p} + {}^{0}_{-1}\text{e}$

der Atomhülle stammt. Es entsteht vielmehr dadurch, dass sich im Atomkern ein Neutron in ein Proton und ein Elektron umwandelt. Die Betastrahlung, bei der Elektronen abgegeben werden, bezeichnet man auch als Elektronenstrahlung oder als β-Strahlung.

Beugung. Abweichung von der geradlinigen Ausbreitung einer →Welle. Erklärung durch die Huygens'sche Elementarwellen, die von jedem von der Welle erreichten Punkt eines Gegenstandes ausgehen. Beugung entsteht beim Eindringen einer ebenen Welle der →Wellenlänge λ in den →Schatten hinter einem Spalt der Breite *d*. Der Beugungseffekt wächst mit abnehmendem Verhältnis von Spaltbreite zu Wellenlänge. Die auf einem Schirm sichtbare Beugungsfigur von hellen und dunklen Streifen kommt zustande, weil die senkrecht aus dem Spalt austretenden Strahlen an unterschiedlichen Positionen des Schirms gleichphasig oder gegenphasig auf den Schirm treffen und sich daher verstärken oder auslöschen. Für die dunklen Streifen gilt die Auslöschungsbedingung:

$$sin\ \alpha = n \cdot \frac{\lambda}{d}$$

und für die hellen Streifen ergibt sich:

$$sin\ \alpha = \frac{2n+1}{2} \cdot \frac{\lambda}{d}$$

wobei n eine ganze Zahl ist. Bei der Beugung am optischen Gitter (anstelle eines Spalts) ergibt sich ebenfalls ein Muster aus hellen und dunklen Streifen, das berechnet werden kann. An die Stelle der Spaltbreite *d* tritt dann die Gitterkonstante *g*.

Bewegung. Die Änderung des Ortes eines Körpers in Bezug auf einen anderen Körper oder ein bestimmtes →Bezugssystem während eines Zeitraums. Zu ihrer Beschreibung werden dem Ort des Körpers in einem →Koordinatensystem Koordinaten zugeordnet, deren Änderung mit der Zeit die Bewegung charakterisiert.

Bewegungsenergie. Energie, die in einer sich bewegenden Masse enthalten ist; sie wird als →kinetische Energie bezeichnet. Die Bewegungsenergie ist eine Erscheinungsform der Energie,

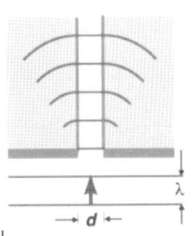

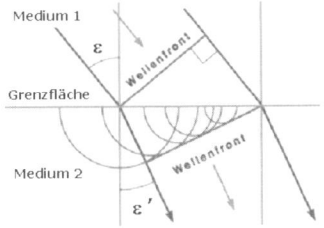

die – wie jede Energieart – in andere Arten wie z. B. →Wärme umgewandelt werden kann. Formel: $E_{kin} = m/2 \cdot v^2$.

Bezugssystem. Um die →Bewegung von Körpern eindeutig zu beschreiben, sind Angaben zum Ort des Körpers zu verschiedenen Zeitpunkten in eindeutiger Weise notwendig. Dies geschieht über Bezugssysteme (meist →kartesische Koordinatensysteme).

Bild. Das Ergebnis einer optischen →Abbildung (beispielsweise →Beugung, →Brechung, →Reflexion). Man unterscheidet reelle und virtuelle Bilder. Ein reelles Bild entsteht, wenn die vom Gegenstand ausgehenden Strahlen sich nach der Beugung oder Brechung auf dem Bildschirm oder der Abbildungsebene wieder in einem Punkt vereinigen. Anders bei virtuellen Bildern: Hier vereinigen sich die Strahlen erst hinter der Abbildungsebene (in der rückwärtigen Verlängerung). Ein virtuelles Bild kann nie real beobachtet werden.

Bildebene. Die Bildebene ist bei einer →Abbildung die zur optischen Achse senkrechte Ebene, auf der das Bild des Gegenstandspunkts liegt. Die Gegenstandsebene ist dementsprechend die Ebene, auf der die abzubildenden Punkte liegen. Idealerweise (ohne →Abbildungsfehler) wird jeder Punkt der Gegenstandsebene auf dieselbe Bildebene abgebildet.

Bindungsenergie. Die Energie, die zur Trennung zweier Bestandteile eines →Systems nötig ist. Wenn die Bindung eingegangen wird, wird die Energie frei. So ist beispielsweise bei einem Atom die Ionisierungsenergie nötig, um ein Elektron abzutrennen. Diese wird frei, wenn das Ion wieder ein Elektron bindet.

Bohr'sches Atommodell siehe Atom.

Boyle-Mariotte'sches Gesetz. Gasgesetz, das den Zusammenhang zwischen Druck p und Volumen V einer bestimmten Menge eines idealen Gases bei gleich bleibender Temperatur T beschreibt. Es gilt: $p \cdot V = const.$ bei $T = const.$ Bei konstanter Temperatur ist also das Produkt aus Druck und Volumen ebenfalls konstant. Bei Erhöhung des Drucks wird das Volumen des Gases entsprechend kleiner und umgekehrt. Anwendung: Kompression eines Gases (beispielsweise in Druckflaschen).

Bragg-Gleichung. Bedingung für das Zustandekommen reflektierter Strahlung unter bestimmten →Winkeln bei der Beugung von Röntgen-, Elektronen- oder Neutronenstrahlen an einem Kristallgitter. Für die sog. Glanzwinkel (= Reflexionswinkel, unter denen die maximale Beugungsintensität auftritt), müssen die folgenden Bragg-Bedingungen erfüllt sein:

$$k \cdot \lambda = 2 \cdot d \cdot sin\, \alpha$$

Dabei ist λ die →Wellenlänge des Röntgen- oder Elektronenstrahls, d der Abstand zweier benachbarter Gitterebenen, α der Winkel, unter dem das Bündel jeweils auf den →Kristall trifft und k = 1, 2, 3, 4 ... die sog. Beugungsordnung. Die →Bragg-Gleichung wird in der Kristallstrukturanalyse benutzt, um die Gitterkonstante und andere Details des Kristallaufbaus zu bestimmen (→Kristall).

Brechung. Änderung der Ausbreitungsrichtung einer →Welle an der →Grenzfläche zwischen zwei Medien, in denen sich die Ausbreitungsgeschwindigkeit unterscheidet. Die Brechung kann mit der Huygens'schen Konzeption der Elementarwellen interpretiert werden: Von jedem Punkt der Grenzfläche, auf den die einfallende Wellenfront trifft, geht eine Elementarwelle mit der entsprechenden Ausbreitungsgeschwindigkeit aus. Die Elementarwellen erzeugen dann eine neue Wellenfront.

Brechungsindex. Das Verhältnis der Ausbreitungsgeschwindigkeit von →Licht (oder einer anderen →Welle) beim Übergang von einem Medium ins →Vakuum. Formelzeichen: n. Auch (absolute) Brechzahl genannt. Nach dem Brechungsgesetz von Snellius gilt:

$$\frac{sin\,\alpha_1}{sin\,\alpha_2} = \frac{n_2}{n_1}$$

In Worten: Beim Übergang eines Lichtstrahls vom Medium 1 ins Medium 2 ist der Quotient der Sinuswerte von →Einfallswinkel α_1 und Brechungswinkel α_2 gleich dem umgekehrten Verhältnis der absoluten Brechzahlen (n_1 und n_2) der beiden Medien.

Brennelement. In Brennelementen findet Kernspaltung statt. Dabei wird meist angereichertes Uranoxid der Isotope $^{235}_{92}$U und $^{238}_{92}$U verwendet. Das Uranoxid befindet sich in Tablettenform gepresst in metallischen Hüllrohren, den sog. Brennstäben. Die bei der Kernreaktion frei werdende Wärmeenergie wird zur Stromgewinnung genutzt.

Brennpunkt. Punkt auf der optischen Achse einer →Linse oder eines Linsensystems, in dem sich achsennahe, parallel zur optischen Achse einfallende Strahlen nach einer →Brechung oder einer →Reflexion schneiden. Der Punkt wird meistens mit F (Fokus) bezeichnet.

Brennstoffzelle. Stromquelle, bei der chemische Energie durch Direktumwandlung in elektrische Energie umgesetzt wird. Der Wirkungsgrad beträgt bis zu 80%.

Brennstrahl. Ein Strahl, der durch den →Brennpunkt einer →Linse, eines Linsensystems oder eines gekrümmten Spiegels verlaufen kann.

Brennweite. Abstand des →Brennpunkts von einer →Linse oder einem

Linsensystem. Formelzeichen: f. Die Brennweite f ist bei dünnen, symmetrischen Linsen etwa gleich dem Krümmungsradius r.

Brewster-Winkel. Nach dem Gesetz von Sir David Brewster (1781–1868) gilt folgender Zusammenhang zwischen der →Reflexion und der →Polarisation eines Lichtstrahls: Fällt ein Lichtstrahl so auf die →Grenzfläche zweier nicht metallischer Ebenen, dass der reflektierte und der gebrochene Strahl einen rechten →Winkel bilden, so wird der reflektierte Strahl vollständig linear polarisiert. Der zugehörige →Einfallswinkel heißt Brewster-Winkel. Der Brewster-Winkel α_P berechnet sich aus der Beziehung: $tan\ \alpha_P = n_2/n_1$. Dabei sind n_1 und n_2 die Brechzahlen der beiden Medien.

Broglie-Welle, Broglie-Gesetz. Benannt nach dem französischen Physiker Louis Victor de Broglie (1892–1987), der den Begriff →Materiewellen in die Physik einführte. Ausgehend von einer Idee Albert Einsteins stellte er die Hypothese auf, dass jeder Körper und jede Materie sowohl →Teilchen- als auch Welleneigenschaften besitzt (→Welle-Teilchen-Dualismus). Die →Wellenlänge λ ist nach dem Gesetz von de Broglie $\lambda = h/mv$, wobei h dem Planck'schen Wirkungsquantum, m der Masse und v der →Geschwindigkeit der Teilchen entsprechen.

Brown'sche Bewegung. Eine völlig regellose Zick-Zack-Bewegung kleiner in Flüssigkeiten oder Gasen schwebender →Teilchen (Moleküle), die erstmals im Jahr 1827 von dem schottischen Biologen Robert Brown (1773–1858) beobachtet wurde. Die Brown'sche Bewegung gilt als wichtiger Beweis für die atomare Struktur aller Gase und Flüssigkeiten.

C

C-14-Methode. Ein gebräuchliches Verfahren der radioaktiven →Altersbestimmung in ehemals lebenden (organischen) Materialien. Anhand der Rate des Kohlenstoffisotops C14 zu der des Isotops C12 wird auf das Alter der Probe geschlossen. Grundlage ist das →Gleichgewicht zwischen C12 und C14 in der Atmosphäre, das sich auch in lebenden Organismen widerspiegelt. Stirbt der Organismus ab (das gilt auch für Pflanzen), so erfolgt keine Assimilation mit dem natürlichen C14 mehr und gleichzeitig zerfällt das radioaktive C14 mit einer →Halbwertszeit von 5730 Jahren. Das Verhältnis C14 zu C12 verschiebt sich daher zu kleineren Werten und aus dieser Verschiebung kann das Alter der Probe bestimmt werden. Die C-14-Methode wird sehr erfolgreich etwa zur Altersbestimmung von Fundstücken aus der Antike bis zum Mittelalter (Alter etwa 1000–50.000 Jahre) eingesetzt.

Candela. SI-Einheit der Lichtstärke. Einheitenzeichen: cd. Definition: 1 Candela ist die Lichtstärke einer →Quelle mit monochromatischer Strahlung der →Frequenz $540 \cdot 10^{12}$ Hz und der Strahlstärke 1/683 →Watt pro →Steradiant.

Carnot-Prozess. Thermodynamischer →Kreisprozess, in dem alle →Zustandsänderungen reversibel verlaufen, erstmals formuliert von Nicolas Carnot (1796–1832). Mit seiner Arbeit schuf Carnot praktisch die Grundlagen für den zweiten Hauptsatz der →Thermodynamik – also noch vor der Aufstellung des ersten Hauptsatzes durch Hermann von Helmholtz (1821–1894) im Jahr 1847. Carnots Experiment ging als Carnot'scher Kreisprozess (Carnot-Prozess) in die Geschichte ein.

Celsius-Skala. Temperaturskala mit zwei Bezugspunkten: dem →Schmelzpunkt von Eis (0 °C) und dem →Siedepunkt von Wasser (100 °C) bei einem →Druck von 101,325 →Pascal (1013 mbar). Temperaturen unter 0 °C werden mit einem Minuszeichen versehen.

Chladni'sche Klangfiguren. Muster, die sich (→analog zu den Kundt'schen Staubfiguren im Schallrohr) bilden, wenn eine schwingende →Membran mit Korkmehl bestreut wird. Das Mehl sammelt sich dann entlang der Knotenlinien, also Stellen, die nicht schwingen, sondern immer in Ruhe sind. Auf diese Weise kann die Schwingungsmode der Membran sichtbar gemacht werden.

chromatische Aberration. Bei →Linsen und Linsensystemen vorkommender →Abbildungsfehler, der auf die →Dispersion des →Lichts zurückzuführen ist. Dabei wird kurzwelliges (violettes) Licht stärker als langwelliges (rotes) Licht gebrochen.

Chromosphäre. Schicht der Sonnen- bzw. Sternatmosphäre zwischen →Fotosphäre und Korona; sie besteht aus leichten Gasen, hauptsächlich aus Wasserstoff.

Compton-Effekt. →Streuung elektromagnetischer Strahlung (Licht-, Röntgen-, Gammaquanten) an freien oder schwach gebundenen Elektronen (Compton-Streuung), wobei sich die →Wellenlänge der Strahlung vergrößert. Der Compton-Effekt wird als →Stoß eines →Photons mit einem Elektron gedeutet; die Wellenlängenänderung folgt aus dem (relativistischen) Impulssatz und Energiesatz beim Stoß. Der auf den amerikanischen Physiker Arthur Compton (1892–1962) zurückgehende Effekt beweist den Teilchencharakter des →Lichts und bestätigte erstmals die Gültigkeit der Stoßgesetze auch für Elementarvorgänge.

Coriolis-Kraft. Auf einen sich in einem rotierenden →Bezugssystem bewegenden Körper einwirkende Scheinkraft. Die Coriolis-Kraft wirkt senkrecht zur →Bahn sowie zur Drehachse des →Systems. Sie existiert nur für den mit dem Bezugssystem mitbewegten Beobachter. Auswirkung: Sich auf der Erdoberfläche bewegende Körper werden auf der Südhalbkugel nach links, auf der Nordhalbkugel hingegen nach rechts abgelenkt. Durch die Coriolis-Kraft kommt beispielsweise die Richtung der Passatwinde zustande.

Coulomb. Einheit für die elektrische Ladungsmenge $Q = s \cdot t$ (Produkt aus →Strom und Zeit). $1\ C = 1\ As$, wobei A = Ampere und s = Sekunde. 1 Coulomb ist die Ladungsmenge, die während einer Sekunde bei einem konstanten Strom der Stärke 1 Ampere durch den Querschnitt des →Leiters fließt. Die elektrische Ladungsmenge wurde eingeführt von dem französischen Physiker Charles de Coulomb (1736–1806). Mithilfe der Torsionswaage zur →Messung von magnetischer und elektrischer Anziehungskraft untersuchte Coulomb die Wechselwirkung zwischen elektrischen →Ladungen und formulierte so das →Coulomb-Gesetz.

Coulomb-Gesetz. Es beschreibt die grundlegende Beziehung der →Elektrostatik. Die zwischen zwei punktförmigen →Ladungen Q_1 und Q_2 wirkende Kraft F (die sog. Coulomb-Kraft) ist dem Produkt der beiden Ladungen direkt und dem Quadrat ihres Abstand indirekt proportional:

$$F = \frac{1}{4\pi \cdot \varepsilon} \cdot \frac{Q_1 Q_2}{r^2}$$

Die Proportionalitätskonstante ε ist die →Dielektrizitätskonstante des Mediums, in dem sich die Ladungen befinden ($\varepsilon = \varepsilon_0 \cdot \varepsilon_r$, wobei ε_0 die elektrische Feldkonstante und ε_r die →Dielektrizitätszahl ist). Die Coulomb-Kraft wirkt in Richtung der Verbindungslinie der beiden Ladungen. Sie ist anziehend bei Ladungen unterschiedlichen Vorzeichens und bei Ladungen gleichen Vorzeichens abstoßend.

Coulomb-Potenzial. →Elektrisches →Potenzial V einer als punktförmig angenommenen →Ladung Q. Es gilt:

$$V = \frac{Q}{4\pi \cdot \varepsilon \cdot r}$$

Dabei ist ε die →Dielektrizitätskonstante und r der Abstand zur Ladung.

Curie. Frühere Einheit der Aktivität eines Radionuklids. Die Aktivität von 1 Curie (Ci) liegt vor, wenn von einem Radionuklid 37 Milliarden Atome je Sekunde zerfallen. Die Aktivitätseinheit Curie wurde ersetzt durch die Einheit →Becquerel. 1 Curie = 37 Milliarden Becquerel. Benannt nach den Entdeckern der →Radioaktivität und der chemischen Elemente Radium und Polonium, Marie Curie (1867–1934) und Pierre Curie (1859–1906), beide französische Physiker und Nobelpreisträger.

Curie-Temperatur. Bei dieser Temperatur bricht in einem Stoff der →Ferro-

magnetismus zusammen und →Paramagnetismus tritt auf. Ursache für diesen Übergang sind thermische →Schwingungen (im →Kristall oder Metallgitter), die jede Ordnung der Elementarmagnete oberhalb der Curie-Temperatur zerstören. Oberhalb der Curie-Temperatur erscheinen daher alle Stoffe unmagnetisch (genauer: ohne Ferromagnetismus). Die Curie-Temperatur ist vom Material abhängig (Materialkonstante).

IX. Lexikon

D

Dampf. Der gasförmige →Aggregatzustand eines Stoffes. Er wird als Dampf bezeichnet, wenn er mit dem flüssigen oder festen Aggregatzustand desselben Stoffes in einer Wechselwirkung steht. Verändern sich dabei die Stoffmengen der Flüssigkeit und des Dampfes nicht, herrscht zwischen den beiden Aggregatzuständen ein thermodynamisches →Gleichgewicht.

Dampfdruck. Der Druck gesättigten Dampfes. Der Dampfdruck hängt bei einkomponentigen Stoffen nur von der Temperatur T, nicht von den Stoffmengen der beteiligten Phasen ab. Die Temperaturabhängigkeit des Dampfdrucks ist im p-T-Diagramm durch die Dampfdruckkurven als Grenzkurven zwischen zwei Phasen gegeben; für die flüssige Phase beginnt die Dampfdruckkurve am →Tripelpunkt, an dem alle drei Aggregatzustände im Gleichgewicht vorliegen, und endet am kritischen Punkt (kritischer Zustand), bei dem die gasförmige und die flüssige Phase identisch sind. Der direkte Übergang von der festen in die gasförmige Phase wird als →Sublimation bezeichnet, der zugehörige Gleichgewichts-

dampfdruck als Sublimationsdruck.

Dampfdruckkurve. Kurve, die den →Sättigungsdampfdruck eines Zweiphasensystems als Funktion der Temperatur darstellt.

Dämpfung. Schwächung der →Amplitude von →Schwingungen oder →Wellen durch Umwandlung der Schwingungsenergie in andere Energieformen wie etwa →Wärme. Die Dämpfung wird durch das Dämpfungsverhältnis k zweier aufeinander folgender Amplituden (A_1 und A_2) gemessen:

$$k = \frac{A_1}{A_2}$$

Häufig wird stattdessen auch der natürliche Logarithmus von k benutzt, das sog. logarithmische Dekrement.

$$\Lambda = ln\ k$$

Achsschwingungen bei Fahrzeugen werden durch Stoßdämpfer, Zeigerschwingungen bei Messgeräten durch Dämpferflügel oder Wirbelstromdämpfung gedämpft.

Debye-Frequenz, Debye-Temperatur. Die Debye-Frequenz ist die obere Grenzfrequenz für Schallschwingungen in →Festkörpern. Sie wird erreicht, wenn die →Wellenlänge in den Bereich des doppelten Molekülabstandes fällt. Benannt nach dem Chemiker Peter

Debye (1884–1966). Er berechnete auch die Wahrscheinlichkeit jeder beliebigen →Frequenz einer Molekülschwingung bis zu einer stoffspezifischen, maximalen Frequenz (Debye-Temperatur). Die modifizierte Theorie wurde zu einem der ersten theoretischen Erfolge der →Quantentheorie und hat grundlegende Bedeutung für die moderne Festkörperphysik.

Demodulation. Vorgang des Abnehmens der Information einer →Welle beim Empfang.

Desublimation. Die Desublimation ist die Umwandlung eines Gases in einen →Festkörper (Umkehrung der →Sublimation).

Dezibel. Das Dezibel (Abkürzung dB) ist bei dimensionslosen Größen proportional zum dekadischen Logarithmus des Quotienten zweier physikalischer Größen $x1$, $x2$ gleicher Dimension. Bei Verhältnissen linearer Größen gilt:

$$M = 20 \cdot lg \frac{x_1}{x_2} dB$$

Bei Verhältnissen quadratischer Größen gilt:

$$M = 10 \cdot lg \frac{x_1}{x_2} dB$$

Dabei ist lg der (natürliche) Logarithmus.

Diamagnetismus. Durch Anlegen eines äußeren →Feldes wird ein Stoff magnetisiert. Dabei ist die Magnetisierung klein und dem äußeren Feld entgegengerichtet. Aufgrund seiner Geringfügigkeit wird der bei allen Stoffen auftretende Diamagnetismus oft von anderen magnetischen Erscheinungen wie →Ferromagnetismus oder →Paramagnetismus überdeckt. Die →magnetische →Suszeptibilität ist bei rein diamagnetischen Stoffen negativ, es gilt also:

$$B = (1 + \chi) B_0 \qquad mit \chi < 0$$

Dabei ist B_0 das äußere Magnetfeld, χ die Suszeptibilität und B das resultierende Magnetfeld.

Dielektrikum. →Isolator. Ein elektrisch isolierender Stoff, der ein Gegenfeld durch →Polarisation aufbaut, wenn er in ein äußeres →Feld gebracht wird. Befindet sich ein Dielektrikum zwischen den Platten eines →Kondensators, dann vergrößert sich dessen →Kapazität um einen Faktor ε_r, die →Dielektrizitätszahl.

Dielektrizitätskonstante. Proportionalitätskonstante zwischen der dielektrischen Verschiebung D und der elektrischen Feldstärke E. Sie ist im →Vakuum gleich der elektrischen Feldkonstante ε_0

$$\varepsilon_0 = \frac{1}{(\mu_0 \cdot c^2)} = 8,854 \frac{As}{Vm} = 8,854 \frac{C}{Vm}$$

$\mu_0 = 4\pi \cdot 10^{-7}\ As/Vm$ ist dabei die →magnetische Feldkonstante, c die →Lichtgeschwindigkeit.

Dielektrizitätszahl. Die relative →Dielektrizitätskonstante ε_r. Eine Materialkonstante, die die Beeinflussung der →Kapazität durch das →Dielektrikum angibt: $\varepsilon = \varepsilon_0 \cdot \varepsilon_r$

Diffusion. Das selbstständige Durchmischen von →Teilchen verschiedener Stoffe. Die Teilchen wandern von Orten hoher Konzentration zu Orten niedriger Konzentration. Auf diese Weise kommt es zum Konzentrationsausgleich. Die Diffusion in Gasen verläuft relativ rasch, in Flüssigkeiten und →Festkörpern dagegen erheblich langsamer. Die Diffusionsgröße wird durch die Diffusionskonstante (D) angegeben.

digital. Bezeichnung für die Eigenschaft einer physikalischen Größe, nur diskrete Werte annehmen zu können. Gegenteil: →analog.

Digitaltechnik. Bei dieser elektronischen Schaltungstechnik werden lediglich Informationen mit zwei möglichen Werten (0 oder 1) verwendet. Die Digitaltechnik wird auch zur Verstärkung durch Zählung benutzt und bewirkt gegenüber der Analogtechnik geringere Verzerrungen.

Dipol. Zwei in einem Abstand d angeordnete →Quellen. Das (beispielsweise von Magnetpolen) erzeugte →Feld wird als Dipolfeld bezeichnet.

Dirac-Gleichung. Moderne quantenmechanische Gleichung, aus der die Existenz von Positronen folgt, benannt nach ihrem Entdecker, dem britischen Physiker und Nobelpreisträger Paul Dirac (1902–1984). Diracs Theorie der Elektronenbewegung führte im Jahr 1928 zur Behauptung der Existenz eines mit dem Elektron identischen →Elementarteilchens, welches sich lediglich durch seine →Ladung vom Elektron unterscheidet (Positron). Das Elektron enthält eine negative Ladung, während das hypothetische Elementarteilchen mit einer positiven Ladung versehen sein sollte. Diracs Theorie wurde im Jahr 1932 bestätigt, als der amerikanische Physiker Carl Anderson (1905–1991) das Positron entdeckte.

diskret. Gequantelt, das Gegenteil von kontinuierlich.

Dispersion. Schickt man →Licht durch ein →Prisma, werden die verschiedenen Lichtwellenanteile des Lichts an beiden →Grenzflächen gebrochen. Kurzwelliges Licht wird generell stärker gebrochen als langwelliges, daher kann mithilfe eines Prismas weißes Licht in seine Wellenanteile (Spektralfarben) zerlegt werden.

Donner. Donner sind sehr laute →Schallwellen, die bei einem Gewitter entstehen. Es erfolgt dann ein Ladungsausgleich zwischen elektrisch unterschiedlich geladenen Wolken bzw. Wolken und Erde. Dabei fließen starke elektrische Ströme. In der Nähe der Blitze herrschen hohe Temperaturen. Da sich Gase bei Temperaturerhöhung ausdehnen, dehnt sich auch die Luft in der Nähe der Blitze kurzzeitig sehr stark aus, was zu einem kurzen Druckanstieg in der Luft führt. Dieser Druckanstieg ist die Erregung einer mechanischen →Welle, breitet sich als Schallwelle aus und ist als Donner zu hören. Da Schall und →Licht in der Luft unterschiedliche Ausbreitungsgeschwindigkeiten haben, nimmt man Blitz und Donner in der Regel nicht gleichzeitig wahr. Während man den Blitz praktisch sofort sieht, da sich Licht mit ca. 300.000 km/s ausbreitet, benötigt der Schall des Donners für seine Ausbreitung mehr Zeit, bis er an unsere Ohren gelangt. Die Ausbreitungsgeschwindigkeit des Schalls beträgt etwa 340 m/s. Aus dem Zeitunterschied zwischen Blitz und Donner kann man die Entfernung des Gewitters berechnen. Es gilt die Faustregel: 3 Sekunden Zeitunterschied zwischen Blitz und Donner entsprechen einer Entfernung von circa 1 km.

Doppelbrechung. Erscheinung, dass ein einfallender Lichtstrahl in anisotropen Körpern (beispielsweise →Kristallen) in zwei Teilstrahlen zerlegt wird. Wenn ein Strahl senkrecht auf die Oberfläche trifft, spaltet er sich in zwei Strahlen auf: zum einen in den sog. ordentlichen Strahl, zum andern in den außerordentlichen Strahl. Mithilfe elektrischer →Felder lassen sich auch an →isotropen Stoffen wie Gasen oder Flüssigkeiten Doppelbrechung feststellen. Erstmals wurde sie 1669 an Kalkspat beobachtet.

Doppler-Effekt. Nach dem Physiker Johann Christian Doppler (1803–1853) benanntes Phänomen, das sowohl in der →Akustik als auch der →Astronomie beobachtet werden kann. Während der akustische Doppler-Effekt die Tonlagenveränderungen sich nähernder oder entfernender →Schallquellen beschreibt (Beispiel: vorbeifahrende Rettungswagen oder Rennwagen), kann mithilfe des optischen Doppler-Effektes nachgewiesen werden, dass sich Himmelskörper der →Erde nähern oder sich entfernen (Frequenzverschiebung des Lichtes). Beiden Phänomenen gemeinsam ist, dass sich →Schwingungen und →Wellen durch →Bewegung der sie freisetzenden →Quellen verändern. Sowohl Schall- als auch Lichtwellen können bei Entfernung „gedehnt" bzw. bei Annäherung „gestaucht" werden und verändern dann ihre →Frequenz.

Dosimeter. Durch Ausnutzung der ionisierenden →Wirkung von Strahlung lässt sich mit Dosimetern die Strahlendosis etwa von radioaktiver

Strahlung ausgesetzten Personen oder Gegenständen bestimmen.

Dosis. Maß für die Strahlungsmenge, die einem Körper zugeführt wird. Bei vom ganzen Körper aufgenommener Strahlung spricht man von einer Ganzkörperdosis, bei von einzelnen Körperteilen aufgenommener Strahlung von einer Teilkörperdosis.

Drehimpuls. Wichtige physikalische Größe, die bei Drehbewegungen eines Körpers (Kreisel) oder der →Bewegung eines →Systems von Körpern ebenso wie die Energie eine Erhaltungsgröße (→Erhaltungssätze) bildet, solange auf das System keine äußeren Kräfte wirken. Formelzeichen: L. Bei Drehung eines Massenpunkts um eine Achse ist der Drehimpuls das Produkt aus dem momentanen Abstand des Punkts von der Achse zu seinem momentanen →Impuls. Bei der Bewegung eines →Planeten um die →Sonne ist der Drehimpuls beispielsweise konstant; diese Aussage ist identisch mit dem Flächensatz. Alle →Elementarteilchen besitzen einen inneren Drehimpuls, den man →Spin nennt; er wird erst durch die →Quantentheorie verständlich und kann nur ein halbzahliges Vielfaches von $\hbar = h/2\pi$ annehmen, wobei h die Planck'sche Konstante ist. Bei der Bewegung atomarer →Teilchen bleibt der Gesamtdrehimpuls, der sich aus dem →Bahndrehim-

puls und dem Spin zusammensetzt, konstant.

Drehimpulssatz. Wichtiger Erhaltungssatz der →Mechanik. In einem →System, auf das keine äußeren →Drehmomente wirken, ändert sich der Gesamt-Drehimpuls nicht (Drehimpuls-Erhaltungssatz). Eiskunstläufer nutzen diesen Sachverhalt, indem sie die Arme an ihren Körper legen, um eine möglichst schnelle Pirouette zu drehen.

Drehmoment. Vektorielle Größe mit dem Formelzeichen M. Sie ist ein Maß für die Drehwirkung einer an einem starren Körper angreifenden Kraft.

Drehstrom. Drehstrom ist ein aus drei Wechselströmen bestehendes →System, wobei die Phasen um 120° gegeneinander verschoben sind. Bei gleichem Leitungsquerschnitt lässt sich mit Drehstrom mehr Leistung übertragen als mit Einphasen-Wechselstrom.

Drehstromgenerator. Maschine zur Erzeugung von Drehstrom, beruhend auf →Induktion.

Drehwinkel. Bei einer Drehung der Quotient aus dem von einem Körper zurückgelegten Weg s und dem Abstand r von der Drehachse mit dem Formelzeichen φ. Einheit: 1 →Radiant.

Drehzahl. Bei rotierendem Körper der Quotient aus der Zahl der Umdrehungen und der dafür nötigen Zeit. Einheit: 1 Hz = 1/s.

Drei-Finger-Regel siehe Rechte-Hand-Regel.

Druck. Quotient aus dem Betrag einer senkrecht auf eine Fläche wirkenden Kraft F und dieser Fläche A. Formelzeichen p. Es gilt: $p = F/A$. SI-Einheit: 1 Pa = 1 Pascal = 1 N/m^2 = 0,01 hPa.

Dynamik. Lehre, die die Bewegungsänderung von Körpern unter dem Einfluss von Kräften untersucht, im Gegensatz zur →Statik, die die Bedingungen des Gleichgewichts, und zur →Kinematik, die die →Bewegung ohne Berücksichtigung der Kräfte behandelt.

dynamoelektrisches Prinzip. Prinzip der Selbsterregung eines Gleichstromgenerators, das im Jahr 1866 von Werner von Siemens (1816–1892) erfunden wurde. Anwendung: Dynamo.

E

Echo. Reflektiertes Schallsignal, das vom menschlichen Ohr als →Geräusch wahrgenommen werden kann. Das Echo breitet sich mit der →Schallgeschwindigkeit (340 m/s) aus.

Echolot. Gerät, das die Laufzeit eines reflektierten Schallsignals bestimmt und dadurch Entfernungen (Beispiel: Wassertiefen) messen kann.

Eigenfrequenz. Die nur von den Systemgrößen abhängende →Frequenz, mit der ein →Oszillator schwingt, wenn keine äußere Kraft auf ihn einwirkt. Die Eigenfrequenz einer →Saite etwa hängt nur von seiner →Länge ab – nicht aber von seinem Material. Beispiel: Eigenfrequenz einer Saite, einer Orgelpfeife oder eines →Pendels.

Einfallswinkel. Der →Winkel zwischen dem auftreffenden Einfallsstrahl und dem auf einer spiegelnden oder brechenden Fläche errichtetem Lot (Einfallslot).

Einheit. Eine im Jahr 1954 vereinbarte Größe, die als Vergleichsmaß bei der →Messung von Größen der gleichen Art dient (sog. Vergleichsgröße). Die Einheit kann durch einen Prototyp (wie beispielsweise das Urmeter, Urkilogramm) oder eine Messvorschrift definiert sein. Neben den Basiseinheiten, die meist durch einen Prototyp festgelegt sind, gibt es auch abgeleitete Einheiten. Diese ergeben sich durch physikalische Gesetzmäßigkeiten aus den Basiseinheiten.

Einheitensystem. Systematische Zusammenstellung von physikalischen Einheiten. Heute wird hauptsächlich das Internationale Einheitensystem ($\rightarrow$SI = Système International) verwendet.

Einstein-Gleichung. a) Gleichung in der Festkörperphysik, die die Austrittsarbeit E_a von Elektronen beim $\rightarrow$Fotoeffekt beschreibt. Als $\rightarrow$kinetische Energie E_{kin} der ausgelösten Elektronen ergibt sich:

$$E_{kin} = h\nu - E_a$$

b) in der $\rightarrow$Relativitätstheorie die Beziehung $E = mc^2$, d. h. Energie = Masse mal $\rightarrow$Lichtgeschwindigkeit zum Quadrat. Albert Einstein (deutscher Physiker und Nobelpreisträger, 1879–1955) ist weltweit bekannt als Schöpfer der speziellen und allgemeinen Relativitätstheorie sowie durch seine Hypothese zur Teilchennatur des Lichtes. Er begründete unter anderem die moderne $\rightarrow$Astronomie und Kosmologie.

elastisch. Die Eigenschaft eines Körpers, reversibel (d. h. umkehrbar) dehn-

bar oder verformbar zu sein. Elastische Körper verformen sich also zurück, wenn die Kraft, die die $\rightarrow$Verformung bewirkt hat, wieder verschwindet.

elastische Energie. Verformungsenergie. Die Energie, die in der $\rightarrow$Verformung eines Körpers steckt. Die in einem elastischen Körper, der dem Hooke'schen Gesetz gehorcht, gespeicherte Energie beträgt:

$$E_{elas} = \frac{D}{2} \cdot (\Delta l)^2$$

Dabei ist D die $\rightarrow$Federkonstante (elastische Konstante) des Materials und Δl seine Verformung.

elektrisch. Elektrische Eigenschaften beruhen auf dem Vorhandensein von geladenen $\rightarrow$Teilchen oder Körpern. Beispiel: elektrischer $\rightarrow$Strom, elektrische $\rightarrow$Ladung oder $\rightarrow$elektrische Energie.

elektrische Energie. Die mit den elektrischen Erscheinungen verbundene Energie, im engeren Sinne die elektrische Feldenergie, d. h. die Energie, die in einem elektrischen $\rightarrow$Feld steckt. Im Stromkreis gilt: $W_{el} = U \cdot I \cdot t$

elektrische Feldkonstante siehe Dielektrizitätskonstante.

elektrische Feldstärke. Die Stärke des elektrischen $\rightarrow$Feldes wird als die elektrische Feldstärke bezeichnet. Sie ist definiert als die Kraft F, die auf eine positive elektrische $\rightarrow$Ladung q (Probeladung an einem bestimmten Ort des Feldes) ausgeübt wird. Es gilt: $F = q \cdot E$.

elektrische Leistung. Die Leistung, die von einem Elektrogerät (Verbraucher) erzeugt wird. Sie ist definiert als das Produkt aus der →Spannung, die an dem Verbraucher anliegt und dem →Strom, der durch den Verbraucher hindurchfließt. Einheit: 1 Watt, es gilt: 1 W = 1 Volt · 1 Ampere.

elektrische Leitung. Transport von elektrischen →Ladungen in einem →Leiter (wie Metall). Man nennt ein Medium, durch das sich Ladungsmengen bewegen, einen elektrischen Leiter. Ein Medium, durch das keine oder nur geringe Ladung transportierbar ist, hat keine (oder eine sehr schlechte) elektrische Leitfähigkeit und wird als →Isolator bezeichnet. Physikalisch wird das leitende oder nicht leitende Verhalten eines Stoffes durch dessen elektrischen →Widerstand R beschrieben. Liegt an einem Körper eine →Spannung U an und fließt durch ihn der →Strom I, so gilt bei konstanter Temperatur T das →Ohm'sche Gesetz:

$$R = \frac{U}{I}$$

Die gute elektrische Leitfähigkeit von Metallen beruht auf ihrer chemischen Bindung (die sog. Metallbindung). Diese stellt frei bewegliche Elektronen zur Verfügung.

elektrisches Potenzial. Eine skalare Größe (Größe ohne Richtung) zur Beschreibung des elektrischen →Feldes. Manchmal auch als Hilfsgröße bezeichnet. Andere Definition: Die durch seine →Ladung q dividierte →potenzielle Energie E eines →Teilchens an einem Punkt P im elektrischen Feld E:

$$\Phi = \frac{E_{PoP}}{q}$$

Dabei ist P_0 ein (willkürlich festgelegter) Bezugspunkt, bei dem das →Potenzial null ist. Anders als das Potenzial selbst ist die Differenz des Potenzials an zwei Punkten P_1 und P_2 unabhängig vom Bezugspunkt. Diese Potenzialdifferenz wird auch als elektrische →Spannung U bezeichnet. Definition:

$$U = \Phi\,(P_2) - \Phi\,(P_1)$$

Beispiel: Das elektrische Potenzial in der Luft im Abstand r von einer Punktladung q hat die Form:

$$\Phi = \frac{q}{4\pi\,\varepsilon\,r}$$

Dabei ist ε die Dielektrizitätskonstante (im →Vakuum).

Elektrizität. Bezeichnung für die Erscheinungen, die durch ruhende oder durch bewegte elektrische →Ladungen

IX. Lexikon

sowie die daraus erzeugten elektromagnetischen →Felder hervorgerufen werden. Lange Zeit wurden Elektrizität und →Magnetismus als getrennte Erscheinungen betrachtet, bis sie im Jahr 1862 von James Clerk Maxwell (1831–1879) zur Theorie des Elektromagnetismus vereinigt wurden.

Elektrodynamik. Die Elektrodynamik ist die Lehre von →Elektrizität und →Magnetismus und deren →Feldern (elektrische Felder, magnetische Felder). Sie gründet sich auf die physikalische Erkenntnis, dass Elektrizität und Magnetismus keine getrennten Erscheinungen sind, sondern intrinsisch zusammenhängen und wird durch die →Maxwell'schen Gesetze beschrieben, die diesen Zusammenhang festlegen. Auf diesen Gleichungen beruhen beispielsweise die elektromagnetische →Induktion (Dynamo) und die elektromagnetischen →Wellen (→Röntgenstrahlung, Infrarotstrahlung, →Licht usw.). Die Elektrodynamik ist – anders als etwa die Gravitation – auch mit der →Relativitätstheorie verträglich. Unter Elektrodynamik versteht man auch die Lehre von den bewegten elektrischen →Ladungen – im Gegensatz zur →Elektrostatik.

elektrodynamischer Sender. Eine Schwingspule mit →Membran, die elektronisch zum Aussenden von →Schallwellen gebracht wird (Beispiel: Lautsprecher). Das Prinzip ist eine →Spule, die im elektrischen →Feld schwingt. Beim elektrodynamischen Sender kann auch eine größere Schallleistung verzerrungsfrei abgestrahlt werden. Meist wird der →Wirkungsgrad noch durch einen Exponentialtrichter verstärkt.

elektrodynamischer Wandler. Beim elektrodynamischen Wandler verformt der Schalldruck eine →Membran. Die Membran bewegt eine →Spule im →Feld eines Permanentmagneten. Dadurch wird in der Spule ein →Strom induziert. Anwendung in →Mikrofonen und Kopfhörern.

Elektrolyse. Bei Flüssigkeiten gibt es →Leiter und Nichtleiter, die Nichtleiter heißen Elektrolyte. Sie werden von dem sie durchfließenden →Strom zersetzt. Bei der Elektrolyse scheidet sich an der Katode (dem Minuspol) stets das Metall oder der Wasserstoff ab, an der Anode (dem Pluspol) scheidet sich der Molekülrest ab.

Elektrolyt. Ein Stoff, dessen wässrige Lösung ein elektrischer →Leiter ist. Die elektrische Leitfähigkeit in Elektrolyten beruht auf dem Transport von Ionen (geladenen →Teilchen), die an die Flüssigkeitsmoleküle gebunden sind. Die meisten Elektrolyte sind flüssig. Beispiele: Salzwasser, Kupfersulfatlösung, Bleisulfatlösung (im Bleiakkumulator).

Elektrolytkondensator. Ein →Kondensator mit sehr hoher →Kapazität auf der Basis eines (meist festen) →Elektrolyten. Das →Dielektrikum ist dabei sehr hoch. Die Kapazität ist ebenfalls sehr groß, d. h. im Bereich von 1000 bis hin zu einigen 100.000 µF (Mikro-Farad) und mehr. Wird häufig als Bauteil in elektronischen Schaltungen eingesetzt, z. B. zum Glätten von Wechselspannungsresten bei einem Gleichrichter.

Elektromagnet. Ein Bauelement, das ein Magnetfeld aufbaut, wenn ein elektrischer →Strom hindurch fließt. Ein Elektromagnet besteht aus einer →Spule. Sie wird um einen (ferromagnetischen) Eisenkern gewickelt. Der Eisenkern verstärkt die magnetische Flussdichte der Spule und erzeugt so ein stärkeres Magnetfeld, das auch Remanenzerscheinungen (Nachwirkungen) aufweist. Elektromagneten werden unter anderem als Hebeelement für metallische Teile in Lastkränen eingesetzt.

elektromagnetische Welle. Ein sich ausbreitendes elektromagnetisches →Feld, bestehend aus elektrischen und magnetischen Feldern, die sich gegenseitig erzeugen, indem sie periodisch schwingen. Die zeitliche Änderung eines elektrischen Feldes erzeugt dabei ein magnetisches Feld und umgekehrt. Grundlage hierfür sind die →Maxwell'schen Gleichungen. Eine elektro-magnetische →Welle bewegt sich im →Vakuum mit der →Lichtgeschwindigkeit (300.000 km/s) und in Luft geringfügig langsamer. Sie transportiert auch Energie (die sog. elektromagnetische Feldenergie), aber keine Materie. Im 19. Jahrhundert hatte man angenommen, dass elektromagnetische Wellen ein Trägermedium erfordern, den sog. Äther, wie dies etwa bei Wasserwellen der Fall ist. Die Äthertheorie wurde jedoch widerlegt. Die Folge ist, dass sich elektromagnetische Wellen auch im absoluten Vakuum fortpflanzen. Die Ausbreitungsrichtung des elektrischen und magnetischen →Feldes in einer elektromagnetischen Welle stehen immer aufeinander senkrecht. Die Richtung ist außerdem immer senkrecht zur Ausbreitungsrichtung (→Transversalwelle).

Elektromagnetismus. Bezeichnung für die Erzeugung magnetischer Erscheinungen durch elektrische Ströme. Der Elektromagnetismus umfasst auch alle anderen elektromagnetischen Wechselwirkungen, die in den →Maxwell'schen Gleichungen festgelegt sind. Der Begriff Elektromagnetismus ist also gleichbedeutend mit dem Begriff der →Elektrodynamik.

Elektron. Das leichteste geladene und stabile →Elementarteilchen. Gehört zur Familie der →Leptonen (leichte →Teilchen). Symbol: e oder e⁻. Nach dem Bohr'schen Atommodell kreisen die Elektronen um den Atomkern eines jeden Atoms. Diese →Bewegung ist allerdings strahlungsfrei, d. h. eine nicht klassische →Bewegung. Die Masse des Elektrons beträgt $9,11 \cdot 10^{-31}$ kg. Seine elektrische →Ladung ist eine (negative) →Elementarladung e. Das Antiteilchen des Elektrons ist das Positron (e^+) mit entsprechender positiver Ladung, das in speziellen Kernexperimenten beobachtet werden kann.

Elektronenaffinität. Die Fähigkeit eines Atoms, Elektronen anzuziehen, also negativ geladene Ionen (Anionen) zu bilden. Sie ist bedeutsam für die Bindungseigenschaft von Atomen. Die Stärke der Elektronenaffinität ist der Energiebetrag, den ein Atom mit nicht abgeschlossenen Elektronenschalen bei Anlagerung eines Elektrons freisetzt.

Elektronenmikroskop. Ein →Mikroskop, das statt →Licht Elektronen zur →Abbildung benutzt. Als →Linsen werden rotationssymmetrisch elektrische und magnetische →Felder (Elektronenlinsen) benutzt. Das Elektronenmikroskop kann erheblich kleinere Strukturen auflösen als das optische Mikroskop, da die →Wellenlänge des Elektrons erheblich kleiner als die von Licht ist. Der Auflösungsfaktor ist etwa 5000-mal größer.

Elektronenradius. Der mit den Gesetzen der klassischen Physik berechnete fiktive Radius des Elektrons. Dabei wird von einer Kugel ausgegangen, die als Träger einer →Elementarladung e eine elektrische Feldenergie von der Größe der →Ruheenergie des Elektrons besitzt: $r_e = 2,817938 \cdot 10^{-15}$ m.

Elektronik. Die technische Anwendung von Elektronen in Bauelementen und technischen Schaltungen daraus. Beispiele: Elektronenröhre, Diode, Transistor, Halbleitertechnik, Fotodioden, Fotozellen, Optoelektronik, Laserelektronik.

Elektronvolt. Einheit für die Energie, die nicht auf dem →SI beruht, trotzdem aber gerne verwendet wird, besonders in der Atom- und Kernphysik. Definition: Ein Elektronvolt ist die Energie, die ein Elektron beim Durchlaufen einer Potenzialdifferenz von 1 →Volt in einem →Vakuum gewinnt. Schreibweise: 1 eV. Es gilt:

$$1 \; eV = 1{,}602 \cdot 10^{-19} \; J$$

Davon abgeleitete, größere und ebenfalls sehr gebräuchliche Einheiten sind 1 keV = 1000 eV und 1 MeV = 1.000.000 eV.

Elektrosmog. Ein Begriff für einen Teilbereich des elektromagnetischen Strahlungsspektrums, der nicht genügend Energie besitzt, um Atome oder Moleküle zu ionisieren (wie etwa die gefährlichere ionisierende Strahlung), aber trotzdem durch Erwärmung oder andere biologische oder biophysikalische Effekte den Menschen negativ beeinträchtigen kann. Beispiel: Hochfrequenzstrahlung, Handystrahlung. Die genauen Auswirkungen von Elektrosmog auf den Menschen sind noch nicht eindeutig erforscht.

Elektrostatik. Die Lehre von den ruhenden elektrischen →Ladungen und ihre Wechselwirkungen aufeinander und auf ihre Umgebung. Die Elektrostatik umfasst z. B. die Beschreibung von elektrischen Ladungen, der Reibungselektrizität usw. Die Elektrostatik war bereits im Altertum bekannt, da sie (vor allem durch Reibung) auch im Alltag auftritt. Heute ist sie ein Teilgebiet der modernen →Elektrodynamik.

elektrostatische Wandler. Ein elektrostatischer Wandler ist ein →Kondensator, dessen eine Platte eine metallene →Membran ist. Der Schall bewirkt eine →Verformung der Membran und damit eine Änderung der →Kapazität, und infolgedessen auch eine Änderung der elektrischen →Spannung. Anwendung in Handmikrofonen und in Kondensatormikrofonen in Studios. Die Umkehrung der Energieumwandlung führt zum Schallerzeuger und wird hauptsächlich in Kopfhörern eingesetzt.

Elementarladung. Die kleinste bisher bei einem freien Teilchen nachgewiesene positive oder negative elektrische →Ladung (Ladungsquant). Die Elementarladung beträgt $e = 1,6022 \cdot 10^{-19}$ C (→Coulomb). Das Elektron besitzt genau eine negative Elementarladung, das Proton hingegen eine positive Elementarladung. Beide Ladungen sind absolut gleich groß. Viele andere →Teilchen wie Atome oder Ionen besitzen Vielfache der Elementarladung. Neuerdings werden in der Theorie der →Quarks auch Teilchen mit der Ladung 1/3 e und 2/3 e postuliert.

Elementarteilchen. Ein nicht mehr in andere Bestandteile zerlegbares →Teilchen. Elementarteilchen sind also die kleinsten Einheiten und damit die Grundbausteine der modernen Physik. Die Elementarteilchen gliedern sich in zwei Familien, die der →Quarks (schwere Teilchen, Baryonen) und die der →Leptonen (leichte Teilchen). Die Quarks sind die Bestandteile von Protonen und Neutronen, also die Bestandteile aller Atomkerne – zusammen mit den Gluonen, die die Wechselwirkung dazwischen darstellen und den Zusammenhalt der Quarks garantieren. Zu den Leptonen zählt vor allem das Elektron, aber auch die selteneren Elementarteilchen →Myon (µ) und Tauon (τ). Aufgrund theoretischer Überlegungen von Paul Dirac (1902–1984) gibt es zu

IX. Lexikon

jedem Elementarteilchen ein Antiteilchen. Das Antiteilchen zum Elektron (e^-) ist z. B. das Positron (e^+).

Elementarteilchenphysik. Modernes Teilgebiet der Physik, das sich mit der Erforschung der →Elementarteilchen und vor allem theoretischer mathematischer Modelle hierzu beschäftigt. Die experimentelle Elementarteilchenphysik verwendet oft riesige Beschleunigeranlagen zur Erzeugung und zum Nachweis seltener Elementarteilchen.

Emission. Aussendung von →Teilchen oder Strahlung. Bei der Emission werden Teilchen oder →Photonen aufgrund von chemischen oder physikalischen Umwandlungsprozessen (wie etwa Kernumwandlungen) nach außen abgegeben (emittiert). Oft unterscheidet man spontane Emission (= Emission ohne Einwirkung von außen) und induzierte Emission (= Emission durch Einwirken von außen). Beispiel: Emission von Alpha- und Betateilchen, Emission von Gammaquanten oder die Emission von →Licht (Photonen).

Energie. Energie ist gespeicherte Arbeit, bzw. die Fähigkeit eines Körpers, Arbeit zu leisten. Formelzeichen: E (auch W). Jeder Körper hat beispielsweise aufgrund seiner Lage und seiner →Bewegung in Bezug auf andere Körper eine →Lageenergie (→potenzielle Energie: z. B. kann ein angehobenes Gewicht durch seinen Fall Arbeit leisten) und eine Bewegungsenergie (→kinetische Energie: z. B. ein fahrendes Auto). Julius Robert Mayer (1814–1878) entdeckte, dass diese mechanische Energie völlig in →Wärme, eine andere Energieform, umgewandelt werden kann, und sprach den Satz von der Erhaltung der Energie aus. Heute definiert man Energie als eine messbare Größe, die auf verschiedene Weise in Erscheinung treten kann, deren Zahlwert aber immer gleich bleibt. So spricht man etwa auch von elektrischer, magnetischer und →Ruheenergie. Die Ruheenergie eines →Teilchens ist seiner Masse m äquivalent, denn nach der →Relativitätstheorie besteht zwischen beiden die Beziehung $E = m \cdot c^2$, wobei c die →Lichtgeschwindigkeit im leeren →Raum ist. Die Ruhe- oder auch Masseenergie kann also in andere Energieformen wie Wärme umgewandelt werden und umgekehrt. Hierauf beruht beispielsweise die Gewinnung von Kernenergie. Max Planck (1858–1947) entdeckte, dass ein Atom nicht stetig Energie in Form von Lichtstrahlung aufnehmen oder abgeben kann, sondern nur bestimmte („diskrete") Energiebeträge (Energiequanten), deren Größe von der →Quantentheorie berechnet werden kann. Die Maßeinheiten der Energie sind: →Joule (SI-Einheit), Kilowattstunde und Elektronenvolt.

Entropie. Von Rudolf Clausius (1822–1888) eingeführte thermodynamische Zustandsgröße. Sie gibt an, wie stark ein Prozess unumkehrbar (irreversibel) ist. Die Entropie kann auch statistisch gedeutet werden als Maß für die Unordnung in einem →System. In der Praxis kann in einem abgeschlossenen System durch ablaufende Umwandlungsprozesse (wie z. B. →Schmelzen, →Erstarren usw.) gleich welcher Art die Entropie nur zunehmen (2. Hauptsatz der →Wärmelehre).

Erde. Dritter →Planet des →Sonnensystems. Gemäß den Kepler'schen Gesetzen bewegt sich die Erde auf einer fast kreisförmigen Ellipsenbahn, in deren einem Brennpunkt die →Sonne steht, um die Sonne. Der Umfang der Erdumlaufbahn beträgt dabei etwa $940 \cdot 10^6$ km. Die Erde dreht sich in einem Tag (86.400 Sekunden) um sich selbst. Der (mittlere) Radius der Erde beträgt etwa 6371 km. An den Polen ist die Erde etwas abgeplattet.

Erhaltungssätze. Erhaltungssätze sind grundlegende Sätze der Physik, die aussagen, dass in abgeschlossenen physikalischen Systemen gewisse Größen zeitlich konstant (unverändert) bleiben. Der wichtigste der Erhaltungssätze ist der von der Energie. Er besagt, dass Energie niemals erzeugt wird oder verschwinden kann, sondern immer nur von einer (z. B. →potenzielle Energie) in eine andere Erscheinungsform (z. B. →Wärme) umgewandelt wird. Die →Mechanik (auch die relativistische Mechanik und die →Quantentheorie) kennt daneben für die →Bewegung eines abgeschlossenen Systems von →Teilchen, die gegenseitig Kräfte aufeinander ausüben, auf die aber von außen keine Kräfte mehr wirken, zwei weitere Erhaltungssätze: für den →Impuls und für den →Drehimpuls. Beide Größen bleiben sowohl dem Betrag als auch der Richtung nach unverändert. Der Satz von der Erhaltung des Impulses ist gleichwertig dem sog. →Schwerpunktsatz: Der →Schwerpunkt eines abgeschlossenen Systems bewegt sich gradlinig mit konstanter Geschwindigkeit oder bleibt in Ruhe. Der Erhaltungssatz der Masse aus der älteren klassischen Physik ist hingegen nur insofern gültig, als nach der →Relativitätstheorie Masse eine Erscheinungsform der Energie ist. Experimentell gesichert sind ferner die beiden Erhaltungssätze von der elektrischen →Ladung und von der Zahl der Baryonen (der schweren →Elementarteilchen).

Erstarren. Gegensatz von →Schmelzen, d. h. die Umwandlung einer Flüssigkeit in einen →Festkörper. Das Erstarren findet bei der gleichen Temperatur statt wie das Schmelzen.

Erstarrungswärme. Die beim Erstarren einer Flüssigkeit frei werdende →Wärme. Ihr numerischer Wert ist gleich dem der →Schmelzwärme.

erzwungene Schwingung. Bei einer erzwungenen →Schwingung wird ein →Oszillator (d. h. ein schwingungsfähiges Gebilde) von einer äußeren periodischen Kraft zu Schwingungen angeregt. Schwingt der Oszillator mit der →Frequenz der äußeren Kraft, dann bezeichnet man das schwingende System als Resonator. Die entsprechende Frequenz wird also Eigen- oder Resonanzfrequenz genannt.

Extinktion. Die Auslöschung von beispielsweise einer →Welle durch Erscheinungen wie →Dämpfung, →Totalreflexion usw. Siehe auch Absorption.

Fadenpendel. Ein Körper, der an einem langen dünnen Faden mit möglichst geringer Masse befestigt ist und periodisch hin und her schwingen kann (Schaukel). Für das Fadenpendel gilt:

$$f_0 = \frac{1}{2\pi} \cdot \sqrt{\frac{g}{l}}$$

Dabei ist f_0 die →Eigenfrequenz des Fadenpendels, l die →Länge des Fadens und g die →Fallbeschleunigung. Das Fadenpendel schwingt mit seiner Eigenfrequenz f_0 um seine Gleichgewichtslage (→Ruhelage). Das Fadenpendel stellt eine gute Näherung des sog. mathematischen →Pendels (idealen Massenpunkt-Pendels) dar. Diese Näherung gilt nur für eine kleine Amplitude.

Fallbeschleunigung. Die →Beschleunigung eines Körper im Schwerefeld der →Erde, wenn er sich im freien Fall befindet. Auch Erdbeschleunigung genannt. Formelzeichen: g. Die Fallbeschleunigung ändert sich je nach geografischem Ort, da die Erde nicht kugelförmig ist. Weil die Pole der Erde abgeflacht sind und damit der Abstand zum Erdmittelpunkt kleiner ist, hat g

hier einen größeren Wert als beispielsweise am Äquator. Die Normfallbeschleunigung (Beschleunigung am Normort) beträgt: 9,80665 m/s². Häufig wird mit dem Näherungswert 9,81 m/s² gerechnet, der für hiesige Breitengrade (Westeuropa) eine gute Näherung darstellt.

Farad. Die SI-Einheit der elektrischen →Kapazität (d. h. Speicherfähigkeit) eines →Kondensators. Definition: 1 Farad = 1 F ist die elektrische Kapazität eines Kondensators, der durch die →Ladung 1 C (→Coulomb) auf die →Spannung 1 V gebracht wird:

$$1\,F = 1\,\frac{C}{V}$$

Faraday-Käfig. Eine elektromagnetische →Abschirmung aus einer geschlossenen Metallwand oder einem Metallgitter. Das Innere des Faraday-Käfigs ist immer feldfrei, d. h. frei von niederfrequenten elektromagnetischen →Wellen. Benannt nach dem britischen Physiker und Chemiker Michael Faraday (1791–1867).

Farbe. Beim Menschen durch →Licht ausgelöste Sehempfindung wie rot, blau, grün. Verursacht werden Farbempfindungen von elektromagnetischer Strahlung im sichtbaren →Wellenlängenbereich (400–700 nm). Jede Farbe besitzt einen anderen Teilbereich. Das sichtbare Farbspektrum reicht von rot (Bereich 600–700 nm) bis violett (400–475 nm).

Federkonstante. Der Proportionalitätsfaktor im linearen Kraftgesetz einer Feder, auch als Richtgröße der Feder bezeichnet. Formelzeichen: D. Für Federn gilt das Hooke'sche Gesetz:

$$F = D \cdot x$$

Dabei ist F die →Rückstellkraft der Feder und x deren →Auslenkung aus der →Ruhelage. Die Federkonstante ist ein Maß für die Steifigkeit oder Feste einer Feder und bestimmt auch, wie schnell (mit welcher →Frequenz) die Feder schwingt, wenn sie (einmalig oder periodisch) angeregt wird.

Federpendel. Ein (idealerweise punktförmiger) Körper, der an einer Schrauben- oder Blattfeder befestigt ist und mit der Feder periodisch auf und ab schwingen kann. Für das Federpendel gilt:

$$f_0 = \frac{1}{2\pi} \cdot \sqrt{\frac{D}{m}}$$

Dabei ist f_0 →Eigenfrequenz des Federpendels, D die →Federkonstante der Feder und m die Masse des schwingenden Körpers. Das Federpendel schwingt mit seiner Eigenfrequenz f_0 um seine Gleichgewichtslage (→Ruhelage).

Feinstruktur. Ein Begriff aus der Atomphysik, der die Aufspaltung der

IX. Lexikon

Energieniveaus von Atomen aufgrund der magnetischen Wechselwirkungen zwischen Bahn- und Spin-Drehimpuls bezeichnet. Die Feinstruktur kann mit hochauflösenden Spektralapparaten gemessen werden.

Feld. In der Physik bezeichnet ein Feld eine mit einem besonderen Zustand des →Raums verbundene Fernwirkungserscheinung, die durch eine oder mehrere Funktionen der Ortskoordinaten, den sog. Feldgrößen beschrieben wird. Bei Kraftfeldern (den häufigsten Feldern) werden die zugehörigen Feldgrößen (Feldvektoren) als Feldstärken bezeichnet. Allgemein kann ein Feld auch als die Gesamtheit aller Werte einer physikalischen Größe als Funktion des Ortes angesehen werden. Beispiele für (Kraft-) Felder: elektrisches Feld, magnetisches Feld, →Gravitationsfeld.

Fernrohr. Ein optisches Instrument mit Objektiv und Okkular, mit dem entfernte Objekte für das menschliche →Auge vergrößert abgebildet werden können. Dabei muss (um ein scharfes Bild zu erhalten) der bildseitige →Brennpunkt des Objektivs mit einem Brennpunkt des Okkulars zusammenfallen. Man unterscheidet Linsenfernrohre (wie das Kepler'sche Fernrohr) von Prismen- und Spiegelfernrohren. Das klassische (Kepler'sche) Fernrohr besteht aus zwei Sammellinsen, die Objektiv und Okkular darstellen und in einem bestimmten (variablen) Abstand zueinander angeordnet sind.

Ferromagnetismus. Eine Form der magnetischen Ordnung in →Festkörpern (neben →Dia- und →Paramagnetismus), bei der die mikroskopischen magnetischen Momente so ausgerichtet sind, dass sich eine makroskopische Magnetisierung ergibt, meist in Form von Domänen einheitlicher Magnetisierungsrichtung (Elementarmagnete). Die Domänen oder Weis'sche Bezirke sind dabei durch Wände (Blochwände) voneinander getrennt und haben makroskopische Ausmaße, d. h. sie erstrecken sich im Bereich von einigen 10^{-5}–10^{-4} Metern. Sie können mikroskopisch nachgewiesen werden. Die Erklärung des Ferromagnetismus (wie aller magnetischer Erscheinungen) erfolgt durch die →Quantenmechanik. Ursache ist der →Spin (Eigendrehimpuls des Elektrons), der über große Bereiche des →Festkörpers einheitlich (in einer Richtung) verläuft. Oberhalb der Curie-Temperatur verschwindet der Ferromagnetismus. Er geht dann in den Paramagnetismus über, es gibt dann also nur noch ungeordnete Elementarmagnete. Ursache für diesen Übergang sind die Temperaturschwankungen, welche die (spontane) Ordnung der Elementarmagnete in der ferromagnetischen Phase zerstören – in ähnlicher Weise wie die Ordnung in einem Festkörper (z. B. →Kristall) bei höheren Temperaturen (beim →Schmelzen) zerstört wird.

fest. Ein →Aggregatzustand (neben →gasförmig und →flüssig). Ein fester Körper besitzt eine feste innere Ordnung, z. B. ein Kristallgitter, mit starken inneren Wechselwirkungen, die eine bestimmte Ordnung der Atome zueinander (kurz- oder langreichweitig) zur Folge haben. Ein fester Körper besitzt auch eine feste Gestalt mit definierter Oberfläche. Der Festkörper nimmt ein festes Volumen ein, das sich nur unter starkem →Druck geringfügig verändert.

Festigkeit. Der →Widerstand eines Körpers gegen äußere Kräfte. Man unterscheidet z. B. Zug-, Druck-, Knick-, Biege-, Schub- und Torsionsfestigkeit. Die sog. Festigkeitslehre bestimmt durch Verwendung experimentell ermittelter Daten die Kräfte und →Spannungen, die für den jeweiligen Fall in Frage kommen.

Festkörper. Ein Körper im festen →Aggregatzustand. Beispiele: →Kristall, amorpher Körper.

Festkörperphysik. Eine Forschungsrichtung der Physik, welche die makroskopischen Eigenschaften von Körpern und ihre Erklärung aus ihrer mikroskopischen Struktur heraus (Kristallstrukturen, amorphe Strukturen, atomare Strukturen, magnetische Strukturen) zur Aufgabe hat und diese Körper (oder Vielteilchensysteme) mit statistischen Methoden beschreibt.

Feuchtigkeit (Feuchte). Der Wasserdampfgehalt eines Gases. In der atmosphärischen Luft befinden sich immer gewisse Mengen an Wasserdampf, wobei der Gehalt zeitlich und örtlich schwankt und als Luftfeuchtigkeit bezeichnet wird. Man unterscheidet zwischen relativer und absoluter Luftfeuchtigkeit. Die absolute Luftfeuchtigkeit f ist gleich dem Quotienten aus der Masse des im Gasvolumen enthaltenen Wasserdampfes und dem Volumen. Sie ist also definiert als:

$$f_{abs} = \frac{m_D}{V}$$

mit m_D der Masse des enthaltenen Wasserdampfes und V dem Gasvolumen. Einheit: 1 g/m^3. Unter der relativen Luftfeuchtigkeit versteht man das Verhältnis der tatsächlich enthaltenen zur maximal möglichen absoluten Feuchte (Sättigungsfeuchte $f_{sätt}$), oberhalb derer der Wasserdampf zu kondensieren beginnt. Sie ist definiert als Quotient aus absoluter Feuchte und maximaler Feuchte (Sättigungsfeuchte):

$$\varphi = \frac{f}{f_{sätt}}$$

Die Einheit der relativen Luftfeuchtigkeit ist %.

Fluoreszenz. Bezeichnung für eine charakteristische Leuchterscheinung von →Festkörpern, Flüssigkeiten oder Gasen nach Bestrahlung mit elektromagnetischen →Wellen (z. B. →Licht) oder →Teilchen (z. B. Elektronen). Die Fluoreszenz wurde erstmals am Flussspat (Fluorit) beobachtet. Im Gegensatz zur →Phosphoreszenz gibt es bei der Fluoreszenz kein Nachleuchten des Stoffes (nach Abschalten der Strahlungsquelle). Das Fluoreszenzlicht erlischt also gleichzeitig mit oder ganz kurze Zeit ($< 10^{-6}$ s) nach der Bestrahlung.

flüssig. Ein →Aggregatzustand (neben →fest und →gasförmig). Eine Flüssigkeit besitzt keine festgefügte innere Ordnung, jedoch innere Wechselwirkungen. Eine Flüssigkeit verfügt über keine bestimmte Gestalt, sondern passt sich ihren Begrenzungen an; hat aber eine definierte Oberfläche. Sie nimmt ein festes Volumen ein, das sich nur unter starkem →Druck verändert. Anders ausgedrückt: Flüssigkeiten sind sehr wenig komprimierbar (nahezu inkompressibel).

Flüssigkristalle. Weisen Materialien Eigenschaften eines geordneten →Kristalls als auch von ungeordneten Flüssigkeiten auf, so nennt man sie Flüssigkeitskristalle. Meist bestehen sie aus lang gestreckten Molekülen (etwa 10–100 Atome). Charakteristisch ist, dass sie sich zwar entlang einer Richtung gegeneinander verschieben lassen, dabei aber ihre parallele räumliche Anordnung zueinander behalten. Durch elektrische →Felder kann diese Anordnung beeinflusst werden und z. B. in Bezug auf eine bestimmte Richtung an- und ausgeschaltet werden. Anwendung: LCD (Flüssigkristallanzeige). Hier kann durch elektrische →Impulse in den Flüssigkristall „geschrieben" werden.

Fon. Die Einheit des Lautstärkepegels (ein logarithmisches Maß), die entweder durch subjektiven Vergleich oder durch automatischen Vergleich (sog. DIN-Fon) mit einer normierten →Schallquelle gewonnen wird. Einheitenzeichen: 1 fon. Die menschliche →Hörschwelle liegt bei etwa 4 fon, die Schmerzgrenze (Düsenjet) bei 130 fon.

Fotoeffekt. Vorgang, bei dem ein →Photon in die Hülle eines Atoms eindringt und ein Elektron aus seinem Bindungszustand löst. Dadurch wird es für den elektrischen Ladungstransport wieder verfügbar. Man unterscheidet den äußeren, den inneren und den Kernfotoeffekt. Der äußere Fotoeffekt ist an fast allen festen Körpern zu beobachten. Trifft z. B. UV-Licht auf eine Zinkplatte, verlassen die →Leitungselektronen dadurch die Anziehung des Atomgitters und treten aus der Metalloberfläche aus. Für den äußeren Fotoeffekt gilt die Einstein-Gleichung:

$$E_{kin} = h\nu - E_a$$

Dabei ist E_{kin} die →kinetische Energie des ausgelösten Elektrons, ν die →Frequenz des einfallenden Lichts und E_a die Austrittsarbeit des verwendeten Metalls (h = →Planck'sches Wirkungsquantum). Damit das Elektron frei wird, muss die Frequenz des Lichts oberhalb der Grenzfrequenz $f_g = E_a/h$ sein. Diese liegt bei Alkalimetallen im sichtbaren Bereich (400–700 nm) und bei den meisten anderen Metallen im UV-Bereich. Innerer Fotoeffekt: Bei →Isolatoren und →Halbleitern wird ein gebundenes Hüllenelektron in einem →Festkörper durch Photonenabsorption teilweise im →Kristall selber frei beweglich, tritt also nicht aus dem Körper aus. Kernfotoeffekt: Entsprechend zum Fotoeffekt in der Elektronenhülle wird hier ein →Nukleon (Kernteilchen), meist ein Neutron, durch die →Absorption eines γ-Quants (Photons) im Atomkern freigesetzt.

Fotosphäre. Die Schicht der →Sonne, aus der die uns erreichende Strahlung (mit kontinuierlichem →Spektrum) durch die darüber liegende →Chromosphäre nach außen dringt. Die Fotosphäre hat eine körnige →Feinstruktur (Granulation) und wird stellenweise durch meist trichterförmige Vertiefungen (sog. →Sonnenflecken) durchbrochen.

Fourier-Analyse. Untersuchung, aus welchen harmonischen Komponenten eine gegebene periodische Funktion aufgebaut ist. Die Analyse zeigt, welche →Frequenzen mit welchen →Amplituden in der die Funktion beschreibenden Summe vorkommen. Die Fourier-Analyse ist die Grundlage der →Fourier-Synthese.

Fourier-Synthese. Der Aufbau eines komplexen Zeitsignals aus mehreren Sinus- und Kosinusfunktionen unterschiedlicher →Frequenz und →Amplitude. Mit der Fourier-Synthese kann jede Form der →Schwingung (oder des →Klangs) synthetisch erzeugt werden. Anwendung z. B. im Synthesizer (synthetischer Klangerzeuger, elektronische Orgel usw.).

Fourier-Zerlegung. Nach einem (mathematischen) Gesetz von Jean Baptiste Fourier (1768–1830) lässt sich jede periodische Funktion als Summe aus Sinus- und Kosinus-Funktionen jeweils unterschiedlicher →Frequenz und →Amplitude darstellen. Die Fourier-Frequenzen sind ganzzahlige Vielfache der Grundfrequenz. Auf diesem Gesetz beruht auch die →Fourier-Synthese, die in unterschiedlichsten Zweigen der Physik eine Rolle spielt.

IX. Lexikon

freier Fall. Ein Spezialfall der gleichmäßig beschleunigten →Bewegung eines Massenpunktes unter dem Einfluss der Schwerkraft (→Gravitation). Es gelten die von Galileo Galilei im 17. Jahrhundert gefunden Fallgesetze: Die Fallgeschwindigkeit v wächst proportional mit der Fallzeit t:

$$v = g \cdot t$$

Die gefallene Strecke h (der Fallweg) wächst proportional zu t^2:

$$h = \frac{1}{2} \cdot g \cdot t^2$$

(Gilt in Erdnähe, ist ortsabhängig.) Dabei ist g die →Fallbeschleunigung (Erdbeschleunigung): $g = 9{,}81$ m/s². Eine Folge der Fallgesetze ist: Weder Fallweg noch Fallgeschwindigkeit hängen von der Masse oder der Form des fallenden Körpers ab. Leichte und schwere Körper fallen also (im →Vakuum) genau gleich schnell.

freie Schwingung. Eine freie →Schwingung wird einmalig angeregt und verläuft dann ohne weitere äußere →Anregungen. Die →Frequenz ist konstant und durch Systemgrößen bestimmt. Man unterscheidet gedämpfte und ungedämpfte Schwingungen. Eine freie ungedämpfte Schwingung ist die theoretische Betrachtung eines Schwingungsvorganges ohne äußere Erregung und ohne →Reibung. Sie wird exakt durch die harmonische Zeitabhängigkeit beschrieben. →Amplitude und Frequenz der freien Schwingung sind zeitunabhängig, d. h. sie bleiben zeitlich konstant.

freie Welle. Freie →Wellen treten auf, wenn keine äußere Kraft auf das System wirkt und keine Energieverluste (z. B. durch →Reibung) auftreten. Die Welle breitet sich durch Kopplung benachbarter →Oszillatoren aus.

Frequenz. Die Frequenz (Formelzeichen: f) gibt an, wie oft sich ein zeitlich periodischer Vorgang pro Sekunde wiederholt. Es gilt:

$$f = \frac{1}{T}$$

wobei T die Periodendauer des Vorgangs ist. Je schneller ein Vorgang abläuft, desto höher ist seine Frequenz.

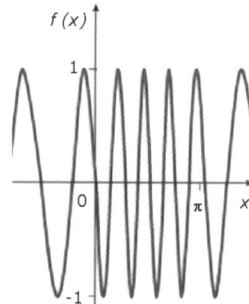

Frequenzmodulation (FM). Die Veränderung der →Frequenz einer hochfrequenten Trägerwelle im Rhythmus des niederfrequenten Signals.

Fusion (Kernfusion). Die Bildung eines schweren →Kernes aus leichteren Kernen; dabei wird Energie, die →Bindungsenergie, frei, z. B.: Deuteron + Deuteron = Helium-3 + 3,25 MeV (DD-Reaktion) oder Deuteron + Triton = Helium-4 + Neutron + 17,6 MeV (DT-Reaktion). Es ist das Hauptziel der Forschung aus dem Gebiet der Plasmaphysik, nach geeigneten Verfahren zu suchen, die einen kontrollierten Ablauf der Fusionsreaktion in Form einer →Kettenreaktion ermöglichen, um die frei werdenden Energiemengen nutzen zu können. Beim Umsatz von 1 kg Deuterium (DD-→Reaktion) wird eine Energie von rund 24 Millionen kWh frei. Das entspricht der Verbrennungswärme von 3 Millionen Tonnen Steinkohle. Mithilfe von Magnetfeldanordnungen wird versucht, das →Plasma bei Temperaturen von rund 100 Millionen Grad für die erforderliche Zeit (Bereich von einigen Sekunden) einzuschließen. Auch bei der →Kernfusion entstehen durch die Aktivierung der Strukturmaterialien und das Brüten von Tritium radioaktive Stoffe und radioaktive Abfälle, die ähnlich wie bei der →Kernspaltung sicher endgelagert werden müssen.

G

galaktisches Rauschen. Eine ältere Bezeichnung für die allgemeine Radiostrahlung aus der Milchstraße (Galaxis). Diese Strahlung kommt unter anderem durch Kernumwandlungen in Sternen zustande. Sie umfasst eine Reihe von seltenen →Elementarteilchen, darunter z. B. Neutrinos.

galvanisches Element. Die Kombination zweier verschiedener Metalle (z. B. Nickel und Cadmium) in Verbindung mit einem flüssigen oder auch festen →Elektrolyten. Zwischen den beiden Metallen entsteht so eine →Spannung, die auf die →Kontaktspannung zwischen Metall und Elektrolyt zurückzuführen ist. Anwendung als Batterie oder →Akkumulator.

Gammastrahlung. Die Gammastrahlung ist eine energiereiche elektromagnetische Strahlung kurzer →Wellenlänge. Die Wellenlänge liegt bei 10^{-12} bis 10^{-13} m, die →Frequenz ist $3 \cdot 10^{18}$ Hz. Damit liegt diese Strahlung am kurzwelligen Ende des →Spektrums elektromagnetischer →Wellen. Im Unterschied zu Alpha- und →Betastrahlung verändert sich die Zusammensetzung des Atomkerns bei Gam-

IX. Lexikon

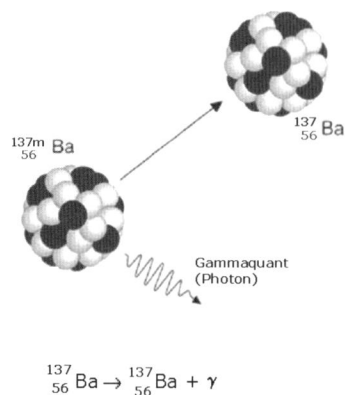

$$^{137m}_{56}\text{Ba} \quad ^{137}_{56}\text{Ba}$$

Gammaquant
(Photon)

$$^{137}_{56}\text{Ba} \rightarrow \,^{137}_{56}\text{Ba} + \gamma$$

mastrahlung nicht. Der →Kern gelangt aber von einem energiereicheren (angeregten) →Zustand in einen energetisch niedrigeren und damit meist auch stabileren Zustand. Das ist vergleichbar mit der Aussendung von →Licht, wo sich ebenfalls der energetische Zustand von Atomen, nicht aber ihre Zusammensetzung ändert. Die Vorgänge vollziehen sich bei Licht allerdings nicht im Atomkern, sondern in der Atomhülle.

Gas. Ein Stoff im gasförmigen →Aggregatzustand. Man unterscheidet atomare und molekulare Gase – je nach dem atomaren Aufbau der Gasteilchen als Atome oder Moleküle (Verbund aus mehreren Atomen). Bis auf die Edelgase (Helium, Neon und andere) sind fast alle Gase molekular aufgebaut; sie bestehen also aus Molekülen. Beispiele für Gase: Wasserstoff (H_2), Helium (atomares He), Stickstoff (N_2), Sauerstoff (O_2), Wasserdampf (H_2O), Luft

(Gemisch aus N_2, O_2 und anderen Bestandteilen) usw.

gasförmig. Ein →Aggregatzustand (neben →fest und →flüssig). Kennzeichen des gasförmigen Aggregatzustands: Ein Gas besitzt keine innere Ordnung oder Struktur und hat nur schwache innere Wechselwirkungen. Mikrophysikalisch besteht es aus →Teilchen (Atome oder Moleküle), die nur schwach miteinander wechselwirken. Ein Gas nimmt keine feste Gestalt an und besitzt keine Oberfläche, sondern passt sich jedem beliebigem Volumen an und füllt es auch vollständig aus. Sein Volumen kann durch →Druck verändert (komprimiert) werden. Dabei können sehr hohe Verdichtungsraten auftreten.

Gasgesetze. Die Gasgesetze beschreiben das Verhalten idealer und realer Gase. →Ideale Gase sind Gase ohne innere Wechselwirkung der Gasatome oder Gasmoleküle. Bei realen Gasen werden hingegen diese Wechselwirkungen, die zwar schwach, aber nicht null sind, mit berücksichtigt. Im Allgemeinen führt dies zu sehr komplexen Gasgesetzen. Für ideale Gase gilt die allgemeine →Zustandsgleichung (allgemeine Gasgleichung):

$$p \cdot V = n \cdot R \cdot T$$

Dabei ist p der Druck, T die Temperatur, V das Volumen des Gases und n die

Anzahl der Mole des Gases. R ist die allgemeine →Gaskonstante. Es gilt: $R = 8{,}31\ J/(mol \cdot K)$. Aus der allgemeinen Zustandsgleichung folgt auch das →Boyle-Marriotte'sche Gesetz:

$$p \cdot V = const.\ für\ T = const.$$

Für reale Gase, bei denen die Wechselwirkung zwischen den Gasteilchen berücksichtigt wird, gelten modifizierte Gesetze.

Gaskonstante. Sie bezeichnet die Konstante $R = 8{,}31\ J/(mol \cdot K)$, die in der allgemeinen →Zustandsgleichung für Gase auftritt. Da diese Konstante für alle Arten von Gasen gleichermaßen vorkommt, wird sie vielfach auch als universelle Gaskonstante bezeichnet.

gedämpfte Schwingung. Bei einer gedämpften →Schwingung treten stets Reibungskräfte auf. Der →Oszillator verliert →Energie, z. B. durch →Reibung. Ungedämpfte Schwingungen sind Grenzfälle, die in der Praxis nicht vorkommen, jedoch für das Studium von Schwingungsvorgängen sehr wichtig sind und oft als Näherungen eingesetzt werden.

Gefrierpunkt. Diejenige (stoffspezifische) Temperatur, bei der eine bestimmte Flüssigkeit (z. B. Wasser) vom flüssigen in den festen →Aggregatzustand übergeht. Bei Reinsubstan-

zen bleibt die Temperatur bei weiterer Wärmeabfuhr durch Freisetzung von →Schmelzwärme konstant, bis die gesamte Flüssigkeit gefroren ist. Alle Stoffe, die sich beim →Schmelzen ausdehnen und beim →Erstarren zusammenziehen, zeigen bei Erhöhung des →Druckes eine Erhöhung der Gefrier- oder Schmelztemperatur. Im Unterschied zum Erstarrungspunkt (Erstarrung) wird die Bezeichnung Gefrierpunkt hauptsächlich bei Stoffen verwendet, die bei Normdruck und Raumtemperatur flüssig sind. Der Gefrierpunkt von Wasser liegt bei 0 °C.

Gehör. Menschliches Sinnesorgan, das →Schallwellen registriert und dabei Lautstärken und →Frequenzen analysiert. Beispiel für einen bio-akustischen Wandler. Das Gehör besteht aus:

- Ohrmuschel; flacher Trichter, der den Schall sammelt und in den Gehörgang weiterleitet.
- Gehörgang; Verbindungsgang zwischen der Ohrmuschel und dem Trommelfell.
- Trommelfell; etwa 0,5 cm große trichterförmige Membran, die durch die Schallwellen in →Schwingungen versetzt wird.
- Hammer, Amboss und Steigbügel; drei Gehörknöchelchen, auf die sich die →Schwingung der →Membran überträgt. Sie wirken als Hebelsys-

tem, das die unterschiedlichen Kennimpedanzen von Außenohr (Luft) und Innenohr (im Wesentlichen Wasser) aneinander anpasst.

- Ovales Fenster und rundes Fenster; zwei Membranen zwischen Mittelohr und dahinter befindlichem Innenohr. Der Steigbügel überträgt Schwingungen auf diese Membranen, die die Druckschwankungen noch einmal um einen Faktor 20 bis 30 verstärken.

- Innenohr; in zwei Teile gegliederter Raum hinter dem Mittelohr, gefüllt mit einer natriumionenreichen, inkompressiblen Flüssigkeit. Eigentlicher bio-akustischer Wandler.

- Schneckenspindel; teilt das Innenohr in zwei Teile, mit einer kaliumionenreichen Flüssigkeit gefüllt. Daher besteht eine elektrische Potenzialdifferenz zwischen den Flüssigkeiten in Schneckenspindel und Innenohr.

- Basilarmembran; an der Schneckenspindel befindliche Membran, die über die Flüssigkeit im Innenohr durch die Schwingungen von rundem und ovalem Fenster mechanisch verformt wird.

- Haarzellen des Cortischen Organs; sie sitzen auf der Basilarmembran. Bewegungen der Basilarmembran lösen in ihnen elektrische Potenzialänderungen aus, die im Hörnerv

Reizströme verursachen. Diese bewirken dann im Gehirn eine Schallempfindung.

Geigerzähler. Ein Strahlungsnachweis und -messgerät. Auch Geiger-Müller-Zählrohr (→Zählrohr) genannt. Es besteht aus einer mit Schutzgas gefüllten Röhre, in der eine elektrische Entladung (Gasentladung) abläuft, wenn ionisierende Strahlung sie durchdringt. Die Entladungen werden gezählt und stellen ein Maß für die Strahlungsintensität dar.

Geräusch. Eine Überlagerung von Tönen mit kontinuierlichem Frequenzspektrum. Geräusche sind keine periodischen →Schwingungen, sondern Einzellaute unterschiedlichster →Frequenz. Sie lassen sich nur schwer durch periodische Schwingungen (im Rahmen der →Fourier-Synthese) approximieren.

gesättigter Dampf. →Nassdampf oder gesättigter Dampf tritt bei der Koexistenz von flüssigem und gasförmigem →Zustand im →Gleichgewicht auf. Er besteht aus Flüssigkeitströpfchen und Gas in einer Mischung, stellt also ein Zwei-Phasensystem dar.

Geschwindigkeit. Die Geschwindigkeit ist bei gleichförmiger →Bewegung (d. h. konstanter Geschwindigkeit) definiert als der Quotient aus zurückgelegtem Weg s und der hierfür benötigten Zeit t: $v = s/t$.

Gewicht. Das Gewicht eines Körpers ist die Kraft, mit der die →Erde von ihrem Mittelpunkt aus diesen Körper anzieht (nach dem Gravitationsgesetz). Mit dieser Kraft drückt der Körper folglich auf seine Unterlage (z. B. die →Waage) oder zieht an einem Aufhängepunkt. Die Gewichtskraft nennt man auch Schwerkraft oder Gravitationskraft. Sie ist immer zum Erdmittelpunkt hin gerichtet. Mit der →Fallbeschleunigung (Erdbeschleunigung) g und der Masse m des Körpers hat die Gewichtskraft den Betrag: $G = m \cdot g$. Eine Gewichtskraft ist wie die Fallbeschleunigung abhängig vom Abstand zum Erdmittelpunkt.

Glas. Ein aus einer Schmelze entstandener →Festkörper im amorphen →Aggregatzustand. Die meisten optischen Gläser bestehen aus Oxiden wie z. B. Quarz (SiO_2), Boroxid (B_2O_5) und Bleioxid (PbO).

gleichförmige Bewegung. Eine gleichförmige Bewegung liegt vor, wenn der Körper in gleichen Zeiten gleiche Strecken zurücklegt. Dies bedeutet, dass seine →Geschwindigkeit dann konstant ist. Im Gegensatz dazu ist eine ungleichförmige Bewegung eine Bewegung mit variabler Geschwindigkeit.

Gleichgewicht. Diesen →Zustand erreicht ein →starrer Körper, wenn die Summe aller auf ihn wirkenden Kräfte bzw. →Drehmomente null und somit die sog. Gleichgewichtsbedingung erfüllt ist. Man unterscheidet stabiles, labiles und indifferentes Gleichgewicht. Daneben gibt es das statistische (= thermodynamische) Gleichgewicht, bei der die →Entropie (der Unordnungsgrad des Systems) konstant bleibt.

Gleichstrom. Ein zeitlich nach Betrag und Vorzeichen konstant bleibender →Strom. Oft auch für Strom gebraucht, der zwar der Stärke nach nicht konstant ist, aber zumindest seine Richtung nicht ändert (sog. pulsierender Gleichstrom). Pulsierender Gleichstrom kann z. B. mittels →Kondensatoren geglättet werden. Im Gegensatz dazu steht Wechselstrom, der seine Richtung periodisch ändert.

Gleitreibung. Eine Form der →Reibung. Ursache der Gleitreibung (wie auch der →Haftreibung) sind mikroskopisch kleine Unebenheiten der sich berührenden Körper. Die Gleitreibung ist kleiner als die Haftreibung. Sie tritt erst auf, wenn der Körper bereits gleitet, also die Haftreibung schon überwunden hat.

glühelektrischer Effekt. Der glühelektrische Effekt ist die →Emission von Elektronen aus einer glühenden Metall- oder Halbleiteroberfläche. Der Effekt wird auch als Richardson- oder Edison-Effekt bezeichnet (nach seinen

IX. Lexikon

Entdeckern). Der glühelektrische Effekt hat eine große praktische Bedeutung, z. B. bei Elektronenröhren, Kathodenstrahlröhren, Bildschirmen und Monitoren.

Grad. Das Grad (°) ist eine zwar ältere, aber noch zulässige Einheit für die Winkelmessung. Ein Grad ist definiert als der 360ste Teil eines Vollkreises. 1 rad = 360° / 2π = 57,3°. Umgekehrt: 1° = 2π / 360° = 0,0175 rad. Unterteilungen sind: 1 Grad = 60 Bogenminuten = 3600 Bogensekunden. Andere Einheit: →Radiant.

Gramm. Das Gramm ist die Einheit der Masse. Zeichen: g. Ursprünglich definiert als die Masse von 1 cm³ Wasser bei 4 °C, seit 1889 als der tausendste Teil des in Paris aufbewahrten Urkilogramms: 1 g = 1/1000 kg = 1000 mg.

Gravitation. Eine grundlegende Eigenschaft jeder Materie, auch Massenanziehung genannt. Sie äußert sich als eine Kraft (Gravitationskraft), mit der sich schwere Massen gegenseitig anziehen und errechnet sich nach dem 1682 von Sir Isaac Newton (1642–1727) aufgestellten Gravitationsgesetz. Danach ist die Kraft F, mit der sich zwei Massen m_1 und m_2 anziehen, dem Produkt dieser Massen direkt und dem Quadrat ihrer Entfernung r voneinander umgekehrt proportional. Dabei ist G die Gravitationskonstante (→Naturkonstante) mit dem Wert:

$$G = 6{,}672 \cdot 10^{-11} \frac{m^3}{kg \cdot s^2}$$

In der Umgebung einer Masse wirkt die Gravitation durch ein Kraft- oder →Gravitationsfeld (Schwerefeld). Die →Erde zieht als schwerer Körper jeden anderen Körper an (Schwerkraft); wegen ihrer beinahe kugelförmigen Gestalt ist die Gravitation auf der ganzen Oberfläche fast konstant und zum Erdmittelpunkt hin gerichtet. Mit dem Newton'schen Gravitationsgesetz wurde zum ersten Mal ein umfassendes Weltgesetz aufgestellt. Es lautet:

$$F = G \cdot \frac{m_1 \cdot m_2}{r^2}$$

Dabei ist F der Betrag der Anziehungskraft zwischen zwei Körpern mit den Massen m_1 und m_2, r der Abstand der Körper und G die Gravitationskonstante. Das Wesen der Gravitation ist bis heute noch nicht endgültig geklärt, wenn auch die von Albert Einstein entwickelte →Relativitätstheorie einen Fortschritt brachte und in seiner „vereinheitlichten Feldtheorie" versucht wird, Gravitation und →Elektrodynamik zusammenzufassen. Neuerdings wird die Gravitationskonstante in einen Zusammenhang mit dem Alter des Universums gebracht und auf diese Weise ihre Unveränderlichkeit in Frage gestellt.

Gravitationsfeld. Das →Feld in der Umgebung einer schweren Masse. Die felderzeugende Masse ruft (nach der Allgemeinen →Relativitätstheorie von Albert Einstein) eine strukturelle Veränderung des →Raumes hervor und ermöglicht die Ausübung von Kräften (Gravitationskräften) auf andere schwere Massen. Der Begriff Gravitationsfeld ist →analog zum elektromagnetischen Feld gebildet worden. Gravitationsfelder können im Weltall beobachtet werden und sind z. B. die Ursache für Ablenkvorgänge von Lichtstrahlen, die von entfernt liegenden Sternen kommen.

Grenzfläche. Die Fläche zwischen zwei Stoffen oder Phasen. Ist eine der beiden Phasen ein Gas, spricht man von Oberfläche. An der Grenzfläche ändern sich die physikalischen Eigenschaften längs einer Strecke von molekularer Größenordnung sprunghaft; als →Wirkung von Kräften treten typische Grenzflächenerscheinungen auf (→Oberflächenspannung, Benetzung, →Kapillarität).

Grenzwert. Die Höchstgrenze für Belastungen durch eventuell gesundheitsschädigende Einflüsse wie radioaktive Strahlung oder Gifte, die noch als zumutbar erachtet wird. Grenzwerte werden meistens amtlich festgelegt, da sie keine echte physikalische Größe sind, sondern durch biophysikalische und medizinische Empfehlungen gewonnen werden.

Größe. Bei Größen handelt es sich um Begriffe, die messbare Eigenschaften von Objekten wie Körper, Stoffen oder Vorgängen beschreiben und eine qualitative und quantitative Aussage beinhalten. Jede physikalische Größe ist durch eine entsprechende Messvorschrift definiert. Zur Festlegung des Größenwertes wird eine Vergleichsnormale (nämlich die Einheit) festgelegt. Es gilt dann immer: Größenwert = Zahlenwert · Einheit. Physikalische Größen, die (durch entsprechende physikalische Gesetze) nicht auf andere Größen zurückzuführen sind, bezeichnet man als Grundgrößen. In der →Mechanik werden z. B. die Grundgrößen →Länge, Masse und Zeit verwendet, von denen sich die anderen Größen (etwa →Impuls, →Geschwindigkeit oder →Beschleunigung) ableiten lassen. Auf der Normierung der Grundgrößen beruht auch das internationale →Einheitensystem der Physik (SI-System).

Grundton. Herkömmliche Musikinstrumente erzeugen nie reine Sinustöne (sinusförmige →Schwingungen), sondern eine Überlagerung von Sinustönen mit von der Art der Instrumente und deren →Tonhöhe abhängigem Mischungsverhältnis. Spricht man bei Instrumenten von →Ton, so ist jeweils

IX. Lexikon

die kleinste →Frequenz einer vorgegebenen Überlagerung gemeint. In der Regel hat der Grundton die größte →Amplitude. Töne und Obertöne entstehen durch harmonische Teilung.

Gruppengeschwindigkeit. Die Ausbreitungsgeschwindigkeit einer Wellengruppe, d. h. eines Wellenpaketes. Aufgrund von Dispersionserscheinungen ist die Gruppengeschwindigkeit im Allgemeinen unterschiedlich von der →Phasengeschwindigkeit, d. h. der Ausbreitungsgeschwindigkeit einer einzelnen →Welle. Bei →Licht stimmen Gruppen- und Phasengeschwindigkeit z. B. nur im →Vakuum überein. In der Regel ist die Gruppengeschwindigkeit kleiner als die Phasengeschwindigkeit. Im Falle von Licht im Vakuum muss sie sogar kleiner sein. Andernfalls könnte sich Materie (die sich immer mit der Gruppengeschwindigkeit ausbreitet) mit Überlichtgeschwindigkeit ausbreiten, was aber nach der →Relativitätstheorie unmöglich und streng verboten ist.

H

Haftreibung. Eine Form der →Reibung, deren Ursache mikroskopisch kleine Unebenheiten von sich berührenden Körpern sind. Die Haftreibung muss überwunden werden, um den Körper zum Gleiten zu bringen. Sie ist größer als die →Gleitreibung, die andere Form der Reibung, da ein ruhender Körper leichter an kleinen Unebenheiten festhakt als ein bewegter Körper.

Haftspannung. Die →Spannung (oder auch Oberflächenkraft) an der →Grenzfläche zwischen einer Flüssigkeit und einem festen Körper, die infolge der unterschiedlichen molekularen Anziehungskräfte zwischen den beiden Komponenten an der Grenzfläche auftritt. Die Haftspannung (→Oberflächenspannung zwischen Flüssigkeit und →Festkörper) kennzeichnet das Benetzungsverhalten einer Flüssigkeit und bedingt beispielsweise, dass eine Flüssigkeit an den Gefäßwänden entweder geringfügig höher oder tiefer steht, als dies beim freien Flüssigkeitsspiegel der Fall ist. Ursache sind die aus der Haftspannung folgenden Kapillarkräfte.

IX. Lexikon

Halbleiter. Kristalline Substanzen, die bei sehr niedrigen Temperaturen (< 0 °C) isolierend wirken, jedoch schon bei Raumtemperatur eine merkliche elektrische Leitfähigkeit zeigen. Halbleiter nehmen eine Zwischenstellung zwischen den elektrischen →Leitern (Metallen) und den →Isolatoren ein. Mit zunehmender Temperatur verbessert sich – anders als bei metallischen Leitern – ihre Leitfähigkeit. Wichtigstes Halbleitermaterial ist das (chemisch vierwertige) Silizium, das größtenteils aus Sand gewonnen wird. Die erhöhte Beweglichkeit der →Ladungsträger (Elektronen) bei höheren Temperaturen wird in den Halbleiter-Bauelementen technisch ausgenutzt. Dabei werden die Halbleiter dotiert, d. h. mit Fremdatomen versetzt. Je nach der Zahl der Elektronen in den Dotierungsatomen unterscheidet man n-Leitung (Leitung durch freie negative Ladungsträger) und p-Leitung (→Leitung durch freie positive Ladungsträger). Dotierte n- und p-Halbleiter bilden die Basis der technischen →Elektronik. Wichtigste Elemente sind die Diode (Abfolge der Schichten: pn) und der Transistor (Abfolge: pnp oder npn). Dioden lassen den Strom nur in eine Richtung fließen (Ventilwirkung). Transistoren verstärken und schalten Ströme (Verstärker- und Schaltwirkung). Auf der Basis von Transistoren sind alle modernen Chips (z. B. Speicherchips) aufgebaut. Ein Chip von der Größe eines Quadratmillimeter kann dabei bis zu 100.000 Transistoren enthalten und so sehr viele Informationen (Bits) gleichzeitig speichern.

Halbwertszeit. Sie gibt an, in welcher Zeit eine Größe auf jeweils die Hälfte ihres Anfangswertes sinkt. Beim radioaktiven →Zerfall bezeichnet sie die Zeitspanne, in der von ursprünglich N radioaktiven Atomen die Hälfte ($N/2$) zerfallen ist. Auf der Halbwertszeit radioaktiver Elemente beruht etwa die radiometrische →Altersbestimmung (z. B. mit C^{14}), wo Halbwertszeiten von etwa 1000 Jahren auftreten. Bei den Halbwertszeiten unterschiedlicher radioaktiver Stoffe lassen sich Schwankungen zwischen Sekunden und Milliarden von Jahren feststellen. Die Halbwertszeit von C^{14} liegt bei ca. 5730 Jahren.

Halleffekt. Der Effekt der Spannungsentstehung (sog. Hall-Spannung) in Strom durchflossenen →Leitern, in denen senkrecht zur Stromrichtung ein magnetisches →Feld wirkt. Der Halleffekt wurde 1879 von dem amerikanischen Physiker Edwin Herbert Hall (1855–1938) entdeckt und erklärt sich durch die Anhäufung von Elektronen an den seitlichen Begrenzungen des Leiters. Die Hall-Spannung kann zur →Messung der Größe eines Magnet-

IX. Lexikon

felds benutzt werden (Hallsonde). Je größer das Magnetfeld, desto größer ist die Hall-Spannung.

harmonische Schwingung. Eine sinusförmige →Schwingung, d. h. eine Schwingung, bei der die →Auslenkung y proportional zum Sinus der Zeit t ist:

$$y = A \cdot sin \, (\omega \, t + \varphi_0)$$

Dabei ist A die Amplitude (maximale Auslenkung) der Schwingung, ω die Kreisfrequenz und φ_0 die Phase oder Phasenkonstante. Die spezielle Bedeutung der harmonischen Schwingung liegt darin, dass nach der Fouriertheorie (harmonische Analyse) alle periodischen Schwingungen in Sinus- und Cosinus-Schwingungen (also harmonische Schwingungen mit →Phasenverschiebungen zueinander) zerlegt werden können (dabei treten Grund- und Oberschwingungen auf). Die harmonischen Schwingungen bilden daher die Grundlage aller Schwingungen.

Hauptsätze der Wärmelehre. Bezeichnung für drei grundlegende Erfahrungssätze, auf denen die gesamte →Wärmelehre (→Thermodynamik) aufbaut. Sie lauten:
Erster Hauptsatz: →Wärme ist eine besondere Form der Energie. Sie kann in andere Energieformen (z. B. mechanische Arbeit, →elektrische Energie, chemische Energie) um- und wieder zurückgewandelt werden (Energieerhaltung). Wird Wärme zugeführt, dann steigt die innere Energie des Körpers und es wird Arbeit verrichtet. $Q = \Delta U + p \cdot \Delta V$ (ideales Gas).
Zweiter Hauptsatz: Wärme kann nie von selbst von einem kälteren auf einen wärmeren Körper übergehen. Ein →Perpetuum Mobile ist damit unmöglich. Eine andere Formulierung besagt, dass die →Entropie (der Unordnungsgrad) eines abgeschlossenen Systems durch Umordnungen oder Umwandlungen nur zunehmen bzw. in offenen Systemen nur durch Einwirkung von außen erhöht werden kann.
Dritter Hauptsatz: Die →Entropie eines festen oder flüssigen Körpers hat am absoluten Nullpunkt (Temperatur von 0 K) den Wert Null. Der absolute Nullpunkt (Temperatur von 0 K) ist daher nicht (oder nur asymptotisch) erreichbar. Der Dritte Hauptsatz der Wärmelehre wird auch als →Nernst'sches Wärmetheorem bezeichnet (nach Walther Nernst, 1864–1941).

Heisenberg'sche Unschärferelation. Eine fundamentale Beziehung der →Quantenmechanik, nach der es unmöglich ist, für ein →Teilchen gleichzeitig den →Impuls p und den Ort q beliebig genau zu messen. Aufgrund des Quantencharakters der

Natur gilt immer:

$$\Delta p \cdot \Delta q \geq \frac{h}{4\pi}$$

Dabei ist Δp die Unschärfe (kleinste Messgenauigkeit) des Impulses p und Δq die Unschärfe des Ortes q. Die Konstante h ist das sog. Planck'sche Wirkungsquantum, eine →Naturkonstante. Es gilt:

$$h = 6{,}626 \cdot 10^{-34}\, Js$$

Hertz (Hz). Die SI-Einheit der →Frequenz. Es gilt: 1 Hertz = 1 Hz = 1/s. Eine →Schwingung hat die Frequenz 1 Hertz, wenn ihre Periodendauer 1 Sekunde ist. Benannt nach dem deutschen Physiker Heinrich Rudolf Hertz (1857–1894).

Hooke'sches Gesetz. Das Hooke'sche Gesetz besagt, dass die Verlängerung (oder Verkürzung) eines elastischen Körpers Δl proportional der hierzu erforderlichen Kraft bzw. →Rückstellkraft F ist. Es gilt also:

$$\Delta l = D \cdot F$$

Die Proportionalitätskonstante D heißt Hooke'sche Konstante (nach Robert Hooke, 1635–1703) oder →Federkonstante. Das Hooke'sche Gesetz gilt für kleine Längenänderungen bei elastischen Körpern; bei großen Änderungen treten dagegen Abweichungen vom Hooke'schen Gesetz auf, also Abweichungen von der Linearität zwischen Kraft und Ausdehnung.

Hörschall. Der Schall innerhalb des Hörbereichs, der beim Menschen im Bereich von 16 Hz bis ca. 20 kHz (je nach Alter) liegt.

Hörschwelle. Die untere Hörgrenze bei einer (genormten) Schwingungsfrequenz von $f = 1000$ Hz, also die kleinste Lautstärke eines →Tons mit der →Frequenz 1000 Hz, die ein Mensch gerade noch wahrnimmt.

Huygens'sches Prinzip. Jeder Punkt einer Wellenfront kann als Ausgangspunkt einer neuen →Welle betrachtet werden. Diese sog. Elementarwellen breiten sich mit derselben →Geschwindigkeit im gleichen Medium aus wie die ursprüngliche Welle: im →Raum als Kugelwellen, in der Ebene als Kreiswellen. Das Huygens'sche Prinzip ist eine von dem niederländischen Physiker Christiaan Huygens (1629–1695) entwickelte Modellvorstellung, mit der sich z. B. viele Beugungs-, Brechungs- und Reflexionserscheinungen erklären lassen.

Hydraulik. Eine Technik, die auf der Anwendung der hydraulischen Presse beruht. Ihre Wirkungsweise beruht auf der Erscheinung, dass sich →Druck in einer Flüssigkeit nach allen Seiten hin gleich stark fortpflanzt. Die Grundlage der hydraulischen Presse sind zwei Kolben, die sich in einer Flüssigkeit (meist Wasser oder Öl) in einem U-förmigen Gefäß befinden. Durch Gleichsetzen der Drücke der beiden Kolben erhält man große Hubkräfte im größeren Kolben – auf Kosten eines entsprechend längeren Hubweges. Auf diese Weise kann eine Presse realisiert werden, die sehr hohen Druck erzeugt.

Hydrodynamik. Teilgebiet der Strömungslehre. Sie befasst sich mit inkompressiblen Flüssigkeiten, die also nicht zusammenzudrücken sind. Ein Spezialgebiet der Hydrodynamik ist die Hydrostatik, die sich mit ruhenden Flüssigkeiten beschäftigt.

hydrostatischer Druck. Der →Druck in einer inkompressiblen ruhenden Flüssigkeit. Er besteht in der Regel nur aus dem Schweredruck der Flüssigkeitsschicht. Der hydrostatische Druck p (genauer: der hydrostatische Schweredruck) berechnet sich nach der folgenden Formel:

$$p = \frac{G}{A} = \frac{A \cdot h \cdot \rho \cdot g}{A} = h \cdot \rho \cdot g$$

Dabei ist G die Gewichtskraft der Flüssigkeit der Dichte ρ und des Volumens $V = A \cdot h$, wobei A die Grundfläche und h die Höhe der Flüssigkeitssäule ist. Hydrostatischer Druck ist nicht von der Gefäßform und der darin befindlichen Flüssigkeitsmenge abhängig, sondern nur von der Höhe bzw. Tiefe und der Dichte der Flüssigkeit.

Hyperschall. Schall mit →Frequenzen oberhalb etwa 20 kHz bis hin zu 1 MHz und mehr, der auch als →Ultraschall bezeichnet wird. Die Erzeugung von Hyperschall gelingt z. B. durch piezoelektrische →Anregung von Quarzkristallen.

Hysterese. Erscheinung, dass eine →Wirkung hinter der zeitlich veränderlichen physikalischen Größe, die sie verursacht, zurückbleibt (was auch als Remanenz bezeichnet wird). Beispiel: die magnetische Hysterese, unter der man das Zurückbleiben der Magnetisierung M auch nach Abschalten der magnetischen Feldstärke H versteht, also die Abhängigkeit der Magnetisierung von der Vorgeschichte des Materials. Im Diagramm $M(H)$ entsteht die sog. Hystereseschleife. Die von der Hystereseschleife eingeschlossene Fläche stellt eine Arbeit dar, die zu einer in der Regel unerwünschten Erwärmung führt, dem sog. Hystereseverlust (Energieverlust). Hysterese und Remanenz treten in vielen elektromagnetischen Systemen auf wie etwa in →Spulen, Elektromagneten oder →Transformatoren. Zur Minimierung von Hystereseverlusten werden Materialien mit einer schmalen Hystereseschleife verwendet, z. B. die Legierung Permalloy aus 78% Nickel und 22% Eisen.

I

ideales Gas. Eine Modellvorstellung für das Verhalten eines Gases. Dabei wird davon ausgegangen, dass seine Bestandteile (Atome oder Moleküle) kein Volumen besitzen und zwischen ihnen keine (oder kaum eine) Wechselwirkung besteht. Unter diesen Voraussetzungen erfüllt das Gas die allgemeine →Zustandsgleichung (allgemeine Gasgleichung): $p \cdot V = n \cdot R \cdot T$, nach der das Produkt aus Druck p und Volumen V stets proportional zur Temperatur T ist. Die Eigenschaften eines realen Gases unterscheiden sich von denen eines idealen Gases. Sie nähern sich aber denen des idealen Gases umso mehr an, je geringer der Druck und je höher die Temperatur ist, d. h. je weiter das Gas von seinem Kondensationspunkt entfernt ist. Ursache dieser Abweichungen sind Wechselwirkungen zwischen den Atomen oder Molekülen des Gases, die umso größer sind, je geringer der Druck (und damit die Dichte) und je höher die Temperatur ist. $(p + an^2/V^2) \cdot (V - nb) = n \cdot R \cdot T$.

Impuls. Die Bewegungsgröße eines Körpers, d. h. das Produkt aus Masse m und →Geschwindigkeit v:

$$p = m \cdot v$$

Der Impuls ist eine vektorielle Größe, besitzt also neben dem Betrag auch eine Richtung. In einem abgeschlossenen System, auf das keine Kräfte von außen wirken, gilt der Impuls-Erhaltungssatz (Impulssatz). Er besagt, dass der Gesamtimpuls, also die Summe der Impulse der einzelnen Massen, stets konstant bleibt. Ein Impuls kann also nicht verloren gehen oder spontan entstehen. Manchmal wird auch der Kraftstoß, d. h. die Änderung der Bewegungsgröße bei einer kurzzeitig wirkenden Kraft als Impuls bezeichnet (ein Schlag oder →Stoß). Im übertragenen Sinn kann der Impuls auch ein kurzzeitiger elektrischer Spannungs- oder Stromstoß sein.

Induktion. Die Erzeugung einer elektrischen →Spannung durch ein zeitlich veränderliches Magnetfeld in einer Leiterschleife (also die Einführung der →Spannung in die Schleife). Auch magnetische Induktion genannt, da sie immer von einem (sich ändernden) Magnetfeld erzeugt wird. Ändert sich z. B. das Magnetfeld, das durch eine Leiterschleife hindurchtritt, ist es möglich, an den Enden der Leiterschleife einen Spannungsstoß zu messen (Induktionseffekt). Durch Induktion und mechanische Dreharbeit kann also eine Spannung erzeugt werden. Bei diesem Vorgang wird mechanische Energie in →elektrische Energie umgewandelt. Auch die Umkehrung ist möglich. Anwendungen der Induktion: Induktionsmotor, Induktionsschleife, Fahrrad-Dynamo (→Rechte-Hand-Regel).

Induktivität. Die Induktivität ist die Stärke der →Induktion, also bei der elektromagnetischen Induktion die Proportionalitätskonstante zwischen dem magnetischen Fluss Φ und der →Stromstärke I:

$$\Phi = L \cdot I$$

Man unterscheidet zwischen der Selbstinduktivität, bei der eine zusätzliche Induktionsspannung eines elektrischen →Leiters oder einer →Spule auf sich selbst entsteht, und der Gegeninduktivität, bei der die induktive →Wirkung eines Leiters oder einer Spule auf einen anderen Leiter oder eine andere Spule entsteht. Beide Formen der Induktion führen zur Erzeugung von Spannungen. Einheit der Induktivität: 1 Henry = 1 H = 1 Wb/1 A = 1 Vs/A. Jede Drahtspule besitzt eine gewisse Induktivität, die proportional mit der Zahl der Windungen steigt. Anwendung der Induktivität: →Transformator, Spule in einem Schwingkreis, z. B. zur Abstimmung des Senders in einem Radio.

infrarot. Die Bezeichnung für das →Spektrum elektromagnetischer Strahlung im Bereich 780–1000 nm (Nanometer). Dieser Bereich, das sog. infrarote Spektrum (kurz IR-Spektrum), ist der Frequenzbereich knapp unterhalb des sichtbaren Bereichs und wird manchmal auch Ultrarot genannt. In Richtung größerer, energieärmerer →Wellenlängen schließen sich dem Infrarot die →Mikrowellen an. Infrarotlicht (Infrarotstrahlung) liegt also im Spektrum zwischen der sichtbaren Strahlung (→Licht) und dem Mikrowellenbereich. Infrarote Strahlen bewirken →Schwingungen in den Molekülen der bestrahlten Materialien. Diese führen zur Erwärmung; daher werden IR-Strahlen auch Wärmestrahlen genannt. Die Infrarotstrahlung ist auch die Ursache für die wärmende →Wirkung der Sonnenstrahlen, die z. B. im Treibhaus genutzt wird.

Infraschall. Die Bezeichnung für Schall mit →Frequenzen unterhalb von 16 Hz. Für den Menschen ist Infraschall nicht mehr als Schall hörbar, sondern nur als einzelne Knackser – obwohl sich der Infraschall von seinen physikalischen Eigenarten her nicht vom hörbaren Schall oberhalb der Hörschwelle von 16 Hz unterscheidet.

Interferenz. Eine wichtige Erscheinung im Zusammenhang mit →Wellen aller Art. Man versteht darunter alle bei der Überlagerung verschiedener Wellen auftretenden Phänomene, also die Gesamtheit aller charakteristischen Überlagerungserscheinungen. Im engeren Sinn spricht man nur dann von Interferenz, wenn die überlagerten Wellen →kohärent sind, d. h. in einer festen Phasenbeziehung zueinander stehen. Für interferierende (kohärente) Teilwellen gilt das sog. →Superpositionsprinzip: Hiernach überlagern sich die →Amplituden der Einzelwellen zur Gesamtamplitude. Je nach Größe von Amplitude und Phase der Teilwellen tritt Verstärkung oder Auslöschung (→Extinktion) auf.

Ion. Ein elektrisch geladenes →Teilchen (atomar oder molekular, manchmal sogar aus mehreren Molekülen zusammengesetzt), das durch Abspaltung oder Anlagerung von Elektronen aus einem neutralen Atom oder Molekül entsteht. Man unterscheidet einfach geladene Ionen (ein einziges Elektron wird abgespalten oder angelagert) von mehrfach geladenen Ionen (mehrere Elektronen fehlen oder sind überschüssig). Positiv geladene Ionen heißen →Kationen, negativ geladene Ionen heißen →Anionen. Als →Ladungsträger (ähnlich den Elektronen, die durch Metalle fließen) spielen Ionen eine wichtige Rolle z. B. bei der Gasentladung. Sie bilden also die Grundlage von Ionenströmen. Solche

Ströme können etwa durch Blitze in der Luft entstehen. Auch bei der elektrolytischen Dissoziation von Molekülen in Lösungen werden Ionen erzeugt (flüssige Ionen in einer Ionenflüssigkeit).

Ionisation. Der Vorgang der Aufnahme oder der Abgabe von Elektronen durch ein Atom oder Molekül, welches dadurch zum Ion (geladenes →Teilchen) umgewandelt wird. Auch Ionisierung genannt. Ursachen für die Ionisation eines Teilchens können sein: sehr hohe Temperaturen (thermische Ionisation), elektrische Entladungen (elektrisch induzierte Ionisation) und elektromagnetische Strahlung (z. B. →Fotoeffekt, Strahlungsionisation, γ-quanteninduzierte Ionisation). Daneben spielt auch die Feldionisation eine Rolle. Hierbei werden durch stark inhomogene elektrische →Felder gebundene Elektronen aus ihren Bindungspotenzialen gelöst (sog. Spitzeneffekt oder Spitzenentladung). Die zur Ionisation nötige Energie (Ionisierungsenergie) ist immer mindestens so groß wie die →Bindungsenergie desjenigen Elektrons, welches bei der Ionisierung frei wird. Der Energieüberschuss wird in →kinetische Energie des frei werdenden Elektrons umgewandelt.

Ionisationsenergie. Die zur →Ionisation eines Atoms oder Moleküls (d. h.

zur Freisetzung eines Elektrons aus dem Atom- oder Molekülverband) notwendige Energie. Auch Ionisierungsenergie genannt. Dabei wird ein Elektron vollständig aus dem Atom- oder Molekülverband herausgelöst, also ein freies Elektron erzeugt. Die Ionisierungsenergie ist gleich der →Bindungsenergie des Elektrons im Atom oder Molekül. Sie wird meist nicht in der SI-Einheit →Joule, sondern in Elektronenvolt (eV) angegeben. Die Ionisierungsenergie beträgt z. B. für die am wenigsten fest gebundenen Elektronen (die sog. Leuchtelektronen) je nach Element etwa 3,9 eV bei Cäsium bis 24,5 eV bei Helium. Diese Energien müssen also aufgebracht werden, um die entsprechenden Atome zu ionisieren.

Ionisationskammer. Ein mit Gas gefülltes Gerät, das zum Nachweis ionisierender Strahlung (z. B. →Alpha-, →Beta- oder →Gammastrahlung) dient. Im Innern des gasgefüllten Gefäßes sind zwei zylindrische Elektroden (Metallzylinder) angebracht, zwischen denen eine →Spannung angelegt wird. Einfallende Strahlung ionisiert je nach Intensität weniger oder mehr von den Gasmolekülen, meist durch den Prozess der Stoßionisation. Die so entstehenden Ionen und Elektronen wandern zu den Elektroden (die negativen →Teilchen zur positiven Elektrode und umgekehrt) und können so als Strom gemessen werden. Auf diese Weise lässt sich die ionisierende →Wirkung und damit die Intensität von radioaktiver Strahlung messen.

irreversibel. Nicht umkehrbar. Definition: Ein Vorgang heißt irreversibel, wenn er weder von selbst noch durch äußere Einwirkungen rückgängig gemacht werden kann. Jeder irreversible Vorgang ist mit einer Erhöhung der →Entropie verbunden. →Reversible, also umkehrbare Vorgänge, sind Prozesse, bei denen ein →System, ohne dass seine Umgebung sich verändert, wieder in den Ausgangszustand gebracht wird. Dies ist allerdings nur theoretisch möglich. Äußere Effekte wie →Reibung usw. bleiben also unberücksichtigt. Praktisch gibt es keine vollständig reversiblen Vorgänge; alle realen Vorgänge sind (zumindest teilweise) irreversibel.

isobar. Zustandsänderung eines Gases, bei der der Druck konstant bleibt.

Isobare. Die in der Kernphysik gebräuchliche Bezeichnung für →Nuklide (Atomkerne eines Elements) mit gleicher Nukleonenzahl A. Dabei ist die Nukleonenzahl A die Zahl der Neutronen plus die Zahl der Protonen, also die Gesamtzahl aller Kernbausteine (→Nukleonen), die das →Gewicht des Atoms ausmachen. Zwei Atomkerne mit derselben Nukleonenzahl bezeichnet man als isobare Nuklide oder kurz als Isobare – da sie gleich schwer sind. Isobare haben also immer eine ungleiche →Ordnungszahl Z (ungleiche →Protonenzahl), aber die gleiche →Massenzahl A (gleiche Nukleonenzahl).

Isobaren. Linien, die Orte gleichen Drucks miteinander verbinden.

Isolator. Ein kristalliner oder amorpher Stoff, der ein schlechter elektrischer→ Leiter und fast immer auch ein schlechter Wärmeleiter ist. Elektrische Isolatoren haben →Widerstände von mehr als 10^6 Ωm (→Ohmmeter). Ursache des hohen Widerstands ist eine bestehende große Lücke im sog. Bändermodell der Elektronenenergieniveaus, die dazu führt, dass in der entsprechenden Substanz nur sehr wenige frei bewegliche Elektronen anzutreffen sind, welche für die elektrische Leitfähigkeit verantwortlich sind. Beispiele für Isolatoren: Keramiken, Kunststoffe, viele nicht metallische →Kristalle.

Isotone (isotone Nuklide). Die in der Kernphysik gebräuchliche Bezeichnung für die Atomkerne eines Elements mit gleicher Neutronenzahl N. Man bezeichnet solche →Kerne als isotone →Nuklide oder kurz als Isotone. Isotone haben also eine ungleiche →Ordnungszahl Z (ungleiche →Protonenzahl) und →Massenzahl A (ungleiche Nukleonenzahl), aber eine gleiche Neutronenzahl N = A - Z.

Isotope (isotope Nuklide). Die in der Kernphysik gebräuchliche Bezeichnung für Atomkerne eines Elementes mit gleicher →Ordnungszahl (→Protonenzahl) Z. Man bezeichnet solche →Kerne als isotope →Nuklide oder kurz als Isotope. Isotope eines Elementes unterscheiden sich voneinander nur in der Neutronenzahl des Atomkerns. Isotope haben also eine gleiche Ordnungszahl Z (gleiche Protonenzahl), aber eine ungleiche →Massenzahl A (ungleiche Nukleonenzahl). Die meisten chemischen Elemente bestehen aus einem Isotopengemisch, Kohlenstoff etwa aus den Isotopen C^{12} und C^{14}.

Isotopentrennung. Ein technisch bedeutsames Verfahren zur Abtrennung oder →Anreicherung einzelner →Isotope aus einem Isotopengemisch aufgrund ihrer →Massenunterschiede. Das Trennverfahren beruht auf der Ausnutzung der gravitatorischen Effekte. Beispielsweise kann durch Isotopentrennung aus Natururan (Gemisch aus U^{235} und U^{238}) reines U^{235} (das im Gegensatz zu U^{238} spaltbar ist) gewonnen werden. Gebräuchliche Verfahren sind die Diffusionstrennung und die Trennung mittels einer

IX. Lexikon

Zentrifuge (Zentrifugentrennung). Daneben gibt es Lasertrennmethoden.

isotrop. Unabhängig von der Richtung. Ein Körper wird als isotrop bezeichnet, wenn seine physikalischen Eigenschaften (z. B. die elektrische Leitfähigkeit, seine optischen Eigenschaften usw.) nicht von der Richtung abhängen, d. h. nach allen Richtungen hin gleichartig sind. Gegensatz dazu: anisotrop. Anisotropie tritt häufig bei →Kristallen auf und ist eine Folge der atomaren Struktur dieser Substanzen. Flüssigkeiten und →Schmelzen sowie Gase dagegen sind fast immer isotrop (in allen physikalischen Eigenschaften), da sie keinerlei gerichtete innere Struktur besitzen.

J

Joule. Die →SI-Einheit (internationale Einheit) der Größen Energie, Arbeit oder →Wärme, die alle gleichartig sind. Definition: 1 Joule ist gleich der Arbeit, die verrichtet wird, wenn der Angriffspunkt einer Kraft der Größe 1 Newton = 1 N um einen →Meter verschoben wird. Es gilt: 1 Joule = 1 J = 1 Nm = 1 Ws = 1 kg · m²/s². Benannt nach dem britischen Physiker James Prescott Joule (1818–1889).

Joule'sches Gesetz. Eine Gesetzmäßigkeit, welche die Erwärmung eines →Leiters (z. B. eines Metalldrahtes) infolge des Durchgangs von elektrischem →Strom (Elektronen) durch den Leiter beschreibt. Nach dem Joule'schen Gesetz ist die im →Zeitintervall Δt entstandene Wärmemenge Q (auch Stromwärme oder Joule'sche →Wärme genannt):

$$Q = R \cdot I^2 \cdot \Delta t = U \cdot I \cdot \Delta t$$

wobei R der elektrische →Widerstand des Leiters, I die →Stromstärke und U die zwischen den Enden des Leiters herrschende →Spannung ist. Das Joule'sche Gesetz gilt für alle Substanzen,

IX. Lexikon

d. h. auch für schlechte elektrische →Leiter (Nichtleiter); hier ist allerdings die Joule'sche Wärme sehr klein.

Joule-Thomson-Effekt. Ein nach den Physikern James Prescott Joule (1818–1889) und William Thomson (1824–1907) benannter Effekt, der bei realen Gasen eine Temperaturerniedrigung bewirkt, wenn das Gas entspannt wird, also eine →Zustandsänderung hin zu größerem Volumen erfährt. Der Effekt wird auch Drosseleffekt oder adiabatische Kühlung genannt. Das Prinzip ist folgendes: Wird ein Gasstrom an einer Stelle im Innern der Gasleitung gedrosselt (z. B. durch Einbau eines Drosselventils), so führt die adiabatische Entspannung des Gases (= Entspannung ohne Wärmeaustausch mit der Umgebung) nach der Drosselstelle zu einer Temperaturerniedrigung im Gas. Der Joule-Thomson-Effekt ist die Grundlage für die Verflüssigung von Gasen nach dem Linde-Verfahren (benannt nach Carl von Linde, 1842–1934) und hat daher eine wichtige technologische Bedeutung, z. B. bei der Herstellung von Druckgas-Flaschen.

K

Kamera. Ein Gerät zur optischen →Abbildung von Gegenständen (z. B. Fotokamera, Fotoapparat). Das Bild des Gegenstandes wird dabei über ein Linsensystem auf eine strahlungsempfindliche Schicht (den Fotofilm) gebracht. Nach Entwicklung des Films kann man dort das Gegenstandsbild erkennen.

Kammerton. Der Kammerton a hat die →Frequenz f = 440 Hz. Er wird in der Musik zum Stimmen der Instrumente verwendet.

Kapazität. Allgemein die Bezeichnung für das Fassungsvermögen in der Physik. Speziell in der →Elektrostatik ist die elektrische Kapazität eines →Kondensators der Quotient der →Ladung Q und der zwischen den Elektroden angelegten →Spannung U: $C = Q/U$. Die SI-Einheit der (elektrischen) Kapazität ist das →Farad. 1 Farad = $1\ F = 1\ C/V = 1\ As/V$.

Kapillarität. Das von dem Gesetz der verbundenen Gefäße abweichende Verhalten von Flüssigkeiten in dünnen Röhren (Kapillarröhren oder Kapillaren). So steigen benetzende Flüssigkeiten (z. B. Wasser) in einer Kapillare empor, taucht man diese senkrecht in die Flüssigkeit ein. Andersherum sinken nicht benetzende Flüssigkeiten (z. B. Quecksilber) im Kapillarrohr ab. Die Kapillarität spielt eine wichtige Rolle bei der Wasserversorgung von Pflanzen, da sie das Aufsteigen von Flüssigkeiten im Pflanzenstängel oder Stamm gegen die Gravitationskraft ermöglicht.

kartesisches Koordinatensystem. Wichtigster Spezialfall des →affinen Koordinatensystems. Es besteht aus jeweils senkrecht aufeinander stehenden geradlinigen Koordinatenachsen. Benannt nach dem französischen Naturwissenschaftler René Descartes (1596–1650).

Kathode. Der Minuspol, d. h. der negativ geladene Pol einer →Spannungsquelle oder eines Elektrodenpaares. Die Elektronen fließen immer von der Kathode weg (zur →Anode).

Kation. Positiv geladenes Ion.

Kaustik. Bei einem optischen →System die einhüllende Fläche derjenigen Punkte, in denen sich die Bildstrahlen eines parallel einfallenden Lichtbündels schneiden.

Kelvin. Die SI-Einheit der thermodynamischen Temperatur. 1 Kelvin ist der 273,16te Teil der thermodynamischen Temperatur des →Tripelpunkts des reinen Wassers. Die Temperatur 0 K wird auch als absoluter Nullpunkt bezeich-

net, weil sie die tiefste jemals erreichbare Temperatur darstellt. Eine Temperaturänderung um 1 K entspricht 1 °C (Grad Celsius).

Kepler'sche Gesetze. Die →Bewegungen der →Planeten um einen Zentralkörper unterliegen den von Johannes Kepler (1571–1630) aufgestellten Gesetzen. Es gilt:

1. Die Planeten bewegen sich auf Ellipsen, in deren gemeinsamem →Brennpunkt die →Sonne steht.

2. Die Verbindungsgerade von der Sonne zu einem Planeten überstreicht in gleichen Zeiten gleiche Flächen (Flächensatz).

3. Die Quadrate der Umlaufzeiten der Planeten verhalten sich wie die dritten Potenzen der großen Halbachsen ihrer →Bahn um die Sonne.

Kern (Atomkern). Der Atomkern setzt sich aus den sog. →Nukleonen (Protonen und Neutronen) zusammen, die beinahe die gesamte Masse (99,9%) eines Atoms ausmachen. Der Durchmesser eines Atomkerns beträgt ca. 10^{-15} m, was weniger als ein Zehntausendstel des Durchmessers des gesamten Atoms ausmacht. Der Kern besitzt also eine sehr hohe Dichte. Die Nukleonen wiederum bestehen aus →Quarks.

Kernbrennstoff. Nach der Definition des Atomgesetzes sind Kernbrennstoffe besondere spaltbare Stoffe in Form von Plutonium-239 und Plutonium-

241, →Uran-233, mit den →Isotopen 235 oder 233 angereichertes Uran sowie jeder Stoff, der einen oder mehrere der erwähnten Stoffe enthält. Außerdem Uran und uranhaltige Stoffe der natürlichen Isotopenmischung, die so rein sind, dass durch sie in einer geeigneten Anlage (Reaktor) eine sich selbst tragende →Kettenreaktion aufrechterhalten werden kann.

Kernfusion. Die Verschmelzung zweier leichter →Kerne zu einem größeren und schwereren. Sie setzt ein, wenn sich die Kerne trotz gleicher →Ladung so sehr nähern, dass die starken Kernkräfte, die im Gegensatz zur abstoßenden Coulomb-Kraft nur eine geringe Reichweite haben, wirken können. Die Kernfusion findet in der Natur in allen Sternen statt, so auch in der →Sonne. Bei der Kernfusion wird die Fusionsenergie frei. Besonders groß ist der Energiegewinn bei der →Fusion der Wasserstoffisotope Deuterium ^2D und Tritium ^3T sowie des Heliumisotops ^3He. Die wichtigsten Fusionsreaktionen sind:

$$(1a)\ ^2D + {}^2D \rightarrow {}^3T + p + 4{,}0\,MeV$$
$$(1b)\ ^2D + {}^2D \rightarrow {}^3He + n + 3{,}3\,MeV$$
$$(2)\ ^2D + {}^3T \rightarrow {}^4He + n + 17{,}6\,MeV$$
$$(3)\ ^2D + {}^3He \rightarrow {}^4He + p + 18{,}3\,MeV$$

Um die Kernfusion als kontrollierte Energiequelle zu nutzen, bedarf es noch der Forschung. Diese beschäftigt sich besonders mit der →Reaktion (2), der sog. D-T-Reaktion, da hier die höchste Reaktionswahrscheinlichkeit herrscht, außerdem das Minimum ihrer Ausbeute bei der niedrigsten Temperatur auftritt und des Weiteren viel Energie freigesetzt wird. Probleme ergeben sich durch den für die Reaktion benötigten Brennstoff Tritium (ein radioaktives Wasserstoffisotop), das in der Natur äußerst selten vorkommt und somit im Fusionsreaktor selbst gewonnen werden muss. Eine Fusionsreaktion einzuleiten ist außerdem schwierig, vor allem wegen der hierzu nötigen hohen Temperaturen von einigen Millionen Kelvin, die extreme Materialanforderungen stellen.

Kernkraftwerk. Ein spezielles Wärmekraftwerk, überwiegend zur Stromversorgung verwendet, bei dem die durch eine →Kernspaltung in einem Reaktor freigesetzte Kernbindungsenergie in →Wärme und über einen Wasser-Dampf-Kreislauf mittels →Turbine und Generator schließlich in →elektrische Energie umgewandelt wird. Ein Block eines Kernkraftwerks hat in der Regel eine Leistung von etwa 1000 MW = 1 GW.

Kernreaktor. Eine technische Anlage, in der eine →Kettenreaktion von →Kernspaltungen auftritt. Neben künstlichen Kernreaktoren (Kernkraftwerken) gibt es (in Gebieten mit hohem Uranvorkommen) auch natürliche Kernreaktoren.

Kernspaltung. Die Zerlegung eines Atomkerns in zwei kleinere Atomkerne und zwei bis drei freie Neutronen. Man unterscheidet zwischen einer spontanen Kernspaltung, die bei schweren →Kernen wie etwa →Uran von selbst einsetzen kann und einer durch zugeführte Energie angeregten, so genannten induzierten Kernspaltung, wie sie erstmals 1938 mit dem Uranisotop 235 gelang. Wenn ein Kern dieses Typs ein freies Neutron einfängt, explodiert er. Da dadurch wieder zwei bis drei Neutronen freigesetzt werden, die andere 235-Uran-Kerne spalten können, nimmt die Zahl gleichartiger →Reaktionen immer mehr zu, es kommt zu einer Kettenrektion. Bei der Spaltung eines Kernes U 235 werden etwa 200 MeV als → kinetische Energie der Bruchstücke frei. Je nach Kernreaktion können auch langsame Neutronen (sog. thermische Neutronen) entstehen. Uran, wie es in der Natur vorkommt, besteht größtenteils aus U 238, das im Gegensatz zu U 235 durch langsame Neutronen nicht gespalten werden kann. Bei Anlagerung eines langsamen Neutrons wandelt es sich jedoch zum Isotop ^{239}U um, das wiederum (nach →Emission von zwei schnellen Elektronen) in das Plu-

toniumisotop ^{239}Pu übergeht. Dieses seinerseits kann wieder durch langsame Neutronen gespalten werden. So ist es möglich, auch U 238 in spaltbares Material umzuwandeln.

Kettenreaktion. Eine →Reaktion, die sich von selbst fortsetzt. In einer Spaltungskettenreaktion absorbiert ein spaltbarer →Kern ein Neutron, spaltet sich und setzt dabei mehrere Neutronen frei. Diese Neutronen können ihrerseits wieder durch andere spaltbare Kerne absorbiert werden, Spaltungen auslösen und weitere Neutronen freisetzen. Diese Kettenreaktion setzt erst aus, wenn nicht mehr genügend spaltbares Material vorhanden ist oder wenn sie künstlich unterbrochen wird (wie etwa durch Regelstäbe in einem →Kernreaktor). Man unterscheidet kontrollierte Kettenreaktionen (wie im Kernreaktor) von unkontrollierten Explosionen (dem Prinzip der Atombombe).

Kilogramm. Eine Basiseinheit des →SI (Internationales →Einheitensystem). Das Kilogramm (kg) ist durch die Masse des internationalen Kilogrammprototyps festgelegt, das in Sèvres bei Paris aufbewahrt wird (Urkilogramm). Weitere Einheiten: 1 g = 10^{-3} kg.

Kinematik. Die Lehre von der →Bewegung, ein Teil der →Mechanik. Die Kinematik beschränkt sich auf die Beschreibung reiner Bewegungsvorgänge, ohne nach den verursachenden Kräften zu fragen. Unter Bewegung wird die Ortsänderung von Körpern verstanden, wobei nur relative Bewegungen von Körpern zueinander oder zu anderen →Bezugssystemen Sinn machen. Eine absolute Bewegung eines Körpers gibt es im Rahmen der Kinematik nicht.

kinetische Energie. Die Energie, die in einer sich bewegenden Masse enthalten ist; auch →Bewegungsenergie genannt. Für die kinetische Energie eines bewegten Körpers gilt:

$$E_{kin} = \frac{m}{2} \cdot v^2$$

Dabei ist m die Masse und v die →Geschwindigkeit des Körpers. Beschleunigungsenergie ist nötig, um den Körper auf die Geschwindigkeit v zu bringen. Sie wird frei (als Bremsenergie/Wärme oder Verformungsenergie), wenn der Körper wieder auf die Geschwindigkeit $v = 0$ gebracht wird.

kinetische Gastheorie. Eine Theorie des gasförmigen →Aggregatzustands, nach der die Gasmoleküle sich rasch bewegende und aufeinander stoßende →Teilchen sind, die Kräfte aufeinander ausüben, sich aber völlig unabhängig voneinander und regellos bewegen. Die ausgeführte →Bewegung heißt auch →Brown'sche Bewegung – nach ihrem Entdecker Robert Brown (1773–1858).

Die kinetische Gastheorie wurde 1857 von Rudolf Clausius (1822–1888) begründet. Nach der kinetischen Gastheorie üben die sich regellos bewegenden Teilchen in einem Gas einen →Druck p aus (Gasdruck), der über folgende Formel berechnet werden kann:

$$p = \frac{1}{3} \cdot n \cdot m \cdot <v^2>$$

Dabei ist n die Teilchendichte des Gases (Anzahl der →Teilchen pro Volumen), m die Masse der Moleküle oder Atome des Gases und $<v^2>$ das Mittel der Quadrate aller vorkommenden →Geschwindigkeiten.

Klang. Die Überlagerung von Tönen mit verschiedenen →Frequenzen und →Amplituden, bei der die Frequenzen in ganzzahligen Verhältnissen zueinander stehen. Eine Klang setzt sich aus vielen Teilschwingungen zusammen.

Klangfarbe. Die Bezeichnung für das Mischungsverhältnis der →Amplituden der verschiedenen in einem →Klang auftretenden Töne. Die Klangfarbe wird vor allem durch die Anzahl und Stärke der wahrnehmbaren →Obertöne bestimmt.

Knall. Die Überlagerung von (meist sehr lauten) Tönen mit kontinuierlichem →Spektrum und nahezu gleicher Intensität, d. h. die Beiträge zu verschiedenen →Frequenzen haben alle fast die gleiche →Amplitude.

kohärent. Bezeichnung für mehrere Wellenzüge, die in einer zeitlich festen Phasenbeziehung zueinander stehen. Beispiele: →Schallwellen oder Laserwellen. Die Erzeugung kohärenter →Wellen kann z. B. durch →Reflexion eines gebündelten Strahles an einem halb durchlässigen Spiegel oder an einer planparallelen Platte erfolgen. Der Gegensatz zu kohärenten Wellen sind inkohärente Wellen (also Wellen, die ohne feste Phasenbeziehung zueinander verlaufen). Beispiele für inkohärente Wellen: →Licht aus einer Glühlampe.

Kohärenz. Die Interferenzfähigkeit von Wellenzügen, d. h. die bei der Überlagerung auftretenden Effekte lassen sich im Zeitmittel experimentell nachweisen. Bei Wellenzügen tritt Interferenz dann auf, wenn sie sich im Beobachtungsgebiet überlagern und wenn die dabei auftretenden Maxima und Minima in der Intensität nicht ständig ihren Ort ändern.

Kompass. Ein Gerät für die Bestimmung der Himmelsrichtung, meist auf magnetischer Basis. Beim Magnetkompass stellt sich die frei drehbare Magnetnadel im Erdmagnetfeld in die Nord-Süd-Richtung.

Kompressibilität. Das Verhältnis der relativen Volumenänderung zur dazu erforderlichen Druckänderung. Formelzeichen: κ (kappa). Es gilt:

$$\kappa = \frac{\Delta V}{V \cdot \Delta p}$$

Dabei ist κ die Kompressibilität der Flüssigkeit, V das ursprüngliche Volumen der Flüssigkeit, ΔV die Volumenänderung durch den →Druck und Δp die Druckänderung. Besonders bei festen und flüssigen Körpern ist die Kompressibilität oft eine zu vernachlässigende Größe, während sie bei Gasen sehr große Werte annehmen kann.

Kondensation. Die Umwandlung eines Gases in eine Flüssigkeit. Die Kondensation findet bei der gleichen Temperatur statt wie das →Sieden. Unter bestimmten Bedingungen kann ein Material bei Temperaturen knapp über dem →Siedepunkt sieden und etwas darunter kondensieren.

Kondensationswärme. Die Kondensationswärme ist die beim Kondensieren eines Gases frei werdende →Wärme. Ihr numerischer Wert ist gleich der →Verdampfungswärme.

Kondensator. Zwei Körper von entgegengesetzter →Ladung mit einem bestimmten Abstand voneinander zur Speicherung elektrischer Ladung bzw. Energie. Meist handelt es sich bei den →Leitern um Platten (→Plattenkondensator). Das Fassungsvermögen eines Plattenkondensators ist abhängig von der Plattengröße, dem Abstand und dem isolierenden Material (Dielektrum) zwischen den Platten. Legt man eine Gleichspannung U zwischen die beiden Elektroden, so speichert der Kondensator eine Ladungsmenge Q, für die gilt:

$$Q = C \cdot U$$

Dabei ist C die →Kapazität des Kondensators. Anwendung: Erzeugung elektronischer →Schwingungen, Zeitkonstanten, Glättung von Spannung, zum Differenzieren usw.

Kontaktspannung. Kommen verschiedenartige Körper (Metalle) in intensiven Kontakt, entsteht in der Berührungsschicht eine Kontaktspannung aufgrund der unterschiedlichen Kräfte, mit denen die Elektronen in den verschiedenen Körpern festgehalten werden sowie der unterschiedlichen Elektronenkonzentrationen.

Konvektion. Strömung von Wärmeenergie in einem Gas oder einer Flüssigkeit, wobei sich – im Gegensatz zur Wärmeleitung – die erwärmte Materie selbst bewegt. Bei einer freien Konvektion stellt sich die Strömung der Materie aufgrund von Unterschieden in der Dichte ein. Bei einer erzwungenen Konvektion wird die Strömung durch äußere Kräfte (z. B. →Pumpen oder Gebläse) hervorgerufen, wie etwa bei der Warmwasserheizung. Beispiele für freie Konvektion: Föhnwind, Meeresströmungen, Aufwind usw.

Koordinatensystem. Koordinatensysteme dienen zur Beschreibung des Ortes und zur mathematischen Beschreibung von →Bewegungen. Sie ordnen den Orten, an denen sich ein Körper befindet, Zahlenwerte zu. Dadurch kann eine Bewegung als mathematische Funktion beschrieben werden, die dem Körper zu jeder gegebenen Zeit die Ortskoordinaten zuordnet. Es gibt verschiedene Arten von Koordinatensystemen, darunter das →affine Koordinatensystem, das →kartesische Koordinatensystem sowie das Polar-, das Kugel- und das Zylinderkoordinatensystem.

kosmische Strahlung. Strahlung, die direkt oder indirekt aus →Quellen außerhalb der →Erde herrührt. Auch Höhenstrahlung genannt. Die kosmische Strahlung ist Teil des natürlichen Strahlungsnullpegels. Die durch die kosmische Strahlung hervorgerufene Strahlenexposition ist abhängig von der Höhe über dem Meer. In Meereshöhe beträgt sie etwa 0,3 mSv/Jahr, in 3000 m Höhe etwa 1,2 mSv/Jahr. Bei Flugreisen bewirkt die kosmische Strahlung eine zusätzliche →Dosis, z. B. auf einem Flug Frankfurt-New York-Frankfurt etwa 0,05 mSv.

Kraft. Wird ein Körper beschleunigt oder verformt, braucht es dazu immer eine Krafteinwirkung. Die Kraft ist eine gerichtete Größe (→Vektor) und bestimmt durch das Produkt aus Masse m und →Beschleunigung a:

$$\vec{F} = m \cdot \vec{a}$$

Die Einheit der Kraft (im SI-Einheitensystem) ist 1 →Newton = 1N.

Kreisel. Sich um einen festen Punkt drehender, starrer und frei beweglicher Körper. Im allgemeinen Sprachgebrauch werden dabei Kreisel mit einer Rotationssymmetrie verstanden, wie sie auch vorwiegend in der Technik Verwendung finden.

Kreisprozess. In der Wärmelehre (→Thermodynamik) ein Prozess verschiedener →Zustandsänderungen, nach dessen Ablauf das →System schließlich wieder seinen Ausgangszustand einnimmt (z. B. eine periodisch arbeitende Wärmemaschine). Beispiele für Kreisprozesse: der Carnot'sche Kreisprozess (→Carnot-Prozess), der →Ottomotor (Automotor), der Dieselmotor und der Sterlingmotor. All diesen Motoren ist gemeinsam, dass Wärmeenergie durch einen periodisch ablaufenden Vorgang in mechanische Energie (→Bewegungsenergie) umgewandelt wird.

Kristall. Jeder →Festkörper, dessen Bausteine (Atome, Moleküle) räumlich-periodisch in einem sog. Gitter oder Kristallgitter angeordnet sind. Beispiele: Quarz, Diamant, Halbleiterkristalle. Kristalle sind (aufgrund ihres Aufbaus) sehr form- und volumenbeständig.

kritische Masse. Bei Kernumwandlungsprozessen die Minimalmenge an radioaktivem Spaltmaterial, damit es zu einer spontanen →Kernspaltung (→Kettenreaktion) kommt.

kritischer Punkt. Allgemein der Punkt in einem Phasendiagramm, in dem spezielle Stoffeigenschaften oder Koexistenzen von Phasen auftreten. Speziell für den Wasserdampf (oder andere reale Gase) ist der kritische Punkt derjenige Punkt im Dampfdruckdiagramm, an welchem die →Dampfdruckkurve endet. Oberhalb des kritischen Punktes lässt sich kein Gas mehr verflüssigen – auch nicht bei stärksten Drücken. Das Verflüssigen gelingt also nur unterhalb einer bestimmten (vom Stoff abhängigen) Temperatur (der kritischen Temperatur). Die kritische Temperatur von Wasser beträgt 647,1 K, entsprechend 374 °C. Für andere Substanzen ist sie erheblich niedriger, z. B. für Sauerstoff 155 K, für Wasserstoff 33 K und für Helium 5 K.

Kundt'sches Rohr. Vorrichtung zur Erzeugung und Ausmessung von longitudinalen stehenden →Wellen in Luft oder Gasen, mit der diese Wellen „sichtbar" gemacht werden können.

Das Kundt'sche Rohr besteht aus einem Glasrohr, das an einem Ende durch eine schwingende →Membran (Lautsprecher) und auf der anderen Seite durch einen verschiebbaren Stempel abgeschlossen ist. Auf dem Boden des Rohrs befindet sich Korkmehl. Die Membran versetzt die Luftsäule im Rohr in →Schwingungen. Die →Länge der Luftsäule kann durch die Position des Stempels festgelegt werden. Am Stempel tritt →Reflexion am festen Ende auf, sodass sich →stehende Wellen ausbilden. An den Orten der →Schwingungsknoten bewegt sich das Korkmehl nicht, während es sich an den Schwingungsbäuchen senkrecht zur Rohrachse verteilt. Auf diese Weise wird die Luftschwingung sichtbar.

L

Ladung. Die Eigenschaft eines →Teilchens oder Körpers, ganzzahlige Vielfache an entweder positiven oder negativen →Elementarladungen zu tragen. Die Auswirkung der Ladung sind Kräfte, die zur Abstoßung oder Anziehung geladener Körper (Teilchen) führen. Ladungen können z. B. durch Reiben eines Bernsteinstabes erzeugt werden. Die Ladung ist auch die Ursache (→Quelle) des elektrischen →Feldes. Man unterscheidet positive und negative Ladungen. Nach dem →Coulomb'schen Gesetz stoßen gleichartige Ladungen einander ab, während gegensätzliche sich anziehen. Die SI-Einheit der Ladung ist 1 Coloumb (C). Das Formelzeichen ist Q oder q bei kleinen Ladungen (den sog. Probeladungen). Die mikroskopische Ursache der Ladung ist die Trennung von →Ladungsträgern (z. B. Elektronen) in einem →Festkörper oder einer Flüssigkeit (→Elektrolyt). Alle Ladungen sind ganzzahlige Vielfache der Elementarladung $e = 1{,}60218 \cdot 10^{-19}$ C. Es gibt also keine kleineren Ladungsportionen (bei freien Teilchen).

Ladungsträger. Elektrisch geladene →Teilchen (z. B. Elektronen oder Ionen), die die Leitung von →Elektrizität in Materie ermöglichen, also den Transport von elektrischen →Strom.

Lageenergie. Die Lageenergie ist diejenige Energie (auch →potenzielle Energie genannt), die in einer ruhenden Masse oder einem ruhenden Körper enthalten ist. Die Lageenergie ist eine wichtige Energieform, die beispielsweise in →Wärme, →Bewegung oder →Verformung umgewandelt werden kann. Sie spielt beim freien Fall die entscheidende Rolle.

laminare Strömung. Eine Strömung (z. B. in einem Wasserrohr) ohne Turbulenz. Dies bedeutet, dass die Schichten der Flüssigkeit glatt nebeneinander her gleiten und keine Wirbel (Drehbewegungen) erzeugen.

Länge. Die Länge ist definiert als der Abstand zwischen zwei Punkten im →Raum. SI-Einheit: 1 →Meter = 1 m. Die Länge ist eine der Grundeinheiten im SI-System. Sie ist definiert als die Strecke, die →Licht im →Vakuum während der Dauer von 1/299.792.458 einer Sekunde durchläuft.

Laser. Ein Gerät zur Erzeugung von scharf gebündelten →Licht mit einer sehr genau definierten →Frequenz. Das Wort ist die Abkürzung für *light amplification by stimulated emission of radiation* (zu deutsch: Lichtverstärkung durch stimulierte →Emission von Strahlung). Die Grundlage des Lasers ist die kooperative (gemeinsame) →Schwingung von sehr vielen Atomen „im Takt" (→kohärente Schwingung), die durch die sog. stimulierte Emission von Atomen (meist in einem Gas) ausgelöst wird. Eine von Laserlicht ausgesendete Lichtwelle ist regelmäßig und sehr lang (d. h. sie hat eine hohe →Kohärenz). Die stimulierte Emission der Atome kann sowohl in einem Gas stattfinden (Gaslaser) oder auch in einem →Festkörper (Festkörperlaser, Farbstofflaser). Die Emission läuft dabei kettenreaktionsartig ab. Sie führt zu einer starken Verstärkung der Zahl der emittierten Lichtquanten und auf diese Weise zur Entstehung stark gebündelter Lichtstrahlen großer Kohärenz, hoher Einfarbigkeit sowie sehr geringer Strahldivergenz. Beispiele sind Gaslaser, Farbstofflaser, Freie-Elektronen-Laser. Anwendungen bestehen in der Holografie (3-D-Bilder), Medizin und vielen anderen Bereichen der Technik, z. B. CD-Player.

latente Wärme. Die nötige Energiemenge, um einen Körper aus dem festen in den flüssigen oder aus dem flüssigen in den gasförmigen →Aggregatzustand zu überführen, ohne dabei die Temperatur zu erhöhen. Erstere wird auch aus →Schmelzwärme, letztere als →Verdampfungswärme bezeichnet.

IX. Lexikon

Lebensdauer. Die Zeit, die angibt, wie lange sich ein →System in einem bestimmten →Zustand befindet. Formelzeichen: τ. Für den radioaktiven →Zerfall gilt beispielsweise (Formel für den exponentiellen Zerfall):

$$N(t) = N_0 \cdot e^{-\lambda \cdot t}$$

Dabei ist $N(t)$ die Zahl der zur Zeit t noch vorhandenen Atome, N_0 die Zahl der zur Zeit $t = 0$ vorhandenen Atome und λ die Zerfallskonstante. Die Zerfallskonstante λ ist der Kehrwert der (mittleren) Lebensdauer τ: $\tau = 1/\lambda$. Nach Ablauf der (mittleren) Lebensdauer sinkt die Zahl der noch vorhandenen Atome auf den e-ten Teil. Das bedeutet, dass noch etwa $1/e = 36{,}79\%$ der ursprünglichen Atome vorhandenen sind. Die Lebensdauer ist von der →Halbwertszeit zu unterscheiden.

Leiter. Ein Material oder ein Körper, das bzw. der in der Lage ist, eine energieartige Größe (wie z. B. elektrischen →Strom) mit geringem →Widerstand zu leiten. Beispiele für Leiter sind Stromleiter (Metalle, →Halbleiter etc.), Wärmeleiter (vor allem Metalle) und optische Leiter (z. B. Glasfasern und andere Kunststoffe).

Leitungselektronen. Die Leitungselektronen sind die Ursache der Elektrizitätsleitung in Metallen. Atomar betrachtet, handelt es sich dabei um frei bewegliche Elektronen, auf deren Existenz die hohe Leitfähigkeit von Metallen beruht. Die Bewegungsfähigkeit ist dabei die Folge der atomaren (chemischen) Bindung in den Metallen (die sog. Metallbindung), bei der zur Bindung nicht benötigte Elektronen als „freie Leitungselektronen" in das sog. Leitungsband (entsteht durch Überlagerung) übergehen. Das Leitungsband kann auch als Elektronengas im Metall verstanden werden. Die Leitungselektronen sind also die Bestandteile des Elektronengases.

Leptonen. Bezeichnung für die elementaren Bausteine der Natur (→Elementarteilchen), die bisher nur als punktförmige →Teilchen in Erscheinung getreten sind. Ursprüngliche Bedeutung: leichte Elementarteilchen. Drei Familien von Leptonen, die aus je einem negativ geladenen Teilchen und einem neutralen Neutrino bestehen, lassen sich unterscheiden. Die geladenen Teilchen sind das Elektron (das wichtigstes Lepton) sowie das →Myon und das Tauon.

Licht. Elektromagnetische →Wellen mit →Wellenlängen zwischen 380 nm (violett) und 780 nm (rot), die mit dem menschlichen →Auge wahrnehmbar sind und beim Menschen zu einer Farbempfindung führen. Andere Bereiche außerhalb dieses Fensters können vom Menschen nicht wahrgenommen wer-

IX. Lexikon

den, wohl aber von einigen Tieren (z. B. Schmetterlingen). Weißes Licht entsteht durch Überlagerung aller Wellenlängen in dem genannten Bereich, ist also eine Überlagerung von Wellen unterschiedlichster →Frequenz, das mithilfe der →Dispersion (z. B. in einem →Prisma) wieder in seine Bestandteile zerlegt werden kann. Zudem wird unter Licht oft elektromagnetische Strahlung im allgemeinen Sinn (auch außerhalb des sichtbaren Bereichs) verstanden. Die Bestandteile des Lichts sind die →Photonen (Lichtquanten).

Lichtgeschwindigkeit. Elektromagnetische →Wellen und →Licht breiten sich im →Vakuum mit der Lichtgeschwindigkeit aus. Die Vakuum-Lichtgeschwindigkeit ist eine grundlegende physikalische Konstante. Sie beträgt:

$$c = 299.792.458 \, \frac{m}{s} =$$

$$2,99792 \cdot 10^8 \frac{m}{s}$$

Die Vakuum-Lichtgeschwindigkeit ist nach der Relativitätstheorie von Albert Einstein eine unveränderliche Größe, die auch in bewegten →Bezugssystemen konstant bleibt.

lineare Polarisation. Eine spezielle Eigenschaft einer transversalen →Welle (d. h. einer Welle, die senkrecht zur Bewegungsrichtung schwingt). Bei der linearen Polarisation ändert der Auslenkungsvektor der Welle seine Lage in der zur Ausbreitungsrichtung senkrechten Ebene nicht, bleibt also immer konstant (entlang einer Linie). Beispiel: →Licht. Es gibt z. B. linear polarisiertes Licht, das bei →Reflexion an bestimmten Oberflächen erzeugt wird. Das normale (weiße) Licht ist dagegen nicht linear polarisiert (unpolarisiert).

Linse. Allgemein ein Gerät zur Beeinflussung der geradlinigen Ausbreitung von Strahlung. Speziell in der →Optik ist eine Linse (optische Linse) ein meist scheibenförmiger Körper aus →Glas oder Kunststoff, mit dem sich die Ausbreitung von →Licht beeinflussen lässt. Man unterscheidet Sammellinsen (konvexe Linsen) und Zerstreuungslinsen (konkave Linsen). Mithilfe von Sammellinsen lassen sich parallele Lichtstrahlen in einen Punkt abbilden (dem →Brennpunkt oder Fokus F). Mithilfe von Zerstreuungslinsen scheinen parallel einlaufende Lichtstrahlen von einem virtuellen Brennpunkt (Zerstreuungspunkt), der ebenfalls mit F bezeichnet wird, auszugehen. Die grundlegenden Linsenformen sind: bikonvex (beidseitig konvex), plankonvex (einseitig konvex), konkavkonvex (auf einer Seite konkav, auf der anderen konvex) sowie bikonkav (beidseitig konkav), plankonkav (einseitig konkav) und konvex-konkav (auf der einen Seite konvex, auf der anderen konkav). Die wichtigsten Anwendungen von Linsen und Linsensystemen sind die Fotokamera, das Fernrohr sowie das →Mikroskop.

Linsengleichung siehe Abbildungsgleichung.

Longitudinalwelle, Längswelle. Eine →Welle, für die der Ausbreitungsvektor der Welle und die →Auslenkung der einzelnen →Oszillatoren (d. h. die Schwingungsrichtung) parallel zueinander sind. Beispiele: Wird eine auf einer Unterlage liegende Schraubenfeder am Ende in ihrer Längsrichtung angestoßen, so breitet sich die vom →Stoß verursachte Verdichtung längs der Feder aus. Die einzelnen Abschnitte der Feder oszillieren dabei in der Richtung der Federachse, in der sich auch die Verdichtungswelle fortpflanzt. Der Schall ist ein weiteres Beispiel für eine longitudinale Welle. Hier breiten sich Druckschwankungen und infolgedessen Verdichtungen im jeweiligen Medium entlang der Bewegungsrichtung aus. Gegenbeispiel: →Licht und alle elektromagnetischen Wellen sind keine Längswellen, sondern Querwellen (→Transversalwellen).

Lorentz-Kraft. Eine wichtige Kraft in der →Elektrodynamik, die eine Folge der Maxwell'schen Gleichungen (d. h. der Grundgesetze der Elektrodyna-

mik) ist. Die ursprünglich von Hendrik Antoon Lorentz (1853–1928) eingeführte Lorentz-Kraft $\vec{F}$ wirkt auf eine (kleine) Probeladung q, wenn diese sich mit der →Geschwindigkeit v in einem elektrischen oder auch magnetischen →Feld bewegt. Es gilt:

$$\vec{F} = q \cdot [\vec{E} + (\vec{v} \times \vec{B})]$$

Die Lorentz-Kraft besteht also aus einem elektrischen Teil (1. Teil) und einem magnetischen Teil (2. Teil). In der Formel bedeuten E die →elektrische Feldstärke und B die magnetische Flussdichte (beides sind Vektorgrößen, darum auch die Lorentz-Kraft). x steht für das Vektor- bzw. Kreuzprodukt. Die Lorentz-Kraft verläuft immer parallel zum elektrischen Feld und senkrecht zur Geschwindigkeit und zum magnetischen →Feld. Auf ihr beruht z. B. die Ablenkung von Elektronen in einer Braun'schen Röhre (Fernseh-Röhre, Monitor).

Lösungswärme. Diejenige Energie, die zum Lösen eines Stoffes in einem anderen Stoff (dem Lösungsmittel) erforderlich ist, etwa die Energie zum Lösen von Salz in Wasser (oder auch Zucker in Wasser). Je nach Substanz kann die Lösungswärme positiv oder negativ sein. Eine positive Lösungswärme führt zu einer Erwärmung des Lösungsmittels bei der Lösung, eine negative Lösungswärme zu einer →Abkühlung desselben.

Luftdruck. Derjenige →Druck, den die Lufthülle der →Erde (Erdatmosphäre) aufgrund ihrer Schwerkraft (→Gravitation) ausübt. Dieser Druck wirkt nicht nur nach unten, sondern nach allen Seiten hin gleichermaßen. Er ist dem hydrostatischen Druck in Flüssigkeiten vergleichbar. Der Luftdruck wurde erstmals 1643 in einem berühmten Versuch von Evangelista Torricelli (1608–1647) nachgewiesen. Heute misst man den Luftdruck mit einem →Barometer. Die SI-Einheit des Luftdruckes ist 1 →Pascal = 1 Pa. Daneben ist aber auch noch das Millibar sehr gebräuchlich: 1 Millibar = 1 mbar = 1 hPa = 100 Pa. Der Luftdruck unterliegt jeweils starken zeitlichen und örtlichen Schwankungen; in Meereshöhe beträgt er in der Regel zwischen 880 und 1080 hPa. Mit zunehmender Höhe nimmt der Luftdruck ab.

Lumen. Die SI-Einheit des Lichtstroms. Einheit: 1 Lumen = 1 lm. Definition: 1 Lumen ist gleich dem Lichtstrom, den eine punktförmige Lichtquelle mit der Lichtstärke 1 Candela (cd) gleichmäßig nach allen Richtungen in den Raumwinkel 1 →Steradiant (sr) aussendet:

$$1 \ lm = 1 \ cd \cdot 1 \ sr$$

Lumineszenz. Ein Sammelbegriff für sämtliche nicht auf einer hohen Temperatur der leuchtenden Substanz, also nicht auf thermischen Effekten, beruhenden Leuchterscheinungen. Die Lu-mineszenz tritt z. B. bei Leuchtstoffen auf (in Leuchtstofflampen). Die entstehende →Wärme ist dabei sehr klein (daher das kalte Leuchtstofflicht). Es lassen sich mehrere Ursachen für die Lumineszenz feststellen, nämlich die Fotolumineszenz (vorausgehende Be-strahlung im sichtbaren Bereich des →Lichts), die Röntgenlumineszenz (vorausgehende Bestrahlung mit →Röntgenstrahlung), die Radiolumineszenz (vorausgehende Einwirkung radioaktiver Strahlung) und die Chemolumineszenz (vorausgehende chemische Vorgänge). Die bekannteste Lumineszenz-Erscheinung ist die →Phosphoreszenz, die in Phosphor auftritt (z. B. bei Kinderspielzeug). Hier beträgt die Nachleuchtdauer (Nachwirkung der Strahlung nach Abschalten der Strahlungsquelle) einige Sekunden. Andere Phosphoreszenz-Erscheinungen haben eine Nachwirkungsdauer bis zu einigen Monaten.

Lux. Die SI-Einheit der →Beleuchtungsstärke. Einheit: 1 Lux = 1 lx. Definition: 1 Lux ist gleich der Beleuchtungsstärke, die auf einer Fläche von 1 m^2 herrscht, wenn auf sie ein gleichmäßiger Lichtstrom von 1 →Lumen fällt:

$$1 \: lx = 1 \frac{lm}{m^2} = 1 \frac{cd \cdot sr}{m^2}$$

Dabei ist 1 cd = 1 Candela (Maßeinheit für die Lichtstärke) und 1 sr = 1 →Steradiant (Raumwinkel).

M

Mach-Kegel. Für einen Körper, der sich mit →Überschallgeschwindigkeit (v > 340 m/s) durch ein Medium bewegt, beschreibt der Mach-Kegel denjenigen Bereich, der die vom Körper erzeugten →Wellen einschließt. Diese sog. Mach-Stoßfront befindet sich innerhalb des Kegels und bildet die „Schallmauer". Als elektromagnetisches Analogon zur Schallmauer kann der Mach-Kegel auch bei optischen Wellen in →Festkörpern auftreten (als sog. →Tscherenkow-Strahlung). Benannt nach dem österreichischen Physiker Ernst Mach (1838–1916).

Mach-Zahl. In der Aerodynamik der Quotient aus der →Geschwindigkeit eines sich bewegenden Körpers (z. B. ein Flugzeug) und der →Schallgeschwindigkeit im Medium, in dem sich der Körper bewegt (normalerweise Luft). 1 Mach = ca. 340 m/s (unter Normalbedingungen und in Meereshöhe). Benannt nach dem österreichischen Physiker Ernst Mach (1838–1916).

Magnet. Ein Körper, der in seiner Umgebung ein Magnetfeld erzeugt (beschrieben durch →magnetische Feldlinien). Die magnetischen Feldlinien gehen nach der Definition immer vom →Nordpol (N) zum →Südpol (S) des Magneten. Beispiele: Stabmagnet, Dauermagnet, →Elektromagnet. Ein Stabmagnet ist ein Dauermagnet, während ein Elektromagnet erst dadurch zum Magneten wird, dass durch die →Spule des Magneten ein →Strom fließt. Auf diese Weise kann beim Elektromagnet die magnetische →Wirkung an- und ausgeschaltet werden. Anwendung z. B. als Last- und Hebekran für Metallteile.

magnetische Feldkonstante. Der Proportionalitätsfaktor zwischen der magnetischen Flussdichte $\vec{B}$ und der magnetischen Feldstärke $\vec{H}$ im →Vakuum. Formelzeichen: μ_0. Auch Induktionskonstante (oder absolute →Permeabilität) genannt. Es gilt:

$$\vec{B} = \mu_0 \cdot \vec{H}$$

Die SI-Einheit von μ_0 ist Voltsekunde durch Amperemeter und der Wert ist (im SI-System) exakt:

$$\mu_0 = 4 \cdot \pi \cdot 10^{-7} \frac{Vs}{Am}$$

magnetische Feldlinie. Eine gedachte Kraft- oder Hilfslinie, welche die Richtung eines Magnetfelds veranschaulicht. Die Dichte der Feldlinien (d. h. ihr reziproker Abstand) kennzeichnet die Stärke eines Magnetfelds.

magnetische Feldstärke. Eine vektorielle (gerichtete) Größe, die das magnetische →Feld in magnetisierbaren Körpern beschreibt. Formelzeichen: H. Die SI-Einheit der magnetischen Feldstärke ist: 1 →Ampere pro →Meter = 1 A/m.

magnetischer Fluss. Das Produkt aus →magnetischer Flussdichte B und der Fläche A, durch die der magnetische Fluss hindurchtritt. Das Formelzeichen lautet: Φ.

$$\Phi = B \cdot A$$

Anschaulich gibt der magnetische Fluss Φ die Zahl der durch die Fläche durchtretenden magnetischen Feldlinien an. Die SI-Einheit des magnetischen Flusses ist 1 →Weber = 1 Wb. Es gilt: *1 Wb = 1 V · s*

magnetische Flussdichte. Eine grundlegende vektorielle Größe zur Beschreibung der Stärke eines magnetischen →Feldes. Formelzeichen: B. Es gilt:

$$\vec{B} = \mu_0 \cdot \mu_r \cdot \vec{H}$$

Mit $\vec{H}$ der magnetischen Feldstärke, μ_0 der magnetischen Feldkonstante und μ_r der (relativen) →Permeabilität (Permeabilitätszahl). Die SI-Einheit des magnetischen Flusses ist das →Tesla (Ts): $1\ Ts = 1\ Vs/m^2$.

magnetische Suszeptibilität. Das Verhältnis aus dem Betrag der →Magnetisierung M und der magnetischen Feldstärke H. Formelzeichen: χ (Chi). Es gilt:

$$\chi = \frac{M}{H}$$

Die magnetische Suszeptibilität ist eine Materialkonstante, die über das Auftreten von →Diamagnetismus, →Paramagnetismus oder →Ferromagnetismus entscheidet. Beim Diamagnetismus ist $\chi < 0$, beim Paramagnetismus ist χ etwas > 0 und beim Ferromagnetismus ist χ sehr groß (z. B. 1000).

Magnetisierung. Unter der Magnetisierung eines Stoffes versteht man die Ausrichtung der (bereits vorhandenen) Elementarmagnete in dem Stoff durch ein von außen einwirkendes Magnetfeld. Formelzeichen: M. Die SI-Einheit der Magnetisierung ist 1 →Ampere pro →Meter = 1 A/m. Bei nicht magnetischen Körpern ist die Magnetisierung null. Bringt man einen (nicht ferromagnetischen) Körper in ein magnetisches →Feld, so ist M proportional zur magnetischen Feldstärke H.

Magnetismus. Entstehung magnetischer →Felder sowie der magnetischen Eigenschaften von Materialien. Bezüglich des Verhaltens in äußeren magnetischen Feldern unterscheidet man die drei grundlegenden Erscheinungsformen des Magnetismus: →Paramagnetismus , →Diamagnetismus, →Ferromagnetismus. Unter Paramagnetismus versteht man die Existenz von (permanenten) magnetischen Dipolmomenten im Stoff (sog. Elementarmagnete), die sich bei Anlegen eines äußeren Magnetfeldes in Feldrichtung drehen und so das wirkende Magnetfeld verstärken. Der Diamagnetismus beschreibt den Effekt der Schwächung eines äußeren Magnetfeldes durch Erzeugen eines Gegenfeldes im →Magneten. Der Ferromagnetismus schließlich beschreibt die spontane Anordnung der Elementarmagnete zu größeren Bereichen einheitlicher Magnetisierungsrichtung (die sog. Weiß'schen Bezirke). Ein Dauermagnet beruht immer auf dem Ferromagnetismus, der in einigen Metallen, aber auch in der Natur, als Magnetit auftritt (daher der Name Magnet). Der Ferromagnetismus tritt nicht in allen, sondern nur in bestimmten Metallen auf (darunter Eisen und Nickel), die eine spezielle atomare Konfiguration aufweisen. So muss der Gesamtspin (→Drehimpuls der Elektronen) ungleich null sein. Der Magnetismus ist eine direkte Folge der →Quantenmechanik. Seine Ursachen können mit der klassischen Physik nicht erklärt werden.

magnetostriktiver Wandler. Ein magnetostriktiver Wandler besteht aus einem ferromagnetischen Material, das seine →Länge als Funktion eines angelegten Magnetfelds ändert. Mit magnetischen Wechselfeldern lassen sich somit →Schallwellen erzeugen. Anwendung z. B. in Ultraschallexperimenten.

Manometer. Ein Gerät zur →Messung des →Drucks, vor allem in Flüssigkeiten, aber auch in Gasen. Der zu messende Druck wird mit dem Druck, den eine Flüssigkeitssäule aufgrund ihres →Gewichts ausübt (→statischer Druck, Schweredruck) verglichen. Weitere Bauarten: Deformations- oder Federmanometer, Kolbenmanometer.

Masse. Eine der sieben Basisgrößen des →SI-Systems. Einheit: 1 kg. Die Masse ist eine ortsunabhängige Eigenschaft eines Körpers und daher eine physikalische Grundgröße. Man unterscheidet: 1. die träge Masse: Sie bewirkt den →Widerstand eines Körpers gegen →Beschleunigung; 2. die schwere Masse: Ursache für das →Gewicht eines Körpers im Schwerefeld (z. B. der →Erde). Jede Masse ist mit einem Schwerefeld verknüpft (→Gravitation). Ein Hauptaxiom der allgemeinen →Relativitätstheorie ist das Äquivalenzprinzip, das die Gleichheit von träger und schwerer Masse fordert. Schon Sir Isaac Newton (1642–1727) hatte diese Gleichheit durch Pendelversuche geprüft. Einen sehr viel genaueren Beweis lieferte Loránd Eötvös (1848–1919) durch Versuche mit einer Drehwaage. Nach der Relativitätstheorie nimmt die bewegte Masse gegenüber der ruhenden Masse (→Ruhemasse) mit der →Geschwindigkeit zu. Bei Lichtgeschwindigkeit würde sie unendlich groß werden; daher kann diese Geschwindigkeit von einem materiellen Körper auch nie erreicht werden.

Massendefekt. Mithilfe von Massenspektrometern sind Kernmassen (d. h. Massen von Atomkernen) heute mit sehr hoher Genauigkeit bestimmbar. Solche →Messungen zeigen, dass die Masse eines Atomkerns stets kleiner ist als die Summe der Nukleonenmassen, also der Massen derjenigen →Teilchen, aus denen der Atomkern besteht. Diese Erscheinung bezeichnet man als Massendefekt. Gemeint ist also die Differenz zwischen der Summe der Massen aller im Kern enthaltenen Nukleonen und der etwas kleineren Kernmasse. Der Massendefekt stellt quasi die „Bindungsenergie" der Bestandteile des Atomkerns dar. Für stabile Atomkerne ist der Massendefekt immer positiv, für →Kerne, die spontan zerfallen (radioaktive Kerne) ist er negativ. Der Massendefekt wächst mit zunehmender →Protonenzahl (Kernladungszahl) Z der Atome. Diese Zunahme wird durch das Auftreten abgeschlossener Nukleonenschalen (Schalenmodell des Atomkerns) bedingt.

Massenmittelpunkt. Ein virtueller (gedachter) Punkt in einem physikalischen →System oder auf einem Körper, in dem man sich die gesamte Masse seiner →Teilchen (Bestandteile) vereinigt denken kann. Der Massenmittelpunkt wird auch als →Schwerpunkt des Massenkörpers bezeichnet. Für die →Bewegung des Massenmittelpunkts gelten die →Newton'schen Axiome. Der Schwerpunkt bewegt sich immer geradlinig und gleichförmig, wenn keine (äußeren) Kräfte wirken (→Schwerpunktsatz), während die einzelnen Teilchen aufgrund innerer Kräfte kompliziertere Bewegungen ausführen können. Beim starren Körper lässt sich der Massenmittelpunkt dadurch bestimmen, dass er bei beliebiger Aufhängung des Körpers stets senkrecht unter dem Aufhängepunkt liegt.

Massenzahl. Die Zahl der Protonen und Neutronen in einem Atomkern. Formelzeichen: A. Es gilt: A = Z + N. Dabei ist Z die →Protonenzahl (Kernladungszahl) und N die Neutronenzahl.

Materiewelle siehe Broglie-Welle.

Maxwell'sche Gesetze. Vier ganz bedeutende und grundlegende Gleichungen, welche die elektrischen und magnetischen →Felder mit den elektrischen →Ladungen und Strömen verknüpfen. Die Maxwell'schen Gesetze (oder Gleichungen) sind die Grundlage der →Elektrodynamik. Eine Folgerung der Maxwell'schen Gleichungen ist die Existenz elektromagnetischer →Wellen (z. B. →Licht, radioaktive γ-Strahlung).

Mechanik. Die Mechanik ist die Lehre von den Kräften und ihren →Wirkungen auf starre oder auch verformbare Körper. Man unterscheidet folgende zur klassischen Mechanik gehörende Gebiete: Die →Statik, d. h. die Lehre vom →Gleichgewicht der Kräfte bei ruhender Materie und die →Dynamik, d. h. die Lehre von den Bewegungsänderungen (→Beschleunigung, Verzögerung) von Materie unter dem Einfluss von Kräften; →Kinematik, die geometrische Behandlung von →Bewegungen ohne Berücksichtigung der Kräfte. Die Mechanik der deformierbaren Körper teilt sich nach den Aggregatzuständen in Elastizitätslehre, Festigkeitslehre, Hydromechanik und Aerodynamik. Die statistische Mechanik bearbeitet mit Mitteln der Statistik →Systeme, die aus sehr vielen →Teilchen bestehen (z. B. →kinetische Gastheorie, statistische →Thermodynamik). Die relativistische Mechanik berücksichtigt die →Geschwindigkeitsabhängigkeit der Masse, wie sie von der →Relativitätstheorie gefordert wird, und enthält die klassische Mechanik als Grenzfall. Die →Quantenmechanik behandelt den Aufbau von Atomen und Molekülen. Die Gesetze der Mechanik beruhen auf den →Erhaltungssätzen (Energieerhaltungssatz, Impulssatz usw.) und den →Newton'schen Axiomen.

Megawatt (MW). Das Millionenfache der Leistungseinheit. 1 →Watt = 1 W, Kurzzeichen: MW. 1 MW = 10^6 W.

Membran. Ein meist rundes und nur am Rande eingespanntes Plättchen, also die zweidimensionale Entsprechung einer eingespannten →Saite. Die Eigenschwingungen der Membran werden durch zwei ganze Zahlen (m und n) gekennzeichnet. Beispiel: Trommel, Pauke. Eine Membran wird auch im →Mikrofon eingesetzt – hier zur Aufnahme der Schallschwingungen und Umwandlung in elektrische Signale.

Messung. Eine (physikalische) Messung ist die experimentelle Bestimmung einer zahlenmäßig erfassbaren Größe. Das Experiment muss reproduzierbar sein, d. h. unter gleichen Bedingungen gleich ausfallen.

Meter. Die SI-Einheit der →Länge: 1 Meter = 1 m. Der Meter ist eine der Grundeinheiten des →SI-Systems und definiert als die Strecke, die →Licht

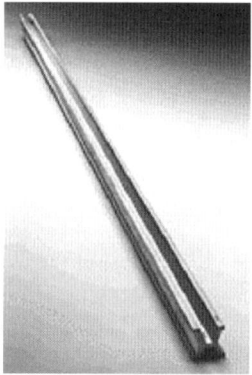

Urmeter

im →Vakuum während der Dauer von 1/299.792.458 einer Sekunde durchläuft. Ursprünglich definiert als der 40-millionste Teil des Erdumfangs und durch ein im Bureau International des Poids et Mesures in Paris aufbewahrtes Urnormal aus Platin-Iridium repräsentiert (Urmeter).

Michelson-Interferometer. Ein speziell konstruiertes Interferometer, mit dem Albert Abraham Michelson (1852–1931) nachwies, dass die Lichtgeschwindigkeit in einem ruhenden oder gleichförmig bewegten →System nach allen Richtungen gleich ist. Dieses Ergebnis widerlegte die Ätherhypothese (nach der die Ausbreitung von →Licht an materielle →Teilchen, eben dem Äther, gebunden sein sollte) und war Ausgangspunkt der von Albert Einstein entwickelten allgemeinen →Relativitätstheorie.

Mikrofon. Ein Gerät, mit dessen Hilfe Schallschwingungen in elektrische

IX. Lexikon

Spannungs- und Stromschwankungen umgewandelt werden können. Die einfachste Bauart ist das Kohlemikrofon, das aus einer Metallmembran und einer Schicht Kohlegrieß besteht. Beim Sprechen beginnt die →Membran zu schwingen und drückt die Kohlekörner periodisch zusammen. Hierdurch ändert sich ihr →Widerstand und damit der →Strom, der durch diese Anordnung fließen kann. Der Strom fließt dadurch im Rhythmus der Schallschwingungen. Es ergeben sich (meist niederfrequente) elektrische →Schwingungen, die dann z. B. elektronisch weiter verstärkt werden können. Weiteres Beispiel: Tauchspulmikrofon.

Mikroskop. Ein optisches Gerät, mit dessen Hilfe sehr kleine, aber nahe gelegene und zugängliche Gegenstände unter einem vergrößerten Sehwinkel erscheinen (Vergrößerungsgerät). Ein Mikroskop besteht aus zwei Sammellinsen kleiner →Brennweite; meistens allerdings werden Linsensysteme verwendet. Die beiden →Linsen (oder Linsensystems) heißen Okular (dem Auge zugewandte Linse) und Objektiv (dem Objekt zugewandte Linse). Durch die Anordnung der beiden Linsen kommt es zu einer Vergrößerung des Bildes B im Verhältnis zum Gegenstand G. Die maximale Vergrößerung beträgt bei sichtbarem → Licht etwa 2000. Mit Elektronenmikroskopen (bei denen Elektronen statt Licht verwendet werden) lassen sich noch weitaus höhere Vergrößerungen erzielen (bis etwa 10^6).

Mikrowelle. Eine elektromagnetische →Welle im Frequenzbereich zwischen 1 GHz (10^9 Hz) und 1 THz (10^{12} Hz). Der entsprechende Wellenlängenbereich ist 30 cm bis 0,3 mm. Die Mikrowellen liegen im →Spektrum zwischen den →Radiowellen und den Infrarotwellen. Wichtigste Anwendungen: Richtfunk, Radar, →Mobilfunk, Mikrowellenherd.

Mobilfunk. Darunter versteht man Funkdienste zum Betreiben drahtloser Telefone (Handys). In der Regel werden die Verbindungen über Funkzellen (meist in wabenförmiger Form) um eine sog. Relaisstation (dem Sendemast) hergestellt. In Deutschland (und großen Teilen Europas) gibt es das D-Netz und das E-Netz. Das D-Netz (D1, D2) arbeitet mit →Frequenzen um 900 MHz und hat eine Wabengröße von etwa 25 km. Das E-Netz arbeitet mit Frequenzen um 1800 MHz und mit wesentlich kleineren Waben. Aus diesem Grund benötigt das E-Netz weniger Sendeleistung (ca. 1 →Watt). Der Mobilfunk wird mit →Elektrosmog in Verbindung gebracht, der für den Menschen unter Umständen schädliche (vor allem thermische) Auswirkungen haben kann.

IX. Lexikon

Modulation. Die Modulation ist allgemein das Aufprägen von Informationen auf eine →Welle. Hierbei wird die Grundwelle (oder Trägerwelle) beim Senden deformiert, d. h. mit anderen Wellen (den „Informationswellen") versehen. Je nach Art der Aufprägung unterscheidet man die →Amplitudenmodulation (AM) und die →Frequenzmodulation (FM). Bei der Amplitudenmodulation wird die Höhe der →Amplitude variiert, bei der Frequenzmodulation die →Frequenz der Welle.

Mol. Die SI-Einheit der Stoffmenge oder Teilchenmenge in einer Flüssigkeit oder einem Gas. Einheitenzeichen: 1 mol. 1 Mol ist die Stoffmenge eines →Systems, das aus ebenso vielen Atomen (oder Molekülen) besteht wie Atome in 12 g des Kohlenstoffisotops ^{12}C enthalten sind. Es sind dies $6,022 \cdot 10^{23}$ →Teilchen.

Molekül. Ein durch die Kräfte der chemischen Bindung zusammengehaltenes und sich aus mehreren Atomen zusammensetzendes, nach außen hin elektrisch neutrales →Teilchen. Moleküle können aus gleichartigen oder auch aus verschiedenartigen Teilchen zusammengesetzt sein. Moleküle entstehen durch Gewinn von →Bindungsenergie beim Eingehen der chemischen Bindung. Sie sind die Grundbausteine vieler Gase (molekularer Gase), können aber auch in anderen Aggregatzuständen auftreten, z. B. als →Festkörper (Molekülkristall) oder Flüssigkeit (molekulare Flüssigkeit). Beispiele: Eis, Wasser (H_2O). Die Masse eines Moleküls liegt zwischen 10^{-27} und 10^{-23} kg. Ist die Zahl der Atome des Moleküls sehr groß (z. B. > 1000), so spricht man von Makromolekülen. Beispiel: das DNS-Molekül der Erbsubstanz, das aus mehreren Milliarden Molekülen besteht. Moleküle sind daher auch die Grundbausteine des Lebens.

Molmasse. Die Masse eines →Mols einer bestimmten Substanz. Ihr Wert hängt im Allgemeinen von der Substanz ab.

Molvolumen, molares Volumen. Das Volumen eines →Mols einer bestimmten Substanz. Bei idealen Gasen ist das Molvolumen von der speziellen Gasart unabhängig und konstant. Es beträgt: 22,41 Liter/mol.

Myon. Ein 1937 als Bestandteil der Höhenstrahlung entdecktes instabiles →Elementarteilchen aus der Gruppe der →Leptonen (leichte Elementarteilchen). Die Entdeckung der Myons war ein wichtiger Beweis für die Richtigkeit der Annahme, dass die Welt aus Leptonen (Elektron, Myon, Tauon) und →Quarks (Bestandteile von Protonen und Neutronen) besteht. Das Myon ist dem Elektron verwandt und hat dieselbe →Ladung, ist aber etwa 207-mal schwerer. Es zerfällt sehr rasch in ein Elektron und ein (Anti-)Neutrino; seine mittlere →Lebensdauer beträgt nur etwa 2 μs (Mikrosekunden). Wegen der kurzen Lebensdauer wurde das Myon erst vergleichsweise spät entdeckt.

Nachhall. Eine Schallreflexion, bei der (im Gegensatz zum →Echo) der zurückgeworfene Schall nicht getrennt vom Originalschall wahrgenommen werden kann, sondern in ihn übergeht. Anders formuliert: ein →Abklingen (meist exponentieller Art) des Schallfeldes nach Abschalten der akustischen Erregung. Der Nachhall spielt die entscheidende Rolle für die →Akustik eines →Raums, z. B. in Konzertsälen.

Nassdampf. Die Koexistenz von flüssigem und gasförmigem →Zustand im →Gleichgewicht (wird auch als →gesättigter Dampf bezeichnet). Nassdampf tritt z. B. durch Zumischung von Wassermolekülen zur Luft auf. Er ist also ein Zweiphasensystem.

Naturkonstante. Eine Zahl oder physikalische Größe, die in die mathematische Formulierung eines Naturgesetzes eingeht und von der man annimmt, dass sie immer und zu jeder Zeit denselben Wert hat. Berühmtestes Beispiel einer Naturkonstanten ist die Lichtgeschwindigkeit. Ihr Wert beträgt (überall im Weltall) $c = 299.792.458$ km/s.

Nernst'sches Wärmetheorem. Ein von Walther Nernst (1864–1941) auf-

IX. Lexikon

gestellter wichtiger Satz der →Thermodynamik. Er besagt, dass die →Entropie eines Körpers am absoluten Nullpunkt einen von →Druck, Volumen und anderen →Zustandsgrößen unabhängigen konstanten Wert annimmt (bei einheitlichen festen und flüssigen Körpern asymptotisch den Wert Null). Aus dem Satz folgt unter anderem, dass man durch kein Experiment den absoluten Nullpunkt erreichen kann, sondern immer nur asymptotisch (näherungsweise).

Neutron. Elektrisch neutrales, also ungeladenes, langlebiges →Elementarteilchen, das Bestandteil vieler Atomkerne ist. Die Masse des Neutrons beträgt $1,67482 \cdot 10^{-27}$ kg. Sie ist damit geringfügig größer als die Masse des Protons. Formelzeichen: n. Das freie Neutron (und nur dieses) ist instabil und zerfällt mit einer →Halbwertszeit von 11,5 Minuten (in ein Proton, ein Elektron und ein Anti-Neutrino). Das Neutron besteht (wie das Proton) aus →Quarks, ist also kein echtes, sondern ein zusammengesetztes Elementarteilchen.

Neutronenquelle. Eine Anordnung zur Erzeugung freier (radioaktiver) und meist schnellerer Neutronen, indem Materie mit beschleunigten →Teilchen beschossen wird, was verschiedene Kernreaktionen auslösen kann. Durch die im Reaktor ablaufenden Spaltprozesse entstehen in →Kernreaktoren sog. Spaltneutronen. Die intensivsten Neutronenquellen, die vor allem in der Forschung verwendet werden, sind aber nicht Kernreaktoren, sondern die moderneren Spallationsquellen. Hier werden schwere →Kerne wie Blei oder Bismut mit hoch energetischen Protonen beschossen, die auf über 1 GeV beschleunigt wurden. Durch Spallation (d. h. Kernexplosion) erzeugt jedes Proton auf diese Weise bis zu 50 schnelle Neutronen. Diese →Neutronenstrahlung wird gern zur Materialuntersuchung eingesetzt.

Neutronenstrahlung. Unter der Neutronenstrahlung versteht man die →Emission von Neutronen in instabilen, meist hoch angeregten →Nukliden aufgrund von Kernumwandlungsprozessen. Neutronenstrahlung tritt bei der →Kernspaltung (→Kettenreaktion) und bei der →Kernfusion auf. Man unterscheidet dabei thermische (langsame) Neutronen sowie die energiereicheren schnellen Neutronen.

Neutronenzahl. Die Anzahl der Neutronen in einem →Kern. Formelzeichen: N. Addiert man Neutronenzahl N und Protonenzahl Z (Kernladungszahl), dann ergibt sich die →Massenzahl A = N + Z.

Newton. Die →SI-Einheit der Kraft. Definition: 1 Newton (1 N) ist gleich der Kraft, die einem Körper der Masse

1 kg die Beschleunigung 1 m/s^2 erteilt: 1 N = 1 (kg · m)/s^2.

Newton'sche Axiome. Die von Sir Isaac Newton (1642–1727) aufgestellten Prinzipien, auf denen die klassische →Mechanik beruht. Sie lauten:

1. Jeder Körper beharrt in seinem Zustand der Ruhe oder der geradlinigen, gleichförmigen Bewegung, wenn dieser nicht von außen durch Kräfte geändert wird (Galileis Trägheitsgesetz).

2. Als Beschleunigungsgesetz oder Aktionsprinzip bekannt: Kraft = Masse mal Beschleunigung. Die Änderung der Bewegung ist der Einwirkung der bewegenden Kraft proportional und geschieht nach der Richtung, nach der die Kraft wirkt.

3. Eine Kraft besitzt immer auch eine Gegenkraft. Sie hat den gleichen Betrag, aber eine entgegengesetzte Richtung. Die Angriffspunkte der beiden Kräfte liegen zwischen den verschiedenen Körpern (→actio = reactio). Beispielsweise zieht der fallende Stein die Erde ebenso stark an wie die Erde den Stein.

nicht gesättigter Dampf. Nicht gesättigter Dampf ist ein Dampf, der sich nicht im →Gleichgewicht mit der Flüssigkeit befindet. Mit der Zeit verdunstet die Flüssigkeit, bis sich entweder ein Gleichgewicht einstellt oder bis alle Flüssigkeit verdampft ist.

Nordpol. Der Pol eines →Magneten, der zum geografischen Nordpol der →Erde zeigt. In Stabmagneten ist der Nordpol meist rot und der →Südpol grün eingefärbt. Der geografische Nordpol liegt heute in der Arktis; er bewegt sich allerdings etwas. Im Verlauf der Erdgeschichte hat sich das magnetische →Feld der Erde (verursacht durch magnetische Lavaströme im Erdinneren) bestimmten Theorien zufolge mehrmals gedreht, d. h. es gab wohl auch Epochen (vor Milliarden von Jahren), in denen der Nordpol in der Antarktis lag.

Nukleon. Die gemeinsame Bezeichnung für die →Elementarteilchen Neutron und Proton, welche die Bestandteile des Atomkerns darstellen. Sowohl das Neutron als auch das Proton ist also ein Nukleon.

Nuklid. Bezeichnung für alle zu einem chemischen Element gehörenden Atome oder Atomkerne. Ein Nuklid wird durch ein chemisches Elementsymbol und eine →Massenzahl beschrieben. Die verschiedenen Nuklide eines chemischen Elements sind seine →Isotope (isotope Nuklide). Die meisten chemischen Elemente bestehen aus einem Isotopengemisch und daher aus unterschiedlichen Nukliden ein- und desselben Atoms. Beispiel: Natürlicher Kohlenstoff ist ein Gemisch aus den Nukliden ^{12}C und ^{14}C.

O

Oberflächenphysik. Dieses Teilgebiet der Physik beschäftigt sich mit der Charakterisierung und dem Verständnis von Oberflächen (Metalloberflächen, Halbleiteroberflächen, Isolatoroberflächen usw.) – vor allem im Ultrahochvakuum (UHV). Erforscht wird z. B. die Katalyse, das Wachstum von →Kristallen oder auch elektrische und magnetische Phänomene.

Oberflächenspannung. Die auf molekularen Kräften zwischen den →Teilchen einer Flüssigkeit an der Oberfläche derselben auftretende Erscheinung, dass die entsprechende →Grenzfläche möglichst klein wird. Ursache der Oberflächenspannung sind die zwischen den Molekülen wirkenden anziehenden Kohäsionskräfte. Im Innern der Flüssigkeit heben sich diese Kräfte gegenseitig auf, an der Oberfläche sind sie nach innen gerichtet und bestrebt, die Oberfläche möglichst klein zu halten. Dies ist die Ursache der Kugelform von Tropfen. Etwas komplizierter wird das Verhalten an der Grenzschicht zweier Flüssigkeiten oder einer Flüssigkeit und einer festen Substanz: Auf ein Flüssigkeitsmolekül der Oberfläche wirkt einmal eine Kraft in die eigene Flüssigkeit hinein, deren Größe durch Angabe der Kohäsionsspannung bestimmt ist, zum anderen eine Kraft in Richtung der anderen Flüssigkeit oder der festen Substanz (hervorgerufen durch die fremden Moleküle), die durch die Adhäsionsspannung charakterisiert wird. Die Resultierende der beiden Kräfte ist die →Haftspannung. Auf dem Zusammenwirken dieser beiden Kräfte beruht z. B. die Kapillarwirkung von dünnen Röhrchen. Die Oberflächenspannung ist eine Materialkonstante, die jeweils mit zunehmender Temperatur abnimmt. Sie lässt sich auch definieren als die Arbeit, die bei Oberflächenvergrößerung einer Flüssigkeit um 1 cm^2 aufgewandt werden muss. Einheit: 1 →Joule/m^2 = 1 J/m^2.

Oberflächenwellen. Oberflächenwellen sind →Wellen, die an der freien Oberfläche einer Flüssigkeit auftreten (Grenzflächenwellen). In der Regel breiten sie sich als →Transversalwellen entlang der Grenz- oder Oberfläche aus und sind nicht sinusförmig. Die Flüssigkeitsteilchen führen dabei komplizierte ellipsenartige →Bewegungen aus. Bekanntestes Beispiel sind die Wasserwellen.

Oberton. Jeder →Klang besteht aus dem →Grundton und ganzzahligen Vielfachen davon. Diese Vielfache werden als Obertöne des Klangs bezeichnet. Wenn die →Frequenzen ganzzahlige Vielfache der Grundfrequenz sind, bezeichnet man sie als harmonische Obertöne. Neben den harmonischen gibt es aber auch nicht harmonische Obertöne (nicht ganzzahlige Vielfache) der Grundschwingung. Die Details der Obertöne bestimmen allgemein die →Klangfarbe eines →Tons, d. h. die Obertöne bestimmen die Musik.

Ohm. Die SI-Einheit des elektrischen →Widerstands R. Einheitenzeichen: 1 Ohm = 1 Ω, benannt nach Georg Simon Ohm (1787–1854). Definition: 1 Ohm ist gleich dem elektrischen Widerstand zwischen zwei Punkten eines fadenförmigen, homogenen und gleichmäßig temperierten metallischen →Leiters, durch den bei der elektrischen →Spannung 1 V zwischen den beiden Punkten ein zeitlich konstanter elektrischer →Strom der Stärke 1 →Ampere fließt: $1\,\Omega = 1\,V/1\,A$.

Ohmmeter. Ein in →Ohm geeichtes Drehspulmessgerät, mit dem sich elektrische →Widerstände messen lassen. Die Drehspule ist dabei mit dem zu messenden Widerstand und einer →Spannung in Reihe geschaltet. Auf der Skala des Messgerätes werden statt der Stromstärkewerte die Widerstandswerte (Ohmwerte) angegeben. Praktischer Einsatz zur →Messung von Widerstandswerten (Kabeln usw.).

Ohm'sches Gesetz. Der 1826 von Georg Simon Ohm (1787–1854) gefundene Zusammenhang zwischen der →Spannung U und der →Stromstärke I in einem (→Gleichstrom-)Leiterkreis. Bei konstanter Temperatur gilt:

$$R = \frac{U}{I}$$

d. h. die Spannung ist dem →Strom proportional. Die Proportionalitätskonstante R heißt elektrischer →Widerstand (Einheit: 1 Ohm = 1 Ω). Der elektrische Widerstand ändert sich in der Regel mit der Temperatur. Je nach Substanz kann er ab- oder zunehmen. Das Ohm'sche Gesetz gilt nicht nur im Gleichstromkreis, sondern auch im →Wechselstromkreis – allerdings sind dort Spannung, Strom und Widerstand gerichtete Größen (→Vektoren) die eine Phase zueinander besitzen, was die Berechnung kompliziert macht.

Optik. Die Lehre vom →Licht, dem Wellenlängenbereich der elektromagnetischen Strahlung, der vom menschlichen →Auge als Farben wahrgenommen wird. Dieser Bereich liegt zwischen den →Wellenlängen $\lambda = 380$ nm und $\lambda = 780$ nm. Manchmal wird auch die elektromagnetische Strahlung außerhalb des sichtbaren Bereichs in die Optik mit einbezogen. Die Optik befasst sich allgemein mit Vorgängen, die bei der Wechselwirkung von Licht mit Medien (oder Materie) auftreten. Wichtigste Teilgebiete sind die Strahlenoptik (Licht auf der Basis von Lichtstrahlen), die →Wellenoptik (Licht auf der Basis von Lichtwellen bzw. →Photonen) sowie die moderne Quantenoptik.

optische Achse. In einem optischen Aufbau die Symmetrielinie, die durch die Krümmungsmittelpunkte von →Linsen und Spiegeln verläuft. Ein Strahl, der entlang der optischen Achse einfällt, geht ungebrochen durch ein Linsensystem hindurch. Alle anderen Strahlen werden gebrochen oder gebeugt.

Ordnungszahl. Die Ordnungszahl (oder Kernladungszahl) Z ist die Anzahl der Protonen in einem Atomkern. Jedes chemische Element ist durch seine Ordnungszahl bestimmt. Die Anordnung der Elemente nach steigender Ordnungszahl ist die Grundlage des Periodensystems der Elemente.

Ortsfunktion. Die Ortsfunktion gibt den Ort eines Körpers zu jedem beliebigen Zeitpunkt an. Durch die Ortsfunktion ist eine →Bewegung eindeutig beschrieben. Es gilt: $r(t) = (x(t), y(t), z(t))$.

Osmose. Der Durchtritt von Stoffen durch eine poröse Wand, die zwei gleichartige Lösungen unterschiedlicher Konzentration voneinander trennt. Durch die →Membran kann zwar das Lösungsmittel hindurchtreten, nicht aber die gelösten Moleküle. Es kommt so zur Ausbildung eines osmotischen Drucks. Der osmotische Druck ist die Ursache für viele physiologische Vorgänge.

Oszillator. Der Oszillator (Schwinger) ist allgemein ein →System, in dem →Schwingungen auftreten können. Beispiel: harmonischer Oszillator, ein Oszillator, in dem reine Sinus-Schwingungen auftreten. Ein Oszillator kann z. B. ein Pendelkörper oder auch ein elektrischer Oszillator sein (Schwingkreis).

Oszilloskop. Ein technisches Gerät zur Visualisierung veränderlicher physikalischer Größen als Funktion einer anderen Größe (meistens der Zeit) auf einem Bildschirm (Monitor). Beispiel: Elektronenstrahl-Oszilloskop, basierend auf dem Prinzip der Braun'schen Röhre.

Ottomotor. Die verbreitetste Verbrennungskraftmaschine. Sie wandelt in einem technischen →Kreisprozess Wärmeenergie (aus dem Kraftstoff) in mechanische Energie (→Bewegung) um. Der Ottomotor wird mit einem Gemisch aus flüssigem Brennstoff (in der Regel Benzin) und Luft betrieben. Es kommt dabei durch Verdichtung des Gemisches zur einer Explosion in einem beweglichen Kolben. Die Bewegung des Kolbens wird durch eine Pleuelstange und die Kurbelwelle in eine Drehbewegung umgesetzt. Je nach Zahl der Arbeitsgänge unterscheidet man den Viertaktmotor (häufigster benzinbetriebener Motor, z. B. Automotor) vom Zweitaktmotor, der etwa in Kleinkrafträdern oder Rasenmähern eingesetzt wird. Weitere Verbrennungsmotoren sind Dieselmotor, Wankelmotor.

Parallelschaltung. Bei dieser Grundschaltung liegen auf der einen Seite der elektrischen Bauelemente die verbundenen Eingänge, auf der anderen Seite die Ausgänge. Bei der Parallelschaltung von elektrischen Widerständen (elektrischen Verbrauchern) gilt die Formel:

$$\frac{1}{R} = \frac{1}{R_1} + \frac{1}{R_2} + \dots + \frac{1}{R_n}$$

Dabei ist R der Gesamtwiderstand und R_1 bis R_n die Einzelwiderstände. Eine ähnliche Formel gilt für die Parallelschaltung von →Spulen (→Induktivitäten):

$$\frac{1}{L} = \frac{1}{L_1} + \frac{1}{L_2} + \dots + \frac{1}{L_n}$$

Dabei ist L die Gesamtinduktivität und L_n bezeichnet die Einzelinduktivitäten. Bei der Parallelschaltung von →Kondensatoren gilt hingegen:

$$C = C_1 + C_2 + \dots + C_n$$

Dabei sind mit C die Gesamtkapazität und mit C_n die Einzelkapazitäten bezeichnet.

IX. Lexikon

Paramagnetismus. Magnetische Erscheinung in Stoffen ohne äußerem Magnetfeld und ohne messbare Magnetisierung, die aber in Anwesenheit eines äußeren Magnetfelds eine Magnetisierung zeigen, die das Magnetfeld verstärkt. Ursache ist, dass sich ein Teil der (permanenten) magnetischen Dipolmomente des Stoffes (Elementarmagnete) in Feldrichtung dreht und daher das äußere Magnetfeld verstärkt. Aufgrund der Verstärkung ist die →magnetische Suszeptibilität bei paramagnetischen Stoffen positiv, d. h. es gilt:

$$B = (1 + \chi)\, B_0 \ \text{mit}\ \chi > 0$$

Dabei ist B_0 das äußere Magnetfeld, χ die →Suszeptibilität und B das resultierende Magnetfeld.

Pascal. Die SI-Einheit des →Drucks. Einheitenzeichen: 1 Pascal = 1 Pa. Definition: 1 Pascal ist derjenige auf eine Fläche der Größe 1 cm² wirkende Druck, der von einer senkrecht zur Fläche wirkenden Kraft von 1 →Newton erzeugt wird: 1 Pa = 1 N/m².

Pascal'sches Gesetz. Ein Gesetz der Hydrostatik, nach dem an jeder beliebigen Stelle in einer inkompressiblen Flüssigkeit die Druckkraft nach allen Raumrichtungen hin gleich groß ist und somit gleich stark wirkt (Isotropie des Flüssigkeitsdrucks).

Pauliprinzip. Ein Prinzip der Atomphysik, demzufolge zwei Elektronen nicht in allen →Quantenzahlen übereinstimmen können. Auch Pauliverbot oder Ausschließungsprinzip genannt. So beruht der Aufbau der Materie auf diesem Prinzip, da die Elektronen auf Distanz gehalten werden und somit benachbarte Atome eines Körpers nicht zusammenfallen können. Auch der Schalenbau der Elektronenhülle erklärt sich durch dieses Prinzip. Das Pauliprinzip gilt für alle Fermionen (→Teilchen mit →Spin $1/2$), also z. B. für Protonen, Neutronen und Elektronen.

Pendel. Ein Körper, der um eine Achse oder einen außerhalb seines eigenen →Schwerpunkts liegenden Punkt drehbar ist und der unter dem Einfluss einer Kraft, meist der Schwerkraft, eine periodische →Bewegung um einen Ruhepunkt ausführt. Für die →Schwingungsdauer T eines →Fadenpendels gilt:

$$T = 2\cdot \pi\ \sqrt{\frac{l}{g}} = 2 \cdot \pi$$

Dabei ist l die →Länge des Fadens und g die Erdbeschleunigung (→Fallbeschleunigung). Die Schwingungsdauer und damit auch die →Frequenz der →Schwingung hängt beim →Fadenpendel nicht von der Masse des Körpers ab. Folge: Kleine und große Massen an einer Schaukel schwingen gleich schnell, solange die Fadenlänge (Kettenlänge) gleich groß ist. Ebenso ist die Schwingungsdauer T (bei kleinen →Amplituden) unabhängig von der Auslenkung, also der Amplitude.

Periodensystem. Das Periodensystem der Elemente (PSE) ordnet die chemischen Elemente in einem Ordnungssystem nach steigender →Ordnungszahl an. Die Einteilung erfolgt entsprechend der Elektronenkonfiguration der Atomhülle in Perioden. Durch das gewählte Ordnungsschema stehen chemisch ähnliche Elemente in Gruppen (Haupt- und Nebengruppen) untereinander, während die Elemente, die zu einer Periode gehören, nebeneinander stehen.

periodische Vorgänge. Periodische Vorgänge sind regelmäßig ablaufende und sich wiederholende Vorgänge. Wiederholt sich ein Vorgang immer wieder nach einem festen →Zeitintervall (der →Schwingungsdauer T), so nennt man ihn zeitlich periodisch. Wiederholt sich eine Anordnung immer wieder nach einem festen Abstand im →Raum (der Periode P), dann nennt man die Anordnung räumlich periodisch (Beispiel: →Kristall).

Permeabilität. Der Proportionalitätsfaktor zwischen der magnetischen Flussdichte B und der magnetischen Feldstärke H. Im →Vakuum wird die Permeabilität als →magnetische Feld-

konstante μ_0 bezeichnet. Es gilt:

$$B = \mu \cdot H = \mu_0 \cdot \mu_r \cdot H$$

Dabei ist μ_r die relative Permeabilität. Sie erlaubt die Einteilung der magnetischen Materialien in diamagnetisch ($\mu_r < 1$), paramagnetisch ($\mu_r > 1$) und ferromagnetisch (μ_r bei 10^3 bis 10^4). Zusammenhang zur →magnetischen →Suszeptibilität χ:

$$\mu_r = \chi + 1$$

Perpetuum Mobile. Die Idee einer „ewig laufenden" Maschine, die ohne Energiezufuhr Arbeit verrichtet und damit Energie „aus nichts" erzeugt. Genauer unterscheidet man zwei Arten: a) das Perpetuum Mobile 1. Art: Eine Maschine, die ohne Energiezufuhr Arbeit leisten soll. Sie ist mit den Naturgesetzen nicht vereinbar, da sie einen Widerspruch zum Energie-Erhaltungssatz darstellt. b) das Perpetuum Mobile 2. Art: Eine Maschine, die einem Wärmespeicher →Wärme entzieht und in mechanische Energie umwandelt, ohne dabei Veränderungen in der Umgebung zu erzeugen (Entropieänderung = 0); sie ist ebenfalls mit den Naturgesetzen nicht vereinbar, da sie im Widerspruch zum 2. Hauptsatz der →Wärmelehre (die →Entropie kann nur zunehmen) steht.

Phasengeschwindigkeit. Die Phasengeschwindigkeit c ist die →Geschwindigkeit, mit der sich die Wellenfronten der Welle bewegen, also die Geschwindigkeit, mit der sich die Phase der →Welle ausbreitet. Bei Schall ist c die →Schallgeschwindigkeit, bei →Licht die Lichtgeschwindigkeit im jeweiligen Medium. Die Phasengeschwindigkeit überträgt keine Signalinformationen (und auch keine Materie). Sie kann daher größer als die Ausbreitungsgeschwindigkeit eines Wellenpakets (→Gruppengeschwindigkeit) sein.

Phasenmodulation. Unter der Phasenmodulation versteht man die Änderung des Phasenwinkels einer Grundwelle (Trägerwelle) durch das Signal (Informationswelle). Phasenmodulation und →Frequenzmodulation sind identisch, wenn die →Modulation durch eine →Sinusschwingung erfolgt.

Phasensprung. Bei der →Reflexion einer →Welle (z. B. an einem Hindernis) ändert sich im Allgemeinen die Phase der Welle und zwar in Abhängigkeit von der Art der →Grenzfläche, an der sie reflektiert wird: Wird eine Welle an einer Grenzfläche reflektiert, hinter der sich ein Medium befindet, in dem die Ausbreitungsgeschwindigkeit der Welle höher ist als vor der Grenzfläche, dann ändert sich die Phase der reflektierten Welle nicht. Man spricht hier von einer Reflexion ohne Phasensprung. Wird eine Welle an einer Grenzfläche reflektiert, hinter der sich ein Medium befindet, in dem die Ausbreitungsgeschwindigkeit der Welle kleiner ist als davor, dann ändert sich die Phase der reflektierten Welle um 180° entsprechend π. Man spricht hier von einer Reflexion mit Phasensprung.

Phasenverschiebung. Die Differenz der Phasen zweier →Wellen oder zweier →Schwingungen gleicher →Frequenz, wie sie beispielsweise in einem →Wechselstromkreis zwischen →Strom und →Spannung auftritt. Formelzeichen: $\Delta\varphi$. Wichtige Fälle von Phasenverschiebungen (im Wechselstromkreis): Am Ohm'schen →Widerstand gilt $\Delta\varphi = 0$. Am kapazitiven Widerstand (→Kondensator) eilt der Strom der Spannung um $\pi/2$ (90°) voraus, d. h. $\Delta\varphi = \pi/2$. Am induktiven Widerstand (→Spule) hinkt der Strom der Spannung um $\pi/2$ (90°) hinterher, d. h. $\Delta\varphi = -\pi/2$.

Phosphoreszenz. Eine Form der →Lumineszenz, bei der manche Stoffe, wie etwa Phosphor, nach abgeschlossener Einwirkung durch Licht-, Röntgen- oder Kathodenstrahlen eine Weile nachleuchten. Phosphoreszenz tritt z. B. bei der Bildschirmröhre (Fernsehbildschirm, Monitor) auf oder bei einigen Spielzeugen.

Photon. Jede Strahlung kann man auch als Teilchenstrom (Welle-Teilchen-

Dualismus) ansehen. Diese massenlose Energieteilchen, die sich immer mit der Lichtgeschwindigkeit c bewegen und also im Ruhezustand nicht existieren, nennt man Photonen. Die Photonen einer elektromagnetischen →Welle der →Frequenz ν haben die Energie: $E = h \cdot$ ν. Dabei ist h das Planck'sche Wirkungsquantum ($h = 6{,}626 \cdot 10^{-34}$ Js).

Physik. Naturwissenschaft, die sich mit der Erforschung aller experimentell messbarer Vorgänge und Erscheinungen in der Natur sowie deren mathematischer Beschreibung durch grundlegende Gesetze beschäftigt. Ziel der Physik ist es, diese Naturvorgänge durch allgemein gültige Gesetze auf der Basis der Mathematik zu beschreiben.

piezoelektrischer Effekt. Unter dem Piezoeffekt versteht man die 1880 von Pierre Curie und seinem Bruder Jacques entdeckte Erscheinung, dass an bestimmten →Kristallen bei Deformation unter mechanischen Beanspruchungen (→Druck, Zug, →Torsion) eine →Spannung entsteht. Die positiven und negativen Gitterbausteine werden durch die Deformation so verschoben, dass ein elektrisches Dipolmoment entsteht, das sich im Auftreten von →Ladungen an der Oberfläche des nach außen neutralen Kristalls äußert. Außer den natürlichen piezoelektrischen Kristallen (z. B. Quarz) haben bestimmte keramische Materialien, so genannte Piezokeramiken, gute piezoelektrische Eigenschaften, die eine technische Anwendung zulassen (etwa als Sensoren, in Feuerzeugen als Piezozünder). Durch elektrische Wechselfelder können umgekehrt an piezoelektrischen Kristallen mechanische →Schwingungen erzeugt werden.

piezoelektrischer Schallsender. Ein piezoelektrischer →Schallsender enthält ein piezoelektrisches Element, dessen Ausdehnung sich bei Anlegen einer elektrischen →Spannung ändert. Bei Anlegen einer Wechselspannung oszilliert die Oberfläche und erzeugt →Schallwellen. Anwendung meist im Ultraschallbereich. Piezoelektrische →Kristalle (Quarz, Seignettesalz) führen →Bewegungen aus, wenn sich auf zwei Belegungen auf parallelen, nach einer Vorzugsrichtung ausgeschnittenen Schnittfläche elektrische Ladungen ändern (und umgekehrt). Beispiele: Kristalltonabnehmer, Kristallmikrofon, Hochtonlautsprecher.

piezoelektrischer Wandler. Umkehrung der piezoelektrischen →Schallquelle. Besteht aus einem piezoelektrischen Element, dessen Oberfläche auf die Druckschwankungen reagiert, die durch die auffallende Schallwelle erzeugt werden. In dem piezoelektrischen Element entsteht eine zum Schalldruck proportionale →Spannung. Anwendung: Körperschall- und Wasserschallmikrofone.

piezoresistiver Wandler. Ein piezoresistiver Wandler basiert auf der durch Druckänderung erzeugten Widerstandsänderung in einem piezoresistiven Element. Strommodulation über Widerstandsänderung. Anwendung in Fernsprechapparaten.

Planck'sches Wirkungsquantum. Eine →Naturkonstante, auch Planck-Konstante genannt. Formelzeichen: h. Es gilt: $h = 6{,}626 \cdot 10^{-34}$ Js. Das Planck'sche Wirkungsquantum ist der Quotient aus der Energie E und der →Frequenz ν einer elektromagnetischen →Welle, also:

$$h = \frac{E}{\nu}$$

Die Planck-Konstante beschreibt, in welchem Ausmaß Quanteneffekte auftreten. Würde man die Planck-Konstante (gedanklich) gegen null gehen lassen, so würden die quantenmechanischen Gesetze in die Gesetze der klassischen Physik übergehen. Sie erscheint auch in der →Heisenberg'schen Unschärferelation.

Planeten. Wandelsterne, kugelförmige oder ellipsoidische Himmelskörper, die in ellipsenförmigen, jedoch annähernd kreisförmigen →Bahnen um die →Sonne laufen. Bisher sind neun Große Planeten bekannt (ein-schließlich →Erde), davon drei erst in neuerer Zeit entdeckt (Uranus 1781, Neptun 1846, Pluto 1930); außerdem sind rund 10.000 Kleinplaneten (Planetoiden) bekannt. Ein zehnter Planet jenseits des Pluto konnte bisher nicht nachgewiesen werden. Der 1977 entdeckte Chiron (mit einer Bahn zwischen Saturn und Uranus) ist vermutlich ein entgaster Kometenkern. In den vergangenen Jahren wurden die ersten Planeten um andere Sterne nachgewiesen.

Planetensystem. Die Gesamtheit der →Planeten, die einen Himmelskörper umkreisen, insbesondere das →Sonnensystem.

Plasma. Ein →Aggregatzustand, der bei sehr hohem →Druck und hohen Energien auftritt. Wird manchmal auch als vierter Aggregatzustand (neben →fest, →flüssig und →gasförmig) bezeichnet. Die Atome werden ionisiert und in geladene Bestandteile zerlegt. Ein Plasma hat keine feste innere Struktur, besitzt aber elektromagnetische Wechselwirkungen.

Plattenkondensator. Ein →Kondensator aus zwei eng benachbarten, entgegengesetzt geladenen Platten. Das beim Aufladen entstehende, recht homogene elektrische →Feld besitzt die Feldstärke E:

$$E = \frac{U}{d}$$

Dabei ist d der Plattenabstand und U die →Spannung zwischen den beiden Metallplatten.

Poisson'sches Gesetz. Der Zusammenhang zwischen →Druck p und Volumen V bei der →adiabatischen →Zustandsänderung eines idealen Gases. Es gilt:

$$p \cdot V^{\kappa} = const.$$

Dabei ist κ (Kappa) der Quotient aus den spezifischen →Wärmekapazitäten des Gases bei konstantem →Druck (c_p) und bei konstantem Volumen (c_V): $\kappa = c_p/c_V$. Wird der Druck in Abhängigkeit vom Volumen in einem Zustandsdiagramm (p-V-Diagramm) festgehalten, so erhält man nach dem Poisson'schen Gesetz hyperbelförmige Kurven, die sog. Adiabaten.

Polarisation. Eine Eigenschaft einer transversalen →Welle, nämlich die Orientierung der Auslenkungsrichtung der Welle zum Wellenzahlvektor (Ausbreitungsrichtung der Welle). Man unterscheidet →lineare Polarisation (Polarisationsrichtung fest und in einer Linie) sowie die zirkulare Polarisation (der Polarisationsvektor dreht sich) und die elliptische Polarisation (der Polarisationsvektor dreht und ändert sich gleichzeitig dem Betrag nach).

Polarkoordinatensystem. Ein Punkt in der Ebene kann neben den kartesischen Koordination (x und y) auch durch Polarkoordinaten charakterisiert werden. Die Polarkoordinaten geben den Abstand vom Ursprung r sowie den →Winkel φ an, den der →Ortsvektor mit einer Bezugsrichtung (z. B. die positive x-Achse) bildet.

Potenzial. Eine physikalische Hilfsgröße zur Beschreibung der Stärke eines →Feldes. Die Änderung des Potenzials mit dem Ort (mathematisch: die Ableitung nach dem Ort, der Gradient) ergibt die Feldstärke. Beispiel: →elektrisches Potenzial φ.

potenzielle Energie. Die Energie (auch →Lageenergie genannt), die in einer ruhenden Masse aufgrund ihrer Lage (z. B. in einem →Gravitationsfeld oder einem elektrischen →Feld) enthalten ist.

Prisma. Ein durchsichtiger, von zwei nicht parallelen Ebenen begrenzter Körper, der Lichtstrahlen durch →Brechung, Zerlegung oder →Reflexion beeinflusst. Prismen werden zur Erzeugung eines →Spektrums, zur Umkehr oder zur Umlenkung eines Lichtstrahls verwendet. Mit sog. Polarisationsprismen erzeugt man polarisiertes Licht.

Proton. Elektrisch positiv geladenes stabiles →Elementarteilchen, das mit dem →Kern des leichten Wasserstoffatoms (H) identisch ist. Das Proton ist mit dem Neutron Baustein der Atomkerne. Die Masse des Protons beträgt

IX. Lexikon

$1,67262 \cdot 10^{-27}$ kg. Die Masse ist damit geringfügig kleiner als die Masse des Neutrons. Das freie Proton ist stabil und besteht (wie das Neutron) aus →Quarks, ist also kein echtes Elementarteilchen. Die →Ladung des Protons beträgt exakt eine positive →Elementarladung (Ladung eines Elektrons) $e = 1,602 \cdot 10^{-19}$ C. Der Betrag der Ladungen eines Protons und eines Elektrons sind exakt gleich.

Protonenzahl. Sie wird auch Kernladungszahl genannt und bezeichnet die Anzahl der Protonen in einem →Kern. Formelzeichen: Z. Die Summe von Protonenzahl Z und Neutronenzahl N ergibt die →Massenzahl $A = N + Z$. Die Protonenzahl eines Atoms ist die →Ordnungszahl des betreffenden Elements (im →Periodensystem der Elemente).

Pulsmodulation. Die Veränderung der →Amplitude, der →Frequenz oder der Phase einer Pulsfunktion oder auch der Dauer eines Pulses.

Pumpe. Maschine zur Förderung von Flüssigkeiten oder Gasen. Die wichtigsten Arten sind Kolbenpumpen, Kreiselpumpen und →Vakuumpumpen. Die Pumpen erzeugen einen Unterdruck in der Flüssigkeit oder dem Gas, der zur →Bewegung des Mediums (Druckausgleich) führt.

Pyrometer. Temperaturstrahlungsthermometer, das die von einem Körper ausgestrahlte Temperatur misst, ohne diesen berühren zu müssen. Es ist häufig so aufgebaut, dass die Strahlung durch ein Thermo- oder Fotoelement in elektrischen →Strom umgewandelt werden kann. Auch kann durch Helligkeits- und besonders den Farbabgleich die Temperatur bestimmt werden. Die Grundlage des Pyrometers ist die Planck'sche Strahlungsformel, nach der die Strahlung eines Körpers von seiner Temperatur abhängt.

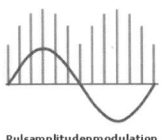

Pulsamplitudenmodulation

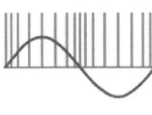

Pulsfrequenzmodulation

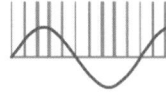

Pulsdauermodulation

Q

Quant. Die kleinste, unteilbare Menge einer physikalischen Größe, etwa der Energie, des →Drehimpulses oder der →Wirkung. Bei der elektrischen →Ladung z. B. die →Elementarladung $e = 1{,}6022 \cdot 10^{-19}$ C. Die Aufnahme und Abgabe von Energie durch Materie erfolgt in Form von Energiequanten. In der Mikrophysik treten bei zahlreichen Wechselwirkungen Quanteneffekte auf, die durch Austausch von Quanten beschrieben werden.

Quantenmechanik. Eine physikalische Theorie, die Vorgänge in der Mikrophysik widerspruchsfrei beschreibt und sowohl die Teilchen- als auch die Welleneigenschaften von mikrophysikalischen →Systemen erfasst. Die sog. →Schrödinger-Gleichung beschreibt die Quantenmechanik. Sie wurde eindrucksvoll bestätigt durch die Vorhersagen, die sie für das Wasserstoff-Atom macht, z. B. für seine Energieniveaus (Energiespektrum), aber auch durch zahlreiche andere korrekte Vorhersagen und Ergebnisse.

Quantentheorie. Die moderne Quantentheorie beschreibt die Wechselwirkungen von kleinen →Teilchen (Moleküle, Atome, →Kerne usw.) und →Elementarteilchen mit anderen Teilchen und Elementarteilchen. Man unterscheidet dabei die Einteilchen- und die Vielteilchen-Quantentheorie. Die Einteilchentheorie beschäftigt sich mit den Ergebnissen eines einzigen Teilchens, dessen Wechselwirkungen mit den anderen Teilchen durch eine Hilfsgröße (→Potenzial) beschrieben wird. Die Vielteilchen-Quantentheorie hingegen berücksichtigt die Wechselwirkungen aller Teilchen untereinander, was zu entsprechend komplexen Formeln führt, die nicht mehr analytisch, sondern nur noch näherungsweise (heute meist mit Computern) gelöst werden können. Den Ausgangspunkt bildete die Entdeckung von Max Planck (1900), dass man die Energiedichte der Lichtstrahlung eines schwarzen Körpers nur dann richtig berechnen kann, wenn man annimmt, dass alle Lichtenergie nur in ganzzahligen Vielfachen von $h \cdot \nu$ abgegeben werden kann. Dabei ist ν die →Frequenz des →Lichtes und h eine universelle Konstante, das Planck'sche Wirkungsquantum ($h = 6{,}626 \cdot 10^{-34}$ J $\cdot$ s). Während Planck dieses Gesetz unter der Annahme von harmonischen →Oszillatoren ableitete, zeigte Albert Einstein durch seine Erklärung der Lichtabsorption beim Fotoeffekt (1905) die

Gültigkeit auch für Atome. Damit war die Möglichkeit gegeben, die diskontinuierliche (quantenhafte) Lichtemission und -absorption von Atomen zu verstehen (Lichtquantentheorie). Niels Bohr und Arnold Sommerfeld gaben in den folgenden Jahren eine Theorie der →Spektrallinien, die allerdings noch einige Widersprüche aufzeigte; das dabei von Bohr benutzte Korrespondenzprinzip führte Werner Heisenberg zu seiner Matrizendarstellung der Quantenmechanik, einer abstrakten mathematischen Theorie, mit der alle Experimente widerspruchsfrei erklärt werden konnten. Ein anderer Zugang zum Bau der Atome war die Vermutung von Louis de Broglie, dass nicht nur das →Licht, sondern alle Materie Wellencharakter habe. Dies wurde durch Experimente bestätigt und von Erwin Schrödinger in seiner Wellenmechanik mathematisch verarbeitet (→Schrödinger-Gleichung, 1926).

Quantenzahl. Eine Zahl, welche die verschiedenen Zustände eines Atoms, Atomkerns, Moleküls, →Elementarteilchen kennzeichnet, die nach der →Quantentheorie möglich sind. Ein vollständiger Satz von Quantenzahlen legt den →Zustand eines solchen quantenphysikalischen →Systems eindeutig fest. Die Hauptquantenzahl n ist bei der Beschreibung von Atomen die bedeutendste Quantenzahl, welche die Energie eines gebundenen Elektronenzustands angibt. Im Schalenmodell bezeichnet sie die Nummer der Schale, in der sich das Elektron befindet. Daneben gibt es die →Bahndrehimpulsquantenzahl (auch Nebenquantenzahl genannt), die den Bahndrehimpuls des Elektrons kennzeichnet. Die magnetische Quantenzahl m und die Spinquantenzahl s schließlich beschreiben weitere Details des atomaren Zustands. Alle Quantenzahlen resultieren aus der Lösung mathematischer Gleichungen, die das System quantenmechanisch beschreiben.

Quantisierung. Sie kennzeichnet den Sachverhalt, dass eine physikalische Größe keine beliebigen, kontinuierlichen Zustände und Übergänge annehmen kann, sondern jeweils nur ganzzahlige Vielfache eines ganz bestimmten Wertes. Die Quantisierung ist Merkmal des Übergangs von der klassischen →Mechanik zur Quantenmechanik.

Quark. Ein grundlegendes →Elementarteilchen, das Bestandteil von Neutron und Proton ist. Nach dem Standardmodell der Elementarteilchen bilden Quarks (neben den →Leptonen) die Grundbausteine der Materie. Man kennt heute sechs Quarks, die folgende Namen haben: up (u), down (d), charm (c), strange (s), top (t) und bottom (b). Alle Quarks haben den →Spin

$^1/_2$ (sind also Fermionen) und elektrisch geladen. Ihre →Ladung beträgt $+ - ^1/_3$ bzw. $^2/_3$ der →Elementarladung *e*. Freie Quarks können in der Regel nicht beobachtet werden (nur durch spezielle Experimente), da sie normalerweise immer im Atomkern gebunden sind.

Quelle. Der Ort, von dem aus die Feldlinien ihren Ausgang nehmen. Die Quellen des elektrischen Feldes z. B. sind die elektrischen →Ladungen.

R

Radiant. Die SI-Einheit für den →Winkel im Bogenmaß. Definition: 1 Radiant = 1 rad ist die Größe eines Winkels, bei dem die Bogenlänge eines zugehörigen Kreisbogens gleich dem Radius des entsprechenden Kreises ist. Es gilt: $1 \text{ rad} = 180°/\pi = 57,3°$. Ein voller Winkel (360°) beträgt $2\,\pi$ rad, das sind etwa 6,28 Radianten.

Radioaktivität. Die spontane Umwandlung einer Reihe von Atomkernen in andere →Kerne auf spontane Art, also ohne jede äußere Einwirkung (radioaktiver →Zerfall). Der radioaktive Zerfall beruht darauf, dass die Summe der Massen der Tochterkerne und Zerfallsteilchen kleiner ist als die Masse des Ausgangskerns, also einen energetisch günstigeren →Zustand darstellt. Bei der Kernumwandlungsreaktion, die der Radioaktivität zugrunde liegt, wird eine für die entsprechende Kernreaktion charakteristische Strahlung ausgesendet. Die Energie der ausgesendeten Strahlung (radioaktive Strahlung) ist im Allgemeinen sehr groß; sie kann daher beim Menschen, besonders im Erbgut (DNA-Molekül), aber auch in anderen

IX. Lexikon

Organen, gefährliche Zellteilungsschäden (Mutationen) hervorrufen. Ursache dieser Schäden ist die ionisierende →Wirkung der radioaktiven Strahlung. Man unterscheidet bei der radioaktiven Strahlung die α-Strahlung (geladene He-Teilchen), die β-Strahlung (Elektronenstrahlen) und die γ-Strahlung (elektromagnetische Strahlung). Je nachdem, ob das zerfallende →Nuklid in der Natur vorkommt oder nicht (d. h. erst künstlich erzeugt werden muss), spricht man von natürlicher oder künstlicher Radioaktivität. Beispiele für natürliche Radioaktivität ist die Strahlung in Uranminen oder die Höhenstrahlung aus dem Weltall, die überall auf der Erde herrscht. Eine künstliche Strahlenbelastung entsteht z. B. bei der →Emissionen von Kernkraftwerken oder durch den Fallout bei Atombombenversuchen. Die Radioaktivität wurde erstmals von Marie und Pierre Curie anhand des Elements Radon entdeckt; daher auch der Name. Die Radioaktivität spielte eine wichtige Rolle bei der Entstehung unseres →Sonnensystems vor etwa 15 Milliarden Jahren. Seit der Entstehung des Sonnensystems haben sich die meisten der (damals instabilen) Atomkerne in stabile →Kerne umgewandelt.

radioaktiver Abfall. Diese Rückstände (umgangssprachlich Atommüll) entstehen bei der Spaltung, Verarbeitung und Weiterverwertung radioaktiven Materials (z. B. in der Kerntechnik oder der Nuklearmedizin). Aufgrund ihrer →Radioaktivität kann die Lagerung und Beseitigung dieser Abfälle besondere Probleme aufwerfen. Radioaktiver Abfall entsteht vor allem in der Kerntechnik, besonders bei der Wiederaufarbeitung ausgedienter Kernbrennelemente (Brüterkraftwerke, Plutonium), aber auch bei der →Kernfusion (Tritium) sowie (in kleineren Mengen und mit geringerer Aktivität) in der Nuklearmedizin. Die →Halbwertszeit dieser Materialien ist unter Umständen sehr hoch (bis hin zu Tausenden von Jahren), was die Lagerung z. B. in unterirdischen Salzstöcken erfordert (sog. Endlagerung).

Radiowelle. Eine elektromagnetische →Welle im Frequenzbereich zwischen 10 kHz und 30 GHz (Wellenlängenbereich: 30 km bis 1 cm). Unterteilung in Langwelle, Mittelwelle, Kurz- und Ultrakurzwelle. Die Radiowellen sind die Trägerwellen des Rundfunks. Dabei werden die Informationen (Musik oder Sprache) den Trägerwellen (Radiowellen) aufgeprägt (durch →Modulation); im Radiogerät werden sie dann wieder heraus gefiltert (demoduliert).

Raum. Allgemein ein Gebiet, das sich in drei Richtungen (Dimensionen) erstreckt, nämlich die →Länge, die

Breite und die Höhe. Sir Isaac Newton entwickelte die Vorstellung eines absoluten Raums, der stets gleich und unbeweglich bleibt und in den die Körper eingebettet sind, ohne sich von ihm lösen zu können. Die →Relativitätstheorie Albert Einsteins führte dazu, dass Raum und Zeit nicht mehr unabhängig voneinander betrachtet werden (sog. Raum-Zeit-Kontinuum). Im allgemeineren (mathematischen) Sinn kann ein Raum auch mehr als drei Dimensionen haben, z. B. vier für das Raum-Zeit-Kontinuum, d. h. der Zeit kommt eine weitere Bedeutung zu.

Reaktion. Ein Vorgang, der eine stoffliche (materielle) Umwandlung zur Folge hat. Bekanntester Fall: die chemische Reaktion. Chemische Reaktionen beruhen auf den Wechselwirkungen der Elektronenhüllen der beteiligten Atome. Es werden dabei Moleküle zerlegt oder neu gebildet. Andere Reaktionen sind z. B. Kernreaktionen. Sie erfolgen durch →Stoß energiereicher →Teilchen und sind herbeigeführte Umwandlungen der Atomkerne.

Rechte-Hand-Regel. Eine Merkregel zur Bestimmung der Richtung, die physikalische Vektorgrößen (z. B. die →magnetischen Feldlinien, der elektrische →Strom und die elektromagnetische Kraft) zueinander einnehmen. Beispiele für die Rechte-Hand-Regel sind: 1. Ein Strom durchflossener geradliniger →Leiter. Zeigt der Daumen der rechten Hand in Stromrichtung (vom Plus- zum Minuspol), dann geben die gekrümmten anderen Finger der rechten Hand den Umlaufsinn der magnetischen Feldlinien an. 2. Die Richtung des Induktionsstroms in einem Leiter, der sich im Magnetfeld bewegt: Zeigt der Daumen in Bewegungsrichtung und der Zeigefinger in Richtung der magnetischen Feldlinien, so verläuft der Mittelfinger die Richtung des induzierten Stroms (Induktionsstroms). Diese Regel wird auch Drei-Finger-Regel genannt. Die Rechte-Hand-Regel gilt für positive →Ladungsträger. Für negative Ladungsträger (z. B. Elektronen) gilt die entsprechende Linke-Hand-Regel. Rechte- und Linke-Hand-Regel werden auch als Schraubenregeln bezeichnet (Richtung einer rechtsdrehenden bzw. linksdrehenden Schraube). Bei der Linke-Hand-Regel ist der Drehsinn genau umgekehrt wie bei der Rechte-Hand-Regel.

Reflexion. Rückstrahlung von den Wänden von Körpern oder den →Grenzflächen eines Mediums, in dem sich eine Strahlung (wie z. B. mechanische oder elektromagnetische →Wellen) ausbreitet. Die Welle läuft in das ursprüngliche Medium zurück. Die Reflexion ist also ein Spiegel-Effekt für Wellen.

IX. Lexikon

Reflexionsgesetz. Es besagt: Bei jeder →Reflexion ist der Einfallswinkel (→Winkel zwischen einfallendem Strahl und dem Lot auf die Reflexionsebene) gleich dem Ausfallswinkel (Winkel zwischen auslaufendem Strahl und dem Lot auf die Reflexionsebene). Außerdem liegt der reflektierte Strahl immer in der von Lot und einfallendem Strahl gebildeten Einfallsebene.

Reibung. Die Reibung ist definiert als die Hemmung der →Bewegung eines Körpers, der einen anderen berührt. Mit der Reibung ist daher stets eine Kraft (die Reibungskraft) verbunden. Man unterscheidet Haft- und →Gleitreibung. Die Reibungskraft bei ruhendem Gegenstand bezeichnet man als Haftreibungskraft. Wenn der Gegenstand gleitet, wirkt auf ihn die Gleitwirkungskraft, die in der Regel kleiner als die Haftreibungskraft ist, da der bewegte Körper weniger leicht in kleinen Unebenheiten der →Grenzfläche (Reibungsfläche) festhakt. Die geringsten Reibungskräfte treten in der Regel bei der Rollreibung auf. Die Reibungskraft erzeugt immer auch eine Energie (die Reibungsenergie), die als →Wärme auftritt.

Relativitätstheorie. Von Albert Einstein (1879–1955) entwickelte Theorie, die auf der Gleichheit von träger und schwerer Masse, der Konstanz der Lichtgeschwindigkeit und dem Relativitätsprinzip beruht. Die Richtigkeit der Theorie gilt heute als gesichert, da sie in unzähligen Experimenten bestätigt worden ist. Die Relativitätstheorie führt zur Äquivalenz von Masse und Energie (Einsteinformel: $E = mc^2$). Neben der speziellen Relativitätstheorie, die sich mit gleichförmig bewegten →Bezugssystemen beschäftigt, gibt es die allgemeine Relativitätstheorie, die das Relativitätsprinzip auf beschleunigte Bezugssysteme ausdehnt. Hier treten merkwürdige Erscheinungen auf wie z. B. das Zwillingsparadoxon, das besagt, dass zwei Zwillinge, von denen sich einer mit sehr hoher →Geschwindigkeit relativ zum anderen bewegt (vergleichbar mit der Lichtgeschwindigkeit), unterschiedlich stark altern (durch die sog. Zeitdilatation).

Resonanz. Im allgemeinen Sinn das Mitschwingen eines schwingungsfähigen →Systems. Die Resonanz führt so zu einer sog. erzwungenen Schwingung. Nahe der Resonanzfrequenz (oder →Eigenfrequenz) des Systems ist die Mitschwingfähigkeit (Resonanz) am größten. Resonanz tritt in vielen Gebieten der Physik und Technik auf, z. B. bei Maschinen, Bauwerken, Brücken, in elektrischen Schwingkreisen, bei Musikinstrumenten aller Art, aber auch in Atomen, wo sie zur

Bestimmung von Energieniveaus dienen kann (z. B. bei der Kernresonanzfluoreszenz). Eine sog. Resonanzkatastrophe tritt ein, wenn der Resonanzfall durch zu kleine →Dämpfung zur Zerstörung des schwingenden Systems führt, etwa wenn die Eigenschwingung bei einer schwingenden Brücke so groß wird, dass die Brücke einstürzt.

reversibel. Umkehrbar, also die Bezeichnung für einen Prozess, nach dessen Ablauf ein physikalisches →System unverändert in seinen Ausgangszustand zurückgekehrt ist. Reversible Systeme können sich also vollständig zurückbilden. In der Natur sind die meisten Prozesse allerdings irreversibel, da die →Entropie zunimmt. Diese Zunahme der Entropie verbietet eine vollständige Reversibilität von Prozessen, z. B. bei der Umwandlung von →Wärme in →kinetische Energie und wieder zurück in Wärme. Hier geht immer eine gewisse Energie (in Form von Entropie) an die Umwelt ab und damit für den eigentlichen Prozess verloren. Reversible Prozesse sind z. B. mechanische Vorgänge, wenn man dabei die →Reibung außer Acht lässt.

Röntgenstrahlung. Die Bezeichnung für elektromagnetische Strahlung mit einer →Wellenlänge kleiner als der des sichtbaren →Lichtes. Da die Strahlung gequantelt ist (d. h. in Form von Licht-quanten auftritt), ist die Energie von Röntgenquanten größer als die von Lichtquanten, daher auch ihre für den Menschen gefährliche Wirkung. Die Röntgenstrahlung unterscheidet sich von anderer kurzwelliger elektromagnetischer Strahlung (z. B. →Gammastrahlung) nur durch die Art ihrer Entstehung: durch Abbremsung schneller Elektronen nach den gleichen Gesetzen, wie elektromagnetische →Wellen durch beschleunigte →Ladungen erzeugt werden. Röntgenstrahlung wird daher auch als Röntgenbremsstrahlung oder einfach nur Bremsstrahlung bezeichnet. Entdeckt wurde die Röntgenstrahlung durch den deutschen Physiker William Röntgen (1845–1923). Haupteinsatzgebiet der Röntgenstrahlung: Medizin (beim Durchleuchten), Röntgen-Strukturanalyse zur Analyse von Kristallstrukturen usw.

Rückstellkraft. Die Rückstellkraft tritt in mechanischen Federsystemen auf. Sie ist diejenige Kraft, die ein →System (z. B. eine mechanische Feder) zur Gleichgewichtslage zurücktreibt. Für ein Pendel- oder Federsystem gilt:

$$F_{rück} = D \cdot x$$

Dabei ist F die Rückstellkraft, x die →Auslenkung des →Pendels (der

Feder) und D die →Federkonstante (eine Materialgröße). Gehorcht die Rückstellkraft einer Feder oder eines Pendels einem linearen Kraftgesetz (d. h. ist die proportional zur Stärke der Auslenkung), so ergibt sich für das Federsystem eine →harmonische Schwingung (Sinus-Schwingung).

Rückstoß. Der Rückstoß ist diejenige Kraft, die gemäß dem Impulserhaltungssatz auf einen Körper wirkt, wenn von ihm eine Masse mit einer bestimmten →Geschwindigkeit (und einer hierzu nötigen Kraft) ab- oder ausgestoßen wird. Die Ursache des Rückstoßes ist der Impulserhaltungssatz (Impulssatz), der besagt, dass der Gesamtimpuls eines abgeschlossenen →Systems konstant bleibt. War der Körper vorher in Ruhe, so ist der Gesamtimpuls nach dem →Stoß gleich null, d. h. der Rückstoß lässt sich aus der Kraft des ursprünglichen Stoßes und den Massen der beteiligten Körper berechnen.

Ruheenergie. Die Energie E_0, die nach dem Äquivalenzprinzip der →Relativitätstheorie der Ruhemasse m_0 eines Körpers oder →Teilchens entspricht. Es gilt: $E_0 = m_0 \cdot c^2$. Diese Formel gilt für alle Körper und Teilchen, die eine →Ruhemasse besitzen. Eine Ausnahme ist beispielsweise das →Photon (Lichtquant), das nie ruht und auch keine Ruhemasse besitzt, wohl aber eine (bewegte) Masse und Energie.

Ruhelage. Die Ruhelage ist derjenige →Zustand eines schwingungsfähigen →Systems, in dem sich das System befindet, wenn keine äußere Störung eintritt (keine Kraft), also der mechanische, elektrische oder thermische Gleichgewichtszustand.

Ruhemasse. Sie bezeichnet die Masse, die ein Körper in einem →Bezugssystem hat, bezüglich dessen er ruht. →Teilchen, die sich mit Lichtgeschwindigkeit bewegen, z. B. das →Photon (Lichtquant), haben keine Ruhemasse, ihre Ruhemasse $m_0 = 0$.

Ruhesystem. Ein Inertialsystem (→Bezugssystem), in dem ein speziell zu betrachtender Körper als ruhend erscheint. Nach der →Relativitätstheorie kann ein solches Ruhesystem für jeden (auch bewegten) Körper gefunden werden.

IX. Lexikon

S

Saite. Ein längliches, meist fadenförmiges und elastisches Gebilde, dessen →Länge wesentlich größer als dessen Durchmesser ist. Wird eine Saite an beiden Enden eingespannt, so können auf ihr →Transversalwellen (d. h. →Schwingungsbäuche und →Schwingungsknoten) angeregt werden. An den festen Enden der Saite treten →Reflexionen auf. Bei geeigneter →Wellenlänge bilden sich →stehende Wellen, die als Eigenschwingung der Saite bezeichnet werden. Der Abstand zwischen den Schwingungsbäuchen (maximale →Amplitude) und Schwingungsknoten (keine Amplitude) wird als (halbe) Wellenlänge bezeichnet. Nach der Wellentheorie passen zwischen die beiden festen Endpunkte der Saite mit dem Abstand l zueinander alle ganzzahligen Vielfachen der halben Wellenlänge λ, d. h.

$$l = n \cdot \frac{\lambda}{2} \quad \text{mit n} = 1, 2, 3 \ldots$$

Daraus ergibt sich durch Umformen für die Wellenlängen:

$$\lambda = \frac{2 \cdot l}{n} \quad \text{mit n} = 1, 2, 3 \ldots$$

All diese Wellenlängen können also auf der Saite angeregt werden. Die Grundwelle der Saite ist ihr →Grundton, die anderen →Wellen sind die →Obertöne. Die Obertöne machen das Klangbild der Saite aus (z. B. den →Klang eines Geigentones).

Sättigung. Das Erreichen eines Grenzzustands für eine bestimmte physische Größe. Oberhalb der Sättigung kann die physikalische Größe nicht weiter ansteigen. Man sagt, sie ist gesättigt.

Sättigungsdampfdruck. Der →Dampfdruck in einem gesättigten Dampf über einer Flüssigkeit, also der →Druck eines Dampfes, der sich im thermodynamischen →Gleichgewicht mit der zugehörigen Flüssigkeit befindet. Einheit: 1 Pa = 1 →Pascal. Der Sättigungsdampfdruck steigt exponentiell mit der Temperatur an. Eine Flüssigkeit siedet, wenn der Dampfdruck (Sättigungsdampfdruck) mit dem Druck in der Flüssigkeit gleich ist. Da der Luftdruck mit der Höhe abnimmt, siedet beispielsweise Wasser in 2000 m Höhe schon bei 93 °C und nicht bei 100 °C – wie unter Normaldruck.

Schallempfänger. Ein Schallempfänger oder →Mikrofon wandelt Schallenergie (d. h. die Energie von longitudinalen Dichteschwankungen in der Luft) in →elektrische Energie um. Hierzu wird meist eine →Membran

IX. Lexikon

verwendet, die im Takt des Schalls schwingt und die diese →Schwingung über Kohleteilchen in eine Änderung des elektrischen →Widerstands (im Schallempfänger) umwandelt.

Schallgeschwindigkeit. Die Ausbreitungsgeschwindigkeit von →Schallwellen (Dichteschwankungen in Luft) in einem Medium. Die SI-Einheit ist 1 →Meter/Sekunde = 1 m/s. In der Luft beträgt ihr Wert etwa 330–340 m/s – je nach →Luftdruck und Temperatur. Die Schallgeschwindigkeit ist von den Eigenschaften des Mediums abhängig. Im Allgemeinen ist die Schallgeschwindigkeit in Gasen kleiner als in Flüssigkeiten und in →Festkörpern. In Metallen werden Schallgeschwindigkeiten bis zu 5000 m/s (z. B. in Aluminium) erreicht. Bei großen →Amplituden der Schallwellen ist die Schallgeschwindigkeit von der Amplitude abhängig, also nicht mehr nur eine Materialkonstante.

Schallquelle. Ein in einem Medium (z. B. Luft oder Wasser) schwingender Körper, von dem periodisch Verdichtungsfronten und Verdünnungsfronten ausgehen, die sich dann wiederum als →Wellen (nämlich longitudinale Schallwellen) im →Raum bzw. dem Medium ausbreiten.

Schallsender. Ein mechanisches →System, das durch mechanische, elektrische oder magnetische Kräfte in

→Schwingung versetzt werden kann und so →Schallwellen aussendet. Bekanntestes Beispiel ist der Lautsprecher. Er besteht aus einer Schallmembran, die im →Feld eines →Elektromagneten, an den die Schallspannung gelegt wird, schwingt. Das Anlegen der Wechselspannung an die →Spule des Elektromagneten bewirkt eine erzwungene Schwingung der →Membran, die dann Schallwellen erzeugt.

Schallwandler. Allgemein ein Gerät zur Umwandlung von elektrischer Energie in Schallenergie oder auch umgekehrt. Sowohl der Lautsprecher als auch das →Mikrofon sind Schallwandler.

Schallwelle. Eine Schallwelle ist eine Ausbreitung von Druckschwankungen in einem elastischen Medium. Das Medium kann dabei fest, flüssig oder gasförmig sein. In festen elastischen Medien treten sowohl longitudinale (Längswellen) als auch transversale →Wellen (Querwellen) auf. Bei longitudinalen Wellen oszillieren die →Teilchen parallel zur Ausbreitungsrichtung. In Gasen und weitgehend auch in Flüssigkeiten fehlt die Scherviskosität. Es treten daher nur longitudinale Wellen auf, die nicht polarisierbar sind. Longitudinale Wellen breiten sich in elastischen Medien als Verdünnungs- und Verdichtungsfronten aus.

Schatten. Das Raumgebiet hinter einem lichtundurchlässigen Gegenstand, der im Sinne der geometrischen →Optik durch einen von einer →Quelle ausgehenden Strahl nicht zu erreichen ist. Der Schatten ist streng genommen eine Eigenschaft, die nur in der geometrischen Optik (Strahlenoptik) auftritt. In der Realität dringt eine Welle auch in die geometrische Schattenzone hinter dem Gegenstand ein. Die Details der Beugungserscheinung werden vom Verhältnis der →Wellenlänge zur geometrischen Abmessung des Gegenstandes bestimmt.

Schmelzen. Die Überführung eines Stoffes vom festen in den flüssigen →Aggregatzustand. Der Temperaturpunkt, bei dem dieser Übergang stattfindet, heißt Schmelztemperatur oder auch →Schmelzpunkt. Der Schmelzpunkt von Wasser-Eis beträgt z. B. 0 °C (unter Normaldruck-Bedingungen). Das Schmelzen findet dann statt, wenn der Sublimationsdruck des Köpers (das ist der Festkörper-Dampfdruck) niedriger als der →Dampfdruck der Flüssigkeit ist. Zum Schmelzen eines Körpers muss jeweils →Wärme (Energie) zugeführt werden, die sog. →Schmelzwärme.

Schmelzkühlung. Schmelzkühlung (Ablationskühlung) ist ein Kühlverfahren zum Schutz vor unzulässiger Aufheizung, besonders bei in die →Atmosphäre zurückkehrenden Raumflugkörpern. Durch endotherme Zersetzung, Abschmelzung und Verdampfung von Schutzschichten (Hitzeschild) wird dabei die durch Luftreibung entstehende →Wärme verbraucht. Weitere Anwendungen gibt es in chemischen Raketentriebwerken. Ablationswerkstoffe sind unter anderem Graphit, Beryllium und faserverstärkte Kunststoffe.

Schmelzpunkt. Diejenige Temperatur, bei der ein Stoff schmilzt (Phasenübergang). Während des Schmelzvorganges bleibt die Temperatur konstant. Der Schmelzpunkt hängt immer auch vom →Druck und von Verunreinigungen im →System ab. Im Allgemeinen steigt der Schmelzpunkt mit wachsendem Druck. Eine Ausnahme bildet das Wasser, dessen Schmelzpunkt mit wachsendem Druck sinkt.

Schmelzwärme. Die →Wärme, die einem →Festkörper zugeführt werden muss, um ihn zu schmelzen. Meist wird die →spezifische Schmelzwärme (Schmelzwärme pro kg, Einheit J/kg) angegeben; sie ist eine Materialkonstante, d. h. nur vom Material und nicht von den Einzelheiten des Schmelzvorgangs abhängig.

Schrödinger-Gleichung. Die 1926 von dem österreichischen Physiker Erwin Schrödinger (1887–1961) aufgestellte grundlegende Gleichung der →Quantenmechanik, die an die Stelle der Bewegungsgleichung der →Mechanik (Newton-Gleichung) tritt. Die Schrödinger-Gleichung begründete die Quantenmechanik, daher ihre Bedeutung. Die Schrödinger-Gleichung ist eine Gleichung für eine Wellenfunktion Ψ, welche die Wahrscheinlichkeit des Antreffens eines mikrophysikalischen →Teilchens an einem Ort (Wellenfunktion) angibt. Die Quantenmechanik macht über die Schrödinger-Gleichung also nur Wahrscheinlichkeitsaussagen über das Antreffen eines Teilchen (Quantenteilchens) an einem Ort in einem bestimmten →Zustand. Nach der Quantenmechanik kann man prinzipiell nur Wahrscheinlichkeitsaussagen für Teilchen machen und keine konkreten Vorhersagen für ein einzelnes Teilchen – wie in der klassischen Physik. Die Quantenmechanik ist daher eine statistische Theorie. Eine eindrucksvolle Bestätigung der Schrödinger-Gleichung und damit der Richtigkeit der modernen Quantenmechanik lieferte die Behandlung des Wasserstoffatoms und seines →Spektrums, wo die Schrödinger-Gleichung exakt überprüfbare Vorhersagen liefert, z. B. die Energien (Energiespektrum) des Wasserstoffatoms.

schwarzes Loch. Ein Begriff aus der →Astronomie (Astrophysik), der nur mit der →Relativitätstheorie erklärbar ist. Der Begriff beschreibt „gefangenes" Licht, das nicht austreten kann,

daher der Name schwarzes Loch. Entstehung: Kommt es bei massereicheren Sternen zu dem dramatischen Ereignis einer Supernova (Gasexplosion unter Ausstoß von →Plasma), dann bildet sich ein noch dichteres Objekt als ein sog. weißer Zwerg, ein sog. Neutronenstern. Verliert ein Stern nicht schnell genug seine Materie der Hülle, so sackt unter der Gravitationswirkung der Stern unaufhaltsam in sich zusammen, bis eine so große Massekonzentration erreicht wird, dass selbst →Licht den betreffenden Bereich nicht mehr verlassen kann. Einen Bereich solcher Massenkonzentration bezeichnet man als schwarzes Loch. Die Existenz von schwarzen Löchern lässt sich nur indirekt nachweisen, beispielsweise dadurch, dass die Sterngeschwindigkeiten in der Nähe eines solchen Bereiches große Werte in bestimmter Richtung erreichen. Heute weiß man, dass es eine große Anzahl solcher schwarzer Löcher im Universum gibt.

Schwebung. Bezeichnung für die Erscheinung der periodischen Schwankung der →Amplituden bei einer →Schwingung, die durch Überlagerung zweier Schwingungen fast gleicher →Frequenz auftritt. Überlagern sich die Schwingungen mit gleicher Amplitude, so entsteht eine Grundschwingung mit der mittleren Frequenz sowie eine →Modulation dieser

Schwingung mit der Schwebungsfrequenz ν_s:

$$\nu_s = \left| \nu_1 - \nu_2 \right|$$

Dabei ist die ν_1 Frequenz der ersten Schwingung und ν_2 die der zweiten Schwingung. Eine Schwebung kann man z. B. hören, wenn zwei →Saiten eines Klaviertons nicht exakt gestimmt sind. Man hört dann die Differenzfrequenz als Schwebungserscheinung (ähnlich einem jaulenden →Ton).

schweres Wasser. Deuteriumoxid. Chemische Formel: D_2O. Schweres Wasser ist also Wasser (H_2O), bei dem das Deuterium D an die Stelle des Wasserstoffs H tritt. Natürliches Wasser enthält ein Deuteriumatom pro 6500 Moleküle H_2O. D_2O hat einen niedrigen Neutronenabsorptionsquerschnitt. Schweres Wasser spielt in der Reaktortechnik als Moderatorsubstanz eine wichtige Rolle. Es tritt auch als Moderator (um schnelle Neutronen abzubremsen) in natürlichen Uranreaktoren auf sowie (zusammen mit Tritium als superschweres Wasser T_2O) als Abfallprodukt bei der Kernenergie-Erzeugung und →Kernfusion.

Schwerpunkt. In der Physik der Angriffspunkt für die Schwerkraft eines starren Körpers, in dem die gesamte Masse vereinigt gedacht werden kann. Er kann auch außerhalb eines Körpers liegen (z. B. bleibt beim Hochsprung der Schwerpunkt ca. 20 cm unter der Stange). Bei Unterstützung im Schwerpunkt bleibt der Körper im →Gleichgewicht. Der Schwerpunkt wird auch als →Massenmittelpunkt bezeichnet.

Schwerpunktsatz. Ein aus der Erfahrung stammender Erhaltungssatz der Physik, der besagt, dass der Schwerpunkt eines →Systems von Massen, auf das keine äußeren Kräfte wirken, sich geradlinig und gleichförmig bewegt oder in Ruhe bleibt.

Schwingung. Eine zeitlich periodische →Zustandsänderung einer oder mehrerer →Zustandsgrößen eines physikalischen →Systems, die immer dann auftritt, wenn ein System durch eine äußere Störung aus seinem mechanischen, elektrischen oder thermischen →Gleichgewicht gebracht wird und Kräfte wirksam werden, die das System wieder in Richtung des Gleichgewichts bewegen. Schwingungen können in fast allen physikalischen Systemen auftreten. Eine Schwingung wird durch folgende Größen bestimmt: Amplitude (Schwingungsweite) A, →Schwingungsdauer (Periode) T und →Frequenz (Schwingungszahl) ν. Für eine reine (ungedämpfte) →harmonische Schwingung gilt:

$$y(t) = A \cdot sin\,(\omega \cdot t + \varphi_0)$$

IX. Lexikon

$$mit \ \omega = \frac{2 \cdot \pi}{T} = 2 \cdot \pi \cdot \nu$$

Dabei ist $y\,(t)$ die Auslenkung zur Zeit t, φ_0 die (Anfangs-)Phase der Schwingung und ω die Kreisfrequenz der Schwingung. Breitet sich eine periodische Schwingung im →Raum aus, so spricht man von einer →Welle.

Schwingungsbauch. Die Bezeichnung für das ortsfeste Maximum (Amplitudenmaximum) einer →stehenden →Welle.

Schwingungsdauer. Die Zeit, die zu einer vollen →Schwingung benötigt wird. Formelzeichen: T. Sie wird auch Periode oder Schwingungsperiode genannt. →Frequenz und Schwingungsdauer hängen folgendermaßen zusammen:

$$T = \frac{1}{\nu} \ und \ \nu = \frac{1}{T}$$

Dabei ist ν die Frequenz der Schwingung und T die Schwingungsdauer.

Schwingungsknoten. Die Bezeichnung für das ortsfeste Minimum (Amplitudenminimum) einer →stehenden →Welle.

Sekunde. Die SI-Einheit der Zeit, gleichzeitig eine der sieben Basiseinheiten des SI-Systems. 1 Sekunde ist definiert als 9 192.631.770 Periodendauern der elektromagnetischen Strahlung aus dem Übergang zwischen den Hyperfeinstrukturniveaus des Grundzustandes von Cäsium 133. Ursprünglich definiert als der 86.400ste Teil eines mittleren Sonnentages, der in 24 Stunden zu je 60 Minuten zu je 60 Sekunden aufgeteilt ist. Weitere Einheiten: 1 Minute = 1 min = 60 s, 1 Stunde = 1 h = 3600 s, 1 Tag = 1 d = 86.400 s, 1 Jahr = 1 a = 31.536.000 s.

Selbstinduktion. Ändert man einen magnetischen Fluss, so erzeugt dies nicht nur in den →Leitern außerhalb der →Spule eine Induktionsspannung, sondern auch in der Spule, die das magnetische →Feld erzeugt (Selbstinduktion). Es entsteht also eine zusätzliche Induktionsspannung in der Spule selbst. Diese Selbstinduktion ist besonders bei (elektrischen) Ein- und Ausschaltvorgängen bedeutsam. Sie ist auch der Grund für die →Phasenverschiebung in einer Spule, bei welcher der →Strom stets der Spannung hinterher hinkt. Sie führt auch zu hohen Spannungsspitzen beim Ein- oder Ausschalten von Strömen.

semipermeable Membran. Eine nur in eine Richtung durchlässige Trennwand, die außerdem nur für →Teilchen bestimmter Größe passierbar ist, für andere jedoch nicht. An semipermeablen Membranen kommt es so zum Aufbau eines Konzentrationsunterschied-Druckes, des sog. osmotisches Druckes.

Serienschaltung. Eine Grundschaltung von elektrischen Bauelementen (→Widerstand, →Kondensator usw.), auch Reihenschaltung oder Hintereinanderschaltung genannt. Bei der Serienschaltung fließt durch alle Bauelemente derselbe →Strom. Bei der Serienschaltung von elektrischen Widerständen (elektrischen Verbrauchern) gilt die Formel:

$$R = R_1 + R_2 + ... + R_n$$

Dabei ist R der Gesamtwiderstand und R_1 bis R_n die Einzelwiderstände. Eine ähnliche Formel gilt für die Serienschaltung von →Spulen (→Induktivitäten). Bei der Serienschaltung von Kondensatoren gilt hingegen:

$$\frac{1}{C} = \frac{1}{C_1} + \frac{1}{C_2} + ... + \frac{1}{C_n}$$

Dabei ist C die Gesamtkapazität und C_n bezeichnet die Einzelkapazitäten.

SI. Abkürzung für Système International, also für das Internationale →Einheitensystem. Die sieben Basiseinheiten →Meter, →Kilogramm, Sekunde, →Ampere, →Kelvin, →Candela und →Mol sind Bestandteile des SI. In den meisten Staaten der Erde ist das SI gesetzlich vorgeschrieben, in Deutschland seit 1978.

Sieden. Der Übergang eines Stoffes vom flüssigen in den gasförmigen →Aggregatzustand nach Erreichen seines (druckabhängigen) →Siedepunktes. Der Siedepunkt ist vom verdampfenden Material und vom Umgebungsdruck (z. B. →Luftdruck) über der Flüssigkeitsoberfläche abhängig. Sieden wird häufig auch als Verdampfen bezeichnet, was allerdings nicht ganz korrekt ist. Streng genommen bedeutet Sieden, dass es nur auf die Oberfläche der Flüssigkeit beschränkt bleibt, d. h. dass sich im Gegensatz zum Verdampfen keine Dampfblasen bilden. Das Verdunsten wiederum ist das Verdampfen bei Temperaturen unterhalb der Siedetemperatur, wobei sich ebenfalls kleine Dampfblasen bilden.

Siedepunkt. Diejenige Temperatur, bei der ein flüssiger Stoff bei Zufuhr von →Wärme ohne Temperaturerhöhung in den gasförmigen →Zustand übergeht (also siedet). Der Siedepunkt hängt in starkem Maße vom Druck ab, außerdem von Verunreinigungen.

Sievert. Die SI-Einheit der Äquivalentdosis. Einheitenzeichen: 1 Sievert = 1 Sv. 1 Sv ist gleich der Äquivalentdosis, die sich aus der Energiedosis 1 Gray = 1 Joule/kg bei einem Bewertungsfaktor von q = 1 ergibt. Je nach Art der Strahlung wird dabei jede Strahlungsart physiologisch bewertet; auf diese Weise ergeben sich die Bewertungsfaktoren. Das Sievert ist also keine physikalische Einheit, sondern eine vom Menschen bewertete Einheit (spezielle Einheit) und ein Maß für die biologische Wirksamkeit einer gewissen Menge von Strahlung auf den Menschen. Sie wurde benannt nach dem schwedischen Wissenschaftler Rolf Maximilian Sievert (1896–1966).

Sinusschwingung siehe harmonische Schwingung.

Sirene. Eine Sirene besteht aus einer rotierenden kreisförmigen Scheibe mit konzentrisch angebrachten Lochreihen und einer Düse, die Luft auf die Scheibe bläst. Dadurch entsteht eine periodische Freigabe und Unterbrechung des Luftstroms. Infolgedessen treten periodische Luftdruckänderungen auf, die als →Ton wahrgenommen werden. Die →Frequenz des Tons wächst mit der Rotationsgeschwindigkeit der Scheibe, also mit der Entfernung vom Scheibenmittelpunkt.

Sonne. Der Zentralkörper des →Planetensystems (→Sonnensystems). Die mittlere Entfernung der Sonne von der →Erde beträgt 149,6 Mio. km, der Durchmesser 1,392 Mio. km = 109 Äquatordurchmesser der Erde und die Masse = 333.660 Erdmassen. Die mittlere Dichte der Sonne ist 1,4 g/cm². Auf der Sonne ist die Schwerebeschleunigung an der Oberfläche 28-mal größer als am Erdäquator (aufgrund der höheren Masse). Die Strahlungstemperatur auf der Sonnenoberfläche (Photosphä-re) beträgt 5785 K. Im Zentrum der Sonne herrschen sogar Temperaturen von bis zu 15 Mio. K. Auf der Sonne laufen ständig Kernreaktionen ab, die zur Erzeugung und Aussendung einer ganzen Palette von →Elementarteilchen und Lichtquanten führen. Diese sind die Ursache für das Sonnenlicht, aber auch die Höhenstrahlung, die auf die Erde trifft.

Sonnenflecken. Sonnenflecken sind dunkle Flecken auf der Sonnenoberfläche. Sie wurden erstmals entdeckt von Galileo Galilei (um 1610). Bei den Sonnenflecken ist ein dunkler Kern (Umbra) von einem helleren und strukturreichen Hof (Penumbra) umgeben. Sie entwickeln sich aus kleinen Poren zu oft großer Flächenausdehnung und bilden Gruppen. Die →Lebensdauer der Sonnenflecken reicht von wenigen Tagen bis zu mehreren Monaten. Häufigstes Auftreten in niederen Breiten (10–30°); das Auftreten erfolgt in periodischem Wechsel (Sonnenfleckenperiode). Sonnenflecken entstehen wahrscheinlich durch magnetische Störungen mit einer Feldstärke bis 0,45 →Tesla. Die Temperatur im Kern der Sonnenflecken ist etwa 1500 °C niedriger als die der Fotosphäre.

Sonnensystem. Das Sonnensystem umfasst die →Sonne und die Gesamtheit aller sie ständig umwandernden Himmelskörper (→Planeten mit Monden, Planetoiden, Kometen sowie Meteore).

Spannung. In der →Mechanik ist die Spannung die Kraft (Druckkraft), die im Innern eines durch äußere Kräfte belasteten elastischen Körpers je Flächeneinheit auftritt. Die zulässige Spannung ist diejenige Spannung, bis zu der ein Körper belastet werden darf, ohne eine bleibende Formänderung (plastische Änderung) zu erfahren. Man unterscheidet die Spannung senkrecht zur Flächenrichtung (Druck-, Zug-, Normalspannung) und die tangential zur Fläche wirkende Spannung (Schub-, Torsions- oder Verdrillungsspannung). In der Festigkeitslehre ist die Nennspannung der Quotient aus äußerer Kraft und Querschnitt. Spannungen werden in Druckeinheiten gemessen (→Pascal). Ein Beispiel ist die →Oberflächenspannung. In der Elektrizitätslehre wird der Begriff Spannung für die elektrische Spannung (Potenzialdifferenz) verwendet.

Spannungsquelle. Eine Anordnung, die durch die elektromotorische Kraft (EMK) →Spannungen trennt, d. h. die Bezeichnung für ein Gerät, das zwischen zwei Punkten eine elektrische Potenzialdifferenz aufweist (elektrochemische →Spannung). Beispiele für Spannungsquellen sind die →Batterie, der →Akkumulator, das →Thermoelement oder eine Fotozelle.

Spektrallinie. Die von Atomen, Molekülen oder Atomkernen einheitlicher Art ausgesendete oder absorbierte monochromatische Strahlung. Bei der Aussendung spricht man von den Emissionslinien; bei der Absorption (Aufnahme) von den Absorptionslinien. Allgemein also eine linienartige Struktur im →Spektrum einer elektromagnetischen Strahlungsquelle (Linienspektrum). Das Linienspektrum (und damit die Spektrallinie) kommt in der Regel durch einen atomaren Übergang zustande. Dabei wechselt ein Elektron in der Atomhülle zwischen zwei Energiezuständen. Die Differenz der Energiezustände ΔE bestimmt dann die →Frequenz ν der Linie. Es gilt:

$$\nu = \frac{\Delta E}{h}$$

Dabei ist h das →Planck'sche Wirkungsquantum ($h = 6{,}626 \cdot 10^{-34}$ Js). Die ersten Spektrallinien wurden 1814 von Joseph von Fraunhofer (1787–1826) im Sonnenspektrum entdeckt (Fraunhofer-Linien). Spektrallinien bestimmen auch die Farbe von Lampen, →Lasern und Farbstoff-Röhren (z. B. Neon-Röhre).

Spektrum. In der Physik die Bezeichnung für die Zerlegung und systematische Aufreihung von Größen gleichen Ursprungs (z. B. elektromagnetische

IX. Lexikon

Strahlung unterschiedlicher →Frequenz). Speziell das elektromagnetische Spektrum ist die Intensität von elektromagnetischer Strahlung als Funktion der Frequenz bzw. →Wellenlänge. Zunächst wurde der Begriff Spektrum nur für das farbige Band verwendet, in das weißes →Licht durch ein →Prisma zerlegt wird. Heute bezeichnet man auch bei vielen anderen Prozessen die Darstellung der Frequenz- oder Energieabhängigkeit einer Größe als Spektrum. Beispiel: Das Massenspektrum von →Elementarteilchen.

spezifische Schmelzwärme. Die spezifische →Schmelzwärme (Formelzeichen: q) gibt an, wie viel Energie notwendig ist, um eine Masse von 1 kg eines Stoffes oder Materials zu schmelzen. Es gilt:

$$q = \frac{\Delta Q}{m}$$

Dabei ist ΔQ die Schmelzwärme und m die Masse des Schmelzkörpers. Die Einheit der spezifischen Schmelzwärme beträgt 1 Joule/kg = 1 J/kg.

spezifische Verdampfungswärme. Sie gibt an, wieviel Energie notwendig ist, um eine Masse von 1 kg eines Stoffes oder Materials zu verdampfen. Sie hängt von Druck und Temperatur ab. Es gilt:

$$q = \frac{\Delta Q}{m}$$

Dabei ist ΔQ die →Verdampfungswärme und m die Masse des zu verdampfenden Körpers. Einheit: 1 Joule/kg = 1 J/kg. Während des Verdampfungsprozesses ist die Temperatur konstant.

Spin. Eine spezielle Eigenschaft des Elektrons, die als Eigendrehimpuls des Elektrons aufgefasst werden kann, allerdings vollständig nur durch die moderne →Quantenmechanik erklärbar ist. Er ist den Gesetzen der Quantenmechanik unterworfen. Der Spin eines atomaren →Teilchens kann nicht beliebige Werte annehmen, sondern ist gequantelt und immer ein ganzzahliges oder ein halbzahliges Vielfaches des →Planck'schen Wirkungsquantums $h/2\pi$. Der Wert des Spins wird durch die sog. Spinquantenzahl definiert. Sie ist halbzahlig ($s = 1/2$) für Elektronen, →Nukleonen (d. h. Neutronen und Protonen sowie die →Quarks) und ganzzahlig ($s = 1$) für →Photonen und Mesonen. Teilchen mit halbzahligem Spin werden als Fermionen bezeichnet, Teilchen mit ganzzahligem Spin als Bosonen. In →Festkörpern ist der Spin auch die Ursache des →Magnetismus, d. h. die spontane Erzeugung von Elementarmagneten in einem Festkörper. Nicht zuletzt spielt der Spin auch eine wichtige Rolle beim Aufbau des Periodensystems der Elemente.

Spule. Scheibenförmiges oder zylindrisches, elektrisches Bauelement, auf den ein langer und dünner Draht gewickelt ist. Fließt durch den Draht ein →Strom, so wird um den →Leiter ein Magnetfeld erzeugt, das sich durch die Aneinanderreihung von mehreren kreisförmigen Leiterschleifen mit gleicher Stromrichtung entsprechend verstärkt. Jede Spule besitzt eine →Induktivität (Selbstinduktivität). Anwendung von Spulen: Elektromotor, →Elektromagnet, →Transformator.

starrer Körper. Ein idealisierter Körper, dessen Massenpunkte untereinander stets gleiche Abstände haben. Ein starrer Körper kann Translationsbewegungen (Verschiebungen) sowie Rotationsbewegungen (Drehungen) ausführen. Er unterliegt aber keinen Deformationen. Ein starrer Körper hat sechs Freiheitsgrade, davon drei für die →Bewegung und drei für die Rotation.

Statik. Ein Teilgebiet der →Mechanik, das sich mit ruhenden Körpern und den an ihnen angreifenden Kräften beschäftigt. Es werden dabei die Bedingungen, unter denen die an einem Körper angreifenden Kräfte im →Gleichgewicht sind, untersucht. Die technische Statik ist die Grundlage aller Berechnungen und Konstruktionen von Bauwerken (Brücken, Häusern) usw.

statischer Druck siehe hydrostatischer Druck.

Staudruck. Eine Komponente des Gesamtdrucks in einem strömenden Medium. Der Staudruck p_{stau} in einer stationären, reibungsfreien Flüssigkeit berechnet sich nach:

$$p_{stau} = \frac{\rho}{2} \cdot v^2$$

Dabei ist ρ die Dichte des strömenden Mediums, v die →Geschwindigkeit der Strömung. Zum Staudruck kommt in der Regel noch der statische Druck (Schweredruck) einer Flüssigkeitssäule hinzu. Der Staudruck ergibt sich aus der →kinetischen Energie der Flüssigkeitsteilchen.

stehende Welle. Eine stehende →Welle entsteht durch Überlagerung zweier Wellen mit gleicher →Frequenz, gleicher →Amplitude und gleichem Phasenwinkel, aber entgegengesetzter Laufrichtung. Die Wellenzahlvektoren beider Wellen sind betragsgleich und antiparallel. Bei der stehenden Welle sind die Positionen der maximalen →Schwingung (→Schwingungsbauch) und der minimalen Schwingung (→Schwingungsknoten) stets am gleichen Ort zu finden, daher ihre Bezeichnung.

Steradiant. Eine ergänzende SI-Einheit des Raumwinkels, entsprechend zur Einheit →Radiant des ebenen →Winkels. 1 Steradiant = 1 sr ist derjenige Raumwinkel, unter dem aus der Oberfläche einer Kugel vom Radius 1 m eine Fläche von 1 m² herausgeschnitten wird. Ein voller Raumwinkel beträgt damit $4\,\pi$ sr.

Stoß. Der Zusammenprall von zwei Körpern, bei deren Berührung es zu einem Energie- und Impulsaustausch kommt. Die Impulssumme bleibt konstant, →Geschwindigkeit und Richtung ändert sich jedoch nach dem Stoß. Der Stoß kann mit den Gesetzen der →Mechanik berechnet werden. Man unterscheidet den zentralen Stoß von einem exzentrischen Stoß sowie den elastischen vom unelastischen (inelastischen) Stoß. Bei letzterem wird →kinetische Energie meist in Formänderungsarbeit überführt, der stoßende Körper wird also verformt. Für die wichtigste Form des Stoßes, den elastischen zentralen Stoß, gilt der Energie- und Impulserhaltungssatz. Durch Gleichsetzen dieser beiden Größen erhält man:

Impulssatz:
$$m_1 v_1 + m_2 v_2 = m_1 u_1 + m_2 u_2$$

Energiesatz:
$$\frac{1}{2} \cdot m_1 \, v_1{}^2 + \frac{1}{2} \cdot m_2 \, v_2{}^2$$
$$= \frac{1}{2} \cdot m_1 \, u_1{}^2 + \frac{1}{2} \cdot m_2 \, u_2{}^2$$

wobei m_1, m_2 die beiden Massen der Körper und v_1, v_2 die Geschwindigkeiten vor und u_1, u_2 die Geschwindigkeiten nach dem Stoß sind. Wenn beide Körper dieselbe Masse haben ($m_1 = m_2 = m$), folgt hieraus:

$$u_1 = v_2 \text{ und } u_2 = v_1$$

Die Geschwindigkeiten beider Körper vor und nach dem Stoß werden also getauscht. War der zweite Körper vorher in Ruhe, so wird er nach dem Stoß mit derselben Geschwindigkeit bewegt wie der erste Körper vor dem Stoß bewegt wurde. Bei unterschiedlichen Massen der beiden Körpern ergeben sich andere Geschwindigkeiten. Speziell für einen leichten Körper, der an einen schweren stößt, ergibt sich:

$$u_1 = -v_1$$

Der Körper entfernt sich also mit der gleichen Geschwindigkeit, aber dem entgegengesetztem Betrag vom Stoßkörper. Diese Beziehung wird auch als klassisches (mechanisches) →Reflexionsgesetz bezeichnet. Sie kann sinngemäß auch auf nicht mechanische Stöße übertragen werden (z. B. Stöße zwischen →Elementarteilchen, →Photonen usw.).

Stoßwellen. Stoßwellen sind nichtperiodische Wellen großer →Amplitude, die mit Massentransport verbunden sein können. Die Ausbreitungsgeschwindigkeit ist dabei amplitudenabhängig (nicht lineare →Welle). Für

Stoßwellen gilt das →Superpositionsprinzip nicht.

Streuung. Die Ablenkung eines Teilchen- bzw. Wellenstrahls aus der ursprünglichen Richtung in beliebige andere Richtungen durch Wechselwirkung mit Materie oder kleine →Teilchen, die als Streuzentren dienen. Beispiele: die Streuung von →Licht an Staubpartikeln oder Luftmolekülen oder die Streuung von Neutronen an Atomkernen. Wie beim →Stoß unterscheidet man zwischen der elastischen Streuung und der unelastischen (inelastischen) Streuung. Bei der elastischen Streuung ist die Summe der kinetischen Energie von gestreutem und streuendem Partikel konstant (kein Energieverlust). Bei der inelastischen Streuung wird die Energie vermindert. Ein Teil der Energie wird dann in andere Energieformen umgewandelt (z. B. zur atomaren →Anregung eines Elektrons oder Neutrons).

Strom. Bezeichnung für den gerichteten Transport von elektrischen →Ladungsträgern. Beim Leitungsstrom besteht ein ruhender →Leiter, durch den sich die Ladungsträger bewegen, beim Konvektionsstrom werden sie von einem Medium transportiert und befinden sich selber im Ruhestand. →Gleichstrom herrscht bei zeitlich konstanter →Stromstärke, ansonsten spricht man von Wechselstrom. Bei der Richtung des Stromes unterscheidet man zwischen der technischen Stromrichtung (→Bewegung von positiven Probeladungen, d. h. vom Pluspol zum Minuspol) und der physikalischen Stromrichtung für die (elektrisch negativ geladenen) Elektronen. Die physikalische Stromrichtung verläuft vom Minuspol zum Pluspol, da Elektronen stets zum Pluspol wandern (Elektronendiffusion). Der Begriff des Stromes wird manchmal auch für den Transport von nicht elektrischen →Teilchen verwendet (nicht elektrischer Strom). Hierzu zählt z. B. der →Wärmestrom oder der Flüssigkeitsstrom.

Stromkreis. Ein aus elektrischen →Leitern, Schaltelementen (→Kondensator, →Spule usw.) sowie →Spannungsquellen bestehender geschlossener Kreis, in welchem ein durch eine →Spannung verursachter elektrischer →Strom fließt. Der Strom kann nur in einem geschlossenen Stromkreis fließen, niemals in einem offenen.

Stromstärke. Eine der Basiseinheiten des →SI. Formelzeichen: I. Einheit: 1 →Ampere = 1 A. Definition: 1 Ampere ist die Stärke eines zeitlich konstanten elektrischen →Stroms, der durch zwei im →Vakuum im Abstand von 1 →Meter parallel zueinander angeordneten, unendlich langen, geradlinigen →Leitern fließt und zwischen ihnen pro Meter Leiterlänge eine

Kraft von $2 \cdot 10^{-7}$ →Newton hervorruft. Die Stromstärke kann auch durch die Änderung der →Ladung mit der Zeit definiert werden. Es gilt:

$$I = \frac{\Delta Q}{\Delta t} \text{ bzw.}$$

$$I = \frac{dQ}{dt}$$

Die Stromstärke gibt also an, um welchen Betrag ΔQ sich die →Ladung Q in der Zeit t durch den Stromfluss verändert.

Sublimation. Der direkte Übergang vom festen in den gasförmigen →Aggregatzustand – im Gegensatz zum Übergang über die flüssige Zwischenphase.

Sublimationswärme. Diejenige →Wärme, die einem →Festkörper zugeführt werden muss, um ihn zu sublimieren.

Südpol. Der Südpol ist derjenige Pol eines →Magneten, der sich zum geografischen Südpol der →Erde ausrichtet. In Stabmagneten ist der Südpol meist grün (der →Nordpol rot) gekennzeichnet. Der geografische Südpol liegt heute in der Antarktis; er bewegt sich allerdings etwas. Im Verlauf der Erdgeschichte hat sich das magnetische →Feld der Erde (verursacht durch magnetische Lavaströme im Erdinneren) bestimmten Theorien zufolge mehrmals gedreht, d. h. es gab wohl auch Epochen (vor Milliarden von Jahren), in denen der Südpol in der Arktis lag. Der magnetische Südpol liegt in der Nähe des geografischen Nordpols.

Superpositionsprinzip. Nach dem Superpositionsprinzip überlagern sich lineare →Wellen, ohne sich gegenseitig zu beeinflussen. Die resultierende →Auslenkung in einem Punkt r zur Zeit t ist die Summe der Auslenkungen jeder einzelnen Welle. Das Superpositionsprinzip gilt nicht für nicht lineare Wellen (→Stoßwellen, Schwerewellen).

Supraleiter. Ein Material, dessen spezifischer →Widerstand unterhalb einer bestimmten Temperatur (Sprungtemperatur) vollkommen verschwindet. Im supraleitenden →Zustand kann das Material daher Ströme ohne Verlust transportieren (kein Wärmeverlust, kein Reibungsverlust usw.). Supraleitend sind viele Metalle und Legierungen, aber auch Keramiken und Gläser. Die höchsten erzielten Sprungtemperaturen liegen etwa bei 150 K (d. h. -123 °C). Diese tiefe Temperatur verhindert derzeit noch eine breite technische Anwendung, da die Supraleiter ständig auf diese Temperatur gekühlt werden müssen (z. B. mit flüssigem Stickstoff). Anwendung: Neben der Anwendung verlustloser →Stromleiter wird die Abhängigkeit der Supraleitung von Temperatur und Magnetfeld ausgenutzt. Supraleitende Ringe (sog. SQUIDs) werden z. B. für berührungsfreie →Messungen von winzigsten Magnetfeldern in der Medizin eingesetzt, etwa zur Messung des Herzschlags. Außerdem schweben SQUIDs reibungsfrei (d. h. endlos lange) in einem Magnetfeld senkrecht über einem Permanent-Magneten, ein Effekt, der gerne zur Demonstration der Supraleitung eingesetzt wird.

Suszeptibilität. Die magnetische (oder manchmal auch die elektrische) Aufnahmefähigkeit (Polarisierbarkeit) eines Materials. Formelzeichen: χ. Die Suszeptibilität gibt an, wie stark das magnetische (oder elektrische) →Feld durch das Medium geändert wird. Wird das Feld verstärkt, ist die Suszeptibilität größer null, wird das Feld geschwächt ist sie kleiner null.

Synchrotronstrahlung. Eine elektromagnetische Strahlung mit →Wellenlängen vom Hochfrequenzbereich bis zur Röntgen- oder →Gammastrahlung, die von beschleunigten (oder abgebremsten) geladenen →Teilchen in einem Synchrotron (Beschleunigerring) abgegeben wird. Synchrotronstrahlung wird vor allem in der Medizin und in der Materialforschung benutzt.

System. Eine Menge von →Teilchen, die meist in Beziehung zueinander stehen und die gemeinsam betrachtet werden, wie z. B. das →Planetensystem. Es gibt offene Systeme, bei denen Energie- oder Teilchenaustausch mit der Umwelt erfolgt, und geschlossene (abgeschlossene) Systeme, bei denen kein solcher Austausch erfolgt. In abgeschlossenen Systemen gelten oft spezielle physikalische Gesetze, z. B. der 2. Hauptsatz der →Thermodynamik (Konstanz der →Entropie).

IX. Lexikon

T

Teilchen. Kleine und kleinste Körper in der Physik, wobei verschiedenste Arten von Teilchen gemeint sein können. Teilchen werden manchmal auch als Korpuskel oder Partikel bezeichnet. Beispiele: Staubteilchen, Rauchpartikel, Gasteilchen, Moleküle und →Elementarteilchen.

Teilchenbeschleuniger. Eine Anlage zur →Beschleunigung elektrisch geladener Elementarteilchen, um sie auf eine hohe →kinetische Energie zu bringen. Da sie sehr hohe →Geschwindigkeiten erreichen, besitzen die →Teilchen eine sehr hohe Energie. Zur Beschleunigung geladener Teilchen wird in der Regel die →Lorentz-Kraft $F_L = q \cdot (E + v \times B)$ verwendet, die eine →Ladung q im elektrischen →Feld E und im magnetischen Feld B erfährt, wenn sie die Geschwindigkeit v besitzt. In einem Teilchenbeschleuniger durchlaufen die Teilchen, oft in mehreren Schritten, sehr hohe →Spannungen (und Magnetfelder zur Ablenkung der Teilchen). Die beschleunigten Teilchen dienen zur Material- oder Grundlagenforschung und strahlen häufig Quanten in Form von elektromagnetischer ionisierender Strahlung ab.

Teilchenstrahlung. Ein Begriff, der allgemein für die Strahlung aus materiellen, bewegten →Teilchen, die auch in Ruhe eine Masse besitzen, verwendet wird. Teilchenstrahlung wird auch als Korpuskularstrahlung bezeichnet, da die Teilchen Korpuskeln sind (d. h. Teilchen mit einer →Ruhemasse > 0) – im Gegensatz z. B. zu →Photonen oder Lichtquanten. Beispiel für Teilchenstrahlung: Elektronen, Ionen, Neutronen, Atom- und Molekularstrahlung. Wegen des →Welle-Teilchen-Dualismus kann die Teilchenstrahlung auch als →Welle (die sog. →Materiewelle) beschrieben werden.

Temperatur. Ein Maß für die mittlere ungerichtete →Bewegungsenergie je Molekül eines Körpers. Formelzeichen: T. Je größer die Wärmebewegung der →Teilchen, desto höher ist (nach der kinetischen Gastheorie) die Temperatur. Die Temperatur ist zu unterscheiden von der →Wärme, einer Energieform. Temperatur wird mit →Thermometern, mit →Thermoelementen und (bei hohen Temperaturen) mit Strahlungsmessern gemessen. Der absolute Nullpunkt (0 K = 0 Kelvin) ist die kleinste überhaupt mögliche Temperatur; man kann ihn nur näherungsweise erreichen (Nernst'sches Gesetz). In der Physik ist die thermodynamische Temperaturskala (Kelvinskala) gebräuchlich; im täglichen Leben hat sich die Celsiustemperaturskala durchgesetzt. In den USA werden Temperaturen überwiegend noch in Fahrenheit angegeben. Es gilt: 0 K = -273,15 °C.

Tesla. Die SI-Einheit der magnetischen Flussdichte. 1 Tesla = 1 T ist gleich der Flächendichte des magnetischen Flusses 1 →Weber (Wb) durch eine Fläche von 1 m^2, d. h. 1 T = 1 Wb/m^2 = 1 Vs/m^2.

Thermik. Allgemein die Lehre von der →Wärme, ihrer Strömung und ihrer Ausbreitung in der Luft und in anderen Gasen. Sie umfasst z. B. die Lehre von den Strömungen in der Luft, die für das Segelfliegen von Bedeutung sind.

thermische Schallerzeugung. Die Umwandlung von →Wärme in Schallenergie. Beispiel: Funkenschallwellen, Thermofon, tönender Lichtbogen.

Thermodynamik siehe Wärmelehre.

Thermoelement. Ein aus zwei oder mehr verschiedenen →Leitern bestehendes Gerät zur →Messung der Temperatur, bei dem unter Ausnutzung eines speziellen physikalischen Effektes (Seebeck-Effekt) die Lötstellen bei Temperaturdifferenz elektrische →Spannung aufbauen. Mit verschiedenen Metallkombinationen kann man einen Temperaturbereich von 3–3500 K abdecken, über die Thermospannung lässt sich dann die Temperatur messen.

Thermometer. Ein Gerät zur →Messung der Temperatur eines Körpers oder →Systems. Thermometer beruhen im Allgemeinen auf der thermischen Ausdehnung von Körpern mit steigender Temperatur. Bauarten von Thermometern: Flüssigkeitsthermometer, Gasthermometer, Bimetallthermometer.

Ton. Ein Ton ist eine Druckschwingung, also eine →Welle, die sich durch die Luft ausbreitet. Ein Ton mit einem rein sinusförmigen Druckverlauf enthält eine einzige →Frequenz (→harmonische Schwingung). Eine reine →Sinusschwingung kann mit herkömmlichen Musikinstrumenten nicht erzeugt werden. Sie kann jedoch elektronisch generiert werden.

Tonhöhe. Die Bezeichnung für die →Frequenz eines →Tons. Einheit: 1 →Hertz = 1 Hz. Beispiele: Der →Kammerton a beträgt 440 Hz.

Tonstärke. Die Bezeichnung für die Intensitätsamplitude eines →Tons. Je größer die →Amplitude, desto stärker der Ton. Die Tonstärke ist unabhängig von der →Frequenz, welche die Höhe des Tones angibt.

Torsion. Die Verdrehung (oder Verdrillung) eines Körpers durch an zwei Stellen des Körpers entgegengesetzt angreifende →Drehmomente. Wenn ein rücktreibendes Drehmoment (z. B. bei der Torsionsfeder) existiert, dann

IX. Lexikon

kommt es zu einer Torsionsschwingung (Drehschwingung). Anwendungsbeispiel: ballistisches Galvanometer (z. B. zur Strom- oder Spannungsmessung).

Totalreflexion. Die vollständige →Reflexion einer →Welle an der →Grenzfläche von einem optisch dichteren Medium mit einem demgemäß höherem →Brechungsindex zu einem optisch dünneren Medium mit niedrigerem Brechungsindex. Totalreflexion kann bei elektromagnetischen Wellen (Licht) und bei →Materiewellen (z. B. Neutronen) auftreten. Die Totalreflexion tritt ab einem bestimmten Grenzwinkel auf, der von den beiden Materialien der Grenzschicht abhängt. Der Grenzwinkel für die Grenzfläche Wasser – Luft beträgt z. B. 48,5°. Die Totalreflexion an Wasseroberflächen ist für die Spiegelung an Wasseroberflächen verantwortlich.

Trägheit. Das Beharrungsvermögen eines Körpers. Jeder Körper, der eine Masse besitzt, kann nur durch Krafteinwirkung gezwungen werden, seinen Ruhezustand bzw. seine →Bewegung in geradliniger →Bahn aufzugeben. Dieses Trägheitsgesetz wird im ersten →Newton'schen Axiom beschrieben. Ein Maß für die Trägheit eines Körpers ist seine Masse.

Trägheitskraft. Eine Scheinkraft, die nur in beschleunigten →Bezugssystemen auftritt. Beispiele für eine Trägheitskraft sind die →Zentrifugalkraft oder die Corioliskraft in einem sich drehenden →System. Scheinkräfte wie die Trägheitskraft werden als solche bezeichnet, da sie durch Transformation in ein anderes Bezugssystem verschwinden können. Ihre →Wirkung ist dagegen real. Beispiel: Achterbahn.

Trägheitsmoment. Das Trägheitsmoment ist ein Maß für die →Trägheit bei der Rotation →starrer Körper. Sie entspricht der trägen Masse bei einer geradlinigen →Bewegung. Die konstante Größe bestimmt sich aus dem Verhältnis von wirkendem →Drehmoment zur Winkelbeschleunigung.

Transformator. Ein Gerät, das aus zwei →Spulen besteht, die um einen gemeinsamen Eisenkern gewickelt sind (dazwischen ist eine Isolierschicht). Auf der Grundlage der elektromagnetischen →Induktion, die zwischen den beiden Spulen zustande kommt, kann so die →Amplitude einer Wechselspannung verändert, d. h. entweder hoch- oder heruntertransformiert werden. Die →Frequenz bleibt dabei konstant. Im einfachsten Fall besteht ein Transformator aus zwei Spulen mit N_1 bzw. N_2 Wicklungen (Primär- und Sekundärspule), welche um einen meist eckigen gemeinsamen Eisenring (Eisenkern) gewickelt sind.

Anwendung als Spannungsübersetzer für Wechselspannungen. Für das Verhältnis zwischen Primärspannung U_1 und Sekundärspannung U_2 ergibt sich für den (unbelasteten) Transformator:

$$\frac{U_2}{U_1} = \frac{N_2}{N_1}$$

Für die Stromstärke gilt für den idealtypischen (belasteten) Tranformator:

$$\frac{I_2}{I_2} = \frac{N_2}{N_1}$$

Die gesamte Energie (Produkt aus →Strom und →Spannung) bleibt im Idealfall erhalten. In der Praxis ergeben sich jedoch immer Verluste durch Abstrahlung des magnetischen Flusses nach außen (Wirbelstromverluste).

transversale Polarisation. Hier steht der Wellenzahlvektor senkrecht zur Auslenkungsrichtung der →Welle (und senkrecht zur Ausbreitungsrichtung).

Transversalwelle. Eine →Welle, bei der die →Oszillatoren senkrecht zur Ausbreitungsrichtung der Welle schwingen. Beispiel: Bewegt man das Ende eines Seiles rasch auf und ab, so laufen Wellenberge und Wellentäler am Seil entlang. Die einzelnen Abschnitte des Seils werden also senkrecht zur Seilachse ausgelenkt, während die Welle das Seil entlang wandert. Elektromagnetische Wellen sind immer transversale Wellen, bei denen die elektrische und die →magnetische Feldstärke beide senkrecht zur Ausbreitungsrichtung der Welle stehen – und zudem noch zueinander senkrecht.

Treibhauseffekt. Die Erwärmung eines →Raums (z. B. der Erdatmosphäre) durch →infrarote Wärmestrahlung, welche von einem Medium des Raums absorbiert wird. Der (künstliche) Treibhauseffekt der Erdatmosphäre kommt vor allem durch den Anstieg der Konzentration von CO_2- und CH_4-Molekülen, welche Infrarot-Strahlung (Wärmestrahlung) absorbieren, zustande. Durch die größere →Absorption (und in gewissem Maße Reflexion) wird mehr →Wärme erzeugt und die →Atmosphäre heizt sich auf. Nach theoretischen Modellrechnungen kann dies bis zum Abschmelzen der Gletscher an den Erdpolen führen und so fundamentale Auswirkungen auf das Klima auf der →Erde haben (z. B. Umlenkung des Golfstroms).

Tripelpunkt. Ein wichtiger Punkt im Phasendiagramm eines Stoffes. Am Tripelpunkt sind die feste, flüssige und gasförmige Phase miteinander im →Gleichgewicht, treten also allesamt gemeinsam auf. Der Tripelpunkt ist der einzige Punkt, an dem dies passiert. Am Tripelpunkt sind daher Druck und Temperatur eindeutig festgelegt. Für Wasser ergibt sich z. B. die Tripel-

IX. Lexikon

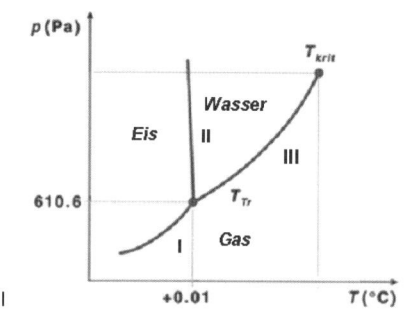

I: Koexistenzlinie von Eis und Gas
II: Koexistenzlinie von Eis und Wasser
III: Koexistenzlinie von Wasser und Gas
T_{Tr}: Tripelpunkt

punkttemperatur zu 273,16 K und der Tripelpunktdruck zu 610,6 Pa.

Trittschall. In Gebäuden durch Schritte verursachter Körperschall. Trittschall pflanzt sich durch Zwischendecken fort. Dämmung ist durch schwimmenden Estrich möglich, der nicht direkt auf dem Betonboden, sondern auf einer weichen Zwischenschicht aufgebracht wird.

Tscherenkow-Strahlung. Elektromagnetische Strahlung, die in einem durchsichtigen Medium (→Brechungsindex n > 1) von einem energiereichen elektrisch geladenen →Teilchen erzeugt wird, wenn es sich durch das Medium mit einer →Geschwindigkeit v bewegt, die größer als die Lichtgeschwindigkeit in diesem Medium ist. Die Tscherenkow-Strahlung ist das elektromagnetische Analogon zum →Mach-Kegel bei einem Überschallflugzeug.

Tunneleffekt. Bezeichnung für einen quantenmechanischen Prozess, bei dem atomare →Teilchen eine Potenzialbarriere, die nach den Gesetzen der klassischen Physik nicht zu überwinden ist, mit einer gewissen Wahrscheinlichkeit überschreiten können und dies entsprechend den Gesetzen der Wahrscheinlichkeit auch tatsächlich tun. Man spricht hier vom Durchtunneln eines Potenzialberges, daher die Bezeichnung Tunneleffekt.

Turbine. Eine Maschine, ähnlich einem Wasserrad, das die Umwandlung von kinetischer Energie von Fluiden (Gasen oder Flüssigkeiten) in Rotationsenergie ermöglicht. Hauptteil der Turbine ist ein mit gekrümmten Schaufeln versehenes Laufrad. Das Gas oder die Flüssigkeit strömt gegen diese Schaufeln und setzt so das Rad in →Bewegung (→kinetische Energie). Beispiel: Gasturbine, Dampfturbine.

Turbulenz. Die Turbulenz ist eine Erscheinung im Strömungsverhalten von Gasen oder Flüssigkeiten (Fluiden), bei der – im Gegensatz zur laminaren Strömung – unregelmäßige Geschwindigkeits- und Druckschwankungen in Form von Wirbelbildung auftreten. Turbulenz (also Wirbelströmung) tritt dann auf, wenn die Zähigkeit des Strömungsmediums eine bestimmte Größe unterschreitet und zwar im Vergleich zum Produkt aus

IX. Lexikon

Strömungsgeschwindigkeit und typischer →Länge der Strömung. Bei turbulenten Strömungen wird ständig →kinetische Energie in →Wärme umgewandelt. Die meisten Prozesse in der Troposphäre der →Erde, wo das Wetter entsteht, sind turbulent, aber auch viele Strömungsprozesse in Flüssen oder Meeren.

U

Überschallgeschwindigkeit. Die Bezeichnung für die →Geschwindigkeit eines Körpers, wenn sie größer als die →Schallgeschwindigkeit in dem sie umgebenden Medium ist. Ein Überschallflugzeug z. B. fliegt mit Überschallgeschwindigkeit, d. h. einer Geschwindigkeit von etwa 340 m/s. Dabei wird die Schallmauer durchbrochen, was zu einem entsprechendem →Knall führt (→Mach-Kegel).

Ultraschall. Schall mit →Frequenzen von über 20.000 Hz, der für das menschliche →Gehör nicht wahrnehmbar ist, da es außerhalb seines Hörbereiches liegt. Ultraschall wird zur Entfernungsmessung und zur Signalübertragung benutzt, weiterhin zur Werkstückprüfung, Reinigung und Unterwasserortung (Sonar). Einige Tiere wie z. B. Fledermäuse erzeugen und hören Töne im Ultraschallbereich.

Ultraviolett. Die Bezeichnung für das →Spektrum elektromagnetischer, nicht sichtbarer Strahlung im Wellenlängenbereich von 30 bis 380 nm (Nanometer). Ultraviolette Strahlung wird auch als UV-Strahlung bezeichnet. Man unterscheidet: UV-A (im Bereich

380–15 nm), UV-B (315–280 nm) und UV-C (280–30 nm).

Uran. Radioaktives metallisches Element der Kernladungszahl 92 und der mittleren Atommasse 238,03. Das in der Natur vorkommende Uran ist ein Gemisch aus zwei →Isotopen, dem spaltbaren Uran-235 (0,7205% des natürlichen Urans) sowie dem mit thermischen Neutronen nicht spaltbaren Uran-238 (99,2739% des natürlichen Urans). Ein weiterer (kleinerer) Bestandteil ist Uran-234, ein Folgeprodukt des radioaktiven →Zerfalls von Uran-238 (0,0056%). In der Erdkruste sind pro Tonne (1000 kg) etwa 3 g Uran enthalten.

Urknall. Eine mathematisch und physikalisch (vor allem durch die kosmische Hintergrundstrahlung) unterlegte Vorstellung, nach der das Universums vor sehr langer Zeit (12–15 Milliarden Jahre) explosionsartig entstanden sein soll und sich seit dieser Zeit beständig und kontinuierlich ausdehnt. Im Gegensatz dazu gibt es auch Steady-State-Theorien, nach denen das Universum sich periodisch ausdehnt und wieder zusammenzieht und im Mittel nicht größer wird.

Urspannung. Die Urspannung wird (vor allem bei galvanischen Zellen) auch als Leerlaufspannung oder Quellspannung bezeichnet und ist bei einer elektrischen →Spannungsquelle die stromlos (d. h. ohne Last, ohne angeschlossenen Stromverbraucher) gemessene →Spannung. Aufgrund des Innenwiderstands jeder Spannungsquelle ist die Urspannung immer etwas größer als die nutzbare Klemmenspannung.

V

Vakuum. Die Bezeichnung für den luftleeren →Raum. Unter einem technischen Vakuum versteht man einen Bereich in einem Behälter (z. B. Vakuumflasche), in dem ein →Luftdruck herrscht, der deutlich unter dem Normaldruck (Atmosphärendruck) von 1013 hPa = 1013 mbar ist. Je nach der Restkonzentration von Gasteilchen unterscheidet man das Feinvakuum (10^2–10^{-1} Pa), das Hochvakuum (10^{-1}–10^{-5} Pa) und das Ultrahochvakuum (UHV) im Bereich < 10^{-7} Pa. In der Milchstraße treten sogar Regionen mit Gasdrücken von etwa $4 \cdot 10^{-16}$ Pa auf, also Bereiche, in den Drücke herrschen, die man auf der Erde selbst in modernsten UHV-Anlagen niemals erreichen kann.

Vakuumpumpe. Ein Gerät, mit dem man in einem abgeschlossenen Behälter (dem sog. Rezipienten) einen →Druck unterhalb des Normaldrucks (1013 hPa) erzeugen kann. Einsatz: Erzeugung von →Vakuum, um z. B. Halbleiteroberflächen herzustellen oder zur Produktion von Chips.

van-der-Waals-Kraft. Eine Kraft, die Atome zu Molekülen verbinden kann.

Sie ist eine effektive Wechselwirkung, unter der verschiedene elektrostatische Effekte (vor allem die Induzierung und Ausrichtung von Dipolmomenten) zusammengefasst werden. In der Summe ergibt sich bei sehr kleinen Abständen eine abstoßende, bei größeren Abständen aber eine anziehende Kraft. Die van-der-Walls-Kräfte sind z. B. die Ursache für das Bilden von Eiskristallen, Edelgaskristallen oder Biomolekülen.

Vektor. In der Physik (und Mathematik) allgemein eine Größe, die durch Betrag und Richtung bestimmt ist. Ein Vektor wird immer durch eine gerichtete Strecke (einen Pfeil) dargestellt. Vektoren werden nach bestimmten Regeln addiert und subtrahiert. Viele physikalische Größen (z. B. Kräfte, →Impulse) sind Vektoren.

Verbrennungsenergie. Die bei der Umwandlung von chemischer Energie in →Wärme frei werdende Energie. Hierbei werden vorwiegend kohlenstoff- und wasserstoffhaltige Materialien oxidiert. Die Verbrennungsenergie wird beispielsweise in Verbrennungsmotoren (wie dem →Ottomotor) frei und dort in →Bewegungsenergie umgewandelt.

Verdampfungswärme. Die während des Siedevorgangs einem →System zugeführte →Wärme, die nicht der Temperaturerhöhung dient, sondern dazu, die Flüssigkeit zu verdampfen, also in einen anderen →Aggregatzustand zu überführen.

Verformung. Die Änderung der Gestalt eines Körpers durch Einwirkung von Kräften oder →Druck, auch jede Volumenänderung eines Körpers. Die Verformung eines Körpers wird auch Deformation genannt. Man unterscheidet die elastische Verformung (wie etwa Gummiband) von der plastischen Verformung (z. B. eine eingedrückte Stoßstange). Elastische Stoffe kehren nach dem Ende des Einwirkens der äußeren Kräfte wieder vollständig in ihren Ausgangszustand zurück. Plastische Stoffe hingegen bleiben dauerhaft verformt.

Verformungsarbeit. Die zur →Verformung eines Körpers (elastisch oder plastisch) nötige Arbeit (Energie).

Viskosität. Die Zähigkeit eines flüssigen oder gasförmigen Mediums. Sie kann auch als (Scher-)→Widerstand eines Fluids (Gas oder Flüssigkeit) gegen eine seitliche Verschiebung von Schichten oder Teilen des Mediums verstanden werden. Eine große Viskosität haben z. B. Honig, Glyzerin oder dicke Öle. Bei Gasen steigt die Viskosität mit der Temperatur an, bei Flüssigkeiten nimmt sie ab.

Volt. Das Volt ist die SI-Einheit der elektrischen →Spannung, Einheit: 1 Volt = 1 V. Definition: 1 Volt ist gleich der elektrischen Spannung oder elektrischen Potenzialdifferenz zwischen zwei Punkten eines fadenförmigen, homogenen und gleichmäßig temperierten metallischen →Leiters, in dem bei einem zeitlich unveränderlichen elektrischen →Strom der Stärke 1 A (→Ampere) zwischen den beiden Punkten die Leistung 1 W (→Watt) umgesetzt wird: 1 V = 1 W/A.

Vorwiderstand. Ein elektrischer →Widerstand, der zum Schutz einer Schaltung den zu schützenden Bauelementen (z. B. einer Halbleiterdiode) in Reihe geschaltet (vorgeschaltet) werden muss. Beispielsweise benötigen Leuchtdioden (und viele andere Halbleiterschaltelemente) zum Betrieb einen Vorwiderstand, andernfalls ziehen sie so hohe Ströme, dass sie (durch Zerstörung der Halbleitergrenzfläche) defekt werden.

Waage. Ein Gerät zur Bestimmung des →Gewichts (genauer der Gewichtskraft) eines Körpers, welches aufgrund der →Gravitation (Schwerkraft) auf ihn einwirkt. Beispiele: Hebelwaage, Balkenwaage. Die →Messung beruht meist auf der Ermittlung der von der Masse abhängigen Kraftwirkung, z. B. der Schwerkraft oder eine Federkraft. Zur Bestimmung von sehr kleiner Masse (im atomaren Bereich) werden auch sog. Massenspektrometer eingesetzt.

Wärme. Die Wärme ist eine Energieform, die beim Menschen eine bestimmte Sinnesempfindung (nämlich das Wärmegefühl) hervorruft. Physikalisch betrachtet bedeutet Wärme eine hohe thermische →Bewegung der Bestandteile in dem warmen Material. Nach der kinetischen Gastheorie kann man Wärme auch als →kinetische Energie der Atome oder Moleküle verstehen. Die Aufnahme von Wärme verursacht eine Temperaturerhöhung. Der Zusammenhang zwischen Wärmeaufnahme und Temperaturerhöhung wird durch eine Stoffeigenschaft, die →Wärmekapazität C, bestimmt. Bei einem Phasenübergang kann auch Wärme (etwa Schmelz- oder →Verdampfungswärme) aufgenommen oder abgegeben werden, ohne dass eine Temperaturänderung stattfindet, hier führt die Zufuhr von Wärme also nicht zu einer Temperaturerhöhung (→latente Wärme). Die SI-Einheit der Wärme ist wie bei allen anderen Energieformen 1 →Joule = 1 J.

Wärmekapazität. Das Verhältnis der zugeführten bzw. entnommenen Wärmemenge ΔQ zu der dabei auftretenden Temperaturänderung ΔT. Formelzeichen: C. Es gilt:

$$C = \frac{\Delta Q}{T}$$

Die SI-Einheit der Wärmekapazität ist 1 →Joule pro →Kelvin = 1 J/K.

Wärmelehre. Die Wissenschaft von der →Wärme und den damit zusammenhängenden Erscheinungen, z. B. die Umwandlungen zwischen den verschiedenen Erscheinungsformen (Aggregatzuständen) und ihre Gesetzmäßigkeiten. Die Wärmelehre wird auch als Thermodynamik bezeichnet. Zur Beschreibung verschiedener →Systeme dienen sog. →Zustandsgrößen der Materie wie Druck, Temperatur, Volumen, Wärme, →Entropie oder Stoffmenge. Beziehungen zwischen ihnen werden durch die →Hauptsätze der Wärmelehre defi-

IX. Lexikon

niert. Die statistische Physik, welche die Zustandsgrößen eines Systems als zeitliche Mittelwerte seiner augenblicklichen Bestandteile interpretiert, liefert die mikrophysikalische Begründung. So definiert z. B. die mittlere →kinetische Energie von Gasteilchen seine Temperatur.

Wärmestrom. Der Wärmestrom oder Wärmefluss (Formelzeichen: Φ) ist die pro Zeiteinheit übertragene Wärmemenge. Die SI-Einheit des Wärmestroms ist 1 Watt = 1 Joule pro Sekunde. Es gilt:

$$\Phi = \frac{\Delta Q}{\Delta t}$$

Dabei ist ΔQ die übertragene Wärmemenge im →Zeitintervall Δt.

Watt. Die SI-Einheit der Leistung. Einheitenzeichen: W. Es gilt:

$$1\,W = 1\,V \cdot A = 1\frac{J}{s} = 1\frac{kg\,m^2}{s^3}$$

1 Watt (1 W) ist gleich der Leistung, bei der während der Zeit 1 s die Energie 1 →Joule umgesetzt wird.

Weber. Die SI-Einheit des magnetischen Flusses. 1 Weber (Wb) = 1 V · s (Voltsekunde). Wenn ein →magnetischer Fluss von 1 Wb, der eine →Spule (oder Leitungswindung) durchtritt, während einer Sekunde gleichmäßig auf null abnimmt, wird in der Spule eine →Spannung von 1 V induziert.

Wechselstromkreis. Ändern sich bei einem →Stromkreis →Stromstärke und →Spannung periodisch, nennt man dies Wechselstrom und Wechselspannung. Die Energiequelle eines Wechselstromkreises ist meistens ein Generator (Dynamo), der sinusförmigen →Strom liefert. Man unterscheidet einphasigen Wechselstrom und den technisch bedeutsamen dreiphasigen Wechselstrom (Starkstrom). Beim dreiphasigen Wechselstrom gibt es drei Leiter, deren Spannungen (und Ströme) gegen den Null-Leiter um jeweils 120° zueinander versetzt sind. Beim einphasigen Strom gibt es nur einen →Leiter (neben dem Null-Leiter). Der Netzstrom aus der Steckdose ist im Allgemeinen einphasig. Im Wechselstromkreis gelten spezielle Gesetze, die sich von denen im Gleichstromkreis unterscheiden. Man spricht hier dann von Wechselstromwiderständen, Wechselstromleistungen usw., die sich dadurch auszeichnen, dass sie neben der Größe auch eine Richtung (Phasenrichtung) haben.

Welle. Eine zeitlich und räumlich periodische →Zustandsänderung eines →Systems, die immer dann auftritt, wenn 1. ein System aus Teilsystemen besteht, die alle →Schwingungen ausführen können, 2. die Teilsysteme miteinander wechselwirken können, also Energie von einem Teilsystem auf ein anderes, benachbartes Teilsystem übertragen werden kann und 3. mindestens eines der Teilsysteme durch eine äußere Störung aus seinem mechanischen, elektrischen oder thermischen →Gleichgewicht gebracht wird. Es wird dann Energie von einem Teilsystem auf andere Teilsysteme übertragen, ohne dass dabei ein Massentransport stattfindet.

Wellenlänge. Der Abstand zweier benachbarten Wellenfronten, Formelzeichen: λ. Einheit: 1 →Meter. Das Produkt aus Wellenlänge λ und →Frequenz ν ist die Wellengeschwindigkeit c: $c = \lambda \cdot \nu$.

Wellenoptik. Ein Teilgebiet der →Optik, das sich Phänomenen widmet, die nur durch die Wellennatur des →Lichtes erklärt werden können.

Wellenzug. Eine zeitlich und räumlich begrenzte →Welle, die aus der Überlagerung sehr vieler (oder unendlich vieler) Wellen mit verschiedenen →Frequenzen und →Phasenverschiebungen zusammengesetzt ist.

Welle-Teilchen-Dualismus. Eine Erkenntnis der modernen Physik, nach der in der mikroskopischen Welt jedes Objekt Eigenschaften einer →Welle als auch Eigenschaften von →Teilchen aufweist. Z. B. können Elektronen einerseits Interferenzmuster erzeugen (die nur erklärbar durch ihren Wellencharakter sind), andererseits aber auch als Portionen (→Quanten) auftreten, was nur durch ihren Teilchencharakter erklärbar ist. Der Welle-Teilchen-Dualismus ist eine tiefere Folge der mathematisch-physikalischen Gesetze der Quantenmechanik. Ohne →Quantenmechanik (mit der klassischen Physik) kann der Welle-Teilchen-Dualismus nicht verstanden werden.

Widerstand. Die Kraft, welche die →Bewegung eines Körpers oder ein →System an und in ihrer Bewegung hindert. Beispiele: Luftwiderstand, Reibungswiderstand, thermischer Widerstand usw. In der Elektrizitätslehre gibt es den elektrischen Widerstand. Formelzeichen: R. Der elektrische Widerstand bestimmt sich aus dem Verhältnis der elektrischen →Spannung U zwischen den Endpunkten eines →Leiters und der durch ihn fließenden Stromstärke I:

$$R = \frac{U}{I}$$

Die SI-Einheit des elektrischen Widerstands ist 1 →Ohm = 1 Ω. Der im Widerstand auftretende Energieverlust wird beim Ohm'schen Widerstand in →Wärme umgesetzt. Gleichstromwiderstände sind immer Ohm'sche Widerstände (→Ohm'sches Gesetz). Bei Wechselstrom sind dagegen auch induktive und kapazitive Widerstände zu beobachten. Sie bewirken eine

IX. Lexikon

→Phasenverschiebung zwischen →Strom und Spannung, verbrauchen aber keine Leistung (Energie).

Wiederaufbereitung. Anwendung chemischer Verfahren, um aus →Kernbrennstoff nach seiner Nutzung im Reaktor die Wertstoffe – das noch vorhandene →Uran und den neu entstandenen Spaltstoff Plutonium – von den Spaltprodukten (den radioaktiven Abfällen) zu trennen. Das zurückgewonnene Uran und Plutonium können nach entsprechender chemischer Bearbeitung und Anreicherung wieder als Brennstoff in einem Kernkraftwerk eingesetzt werden. Durch den Wiederaufbereitungsprozess wird der hoch aktive Abfall (Spaltprodukte) abgetrennt und danach in eine Form gebracht, die eine sichere Endlagerung gewährleistet.

Winkel. (Formelzeichen: Φ oder auch φ). Ein Maß für die Divergenz zwischen zwei Geraden in einer Ebene. Ein Winkel wird von zwei Geraden (Schenkeln) an ihrem Schnittpunkt (Scheitel) gebildet. Er wird gemessen, indem man vom Scheitelpunkt auf den Geraden eine Strecke (Radius) abträgt und die →Länge des Kreisbogens bestimmt, der die Endpunkte der beiden Strecken verbindet. Es gilt: $\Phi = l/r$. Dabei ist der Winkel (im Bogenmaß, Einheit: rad), l die Länge des Kreisbogens und r der Radius des Kreises.

Winkelgeschwindigkeit. Das 2π-fache der Umlauffrequenz ν bei einer Kreisbewegung. Formelzeichen: ω. Mit der Umlaufperiode T ergibt sich folgender Zusammenhang:

$$\omega = 2\pi \cdot \nu = \frac{2\pi}{T}$$

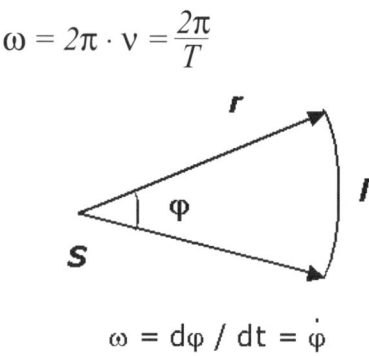

$$\omega = d\varphi / dt = \dot{\varphi}$$

S: *Drehpunkt*
φ: *Drehwinkel*
l: *Bogenlänge*

Wirbelstrom. Ein durch ein magnetisches Wechselfeld erzeugter elektrischer →Strom mit geschlossenen Stromlinien. Wirbelströme treten z. B. in →Transformatoren auf.

Wirkung. Die Wirkung ist das Produkt aus der Energie E und der Zeit t oder auch aus dem Impulsbetrag p und dem Weg s. Formelzeichen: H. Die SI-Einheit der Wirkung ist 1 Joule Sekunde = 1 Js. Die Wirkung ist für die mathematischen Formulierung der klassischen →Mechanik wichtig. In der modernen →Quantentheorie ist die Wirkung quantisiert (im Unterschied zur klassischen Mechanik). Sie tritt nur als Viel-

IX. Lexikon

faches des Planck'schen Wirkungsquantums auf.

Wirkungsgrad. Das Verhältnis von
geleisteter Arbeit (Nutzenergie) und
der ihr zugeführten Energie. Formelzeichen: η (eta). Dimension: keine.
Der Wirkungsgrad einer Maschine
liegt immer zwischen 0 und 100%. Bei
realen Maschinen ist der Wirkungsgrad eine wichtige Kennzahl, die z. B.
angibt, wie effizient eine Maschine
arbeitet. In der Realität kommt es
immer zu unvermeidlichen Verlusten,
etwa durch →Reibung, daher ist der
Wirkungsgrad zwangsläufig immer
kleiner als 100%.

Wurf. Diejenige →Bewegung, die ein
Körper in einem Schwerefeld ausführt
(speziell im Schwerefeld der →Erde),
wenn ihm eine Anfangsgeschwindigkeit v_0 erteilt wird. Es überlagern sich
dabei zwei Bewegungen, die gleichförmig geradlinige Bewegung mit v_0 und
der freie Fall, d. h. eine beschleunigte
Bewegung nach unten mit der Erdbeschleunigung g. Für die Wurfhöhe als
Funktion der Zeit $h(t)$ ergibt sich daraus beim senkrechten Wurf (ohne Luftreibung):

$$h\,(t) = v_0 \cdot t - \frac{g}{2} \cdot t^2$$

Ähnliche, aber leicht abgeänderte Formeln gelten auch für den schiefen oder
waagrechten Wurf.

Xerografie. Ein elektrostatisches Verfahren zum →Drucken oder Kopieren
von Text- oder Bilddokumenten. Es
funktioniert aufgrund der Eigenschaft
von einigen Fotohalbleitern (z. B.
Selen), bei Lichteinfall ihren elektrischen →Widerstand um einen Faktor
von 10^6–10^7 herabzusetzen – gegenüber dem Widerstand ohne Beleuchtung. Anwendung: Laserdrucker, Ko-
piergerät.

X-Strahlen. Eine andere Bezeichnung
für Röntgen-Strahlen (engl. X-Rays).

Y   Z

Yukawa-Potenzial. Ein →Potenzial aus der Kernphysik, das die Wechselwirkungen zwischen Atomkernen von sehr begrenzter Reichweite beschreibt. Das Yukawa-Potenzial beschreibt das Zusammenhalten und die Wechselwirkung zwischen Atomkernen.

Zähigkeit siehe Viskosität.

Zählrate. Die Anzahl der pro Zeiteinheit registrierten →Impulse, z. B. bei einem →Zählrohr, das →Radioaktivität misst, indem es die pro Sekunde eintreffenden →Teilchen zählt.

Zählrohr. Ein Gerät zum Nachweis ionisierender Strahlung oder →Teilchenstrahlung. Das Zählrohr besteht aus einer →Ionisationskammer, in der ein Draht gespannt ist. Zwischen dem Draht und der Rohrwand liegt eine Hochspannung von einigen kV an. Tritt ein ionisierendes →Teilchen oder →Photon in das Zählrohr ein, kommt es zu einer Stoßionisation des Gases und hierdurch zu einem Spannungsstoß zwischen dem Draht und der Wand des Zählrohres. Dieser Spannungsstoß ist das Mess-Signal, das elektronisch verstärkt und gemessen wird und zum Nachweis der Strahlen oder Teilchen dient. Während der sehr kurzen Dauer des Spannungsstoßes können keine weiteren Teilchen registriert werden, was unter Umständen zu kleineren Abweichungen bei der Messung führen kann.

Zeeman-Effekt. Aufspaltung der →Spektrallinien von Atomen in einem

Magnetfeld. Aus der Aufspaltung der Spektrallinien lassen sich wichtige Folgerungen auf die Struktur der entsprechenden Atome ziehen (→Quantenzahlen). Der Zeeman-Effekt geht auf die Entdeckung von Pieter Zeeman (1865–1943) im Jahr 1896 zurück.

Zeit. Allgemein eine nicht umkehrbare Abfolge von Ereignissen. Die SI-Einheit der Zeit ist 1 Sekunde = 1 s, definiert als 9.192.631.770 Periodendauern der elektromagnetischen Strahlung aus dem Übergang zwischen den Hyperfeinstrukturniveaus des Grundzustandes von Cäsium 133. Weitere Einheiten: Minute, Stunde, Tag. In der →Relativitätstheorie ist die Zeit die vierte Dimension (neben den drei Ortsdimensionen Höhe, →Länge und Breite).

Zeitintervall, Zeitraum. Der zeitliche Abstand zweier Ereignisse. Formelzeichen: Δt.

Zentralbewegung. Die →Bewegung eines Massenkörpers um einen Raumpunkt (Drehung).

Zentrifugalkraft. Diejenige Kraft, die bei der gekrümmten →Bewegung eines Körpers auftritt. Die Zentrifugalkraft tritt nur im →Bezugssystem des bewegten Körpers auf, ist also eine Scheinkraft. Die Zentrifugalkraft ist dem Betrag nach gleich, aber entgegengesetzt der →Zentripetalkraft.

Zentripetalkraft. Diejenige Kraft, die einen krummlinig bewegten Körper

auf seiner Kreisbahn hält. Damit sich ein Körper auf der Kreisbahn bewegt, muss auf ihn die Zentripetalkraft in Richtung des Zentrums der Kreisbewegung wirken. Ihr Betrag ist:

$$F = m \cdot \omega^2 \cdot r = \frac{m \cdot v^2}{r}$$

Dabei ist m die Masse des Körpers, r der Radius des Kreises, v der Betrag der →Bahngeschwindigkeit und ω die →Winkelgeschwindigkeit des Körpers.

Zerfall. Die spontane Umwandlung eines →Nuklids in ein anderes Nuklid oder in einen anderen Energiezustand desselben Nuklids. Der Zerfall von Atomkernen wird durch eine Zerfallsreihe bestimmt, in der die entsprechenden Bestandteile der Atome festgelegt sind, die beim Zerfall entstehen. Der Zerfallsprozess (die Zerfallskette, →Kettenreaktion) kommt erst zu Ende, wenn nach wiederholtem Zerfall ein stabiler Atomkern entsteht, der nicht mehr zerfällt. Jeder Zerfallsprozess hat eine bestimmte →Halbwertszeit und eine Zerfallskonstante. Stabile Elemente und Atome haben eine Zerfallskonstante (Halbwertszeit), die unendlich groß ist.

Zugkraft. Eine Kraft, die gleichmäßig verteilt an einer Fläche angreift und ihrer Richtung nach senkrecht von dieser Fläche fortweist.

IX. Lexikon

Zugspannung. Der Quotient aus dem Betrag der →Zugkraft und der Fläche, auf die diese Zugkraft wirkt.

Zustand. Die Form bzw. Art, in der Materie vorliegen kann. Ihre Eigenschaften und die zeitliche Weiterentwicklung eines physikalischen Systems wird durch die Gesamtheit aller physikalischen Größen eindeutig beschrieben.

Zustandsänderung. Änderung des thermodynamischen →Zustands eines →Systems oder thermodynamischen Systems, die durch die Änderung einer Zustandsgröße verursacht wurde. Wenn die Temperatur bei einer Zustandsänderung konstant bleibt, spricht man von einer isothermen Zustandsänderung, bei konstantem Volumen von einer isochoren und bei konstantem →Druck von einer isobaren Zustandsänderung.

Zustandsgleichung. Die Gleichung beschreibt den zwischen Druck p, Temperatur T und Volumen V eines Gases bestehenden Zusammenhang. Das bekannteste Beispiel ist die Zustandsgleichung für ideale Gase (oder allgemeine Gasgleichung):

$$p \cdot V = n \cdot R \cdot T$$

Dabei ist n die Anzahl der Mole des Gases und R die universelle →Gaskonstante (auch: allgemeine oder molare Gaskonstante). R beträgt 8,31 J/(mol · K).

Zustandsgrößen. Die drei Größen Druck, Temperatur und Volumen, die den →Zustand eines Körpers (z. B. eines idealen oder realen Gases) kennzeichnen.

Zwangskräfte. Diejenigen Kräfte, die einen bewegten Körper oder Massenpunkt auf einer bestimmten →Bahn halten und ein →System in seiner Bewegungsfreiheit einschränken (Führungskräfte). Ein Beispiel sind die von Eisenbahnschienen auf einen Körper ausgeübten Kräfte.

IX. Lexikon

1. Physikalische Größen und ihre Zeichen

Allgemeine Größen

Länge	l
Höhe	h
Radius	r
Durchmesser	d
Fläche	A
Volumen	V
Raumwinkel	ω
Zeit	t
Masse	m
Dichte	ρ
Kraft	F
Druck	p
Gewichtskraft	F_G
spezifisches Gewicht	γ
Arbeit	W
Energie	E
Leistung	P
Wirkungsgrad	η

Mechanische Größen

Weglänge	s
Geschwindigkeit	v
Beschleunigung	a
Winkel	φ
Frequenz	f
Drehmoment	M
Federkonstante	D
Reibungszahl	μ

Akustische Größen

Schallschnelle	v
Schallstärke	I
Lautstärke	L
Schalldruck	p
Schalldämmung	D

Magnetische Größen

magnetische Feldstärke	H
Kraftfluss	Φ
Permeabilität	μ
Induktion	B
Induktivität	L

Optische Größen

Lichtgeschwindigkeit	c
Brechungszahl	n
Brennweite	f
Lichtstrom	Φ
Leuchtdichte	B
Beleuchtungsstärke	E
Lichtstärke	I

Wärmegrößen

Temperatur (Celsius)	t (°C)
Temperatur (Kelvin)	T(K)
Längenausdehnungszahl	α
Volumenausdehnungszahl	γ
Wärmeenergie	Q
spezifische Wärme	c
Wärmekapazität	C
spezifische Wärme bei p=konst.	c_p
spezifische Wärme bei V=konst.	c_v
allgemeine Gaskonstante	R
Entropie	S
Wärmeleitfähigkeit	λ

Elektrische Größen

Ladung	Q
elektr. Feldstärke	E
elektr. Spannung	U
elektr. Stromstärke	I
Widerstand	R
Scheinwiderstand	Z
spezifischer Widerstand	ρ
Leitwert	G
Dielektrizitätskonstante	ε
Kapazität	C
Leistung	P

Atomare Größen

Masse eines Atoms	m_A
relative Atommasse	A_r
Atommassenkonstante	u
Hauptquantenzahl	n
Halbwertszeit	$T_{1/2}$
Planck-Konstante	h
Rydberg-Konstante	R
Austrittsarbeit	W
Zerfallskonstante	λ

Anhang

2. Verbindlich festgelegte Grundeinheiten im SI-System

Grundeinheit	Definition
Meter (m)	1 m ist die Strecke, die Licht im Vakuum während der Dauer von $\frac{1}{299.792.455}$ Sekunden durchläuft.
Sekunde (sec)	1 sec ist das 9.192.631.770-fache der Periodendauer der Strahlung, die vom Caesiumisotop $^{133}_{55}$Cs bei einem genau festgelegten Quantensprung ausgesandt wird.
Kilogramm (kg)	1 kg ist die Masse eines Kilogrammprototyps (Urkilogramm), der sich in Sèvres bei Paris befindet.
Kelvin (K)	1 K ist der 273,16te Teil der thermodynamischen Temperatur des Tripelpunkts von Wasser (Tripelpunkt = derjenige Zustand des Wassers, bei dem alle drei Aggregatzustände stabil nebeneinander existieren können).
Candela (cd)	1 cd ist die Lichtstärke, die eine Strahlungsquelle mit monochromatischem Licht der Frequenz 540 THz mit der Strahlstärke 1/683/steradiant in einer bestimmten Richtung aussendet.
Ampere (A)	1 A fließt dann jeweils durch zwei parallele, gerade und unendlich lange Leiter im Vakuum, wenn sie im Abstand von 1 m mit der Kraft $2 \cdot 10^{-7}$ je 1 m Länge aufeinander wirken.
Mol (mol)	1 mol ist die Stoffmenge (Teilchenmenge) eines Systems, das so viel Teilchen enthält, wie es Atome in 12 g $^{12}_{6}$C gibt.

3. Vielfache und Teile von Einheiten

Vorsatz	Giga-	Mega-	Kilo-	Hekto-	Deka-	Dezi-	Zenti-	Milli-	Mikro-	Nano-	Piko-
Vorsatzzeichen	G	M	k	h	D	d	c	m	µ	n	p
Potenzfaktor	10^9	10^6	10^3	10^2	10^1	10^{-1}	10^{-2}	10^{-3}	10^{-6}	10^{-9}	10^{-12}

4. Konstanten

Atomare Konstanten

Ruhemasse des α-Teilchens	$m_\alpha = 6,645 \cdot 10^{-27}\,\text{kg} =$ $= 4,0015064\,\text{u}$
Ruheenergie des α-Teilchens	$m_\alpha c^2 = 3727,4\,\text{MeV}$
Spez. Ladung des α-Teilchens	$\dfrac{2e}{m_\alpha} = 4,8223 \cdot 10^7\,\dfrac{\text{C}}{\text{kg}}$
Atomare Masseneinheit	$1\,\text{u} = 1,660566 \cdot 10^{-27}\,\text{kg}$
Ruhemasse des Elektrons	$m_e = 9,1095 \cdot 10^{-31}\,\text{kg} =$ $= 5,48580 \cdot 10^{-4}\,\text{u}$
Ruheenergie des Elektrons	$m_e c^2 = 0,511\,\text{MeV}$
Spez. Ladung des Elektrons	$\dfrac{e}{m_e} = 1,7588 \cdot 10^{11}\,\dfrac{\text{C}}{\text{kg}}$
Elementarladung	$e = 1,6022 \cdot 10^{-19}\,\text{C}$
Ruhemasse des Neutrons	$m_n = 1,67495 \cdot 10^{-27}\,\text{kg} =$ $= 1,008665\,\text{u}$
Ruheenergie des Neutrons	$m_n c^2 = 939,57\,\text{MeV}$
Ruhemasse des Protons	$m_p = 1,67265 \cdot 10^{-27}\,\text{kg}$
Ruheenergie des Protons	$m_p c^2 = 938,28\,\text{MeV}$
Spez. Ladung des Protons	$\dfrac{e}{m_p} = 9,5788 \cdot 10^7\,\dfrac{\text{C}}{\text{kg}}$
Rydbergkonstante für das H-Atom	$R_H = 1,0967758 \cdot 10^7\,\dfrac{1}{\text{m}}$
Wasserstoffatom, Radius der Bohr- schen Grundbahn	$a_0 = 5,2918 \cdot 10^{-11}\,\text{m}$

Spektrallinien

Wasserstoff	434,0 nm, 486,1 nm, 656,3 nm
Helium	447,1 nm, 501,6 nm, 587,6 nm
Quecksilber	546,1 nm, 577,0 nm, 579,1 nm
Natrium	589,0 nm, 589,6 nm, 616,1 nm

$$1\,\text{nm} = 10^{-9}\,\text{m}$$

5. Griechische Buchstaben

A	α	a	Alpha
B	β	b	Beta
Γ	γ	g	Gamma
Δ	δ	d	Delta
E	ε	e	Epsilon
Z	ζ	z	Zeta
H	η	e	Eta
Θ	θ, ϑ	th	Theta
I	ι	j	Jota
K	κ	k	Kappa
Λ	λ	l	Lambda
M	μ	m	My
N	ν	n	Ny
Ξ	ξ	x	Ksi
O	o	o	Omikron
Π	π	p	Pi
P	ρ	r	Rho
Σ	σ	s	Sigma
T	τ	t	Tau
Y	υ	y	Ypsilon
Φ	ϕ, φ	ph	Phi
X	χ	ch	Chi
Ψ	ψ	ps	Psi
Ω	ω	o	Omega

6. Römische Zahlen

1 – I	20 – XX	200 – CC	1500 – MD
2 – II	30 – XXX	300 – CCC	1900 – MCM
3 – III	40 – XL	400 – CD	1940 – MCMXL
4 – IV	50 – L	500 – D	1949 – MCMIL
5 – V	60 – LX	600 – DC	1990 – MXM
6 – VI	70 – LXX	700 – DCC	1991 – MIXM
7 – VII	80 – LXXX	800 – DCCC	2000 – MM
8 – VIII	90 – XC	900 – CM	2050 – MML
9 – IX	100 – C	1000 – M	2060 – MMLX
10 – X	(99 – IC)	(990 – XM)	2200 – MMCC

Register

Register